Sistemas de información geográfica aplicados a la arqueología

Colección dirigida por M.ª Eugenia Aubet

James Conolly y Mark Lake

SISTEMAS DE INFORMACIÓN GEOGRÁFICA APLICADOS A LA ARQUEOLOGÍA

bellaterra arqueología

Título original: *Geographical Information Systems in Archaeology*
publicado por Cambridge University Press

Traducción de: María José Aubet

Diseño de la cubierta: Joaquín Monclús

Fotografía de cubierta cedida por **al-top topografía**

Coordinación editorial: Mari Paz Ortuño

Navas de Tolosa, 289 bis. 08026 Barcelona
www.ed-bellaterra.com

Impreso en España
Printed in Spain

ISBN: 978-84-7290-440-8
Depósito Legal: B. 4.844-2009

Impreso en Reinbook Imprès, S.L., Múrcia, 36, 08830 Sant Boi de Llobregat

A Lucy y Ella, Paddy y Katy

Índice

Agradecimientos

Son muchas las personas que han facilitado la elaboración de este libro, y quisiéramos aprovechar la ocasión para darles las gracias: los profesores Peter Ucko y Stephen Shennan por sus consejos; el Dr. Andrew Bevan por las muchas reflexiones sobre la arqueología del paisaje y el SIG; el Dr. Cyprian Brookbank por su entusiasmo pionero por las tecnologías espaciales; la Dra. Sue College por su lucidez; los Drs. Andre Costopolous y Andrew Gardner por sus opiniones sobre el primer capítulo; la profesora Yvonne Edwards por sus útiles comentarios sobre el primer borrador del manuscrito; Sach Killam por su nueva perspectiva del usuario; el profesor Clive Orton por su orientación acerca de todas las cuestiones estadísticas; la Dra. Paddy Woodman por compartir su experiencia; todos nuestros estudiantes del programa MSc en SIG y Análisis Espacial del Instituto de Arqueología (UCL), cuyos comentarios han sido de incalculable valor; Simon Whitmore, de la Cambridge University Press, por su paciencia; y las dos personas anónimas que han contribuido enormemente con sus críticas constructivas a mejorar el texto. Mark Lake ha utilizado el SIG en distintas ocasiones con el generoso apoyo del Natural Environment Research Council y del Leverhulme Trust. James Conolly desearía expresar su agradecimiento al Departamento de Antropología de la Universidad de Auckland por invitarle como profesor de investigación visitante y, durante las últimas fases de escritura, el apoyo del Social Science and Humanities Research Council de Canadá (Canada Research Chairs Program).

1. Introducción y cuestiones teóricas de los SIG arqueológicos

1.1. Acerca de este libro

El estudio de los SIG o sistemas de información geográfica (geographical information systems, GIS) ha madurado de tal forma que incluso los no iniciados pueden sacar provecho de un software relativamente fácil de manejar y ayudar a los usuarios a resolver problemas arqueológicos reales. Ya no es el coto reservado de unos expertos que –según los cínicos– elegían sus temas de estudio arqueológico únicamente para ilustrar soluciones a problemas del SIG. Esto no deja de ser, evidentemente, algo positivo, porque el SIG tiene mucho que ofrecer a la arqueología. Pero la adopción generalizada del SIG conlleva más de un peligro latente. El más problemático es que los modernos SIG ofrecen a los usuarios muchas y potentes herramientas de fácil aplicación pero sin la información suficiente sobre su idoneidad para tratar datos o consultas puntuales. Por ejemplo, muchos packs actuales de software SIG sólo requieren unos cuantos clics en el ratón para crear un modelo de elevaciones a partir de una serie de curvas de nivel, pero que sepamos ninguno advierte de que la aplicación de este modelo a unas curvas de nivel muy espaciadas puede arrojar resultados muy deficientes e inducir a errores de interpretación que podrían afectar al resultado final. De ahí el riesgo de que los investigadores más dependientes de las capacidades del SIG para gestionar datos eviten tratar cuestiones más analíticas simplemente porque no saben qué botón pulsar. Lo que aquí pretendemos es que ningún arqueólogo que disponga de este manual junto al ordenador cometa estos errores o dude en el momento de abordar unas cuestiones que sólo hallan respuesta gracias a alguna de las herramientas más avanzadas que ofrecen los SIG.

Hemos adoptado un enfoque básicamente práctico, porque reconocemos que muchos lectores querrán realizar un determinado trabajo con el mínimo de problemas. Pero nuestro planteamiento es también riguroso, porque somos conscientes de que los atajos mal descritos suelen ser al final el camino más tortuoso. Práctico significa que nos hemos centrado en el tipo de problemas que los usuarios arqueológicos del SIG suelen encontrar, tanto en el ámbito de la investigación como en la gestión de los recursos culturales. Significa también que hemos tratado de dar al lector suficientes instrucciones para que pueda realizar las tareas más complejas sin tener que consultar un montón de bibliografía de soporte, salvo quizá los manuales o archivos de ayuda específicos del software SIG elegido. Esto último puede ser necesario porque evidentemente no podemos dar instrucciones para todos los packs de software de los SIG, aunque sí ofrecemos algunos ejemplos concretos para ilustrar de una manera más concreta determinadas operaciones. Y nuestro enfoque es riguroso en el sentido de que siempre tratamos de explicar el *porqué* y el *cómo*. Nuestra experiencia de varios años enseñando el SIG a estudiantes de arqueología nos ha demostrado que esta es la mejor manera de garantizar la adecuada aplicación de estos métodos, al mismo tiempo que permite a los usuarios el desarrollo de nuevas aplicaciones según las nuevas necesidades que puedan ir apareciendo. En definitiva, esperamos ante todo que este manual promueva una actitud positiva hacia el uso arqueológico del SIG.

Aunque no creemos que sean muchos los lectores que se sumerjan metódicamente de principio a fin en este manual, hemos tratado de mantener una progresión lógica, para que los temas se vayan introduciendo en el orden que los usuarios seguirían al desarrollar y usar un SIG arqueológico. El presente capítulo aborda algunas de las cuestiones teóricas que surgen al utilizar el SIG. Para los lectores nóveles del SIG podría ser útil volverlo a leer una vez asimilado el contenido del capítulo 2, donde se introducen las bases, y el del capítulo 3, que ilustra la ayuda que el SIG puede aportar a los proyectos arqueológicos. Los capítulos 4 y 5 tratan de la construcción de un SIG y, sobre todo, del proceso de obtención de datos espaciales. El capítulo 6 aborda el siguiente paso en la construcción de un SIG arqueológico, que es la generación de superficies continuas a partir de datos basados en puntos, como por ejemplo, un modelo de elevaciones a partir de algunos puntos altimétricos. Los capítulos 7-11 describen el uso del SIG de cara al análisis, es decir, como respuesta al tipo de consultas enumeradas en el cuadro 1.1. Los lectores que utilicen el SIG para gestionar recursos culturales (GRN) seguramente encontrarán los capítulos 7 y 10 inmediatamente relevantes para sus necesidades, aunque en otros capítulos también pueden encontrarse aplicaciones de la GRN para muchas otras técnicas. A los lectores dedicados a la investigación seguramente les interesará leer el capítulo 7 y una selección de los capítulos 8-11, según se interesen por los patrones espacia-

CUADRO 1.1. Las principales preguntas que un SIG puede contestar

Pregunta	Ejemplo	Capítulo
Localización	¿Qué artefactos se han hallado junto al trazado de la futura carretera?	7 y 10
Condición	¿Dónde se hallaron monedas romanas del siglo II d.C.?	7
Tendencia	¿Cómo cambia/varía la densidad de los detritos primarios a medida que uno se aleja del hogar prehistórico?	6 y 8
Camino óptimo	¿Sigue el camino medieval la ruta energéticamente más eficaz?	11
Patrón	¿Presentan los *cairns* (hitos de piedras) funerarios una distribución uniforme en el paisaje o se agrupan en pendientes orientadas al SE?	7 y 9
Modelado	¿Dónde es más probable campamentos mesolíticos?	8

les (capítulo 8), las derivaciones de una superficie continua como pueden ser la pendiente y el aspecto (capítulo 9), el análisis de zonas (capítulo 10) o el análisis de rutas (capítulo 11). El capítulo 12 explica algunos métodos para presentar los resultados de los análisis a terceros, ya sea para una publicación tradicional o para su envío vía Internet. En el capítulo 13 se ofrecen consejos para guardar datos espaciales. Sospechamos que algunos lectores se sentirán tentados de saltarse este último capítulo, pero los metadatos son de vital importancia, ya que sin ellos la inversión dedicada a crear un SIG podría perderse. Al final, ofrecemos un amplio glosario a modo de ayuda para los lectores que hayan preferido leer este libro siguiendo sus propios criterios.

1.2. CUESTIONES TEÓRICAS

Como acabamos de explicar, nuestra motivación principal al escribir este manual es promover el uso adecuado y creativo del SIG para tratar problemas arqueológicos. En esencia, consideramos el SIG como una herramienta más –aunque enormemente poderosa– entre las muchas que se pueden utilizar con fines arqueológicos. Sin embargo, se ha abierto un interesante debate sobre si el SIG es una mera herramienta o una «ciencia» de pleno derecho (Wright *et al.*, 1997). El tema es importante porque si el SIG es sólo una herramienta, entonces su utilización puede considerarse básicamente neutral desde el punto de vista de la teoría, pero si es una ciencia su utilización conlleva automáticamente una determinada perspectiva teórica, que puede gustar o no. El resto de este capítulo es una introducción a algunas de las cuestiones fundamentales de este debate.

1.2.1. La esencia del espacio

Los SIG precisan de dos descriptores para describir el mundo real: el *atributo*, que registra lo que está presente, y la *localización*, que registra dónde está (Worboys, 1995). Como se verá con más claridad en el capítulo 3, lo que diferencia al SIG de otros sistemas de gestión de bases de datos es el descriptor de localizaciones, pero lo más importante es que requiere un concepto de lo que es el espacio y un medio para describirlo.

¿Qué es el espacio?

Todo análisis espacial, sea formal o informal, se basa en última instancia en un concepto del espacio. En el pensamiento occidental han dominado dos grandes ideas filosóficas sobre la naturaleza del espacio: una lo interpreta como un contenedor y la otra como una relación entre cosas.

El *concepto absoluto* de espacio lo interpreta como un contenedor de todos los objetos materiales cuya existencia es independiente de los objetos que contiene. El origen del concepto absoluto de espacio se remitiría a los filósofos atomistas griegos (Harvey, 1969: 195), pero sea como fuere asumió una posición dominante en el pensamiento occidental durante el Renacimiento, sobre todo a raíz del éxito de las leyes del movimiento de Newton, que precisan de un marco fijo de referencia para poder calcular el movimiento. Luego Kant desarrolló el concepto absoluto de espacio como «una especie de marco para cosas y eventos: algo parecido a un sistema de casilleros o a un sistema archivador para las observaciones» (Popper, 1963: 179). Y definió la geografía como el estudio de todos los fenómenos organizados según ese «sistema archivador», una visión que ha primado en geografía hasta mediados de la década de 1950 por lo menos (Harvey, 1969: cap. 14).

En cambio, el *concepto relativo* de espacio lo interpreta como una cualidad posicional del mundo de los objetos materiales o acontecimientos (Harvey, 1969: 195), de lo cual se deduce que, a diferencia del concepto absoluto, resulta imposible hablar del espacio en ausencia de las cosas. Como reacción contra la identificación de Newton del espacio absoluto con Dios o con algún atributo divino, los filósofos de la ciencia del siglo XIX se inclinaron por el concepto relativo. Los físicos, en cambio, siguieron aferrados al concepto absoluto hasta principios del siglo XX, cuando la teoría general de la Relatividad redujo su dependencia de la mecánica newtoniana. En los años cincuenta, los geógrafos también teóricamente proclives la abandonaron cuando aceptaron que muchos procesos sólo se pueden comprender si la distancia se mide en términos de coste, tiempo o interacción social (Watson, 1955), y que ningún proceso presenta el marco invariable en el que se basa «el sistema archivador» de Kant.

¿Cómo describir el espacio?

Del mismo modo que un análisis espacial está basado en un determinado concepto de espacio, también requiere un «lenguaje» (Harvey, 1969: 191) para describir las distribuciones espaciales de objetos y acontecimientos en ese espacio, y para analizar los procesos responsables de esas distribuciones. Los lenguajes espaciales formales se llaman *geometrías*, y las dos más relevantes para los usuarios arqueológicos del SIG son la *topología* y la *geometría euclidiana*. Estas y otras geometrías se diferencian entre sí por su distinta capacidad para detectar el efecto de determinadas transformaciones, como la extensión, la ampliación o la rotación.

La *topología* distingue objetos espaciales que se consideran diferentes por el modo que tienen de relacionarse con sus vecinos y, por ello, guarda una estrecha afinidad con el modelo relativo del espacio. Imaginemos, por ejemplo, que se traza un plano de excavación sobre un mapa o una hoja elástica; entonces la topología tiene que ver con aquellos aspectos de los rasgos registrados que permanecen invariables cuando esa superficie elástica se estira o se contrae, pero no si se corta o se enrolla. Estos aspectos incluyen relaciones estratigráficas tales como «contenidos» y «contigüidades», pero no las áreas cubiertas por varios depósitos. En efecto, uno de los rasgos más destacables de las geometrías topológicas es que no permiten medir la distancia o el área. Sin embargo, la identificación de relaciones topológicas explícitas suele ser un paso importante en la creación de un SIG (capítulo 5), sobre todo si contiene redes como un sistema fluvial o viario (capítulo 11).

La *geometría euclidiana* es la geometría que la mayoría de nosotros hemos aprendido en la escuela. Ideada por Euclides hacia el año 300 a.C., es el ejemplo de una geometría *métrica*, es decir, que incorpora el concepto de distancia entre distintos puntos, de manera que la distancia del punto A al punto B es la misma que la de B a A. La geometría euclidiana se ha asociado siempre al concepto absoluto de espacio. Hay que tener asimismo en cuenta que, en realidad, el famoso sistema de coordenadas cartesianas (capítulo 2) no es un elemento básico de la geometría de Euclides –es aproximadamente unos 2000 años más joven–, aunque no deja de ser una herramienta muy útil para analizar transformaciones en el espacio euclidiano. Volviendo al ejemplo del plano de excavación, la geometría euclidiana nos permite medir las áreas cubiertas por distintos depósitos y también determinar las relaciones estratigráficas entre esos depósitos.

Dado que la geometría euclidiana nos permite distinguir un mayor número de transformaciones que la topología, podría considerarse más «específica» (Klein, 1939). Con referencia al SIG, una geometría más específica tiene mucha más capacidad para incorporar consultas relevantes sobre las relaciones espaciales en una base de datos.

El espacio en el SIG

Como decíamos, el SIG describe el mundo mediante atributos y localizaciones. Los dos principales modelos de datos que el SIG utiliza para describir los posibles vínculos entre ellos reflejan, de algún modo, los dos conceptos filosóficos del espacio.

El modelo de datos de *campos continuos* propone un espacio donde algún atributo varía, generalmente de forma leve y constante (Burrough y McDonnell, 1998; Couclelis, 1992). Una aplicación concreta, que posibilita una aproximación discreta de un campo continuo, es un modelo digital de elevaciones (MDE) ráster. Como se explica en el capítulo 2, un MDE ráster registra la altura sobre el nivel del mar de una serie de celdas dispuestas en una rejilla o grid regular, pero lo más importante es que se puede consultar cualquier celda de la rejilla para obtener un valor de elevación (o un valor nulo en el caso de ausencia de datos), es decir, que cada localización tiene un valor de atributo (al menos en principio). Dado que el modelo de campo continuo organiza la información mediante un conjunto de localizaciones predeterminadas en el espacio, puede considerarse que se corresponde estrechamente con el concepto filosófico absoluto de espacio.

El modelo de datos de *entidades* alternativo propone un conjunto de entidades que tienen una localización y que se caracterizan por poseer atributos espaciales y/o no espaciales (Burrough y McDonnell, 1998). La típica implementación de este modelo es un mapa vectorial de unidades de prospección arqueológica, que registra la extensión de cada unidad en forma de un polígono cerrado y asocia con cada una un identificador y una información precisos, como por ejemplo el peso de los fragmentos cerámicos recuperados en la superficie (véase el capítulo 2). A diferencia del ejemplo anterior, aquí no se obtienen datos sobre los fragmentos cerámicos recuperados en lugares no asociados a unidades de prospección, es decir, que algunas –tal vez muchas– localizaciones no poseen un valor de atributo. El modelo de entidades presenta cierta afinidad con el concepto filosófico relativo de espacio, al menos en la medida en que organiza la información por elementos y no según un conjunto de localizaciones predeterminadas en el espacio. Por otro lado, conviene destacar que, en la práctica, la localización de entidades viene dada de acuerdo con un sistema fijo de coordenadas que describe un espacio existente con independencia de esas entidades.

Tan sólo hemos sugerido una estrecha asociación entre los mapas ráster y el modelo de datos de campo continuo, y entre los mapas vectoriales y el modelo de datos de entidades. Esta asociación refleja, en efecto, una práctica estándar a la hora de aplicar ambos modelos. Pero también es importante saber que los mapas vectoriales y los mapas ráster son estructuras de datos y no modelos de datos: de hecho es posible –aunque no muy indicado– representar un campo continuo mediante un mapa vectorial y un conjunto de entidades con un mapa ráster (por ejemplo, véase en el capítulo 6 el análisis de las redes de triángulos irregulares [TIN]).

1.2.2. El espacio en el SIG de arqueología

¿Importa realmente desde el punto de vista arqueológico que haya diferentes filosofías del espacio y que estas se reflejen, al menos parcialmente, en los distintos modelos de espacio utilizados en el SIG? En nuestra opinión sí importa, tanto si se utilizan SIG para registrar la evidencia arqueológica como si luego sirven para analizar esa evidencia con la esperanza de conocer mejor el pasado. Pasamos a comentar ambos aspectos.

Registro de evidencia

Los arqueólogos suelen invocar, aunque casi siempre implícitamente, determinados conceptos del espacio y determinadas geometrías para registrar la organización espacial de la evidencia relativa a la actividad humana del pasado. Por ejemplo, el sistema de registro de un contexto utilizado en muchas excavaciones urbanas profundamente estratificadas se basa sobre todo en el concepto relativo de espacio y prioriza básicamente las relaciones topológicas. Así, puede que haya pocos o ningún plano de una superficie continua que muestre las distintas unidades estratigráficas descubiertas en una determinada fase de la excavación, ya que el interés principal no es registrar lo que hay en cada cuadrante de la rejilla del yacimiento sino la localización de, y las relaciones entre, todas las unidades estratigráficas que han deparado evidencia sobre acontecimientos del pasado. Y esto se consigue mejor cartografiando cada unidad por separado y registrando las relaciones entre unidades en un diagrama topológico, como la matriz de Harris (Harris, 1979).

En cambio, un programa de prospección del terreno por recopilación de evidencia es más fácil que se base en el concepto absoluto de espacio y que destaque las relaciones que precisan de la geometría euclidiana. Por ejemplo, si lo que se pretende es localizar asentamientos, entonces los resultados pueden registrarse en un plano que muestre el número o el peso de los artefactos hallados en cada cuadrante de una rejilla de prospección, ya que lo que importa es identificar localizaciones con determinados atributos, en este caso las que contienen muchos artefactos. Además, si por alguna razón no fuera posible crear una rejilla convencional de prospección, los resultados tendrían que ajustarse para tener en cuenta el área cubierta por cada unidad de prospección, lo que evidentemente exigiría una geometría euclidiana.

Las demandas de los dos problemas arqueológicos que acabamos de apuntar serán mejor atendidas si se utilizan distintos modelos de espacio: el modelo de entidades en el primer caso y el modelo relativo en el segundo, que a su vez exigen la creación de un mapa vectorial y de un mapa ráster, respectivamente (pero recuérdese la advertencia anterior). Todo ello para decir que los conceptos de espacio y las geometrías son importantes con vistas al trabajo eminentemente práctico que supone el registro de la organización espacial de evidencia arqueológica.

Conocimiento del pasado

Como decíamos al principio, se ha debatido mucho en geografía sobre si el SIG es una «herramienta» o una «ciencia» (Wright *et al.*, 1997) y sobre el acervo teórico, y ético, asociado a su utilización (Curry, 1998; Sui, 1994). Los arqueólogos han abierto un debate similar (Wheatley, 1993; Gaffney y van Leusen, 1995; Gaffney *et al.*, 1996; Thomas, 1993, 2004; Witcher, 1999) aunque con un interés menos explícito por la ética y por la crítica feminista que se da en geografía (véase Kwan, 2002). A grandes rasgos, quienes consideran el SIG como una «herramienta» opinan que es potencialmente aplicable a muchas disciplinas, tanto si se utiliza basándose en el marco inductivo típico de las ciencias naturales como si se traslada a otros marcos, como por ejemplo el de la sociología humanista. En cambio, quienes ven el SIG como una «ciencia» tienden a considerarla estrecha e inextricablemente vinculada al modelo de la ciencias naturales. Al margen de los discursos teóricos sobre el modo de uso o no del SIG, en la práctica parece que la historia del SIG arqueológico destinado al ámbito de la investigación[1] resume, a una escala

1. Aquí utilizamos el término «orientado a la investigación» para referirnos a estudios cuya finalidad es/era comprender la organización espacial humana del pasado. Las primeras aplicaciones arqueológicas del moderno SIG estaban relacionadas con la creación de modelos predic-

temporal enormemente comprimida, la experimentación de la disciplina madre con distintos modelos de conocimiento y el cambio de sus prioridades en las distintas facetas de la conducta humana (véase Lake y Woodman, 2003 para un tratamiento más detallado en el contexto de los estudios de visibilidad).

El discurso del «sentido común». Antes de la aparición de la Nueva Geografía en la década de 1960, la mayoría de estudios sobre el uso humano del espacio consistían en síntesis descriptivas y en una explicación discursiva de lo que ocurría y dónde. La misma confianza en la descripción y en el discurso se dio también en la arqueología hasta finales de los años sesenta, sobre todo en su forma de tratar el espacio. Aunque tanto la geografía «tradicional» como la arqueología «tradicional» habían desarrollado metodologías específicas, como los mapas de distribución y, en el caso de la arqueología, la seriación, ni la una ni la otra eran demasiado explícitas sobre sus premisas teóricas ni sobre la lógica inductiva utilizada para justificar sus resultados.

Curiosamente, los primeros estudios que utilizaron el SIG de arqueología en su investigación aplicaron, en general, el enfoque del «sentido común» de la arqueología «tradicional» (Aldenderfer, 1996), pese a que se realizaron a finales de la década de 1980 y principios de los noventa. Por ejemplo, Gaffney y Stančič (1991, 1992) se sirvieron del SIG para establecer que las torres romanas de la isla de Hvar en el mar Adriático eran intervisibles, y luego sugerían que la localización de esas torres pudo venir determinada por la necesidad de intervisibilidad. Aunque puede que la idea sea correcta, los autores no trataron de sustentarla, demostrando, por ejemplo, que la intervisibilidad no apareció por puro azar, y que no fue un subproducto de algún otro atributo favorable.

La explicación científica. Durante los años sesenta la Nueva Geografía (Holt-Jensen, 1988) y, poco después, la Nueva Arqueología (Binford y Binford, 1968; Clarke, 1968; Binford, 1989) adoptaron una perspectiva positivista para abordar los temas de su interés. Confiaban en que la aplicación del pensamiento lógico a la observación de las condiciones factuales generara proposiciones con rango cuasi de ley sobre el comportamiento humano. Pese a que el entusiasmo inicial por el método hipotético-deductivo de Hempel (defendido por Fritz y Plog, 1970) se vio truncado cuando los arqueólogos trataron de aplicarlo al contexto de una ciencia histórica, casi toda la inves-

tivos (véanse, por ejemplo, las contribuciones de Judge y Sebastian, 1988), y su propósito fundamental era predecir la presencia de evidencia arqueológica aunque sin tratar de explicarla o entenderla (véase el capítulo 8 de este libro).

tigación arqueológica realizada desde los años setenta se ha basado en una óptica procesual, es decir, en la suposición de que los métodos de las ciencias naturales pueden servir para explicar las cuestiones centrales de las ciencias sociales. Esto es manifiesto en un enfoque más riguroso de la inducción y en el mayor uso de los métodos cuantitativos, sobre todo estadísticos.

Entre principios y mediados de los años noventa tuvo lugar una evolución paralela cuando el uso del SIG en la investigación arqueológica entró rápidamente en lo que podría llamarse su fase pospionera. En 1993 Kvamme instaba a los arqueólogos a adoptar un enfoque integral de la estadística espacial y del SIG, ya que había comprendido que el SIG podía combinarse con tests de-una-muestra para analizar la asociación entre la localización de un yacimiento y los parámetros medioambientales (Kvamme, 1990c). Aquel mismo año, van Leusen (1993: 120) realizó un análisis de agrupaciones (*cluster analysis*) de las propiedades geomorfológicas del campo visual de yacimientos paleolíticos/mesolíticos basándose en la suposición de que esos campos visuales prresumiblemente variaban en los yacimientos que desempeñaban funciones distintas dentro del sistema de subsistencia. Desde entonces hubo un claro interés por elevar el rigor inductivo. Así, Wheatley (1995, 1996) utilizó un test de Kolmogorov-Smirnov de-una-muestra para verificar una hipótesis explícita sobre la intervisibilidad entre yacimientos. Su trabajo lo perfeccionaron más tarde Fischer *et al.* (1997), al destacar que la mera existencia de una asociación entre la actividad humana y una o más variables medioambientales no constituía en sí misma evidencia clara de una relación causal. Demostraron, por ejemplo, que el uso de muestras de control más restringidas contribuía a determinar si los yacimientos costeros con gran visibilidad se ubicaron allí deliberadamente para poder dominar el máximo paisaje posible o si fue una consecuencia no deliberada de su proximidad al mar.

Conocimiento, experiencia, simbolismo y «otredad». En los años setenta la geografía incorporó la crítica antipositivista, o humanista, de la ciencia social positivista (p. ej., Tuan, 1974), y lo mismo haría la arqueología posprocesual en los años ochenta (p. ej., Hodder, 1982, 1986; Shanks y Tilley, 1987a). A partir de mediados de los años noventa los usuarios europeos del SIG arqueológico creen que el uso del SIG ha podido fomentar, deliberadamente (Wheatley, 1993: 133) o no (Gaffney *et al.*, 1996: 132), la continuidad e incluso la reintroducción del enfoque positivista que la arqueología posprocesual ya había rechazado. La introducción que sigue sobre el uso del SIG en un marco posprocesual está organizada enfunción de tres tendencias del pensamiento posprocesual, aunque concedemos que no son fácilmente separables.

Una tendencia considera que lo importante es cómo conocemos el pasado. Esto supone un rechazo de la idea de que los métodos de las ciencias naturales son pertinentes para el estudio de la vida social y, por tanto, para la finalidad de la explicación científica. En cambio, basándose en el pensamiento idealista, muchos arqueólogos posprocesuales proponen que la acción humana sólo puede entenderse adoptando la perspectiva de quienes la realizan (Hodder, 1986). Esta óptica se ha visto enriquecida con un enfoque fenomenológico que insiste en la creación de experiencia a través del compromiso personal con el mundo físico (p. ej., Tilley, 1994; Thomas, 1996). Así, Chris Tilley afirma en su *A Phenomenology of Landscape: Paths, Places and Monuments* (1994: 10) que «el espacio no puede existir al margen de los acontecimientos y actividades en los que está implicado». Desde esta perspectiva, uno de los principales problemas con el análisis SIG tradicional ha sido su asociación con el modelo absoluto de espacio y, por lo tanto, con la posible perpetuación del «truco de Dios» de Haraway (1991: 189): hacer que todo sea visible no sólo presenta «una visión de los paisajes del pasado que el habitante apenas reconocería» sino que propicia «una especie de apropiación intelectual» (Thomas, 1993: 25). Cada vez son más los que sugieren que, para poder avanzar, habría que combinar el SIG con la realidad virtual para obtener algún tipo de experiencia localizada de las condiciones materiales del pasado (véanse Gillings y Goodrick, 1996; Pollard y Gillings, 1998; Earl y Wheatley, 2002; también Gillings, 2005 para una crítica). Este enfoque representa una importante ruptura respecto a los modelos de inducción positivistas, y elude una explicación experta basada en los resultados de tests estadísticos para favorecer múltiples formas de conocimiento, todas ellas potencialmente únicas para un participante concreto.

Una segunda tendencia del pensamiento posprocesual se centra en aquellos aspectos del pasado que hemos elegido estudiar. La tendencia de la arqueología procesual a priorizar las dimensiones ecológicas y económicas de la existencia humana ha sido sustituida por la priorización del significado y del simbolismo. Así, por ejemplo, la expansión de la agricultura en Europa se aborda en términos de sustitución de un sistema de significado por otro, y no de un modo de subsistencia por otro (Hodder, 1990; Thomas, 1991b). Casi todos los intentos de trascender el supuesto determinismo medioambiental de las aplicaciones anteriores del SIG han tratado el paisaje simbólico básicamente como un producto de la intervisibilidad (p. ej., Gaffney *et al.*, 1996). Pero con ello se corre el riesgo de sustituir un determinismo basado en una serie de variables medioambientales por un determinismo basado en otra serie de variables. La respuesta se ha traducido en tres desarrollos del SIG arqueológico. Uno sustituye la dependencia de la simple presencia o ausencia de una línea de visión por un intento de modelar aspectos más complejos de la percepción visual (Wheatley, 1993; Witcher, 1999; Wheatley y Gillings, 2000). El segundo combina la psicología gibsoniana con el cálculo de muchas o todas las vistas posibles para tratar de cartografiar las «posibilidades» del paisaje (Llobera, 1996, 2001, 2003). Por último, también se ha intentado modelar otros sentidos aparte de la vista (p. ej., Tschan *et al.*, 2000; Mlekuz, 2004).

La tercera tendencia del pensamiento posprocesual a considerar aquí tiene que ver con la «otredad» del pasado. Implica un reconocimiento de que el pasado pudo ser diferente, y sobre todo de que las gentes del pasado pudieron tener modos muy distintos de pensar (Shanks y Tilley, 1987b; Thomas, 1991a) y que la experiencia misma de la propia individualidad pudo ser totalmente distinta de la que nosotros conocemos (Thomas, 1996). Por lo que respecta al uso del SIG, esta perspectiva ha contribuido a la objeción, antes mencionada, de que las representaciones del SIG se construyen utilizando modelos del espacio y lenguajes espaciales –como el modelo absoluto y la geometría euclidiana– que son indisociables del pensamiento occidental. En este sentido, Julian Thomas (2004: 201) afirma que aunque es «posible desarrollar una arqueología experimental y sensual del espacio y del paisaje, que sea sensible a la relacionalidad que da sentido a las cosas...es dudoso hasta qué punto un microprocesador puede facilitar este proceso». En el fondo de esa duda está la conocida crítica de la teoría informática de la mente (Dreyfus, 1972; Searle, 1992), que sostiene que la inteligencia artificial tradicional y los métodos informáticos sencillamente no captan la auténtica esencia del pensamiento y del conocimiento. Los arqueólogos usuarios del SIG han planteado sugerencias en torno a la primera de estas críticas. Por ejemplo, Zubrow (1994) «curvó» el espacio euclidiano para investigar la coincidencia entre la distribución observada y la ideal de las viviendas oblongas iroquesas. Además, algunos autores sostienen (p. ej., Wheatley, 1993) que los mapas de recorridos óptimos (véase el capítulo 10) ofrecen otra vía para representar la experiencia no euclidiana de la distancia. También es posible que el SIG orientado al objeto (Tschan, 1999) nos ayude a modelar el espacio como algo inextricablemente unido a acontecimientos y actividades. En cambio, la segunda crítica parece inicialmente menos abordable, ya que cuestiona el uso mismo de los métodos informáticos. Sin embargo, los investigadores de la inteligencia artificial, entre ellos muchos especialistas de la simulación sociológica, van más allá de la teoría informática tradicional de la mente y están empezando a abordar temas como la construcción social de las emociones (Cañamero y de Velde, 2000) y la idea de que la cognición no está separada del compromiso con el mundo (Maris y te Boekhorst, 1996). Sospechamos que estos avances se filtrarán a través del SIG, al principio quizá junto con el uso de modelos de simulación basados en los agentes humanos (Lake, 2004).

1.3. Conclusión

Se ha descrito el SIG como «la herramienta tecnológica más poderosa aplicable a la arqueología desde el invento de la datación por radiocarbono» (Westcott y Brandon, 2000, contracubierta), pero también como una tecnología sin energía intelectual, excesivamente dependiente de simples supuestos sobre la importancia de los patrones espaciales en un espacio artificial deshumanizado (Pickles, 1999: 50-52). Aunque hay elementos de verdad en ambas afirmaciones, creemos que una de las mayores fuerzas de la utilización del SIG en arqueología es su diversidad. A veces, basta simplemente con organizar nuestros datos de un modo más eficaz para generar nuevas ideas sobre el pasado. Otras veces, los nuevos planteamientos requieren un uso comedido de la estadística espacial. Y en otros casos es necesario construir nuevos métodos dentro del marco del SIG convencional. Por último, seguro que aprendemos más a consecuencia de la integración del SIG con la realidad virtual, con la simulación basada en los agentes y con los avances en el ámbito de la inteligencia artificial. En última instancia, la clave del éxito consiste en utilizar el SIG de una forma adecuada, lo que significa no perder de vista sus lastres teóricos y tener un adecuado dominio técnico de las muchas y poderosas posibilidades que ofrece.

2. Principios básicos

2.1. Introducción

Como ocurre con otros programas informáticos, el poder del SIG puede ser engañoso: unos resultados visualmente impresionantes pero en último término sin sentido pueden parecer irrefutables debido a las sofisticadas tecnologías utilizadas para producirlos (Eiteljorg, 2000). El conocido dicho «no es oro todo lo que reluce» es especialmente aplicable al SIG, y uno de los principales objetivos de este libro es orientar sobre la mejor manera de utilizar esta tecnología para potenciar y ampliar nuestro conocimiento del pasado humano, no para entorpecerlo. En este capítulo presentamos una visión general de los «principios básicos» del SIG: el software (o componente lógico) y el hardware (o componente físico) necesarios, los principios geodéticos y cartográficos, y los modelos de datos del SIG, que constituyen los pilares conceptuales básicos para entender qué es el SIG, cómo funciona y cuáles son sus potencialidades y sus limitaciones. Aun cuando algunos de estos «principios básicos» pueden resultar familiares a los lectores especializados en cartografía y gráficos informáticos, ofrecemos una información sucinta pero rigurosa sobre todos ellos puesto que conforman los cimientos de los demás capítulos.

2.2. Los elementos básicos

2.2.1. La funcionalidad del SIG

¿Qué hace un SIG? Para hacernos una idea cabal de su funcionalidad no basta con definir el SIG y hablar de su capacidad para captar y manipular datos

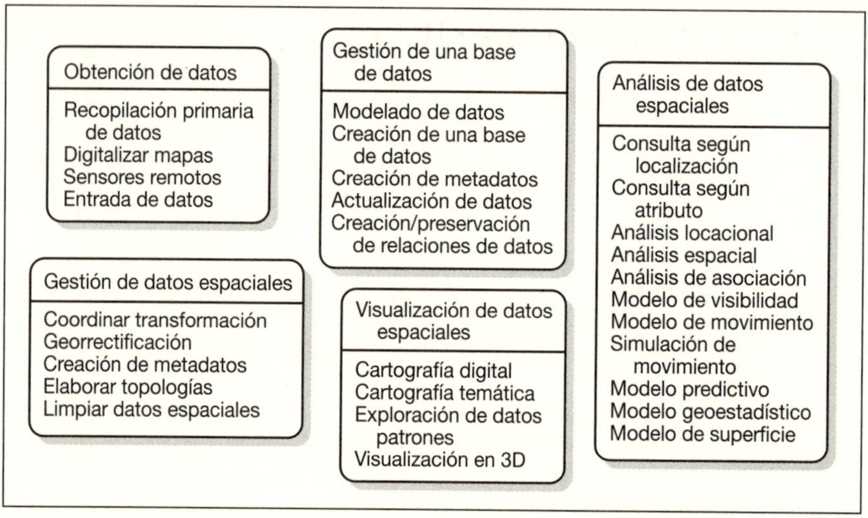

FIGURA 2.1. Los cinco principales grupos de tareas que realizan los SIG (según Jones 1997, fig. 1.2).

espaciales. Resulta más informativo dividir algunas tareas básicas del SIG en cinco grupos: obtención de datos, gestión de datos espaciales, gestión de las bases de datos, visualización de los datos y análisis espacial. Algunas de las tareas habituales que pueden realizarse bajo estos epígrafes aparecen en la figura 2.1. y se describen en el recuadro de la p. 31.

Pese a que todas estas tareas son importantes en sí mismas, el SIG debe considerarse ante todo como una tecnología *integrada* e *integradora*, que proporciona una serie de herramientas que ayudan a los usuarios a interactuar y a comprender la información espacial. Es importante destacar que aunque el origen del SIG hunde sus raíces en la cartografía digital, el SIG no se basa solamente en los mapas ni solamente en la manipulación digital de la información y de los métodos que suelen representarse en los mapas (Longley *et al.*, 1999). El SIG supone una contribución mucho más amplia en cuanto a la comprensión del espacio e incluso de las relaciones espacio-temporales entre los fenómenos naturales y los fenómenos antropogénicos (Couclelis, 1999). En efecto, cada vez es más frecuente distinguir entre las herramientas del software utilizado para procesar los datos geoespaciales (SIG) y una ciencia de la información geográfica (SIGc) que trata los temas conceptuales más fundamentales de las relaciones espaciales y espaciotemporales y el impacto de las tecnologías geoespaciales en las humanidades y en las ciencias sociales (Marble, 1990; Curry, 1998; Forer y Unwin, 1999; Johnston, 1999; Longley *et al.*, 2005).

TAREAS Y DESCRIPCIONES DEL SIG

La obtención de datos espaciales. El SIG es un programa-plataforma para obtener e integrar archivos de datos espaciales. Los datos espaciales incluyen, aunque no sólo, mapas topográficos, localización y morfología de yacimientos, planos arqueológicos, distribuciones de artefactos, fotografía aérea, datos geofísicos e imágenes de satélite, todos ellos incorporables a un medio analítico común.

Gestión de datos espaciales. El SIG utiliza sofisticados sistemas de gestión de bases de datos para almacenar y recuperar datos espaciales y sus atributos. Entre otras cosas, implica la transformación de sistemas de coordenadas para poder integrar datos recogidos de distintas fuentes, la construcción de topologías vectoriales, la «limpieza» de archivos de datos espaciales recién digitalizados y la creación de metadatos geoespaciales.

Gestión de bases de datos. Una de las principales fuerzas del SIG es que proporciona un contexto para vincular y explorar relaciones entre datos espaciales y no espaciales. Por ejemplo, dada una base de datos sobre la procedencia de una muestra de puntas arrojadizas de proyectil, y otra base de datos que contiene información sobre la morfología de esas mismas puntas, ambas pueden vincularse de manera que resulte posible buscar patrones espaciales en la variabilidad morfológica de esas puntas. Así que la gestión de bases de datos, que implica la modelación conceptual y lógica de datos, es una parte importante del SIG, al igual que la construcción y conservación de las bases de datos para asegurar que los componentes espaciales y no espaciales de un conjunto de datos estén debidamente vinculados.

Análisis de datos espaciales. El SIG ofrece asimismo la posibilidad de realizar un análisis locacional y espacial de los datos arqueológicos, así como herramientas para examinar la visibilidad y el movimiento (recorridos óptimos) a través del paisaje. En el SIG, muchas tareas requieren la combinación matemática de archivos de datos espaciales para poder producir nuevos datos capaces de ofrecer un mejor conocimiento de los fenómenos naturales y antropomorfos, desde modelos ecológicos que proporcionan predicciones sobre la idoneidad del suelo para la agricultura o sobre el potencial de erosión, hasta modelos predictivos de la localización de yacimientos potenciales. El SIG también dispone de herramientas para construir modelos geoestadísticos de datos espaciales que permitan crear, por ejemplo, superficies continuas a partir de un conjunto de observaciones discretas. Y también puede ser una ruta a la simulación por ordenador del comportamiento humano y de la toma de decisiones en distintos marcos medioambientales.

Visualización de datos espaciales. El SIG posee potentes capacidades de visualización para ver en pantalla datos espaciales de forma muy innovadora (de índole temática o «aérea» en tres dimensiones) que sugieren posibles patrones y rutas con vistas a ulteriores análisis. El SIG también incorpora herramientas cartográficas que ayudan a producir mapas en papel impreso. Muchos packs SIG facilitan asimismo la publicación de datos de mapas interactivos en Internet.

2.2.2. La información geográfica

Existe una considerable coincidencia entre los objetivos de la arqueología y los de la antropología, ya que ambas disciplinas comparten su interés por explorar e interpretar la estructura espacial y la organización de las sociedades humanas a escala micro y macro (p. ej., Clarke, 1977). Así que tratamos el término «geográfico» como un término inclusivo que trasciende la disciplina de la geografía (Couclelis, 1999). Cabría, pues, definir en líneas generales la «Información Geoespacial» como una información relativa a los fenómenos naturales y antropogénicos y sus relaciones mutuas. La información geoespacial puede también describir microfenómenos, como por ejemplo las pautas de la erosión de las fachadas de los edificios históricos o la distribución de las marcas de cortes en un hueso (p. ej., Marean *et al.*, 2001; Abe *et al.*, 2002). La mayoría de datos arqueológicos –sean artefactos, ecoactividades, rasgos más característicos, monumentos, yacimientos o paisajes– tienen atributos espaciales y no espaciales que pueden explorarse utilizando el SIG (fig. 2.2). Estos atributos incluyen:

- Una *localización espacial* que nos dice dónde está la información en un contexto local o en uno global. Una localización puede definirse mediante un término cualitativo, como por ejemplo «en Texas» o «junto al río», y también cuantitativamente utilizando coordenadas cartográficas. Buena parte de la investigación en las ciencias sociales utiliza datos de posición cualitativos, como comarcas, ciudades, distritos censales o códigos postales, para formar una unidad de análisis. Las localizaciones cualitativas se usan bastante menos en arqueología, aunque a veces se utilizan lugares como el distrito parroquial, el condado o la región prospectada. Pero es más frecuente utilizar datos de localización cuantitativos en forma de coordenadas cartográficas, que incluyen sistemas de localización geográfica, siendo las más corrientes la latitud y la longitud, o los sistemas de coordenadas métricas cartesianas definidas nacional, regional o localmente.
- Una *morfología*, que defina la forma y el tamaño de un objeto, por ejemplo, «recto» o «100 m^2». Los descriptores cualitativos y cuantitativos pueden registrarse como *datos de atributos*, que registran, por ejemplo, el tamaño de un yacimiento arqueológico o la forma de una distribución. Pero también es posible registrar directamente la morfología espacial, cartografiando en un mapa el tamaño y la forma de un fenómeno, como puede ser un yacimiento arqueológico. Para determinados fines analíticos o visuales, la morfología puede plasmarse directamente en un mapa, por ejemplo, la disposición de un esqueleto o la forma de una distribución de artefactos.
- Información sobre la *asociación e interacción espaciales*, que describa relaciones espaciales, como «el camino A cruza el camino B», o «desde el asentamiento P puece verse el asentamiento Q», o «el yacimiento K está a 100 m al este de una fuente». Como decíamos en el capítulo 1, algunas asociaciones espaciales pue-

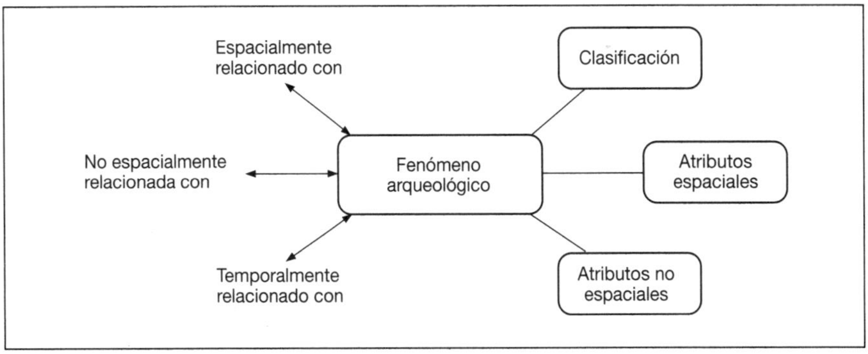

FIGURA 2.2. Las posibles características espaciales y no espaciales de los datos arqueológicos. Una sepultura, por ejemplo, está espacialmente relacionada con otras sepulturas adyacentes, no espacialmente relacionada con otras sepulturas de ese grupo de edad o género y temporalmente relacionada con otras sepulturas de ese período, además puede clasificarse según la postura o posición concreta del cuerpo, tiene una localización espacial y una morfología y posee una serie de atributos espaciales (p. ej., listas de bienes funerarios y características cualitativas/cuantitativas del esqueleto). (Según Jones 1997, fig. 2.8.)

den catalogarse como *topológicas*, por ejemplo cuando hablamos de las conexiones de un camino o de una carretera. Las relaciones topológicas también se describen como relaciones *independientes de la orientación* porque lo que importa son las relaciones que conectan objetos, no su orientación o su localización espacial. Las relaciones *direccionales* o *dependientes de la orientación* son aquellas que utilizan direcciones o una orientación relacionales, como por ejemplo encima, debajo, delante, detrás, o las direcciones cardinales este, oeste, sur y norte (Jones, 1997: 25).

- *Relaciones temporales*, que describan la fecha y/o los rasgos asociados en términos relativos, como «contemporáneo de», «más tardío que», «anterior a», etc. Las relaciones temporales pueden ser importantes para garantizar que determinados análisis, como el de los patrones de asentamiento, se ocupen sólo de los yacimientos que sean coetáneos.
- Uno o más *atributos no espaciales* que describan la naturaleza del objeto. Puede consistir en la biografía de un yacimiento o de un objeto, en información sobre el color y la materia prima de un objeto, la hora del día en que se prospectó el terreno, la forma de la sección de un elemento o la edad estimada de una tumba.

La posibilidad de asociar datos no espaciales con objetos espaciales significa que es posible explorar las características espaciales de datos no espaciales. Por ejemplo, con una base de datos sobre hachas que registre su procedencia espacial y sus atributos morfológicos no espaciales (p. ej., el peso, el tamaño, la materia prima, la fase de reducción, etc.) es posible explorar la relación entre su localización y las demás características. Se trata de una capacidad extremadamente importante del SIG que ha hallado aplicación en muchos ámbitos de la investigación arqueológica.

2.2.3. Componentes de un SIG

Un SIG es una tecnología que depende de un ordenador. Además del ordenador, el SIG necesita otros componentes importantes, como los siguientes:

El software o componente lógico. Para disfrutar plenamente de un SIG, el software ha de tener: i) una base de datos espaciales donde almacenar y gestionar objetos espaciales; ii) algún mecanismo que permita vincular datos de atributos con esos objetos espaciales, bien como una función interna del pack del SIG, bien mediante funciones que permitan el acceso a bases de datos externas; iii) una «máquina geoprocesadora» que permita manipular y analizar la información geoespacial almacenada en las bases de datos espaciales y de atributos. Ninguno de los muchos packs de los SIG actualmente disponibles realizan todas las tareas igual de bien. Por lo tanto, la elección del software ha de tener en cuenta varios factores, como las tareas para las que se necesita, bajo qué sistema operativo tendrá que operar (UNIX o sistemas similares, como el MacOS X, Linux, Irix o Solares; o una de las versiones de Microsoft Windows) y el presupuesto disponible para adquirir el software, el hardware y los costes de formación. Hay muchos packs disponibles –demasiados para poder enumerarlos todos–, todos ellos con sus capacidades y sus limitaciones en cuanto a la facilidad de uso y a la cantidad de herramientas analíticas que ofrecen. Una búsqueda en la web permitirá obtener una base razonable para conocer las opciones de los software existentes. Si el coste es un factor fundamental, merece la pena saber que uno de los packs más poderosos del SIG, el GRASS,[1] se puede obtener sin coste alguno con una licencia *open-source*. Hay excelentes packs comerciales muy completos que incluyen Idrisi,[2] la serie de programas ArcGIS,[3] y MapInfo,[4] y todos ofrecen descuentos para los usuarios del ámbito de la educación.

El hardware o componente físico. Además del ordenador para hacer funcionar el software, y que puede ir desde una pequeña agenda electrónica hasta un gran ordenador central institucional, hay otros componentes del hardware que son esenciales para que el SIG funcione. Pueden dividirse en dos grupos. El pri-

1. http://grass.itc.it.
2. www.clarklabs.org.
3. www.esri.com.
4. www.mapinfo.com.

mero se compone de los aparatos para introducir información, que pueden limitarse al teclado y al ratón que se adquieren con el ordenador, pero pueden ampliarse con tabletas digitalizadoras, escáneres planos y de tambor, equipo de control digital como el sistema GPS o las estaciones totales, o sensores geofísicos. En el capítulo 5 se analizan con cierto detalle los diversos métodos para obtener datos digitales. El segundo grupo se compone de los anexos de salida necesarios para ver y compartir información. La pantalla es la pieza fundamental del hardware para la visualización pero, con la evidente excepción del WWW, no es la más adecuada para transmitir información a terceros. Se necesita algún tipo de impresora, desde los aparatos estándares hasta los grandes trazadores o plotters de gráficos en color, para reproducir los mapas, grafos y tablas que genera el SIG. En el capítulo 12 nos ocupamos de la creación de mapas y de la comunicación de datos espaciales.

Las personas. Los operadores del SIG son la parte más esencial del sistema, ya que son los responsables de diseñar y analizar los datos espaciales. Un SIG no es nunca un proceso totalmente objetivo –en contadas ocasiones se puede «alimentar» un SIG simplemente con datos y preguntas y obtener resultados útiles–, así que es fundamental que los especialistas responsables de digitalizar, procesar y analizar los datos se integren plenamente en el diseño del proyecto y en la recopilación de datos. Esta incorporación no es tan importante cuando un investigador dirige el diseño del proyecto, la recogida de datos y el análisis, pero en los grandes proyectos de investigación o en las unidades arqueológicas comerciales es importante garantizar que los analistas del SIG se incorporen en la fase inicial del proyecto para evitar disfunciones entre los objetivos del proyecto previstos y los resultados. Un SIG difícilmente aportará gran cosa si se añade como un extra y se deja en manos de una «persona SIG» que no comprende ni conoce los objetivos originales del proyecto en cuestión.

2.3. PRINCIPIOS CARTOGRÁFICOS

2.3.1. Mapas, cartografía digital y el SIG

Un elemento fundamental del SIG es la visualización, la gestión y el análisis de los datos espaciales presentados en forma de mapas digitales. Por eso es importante recordar que todos los mapas, sean en papel o digitales, simplifican el mundo y presentan un modelo abstracto de los fenómenos espaciales. Los mapas pueden dividirse en dos grandes categorías:

Los mapas *topográficos* ofrecen información general sobre la superficie física de la Tierra, entre otros los elementos naturales y los creados por el hombre, como los caminos, los ríos, los asentamientos y la elevación. Todos ellos existen en una variedad de formas y escalas distintas, y cada uno con un fin determinado.

Las cartas de navegación aérea, por ejemplo, reúnen datos a una escala útil para los pilotos (1:500.000) y destacan la topografía, las zonas ocupadas, los espacios aéreos restringidos y los aeropuertos. En el Reino Unido, el Ordnance Survey suministra una serie de mapas topográficos (tanto en papel como en formato digital) que muestran la elevación, los elementos naturales y culturales del paisaje (entre otros los yacimientos y los monumentos arqueológicos e históricos), las carreteras, las ciudades y los pueblos, y sirven para un sinfín de aplicaciones diferentes. El Geological Survey de Estados Unidos edita mapas parecidos de EE.UU., y muchos países cuentan con organizaciones similares (como el Centre for Topographic Information de Canadá o el Geoscience de Australia).

Los mapas *temáticos* incluyen información concreta sobre un solo elemento del paisaje o medio, o sobre un solo tema. Cuando los valores de los datos varían continuamente en el espacio, suelen desplegarse en mapas *isarrítmicos*, que utilizan líneas para conectar puntos con un valor numérico constante, como por ejemplo la elevación (curvas de nivel), la temperatura (isotermos), la precipitación (isoyetas) e incluso la frecuencia de granizadas (*isochalazes*). Otras variables se aprecian mejor en mapas de coropletas, que utilizan sombreados o símbolos para mostrar los valores promedio de información en distintas áreas, como la vegetación, la geología o el número de artefactos recuperados en una unidad de prospección.

Para destacar las diferencias entre el mapa en papel tradicional y la interfaz dinámica que el SIG ofrece, conviene recordar algunas de las limitaciones de los mapas en papel (Longley *et al.*, 1999: 6). Estos difieren del SIG porque son:

Estáticos. Las interacciones dinámicas espaciotemporales entre objetos no son fáciles de representar (por ejemplo, los cambios de población y del patrón de asentamiento, el cambio medioambiental). El SIG tiene la ventaja de facilitar la exploración de la dinámica de la pauta temporal. La Universidad de Sidney y su proyecto «Archaeological Computing Lab's TimeMap»[5] es un ejemplo excelente de esta forma de levantar mapas dinámicos.

Bidimensionales. La pluridimensionalidad resulta muy difícil de plasmar sobre papel. Los datos espaciales multivariados y la representación tridimensional de la topografía se benefician de las formas pluridimensionales de visualización de un SIG (p. ej., Portugali y Sonis, 1991; Couclelis, 1999).

Planos. Representar una superficie curvada tridimensional, como la Tierra, en dos dimensiones suele conllevar una importante distorsión de las medidas espaciales (véase más adelante) y el SIG posee dispositivos para mejorar este aspecto.

Precisos. Los métodos tradicionales de representación cartográfica no permiten la representación de fronteras borrosas e imprecisas (como por ejemplo entre dis-

5. www.timemap.net.

tintas zonas de vegetación o fronteras culturales, etc.). Aunque el SIG aún tiene problemas con algunas formas de representación espacial, ofrece más posibilidades para trabajar con fronteras borrosas que las que tradicionalmente ofrecen los mapas en papel.

Difíciles de actualizar. Una vez plasmado en papel, un mapa es inalterable y sólo puede actualizarse levantando un mapa nuevo, mientras que el mapa digital puede actualizarse continuamente, incluso en tiempo real.

Difíciles de relacionar con datos no espaciales. Los atributos de los objetos en los mapas tradicionales han de codificarse y toda información suplementaria sólo se obtiene remitiendo a un índice geográfico. Un SIG tiene varias ventajas frente a los sistemas no digitales en cuanto a los datos de los atributos: concretamente, un SIG ofrece mayor capacidad para recuperar datos de forma más exhaustiva, mayor facilidad para actualizarlos y mayor capacidad y rapidez para explorar tipos de datos que su homólogo tradicional en papel.

Otra ventaja del SIG frente a los mapas tradicionales es que permite organizar distintos componentes del mismo mapa en diferentes submapas temáticos (de ahí el nombre de *cartografía temática*), que es la forma básica de organizar los datos espaciales en un medio SIG. En la práctica, significa que en un despliegue digital del SIG, pueden combinarse muchos elementos distintos, y cada uno de ellos se puede activar o desactivar, consultar, modidificar, reclasificar y editar. Muchas funciones analíticas, como las consultas espaciales, pueden operar en uno o más estratos o capas, según las necesidades del analista. Los estratos, o subconjuntos de cada estrato, también pueden combinarse para crear nuevos mapas a voluntad, proporcionando una visión potencial de las relaciones entre elementos sobre diferentes temas.

2.3.2. Sistemas de proyección de mapas y referencias geodéticas

Una de las propiedades básicas de un mapa es que tiene un contexto espacial –más concretamente, *georreferenciado*– puesto que se refiere implícita o explícitamente a unas determinadas posiciones en la superficie de la Tierra. Evidentemente con muchos mapas no es importante disponer de un contexto espacial preciso y absoluto; un rápido esbozo de la ruta para llegar a la casa de un amigo también sirve aunque sea inexacto y relativo. Pero cuando la precisión y el contexto espacial absoluto importan, se precisa un sistema de medición explícito. Como la Tierra tiene una forma compleja, esta medición no es un proceso banal, y la ciencia de la *geodesia* se ocupa de la medición de la morfología de la superficie de la Tierra. La mejor manera de reproducir la forma de la Tierra es con una esfera achatada llamada *elipsoide* o *geoide*, y en ella las posiciones pueden determinarse utilizando coordena-

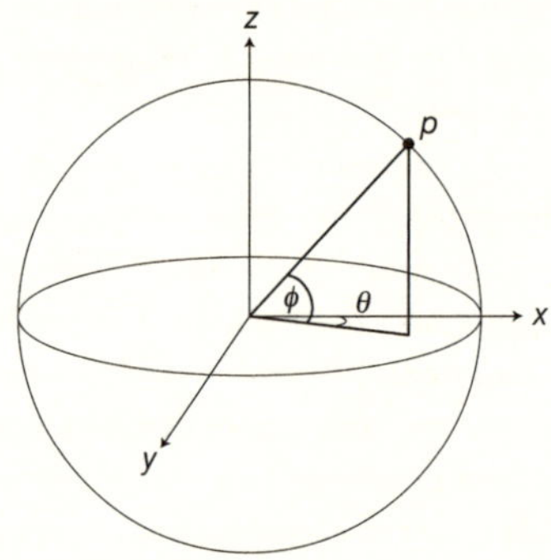

FIGURA 2.3. Coordenadas polares. El círculo de la esfera en el plano x, y es el ecuador, y en el plano x, z es el meridiano. Si p es un punto aleatorio en la superficie de la Tierra, el ángulo definido por θ será la longitud, y el ángulo definido por ϕ es la latitud (según Worboys, 1995: 143).

das *polares* o *geográficas* (fig. 2.3). Los *sistemas de coordenadas geográficas* definen los grados, los minutos y los segundos al sur o al norte del ecuador como *latitud*, y los grados, minutos y segundos al este u oeste del meridiano de Greenwich como *longitud*.

Es una solución elegante y sencilla para localizar posiciones en el planeta, pero no es tan adecuada para representar la superficie de la Tierra en un plano bidimensional, por ejemplo, en un mapa en papel o en una pantalla de ordenador. El nombre que recibe el sistema utilizado para proyectar zonas de la superficie redonda de la Tierra sobre un mapa plano es el de *proyección cartográfica*, que implica una *transformación* matemática de las unidades de longitud y latitud (llamadas *gratículas*) a un mapa plano. En esencia, es imposible crear un mapa plano de una gran zona de la superficie de la Tierra sin alguna forma de proyección. Cuando se cartografían áreas a escala continental o internacional, la transformación de tres a dos dimensiones provoca una profunda distorsión y un error espacial en determinados tipos de medidas. A escala nacional o regional, y hasta algo mayor, la distorsión provocada por la proyección en una superficie plana causa menos problemas, y las agencias cartográficas nacionales y estatales han establecido proyecciones para minimizar errores dentro de sus propias fronteras. A escalas muy pequeñas, lo que podríamos llamar escalas subregionales o locales, la superficie de la Tierra se considera plana, y pueden establecerse y utilizarse sistemas de rejilla sin necesidad de corrección geodética. Pero hay que ser

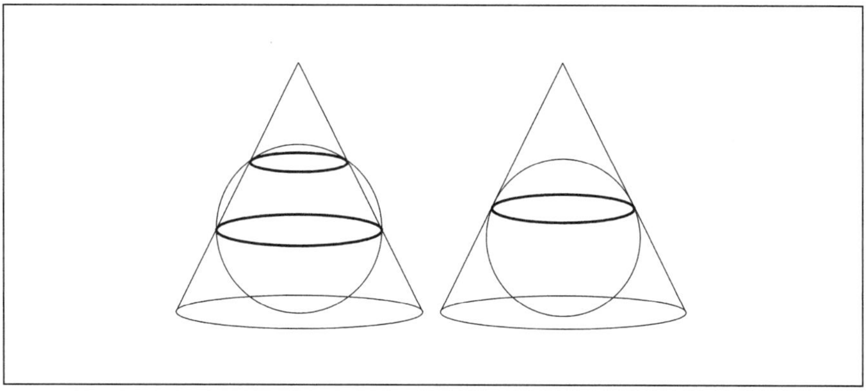

FIGURA 2.4. Proyección cónica con dos líneas secantes (izquierda) y una línea tangente (derecha). El punto o puntos de contacto también se conocen como paralelas estándares.

prudentes con el uso de los términos «gran escala» y «pequeña escala», porque puede ser una fuente de confusión. La gran escala suele hacer referencia a escalas de 1:50.000 o mayor (p. ej., 1:25.000; 1:5000, etc.) y la escala pequeña se refiere a mapas con escalas inferiores a 1:50.000 (p. ej., 1:100.000; 1:1.000.000, etc.; Thurston *et al.*, 2003: 37).

Se han desarrollado muchas formas de proyección cartográfica para confeccionar mapas globales y nacionales, y casi todos los programas SIG garantizan la mayoría de ellos (GRASS, por ejemplo, garantiza unas 123 proyecciones distintas). Los sistemas de proyección pueden agruparse en una *familia de proyección*, cuyas tres principales son la cónica, la acimutal y la cilíndrica, definidas según como se traslade la esfera a una superficie plana (para un análisis matemático, véase Iliffe, 2000). Cada familia tiene o bien una línea *tangente* o bien dos líneas *secantes* que definen en qué lugar la superficie de proyección imaginada entra en contacto con la Tierra, y por lo tanto dónde hay menos distorsión (fig. 2.4). Todas las proyecciones distorsionarán uno o más parámetros de distancia, dirección, escala, conformalidad (forma) y área, si bien cada familia tratará de minimizar la distorsión de uno o dos parámetros aunque ello suponga aumentarla en otros.

Además de las tres familias de proyección citadas, hay cuatro grupos de proyecciones que se definen según el modo de gestionar esa distorsión. Las proyecciones *conformes* u *ortomórficas* preservan la intersección de 90° de las líneas de latitud y longitud para asegurar que las medidas de los ángulos entre puntos sean correctas, pero distorsionan las medidas de área. Las proyecciones de *áreas iguales* preservan los cálculos de área, de modo que la multi-

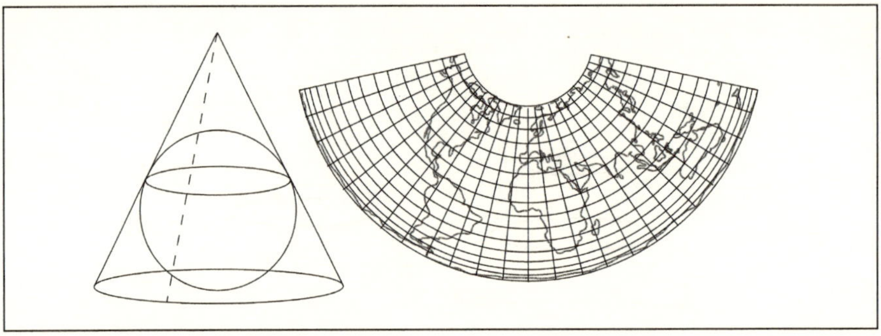

FIGURA 2.5. Proyección cónica de áreas iguales con una línea tangente (izquierda) y un meridiano (línea discontinua). El mapa resultante de la derecha muestra las líneas de latitud en forma de arcos concéntricos.

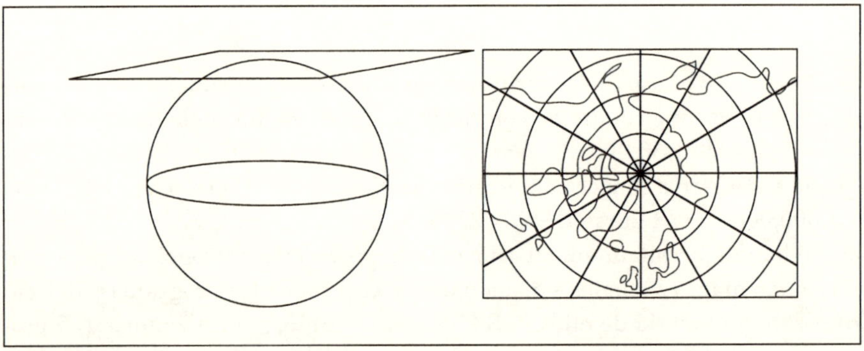

FIGURA 2.6. Proyección acimutal con un punto de contacto en el polo norte. El mapa resultante tiene líneas radiales de longitud y líneas concéntricas de latitud. Las medidas de ángulo y distancia tomadas en las líneas conservan su exactitud.

plicación de los dos extremos de los elementos rectilíneos representados en un mapa y en un globo será idéntica (pero las propiedades de forma, ángulo y escala quedarán distorsionadas). Las proyecciones que mantienen las distancias entre uno o más pares de puntos se llaman *proyecciones equidistantes*. Una proyección equidistante sólo será aplicable a las medidas tomadas en una determinada dirección: las proyecciones equidistantes sinusoidales, por ejemplo, refuerzan las medidas paralelas al ecuador, pero distorsionan las medidas paralelas al meridiano. Las proyecciones de *dirección real* conservan el ángulo correcto de todas las líneas medidas desde el centro de la proyección a cualquier otro punto del mapa.

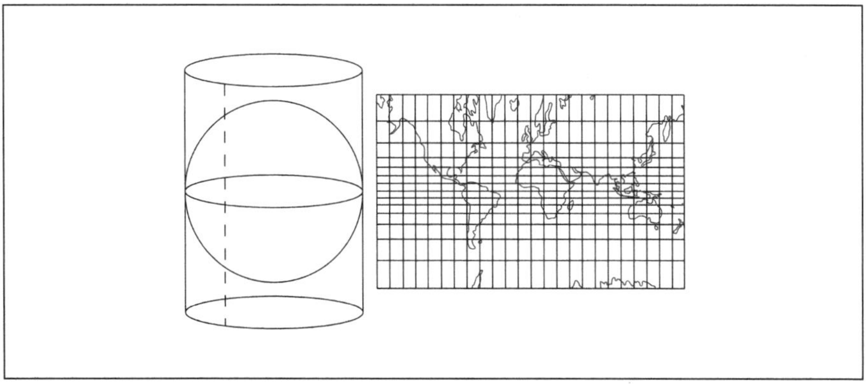

FIGURA 2.7. Proyección cilíndrica con una línea tangente correspondiente al ecuador y un meridiano (línea discontinua). El mapa resultante de la derecha muestra las líneas de latitud como líneas paralelas.

Una proyección se define por la combinación de una familia y de un grupo de proyecciones. Por ejemplo, una proyección cónica puede conceptualizarse como si fuera un cono sobre una de las zonas polares, tal como se aprecia en la figura 2.4, y luego cortado por un meridiano, como en la figura 2.5.

El resultado es un mapa donde las líneas de longitud son rectas y convergentes, y las líneas de latitud son arcos concéntricos. La línea de tangencia en las proyecciones cónicas se llama *paralelo estándar*, y la distorsión aumenta cuanto más nos alejamos de esa línea. Ahora bien, el grado de distorsión puede controlarse alterando la espaciación de las líneas de latitud; si mantienen idéntica distancia entre sí, entonces la proyección será equidistante según un eje norte-sur (*proyección cónica equidistante*); si se comprimen en los extremos norte y sur, será una proyección de áreas iguales (*proyección cónica de áreas iguales de Albers*).

Las proyecciones acimutales (o planares) representan la superficie de la Tierra en un mapa plano utilizando un solo punto de contacto en lugar de una línea de tangencia (fig. 2.6). Las proyecciones acimutales suelen utilizarse para cartografiar los polos, aunque en teoría pueden aparecer en cualquier punto de la superficie terrestre. Si es polar, entonces la proyección adopta la forma de líneas concéntricas de latitud y líneas radiales de longitud. A medida que nos alejamos de los polos se produce una distorsión de área, pero las direcciones y las distancias lineales desde el punto central a cualquier otro punto del mapa son exactas.

Las proyecciones cilíndricas mantienen los ángulos de 90° entre las líneas de latitud y longitud (fig. 2.7). Las medidas a lo largo de la línea de tangencia son equidistantes, pero cuanto mayor es la distancia respecto a esa tangente, más distorsionadas serán las medidas de área.

La proyección cilíndrica más corriente es la *Mercator Projection*, que utiliza el ecuador como línea de tangencia y escalona la dimensión *y* (la latitud) para reducir la distorsión en los extremos polares. Esta proyección ofrece una visión engañosa del mundo, ya que cuando más se alejan del ecuador, más grandes aparecen las áreas de la parte superior e inferior del mapa (Snyder y Voxland, 1989: 10). La *Transverse Mercator Projection* (Proyección TM), inventada por Johann Lambert (1728-1777), gira el cono 90°, de modo que un meridiano se convierte en la línea de tangencia. Se distorsionan las medidas del eje este-oeste, pero se mantienen las del eje norte-sur mejor que en la Mercator Projection. La proyección TM es el método estándar para cartografiar el globo.

Por último, la *Universal Transverse Mercator Projection* (UTM) es una modificación del siglo XX de la proyección TM que divide el mundo en 60 zonas verticales, de 6° de longitud cada una. Hay un meridiano central en cada una de las 60 zonas que reduce la distorsión del eje este-oeste alrededor de 1 metro por cada 2.500 m (Robinson *et al.*, 1995; De Mers, 1997: 63-64). Cada zona está dividida en filas de 8° de latitud (12° en la sección más septentrional), que equivale a una retícula de 100.000 m de ancho. Al meridiano central se le otorga un falso valor de abcisa de 500.000 m para no tener que recurrir a números negativos a la hora de especificar coordenadas este-oeste. Por la misma razón, al ecuador se le da un valor de ordenada de 0 m para calcular medidas en el hemisferio norte, y de 10.000.000 m para calcular las medidas en el hemisferio sur. Las coordenadas de la UTM se obtienen especificando primero la zona y luego la abcisa (con 6 dígitos para una precisión de 1 m) y la ordenada (con 7 dígitos para una precisión de 1 m). La UTM es muy popular en los sistemas SIG y entre las tecnologías geoespaciales asociadas, como la detección remota, debido a su aplicación global, su distorsión mínima y su sistema de coordenadas métricas. La mayoría de GPS son capaces de registrar posiciones en coordenadas UTM, lo que lo convierte en un sistema ideal para almacenar datos espaciales cuando no se dispone de un sistema de rejillas locales.

Además del sistema de proyección utilizado para confeccionar el mapa, también es importante saber cuál es la aproximación matemática de la forma de la Tierra que se ha utilizado para confeccionarlo. La Tierra no es una elipse perfecta, ya que su superficie no es lisa y los polos no son equidistantes del ecuador. Las coordenadas polares de latitud y longitud se calculan, pues, utilizando una aproximación matemática de la forma de la Tierra y su centro. Se han calculado varias aproximaciones, muchas veces para una determinada región del planeta. Los cálculos de Clarke realizados en 1866 crearon la base para la referencia de 1927 de Norteamérica (North American Datum 27, o NAD27). El NAD27 está siendo sustituido por las medidas que envían los satélites de un elipsoide llamado NAD83, pero muchas organizaciones siguen utilizando medidas y localizaciones basadas en la referencia geodética anterior. El Geodetic Reference System (GRS80), el World Geodetic System 84 (WGS84) y el European Terrestrial Reference System o Sistema Europeo de Referencia Terrestre (ETRS89) se basa en cálculos más recientes del elipsoide utilizado en Europa. Las agencias cartográficas nacionales suelen usar los cálculos y el elipsoide que mejor responden a sus necesidades. Por ejemplo, casi todos los mapas nacionales de la Gran Bretaña utilizan el sistema de referencia OSGB36 basado en el elipsoide Airy 1830, aunque el Ordnance Survey ha adoptado el elipsoide ETRS89 para crear mapas más actualizados derivados de los usuarios de GPS.

Transformación y reproyección de coordenadas

Los mapas que comparten un mismo sistema de proyección (p. ej., el UTM) pero que se basan en elipsoides distintos (p. ej., el WGS84 y el NAD27) no son compatibles, como tampoco lo son los mapas que utilizan distintos sistemas de proyección (p. ej., el TM *versus* el State Plane) pero comparten el mismo elipsoide (p. ej., el NAD27). Por ejemplo, la distancia física entre dos puntos que tienen coordenadas geográficas *idénticas*, pero uno se basa en el NAD27 y el otro en el NAD83, pueden presentar una diferencia de hasta 100 m de distancia en EE.UU. Para combinar datos de múltiples fuentes cartográficas, los mapas han de compartir una proyección común y un mismo sistema geodético de referencia. Si no es así, la proyección y/o el sistema de referencia ha de modificarse mediante un proceso llamado *transformación secundaria* o *reproyección*. Para calcular la transformación, hay que disponer de información muy específica sobre los sistemas de proyección existentes y los deseados. La mayoría de packs SIG contienen herramientas para transformar mapas de una referencia geodética a otra, y también hay herramientas de software especiales para realizar la conversión entre el NAD27 y el NAD83 (véase, por ejemplo, el manual de software en la página web del US National Geodetic Survey[6] y sus herramientas de conversión on-line).[7] Los detalles sobre el elipsoide y el sistema de proyección utilizados para la creación de un mapa aparecen impresos en la esquina o están contenidos en un registro de metadatos asociado para datos digitales (véase el capítulo 13 para una explicación más extensa sobre los metadatos).

6. www.ngs.noaa.gov.
7. www.ngs.noaa.gov/cgi-bin/nadcon.prl.

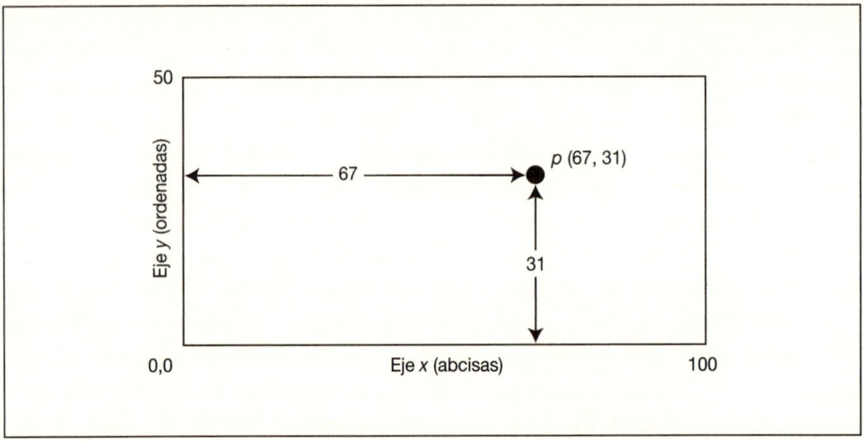

FIGURA 2.8. Un sistema de coordenadas cartesianas bidimensional. El punto *p* se sitúa por referencia a su distancia de unos parámetros 0, 0 en los planos x e y (llamados respectivamente «abcisas» y «ordenadas»).

2.3.3. Sistemas de rejilla nacionales y regionales

Muchos programas SIG utilizan coordenadas geográficas de latitud y longitud como base para la confección de mapas (casi siempre en grados decimales, ya que los minutos y los segundos se convierten en unidades decimales para que, por ejemplo, 30 minutos 30 segundos equivalgan a 0,508 grados). Si bien los sistemas decimales pueden funcionar relativamente bien con los packs SIG capaces de gestionar la corrección de las medidas espaciales, un sistema cartesiano basado en unidades métricas, como la UTM o un sistema nacional (militar) de rejillas, suele ser una opción mejor debido a las ventajas que ofrece para calcular distancias y áreas. Cuando se utiliza un sistema de rejilla cartesiano bidimensional para confeccionar un mapa, las medidas este-oeste se localizan en el eje horizontal x y se llaman abcisas (*eastings*), y las medidas norte-sur se localizan en el eje vertical y, y se llaman ordenadas (*northings*) (fig. 2.8).

Con escalas superiores (mayores, por ejemplo, que 1:1.000.000), la mayoría de sistemas cartográficos nacionales o regionales presentan coordenadas planares métricas además, o en lugar, de latitudes y longitudes. Las coordenadas planares métricas se utilizan en la proyección UTM global, en el sistema americano State Plane, en el British National Grid y en la mayoría de sistemas de coordenadas cartográficas nacionales. Los sistemas cartográficos nacionales, como el State Plane norteamericano, suelen ser una opción mejor para proyectos cartográficos regionales porque el elipsoide se selecciona

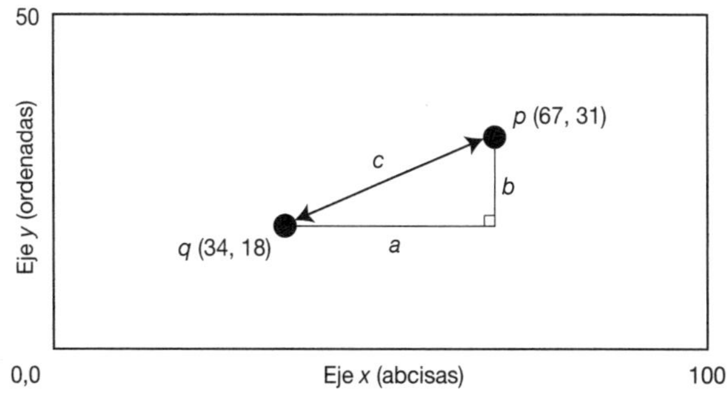

FIGURA 2.9. Para calcular la distancia lineal entre los puntos p y q (c), se utiliza el teorema de Pitágoras: $c = \sqrt{a^2 + b^2}$. Dado que a y b se conocen ($a = x_p - x_q = 33$, $b = y_p - y_q = 13$), el cálculo es $\sqrt{33^2 + 13^2} = 35{,}5$.

para maximizar la exactitud espacial del área concreta abarcada por ese sistema. En algunas partes del mundo donde es imposible acceder al sistema cartográfico nacional o militar, la proyección UTM es una excelente opción. Pero insistimos una vez más en nuestra advertencia de la sección anterior sobre los inevitables e importantes errores espaciales que se producen cuando se combinan datos de mapas y proyecciones y/o elipsoides distintos.

Los sistemas métricos planares tienen la importantísima ventaja de que permiten calcular fácilmente la distancia y el área. Por ejemplo, se pueden calcular las distancias lineales mediante el *teorema de Pitágoras* (fig. 2.9); las áreas poligonales pueden calcularse mediante un sistema que primero divide la forma general en *trapecios* más pequeños y luego suma sus distintas áreas para obtener el área total; y se puede hallar el centro geométrico de un polígono (su *centroide*) calculando la media de las coordenadas de todos los vértices que definen el polígono (para otras alternativas, véanse Jones, 1997: 66; Burrough y McDonnell, 1998: 63).

2.4. MODELOS DE DATOS Y ESTRUCTURAS DE DATOS: LA REPRESENTACIÓN DIGITAL DE LOS FENÓMENOS ESPACIALES

¿Cómo representa un SIG los datos espaciales? Las raíces del SIG se confunden con el desarrollo del cartografiado automatizado de mediados del siglo pasado. A finales de la década de 1950 se desarrollaron algunos algoritmos informáticos básicos para manejar la información geográfica, entre otros los principios de la cartografía digital, más o menos en el momento en que la tecnología había logrado incorporar gráficos informáticos (p. ej., Tobler, 1959). El Canada Geographic Information System, creado en 1963 para gestionar los recursos naturales, fue el resultado natural de aquellas creaciones y se considera el primer SIG. En seguida se desarrollaron otros sistemas capaces de crear cartografías automatizadas (Foresman, 1998; Tomlinson, 1998). La cartografía automatizada supuso un considerable ahorro de tiempo frente a los métodos tradicionales en papel, al ofrecer unas prestaciones más rápidas y exactas para la gestión y actualización de datos espaciales. Aquellos primeros sistemas se basaban en «elementos geográficos básicos», como puntos, líneas y polígonos, que todavía hoy constituyen los pilares de los modernos SIG de base vectorial.

Un SIG trabaja manipulando las representaciones digitales de entidades del mundo real. Pero un SIG tiene un conjunto finito de recursos con los que reproducir el mundo infinitamente complejo y, en consecuencia, las representaciones digitales utilizadas por el SIG son necesariamente esquemáticas y generales. Esta forma de representar elementos de la realidad se llama un *modelo de datos*. En el SIG, los modelos de datos tienden a ser representaciones muy simples de la realidad, aunque, como veremos en los siguientes capítulos, un modelo simple puede ser la base para crear modelos más complejos diseñados para cuantificar las relaciones entre distintas entidades.

Como veíamos en el capítulo 1, el SIG reproduce datos espaciales utilizando uno o los dos modelos de datos de campo continuo y de entidades. Suelen implementarse en forma de estructuras de datos vectoriales y ráster, respectivamente. Las estructuras de datos vectorial y ráster almacenan, representan y manipulan información espacial de todas las formas posibles. Ciertos tipos de entidades se representan casi siempre en uno de los dos formatos, aunque muchos de los datos que los arqueólogos suelen descubrir pueden, en última instancia, representarse utilizando una u otra estructura. Hasta hace poco, estas dos estructuras de datos eran mutuamente excluyentes: los programas SIG tendían a basarse en uno u otro, obligando a los usuarios a optar por uno de ellos. Hoy casi todos los SIG permiten combinar ambas estructuras de datos, la vectorial y la ráster, como estratos temáticos separados, dando a los usuarios la libertad de decidir la estructura más idónea sin tener que recurrir a un programa diferente. Las secciones siguientes destacan las diferencias entre la estructuras de datos vectorial y ráster, y ofrece algunos ejemplos de cómo gestiona cada formato las distintas clases de datos.

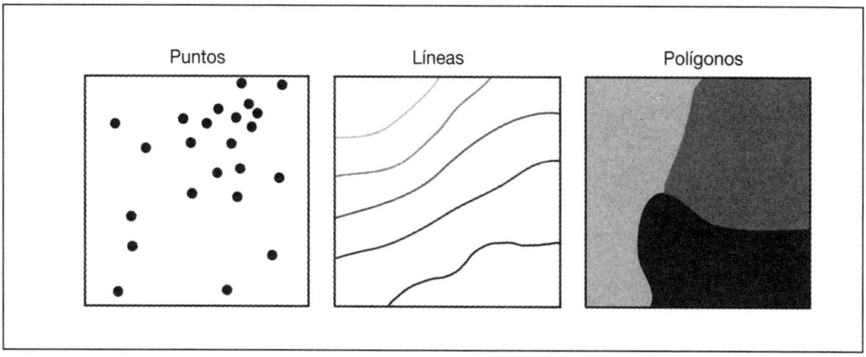

FIGURA 2.10. Los tres «básicos geográficos» vectoriales de puntos, líneas y polígonos.

2.4.1. La estructura de datos vectorial

Un vector es un término matemático que se refiere a una o más coordenadas que sirven para definir un objeto en el espacio cartesiano. En la estructura vectorial, las entidades del mundo real se representan mediante uno de los tres elementos geométricos básicos: los *puntos*, las *líneas* o los *polígonos*. Cada elemento se define utilizando uno o más pares de coordenadas x, y llamadas *vértices*, y por lo tanto se describen como objetos *discretos* debido a su localizacion y a sus límites perfectamente definidos (fig. 2.10). Los vértices situados en los extremos de las líneas discretas, o en sus intersecciones, se llaman *nodos*.

Por ejemplo, los puntos son objetos de dimensión cero (ya que no tienen ni longitud ni anchura) definidos por un solo par de coordenadas, y las líneas y las polilíneas (llamadas también *arcos* o *aristas*) son vectores unidimensionales (tienen la propiedad de la longitud, pero no de la anchura) definidos por dos o más pares de coordenadas. Los polígonos o áreas son objetos bidimensionales definidos por tres o más pares de coordenadas. Los objetos tridimensionales se llaman *volúmenes*, pero pese a que los sistemas CAD suelen utilizar objetos vectores tridimensionales, la estructura vectorial tridimensional todavía no ha sido plenamente implementada en el SIG.

La naturaleza discreta de cada objeto vector significa que, además de poseer su propia localización espacial y su morfología, es muy fácil otorgar a cada objeto vector un número de identificación (id). Sobre la base de ese identificador único, cada objeto puede vincularse a un conjunto de atributos no espaciales adicionales que describen otras propiedades de ese objeto. Estas propiedades consisten casi siempre en variables cuantitativas y/o cualitativas del mundo real que dan al objeto vector un significado dentro del SIG (fig. 2.11).

Objetos vectores

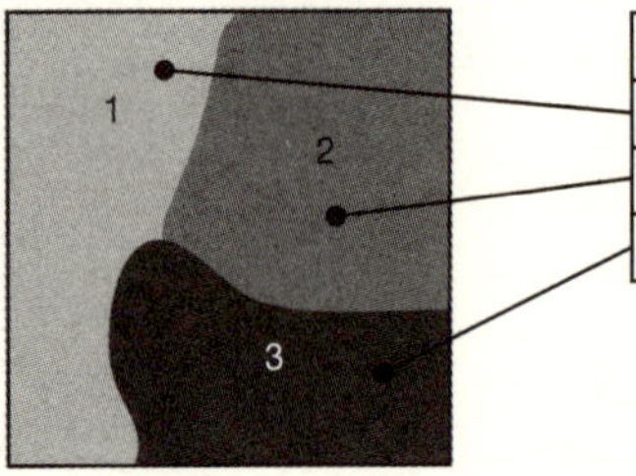

Datos de atributos

id del polígono	Tipo de suelo
1	arcilla
2	arcilla con pedernal
3	caliza

FIGURA 2.11. Objetos vectores vinculados a datos de atributos. En este ejemplo, cada polígono tiene un número id propio que lo vincula directamente a una tabla de atributos que define el tipo de suelo representado por ese polígono.

La topología vectorial

Un concepto de suma importancia inherente a la estructura vectorial es la relación geométrica entre objetos vectores; es la llamada *topología*. El análisis de las relaciones topológicas se explora con mayor detalle en el capítulo 11, así que aquí sólo expondremos algunas ideas básicas. En primer lugar, las relaciones topológicas definen las conexiones y las relaciones entre objetos vectores, no su localización espacial. Por ejemplo, cuando se cruzan dos caminos, pueden darse dos posibles relaciones topológicas distintas entre ambas entidades. Si las líneas simplemente se cruzan sin compartir un nodo, las líneas no están topológicamente conectadas. Equivale a un camino que se cruza con otro a través de un paso subterráneo, y es imposible pasar del uno al otro en el punto de intersección. En cambio, si los caminos comparten un nodo están topológicamente vinculados, y significa que los dos caminos convergen en una intersección. Las relaciones topológicas vienen, pues, determinadas por la presencia de nodos comunes entre objetos vectores. En la práctica, muchos SIG requieren nodos tanto en los cruces como en los puntos de encuentro, en cuyo caso hay que utilizar métodos adicionales para obtener una información topológica adecuada (véase el capítulo 11).

Las relaciones topológicas también definen de qué modo los polígonos se relacionan entre sí. Por ejemplo, dos polígonos contiguos, que pueden representar distintos tipos de suelo o distintas zonas de prospección, están topológicamente relacionados si tienen uno o más nodos o arcos en común (fig. 2.12). Sin nodos comunes no existe relación, y significa que los polígonos se solapan y/o presentan un vacío entre ellos. Es perfectamente posible que se

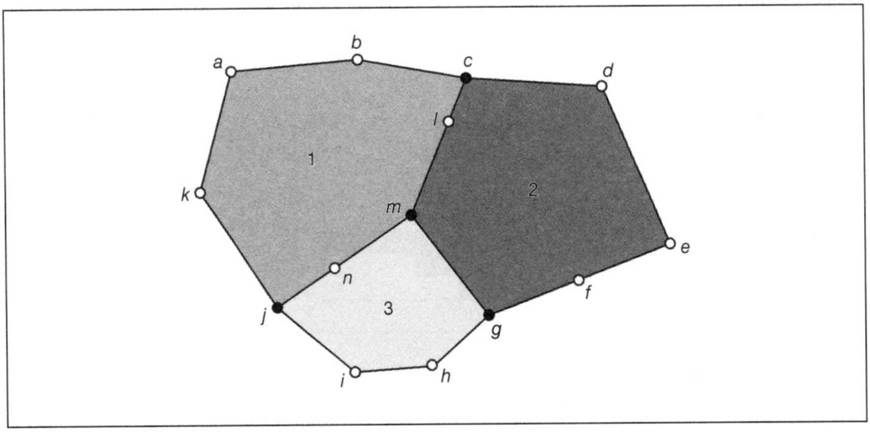

FIGURA 2.12. Tres polígonos relacionados topológicamente. Los polígonos 1, 2 y 3 tienen arcos (aristas) comunes definidos por los nodos *cm*, *mj* y *mg*.

solapen o presenten vacíos («astillas») deliberadamente para reflejar una relación espacial del mundo real, pero lo más frecuente es que los polígonos contiguos tengan una relación topológica hipotética, o supuestamente real. El cálculo de las relaciones y propiedades espaciales de los objetos vectores no es un proceso trivial, y depende de la estructura y de la exactitud de los datos. Durante la fase de recopilación de datos, y sobre todo durante la digitalización de los objetos vectores, hay que procurar mantener y definir correctamente las relaciones topológicas. Muchos programas vectoriales del SIG tienen aplicaciones de «limpieza» que sirven para crear automáticamente topologías entre objetos (capítulo 5).

Algunas bases de geodatos, como el ArcGIS, contienen una serie de reglas topológicas para asegurar que los objetos vectores estén siempre relacionados convenientemente. Por ejemplo, los polígonos que representan las áreas prospectadas pueden acceder a una regla «Must not Overlap» («No deben solaparse»), que cuando identifica una solapación adopta la acción adecuada (p. ej., la zona superpuesta se sustrae de un polígono, o se crea un nuevo polígono con ella).

La exactitud topológica también permite almacenar de un modo más eficaz los datos vectoriales puesto que de este modo los objetos vectores pueden compartir datos. Algunos SIG utilizan este dispositivo para almacenar las definiciones geométricas registrando solamente un arco (y sus vértices) una sola vez, y luego definiendo su relación con los polígonos. En la figura 2.12, por ejemplo, los arcos *cm*, *mj* y *mg* sólo se almacenan una vez y no dos por cada uno de los lados del polígono que definen. En mapas poligonales gran-

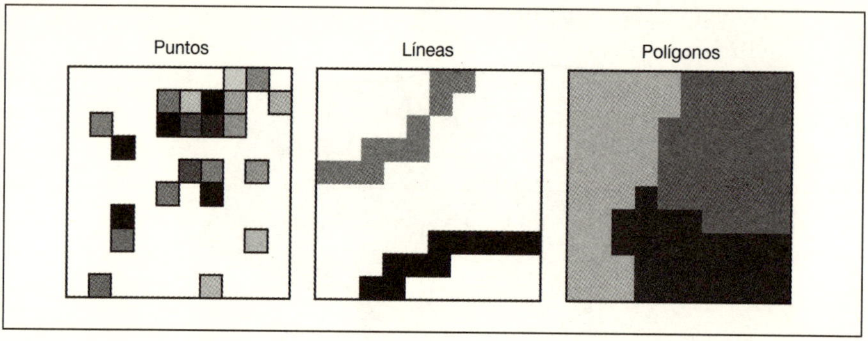

FIGURA 2.13. Representación de puntos, líneas y polígonos en una rejilla ráster.

des y complejos, como los que muestran series geológicas o suelos, este dispositivo puede comportar un importante ahorro de espacio y de tiempo, como se verá más detenidamente en el capítulo 4.

2.4.2. La estructuración de datos ráster

A diferencia de los gráficos vectoriales, que utilizan la geometría de coordenadas para definir los parámetros espaciales, los gráficos ráster utilizan una matriz de celdas o píxeles de igual tamaño para representar datos espaciales (fig. 2.13). Por lo tanto, los mapas ráster sólo se definen por el número de filas y columnas de la rejilla y por el tamaño de cada píxel en representación del área real que simboliza. Cada celda tiene un valor asociado a ella que representa el estatus de los atributos del objeto en esa localización. Por ejemplo, en un modelo digital de elevaciones (MDE), cada celda tiene un valor cuantitativo que representa la elevación media de toda el área definida por ese píxel, mientras que los píxeles de un mapa de la flora se pueden codificar para que reflejen el tipo de vegetación modal. La confianza en los píxeles y el uso de un solo atributo por píxel puede parecer algo limitador comparado con la estructura vectorial, pero la fuerza de la estructura ráster radica precisamente en su simplicidad. Los archivos de datos de la estructura ráster se combinan y se manejan matemáticamente con suma facilidad, dado que los ordenadores pueden procesar y visualizar datos ráster con más rapidez que una estructura vectorial gracias a la eficacia con la que almacenan y gestionan los datos de la rejilla. La simplicidad de la estructura no reduce su funcionalidad porque, como veremos en el próximo capítulo, la estructura de datos ráster se utiliza para representar algunos fenómenos espaciales sumamente complejos.

Una variable importante de la estructura ráster es el tamaño de la celda, ya que define la resolución de un mapa al mostrar una unidad de representación mínima. Si un mapa ráster que represente la densidad de yacimientos arqueológicos en una extensa zona puede consistir en una rejilla de píxeles donde cada píxel representa un área de un kilómetro cuadrado o más, un mapa ráster de la densidad de artefactos en un determinado yacimiento puede utilizar píxeles que definan un área de un metro cuadrado o menos. Aunque los ordenadores procesan y almacenan datos espaciales cada vez con mayor rapidez, existen algunas limitaciones prácticas en cuanto al volumen de información que un ordenador doméstico normal puede procesar con un mínimo de eficacia. Estas limitaciones varían, lógicamente, según las características del ordenador, pero puede haber una merma de eficacia cuando el número total de píxeles es de varios millones o más (p. ej., un mapa ráster que representa un área de 50 × 50 km con unos píxeles de 10 m^2 de tamaño necesitará una rejilla de 5.000 columnas y 5.000 filas y, por lo tanto, tendrá que almacenar información de 25.000.000 de píxeles). Las decisiones sobre el grado de resolución han de adoptarse muy pronto en el proceso de creación del modelo. En el próximo capítulo veremos que este tipo de decisiones pueden tener importantes consecuencias a la hora de interpretar los resultados del análisis y de dar sentido a los patrones espaciales.

2.4.3. Elección de la estructura de datos

En muchos casos los sistemas vectoriales suponen el único medio sensible para dar respuesta a una serie concreta de interrogantes, o para manejar la clase de datos a múltiples escalas y bien definidos que se desea explorar. En cambio, los datos ráster son ideales para un modelo espacial potente, pueden representar archivos de datos continuos con mayor agilidad y posibilitan un análisis de la imagen y hábitos de clasificación idóneos para la fotografía aérea y las imágenes de satélite. Muchos SIG modernos son en gran medida «híbridos», porque ofrecen la posibilidad de manejar datos vectoriales y ráster. De hecho hoy ya es posible utilizar ambas estructuras de datos en un solo programa, lo que permite eludir la elección entre uno y otro formato y optar por el más idóneo para nuestras necesidades y preguntas. Desde la perspectiva filosófica adoptada en el primer capítulo, la estructura vectorial es en general la más apropiada cuando el tema de preferencia se ha concebido utilizando el modelo de entidad. En cambio, la estructura ráster suele ser una opción mejor cuando el tema principal se ha concebido como un campo continuo.

Ventajas y desventajas de la estructura vectorial

Ventajas. Una de las principales ventajas de la estructura vectorial es su precisión espacial. Las entidades del mundo real pueden plasmarse y situarse con una exactitud sólo afectada por limitaciones prácticas, como la precisión del equipo registrador. Artefactos, elementos, yacimientos y otras categorías arqueológicas pueden integrarse en un solo marco medioambiental, todos cartografiados con el detalle espacial que requiere el análisis. Si la precisión a escala centimétrica no resulta necesaria para analizar la distribución espacial de yacimientos en una determinada zona extensa, este nivel de precisión sí es esencial, en cambio, para estudiar la distribución de lascas de cuarzo en un suelo que se ha utilizado para trabajar el mineral. Encontrar el equilibrio entre la precisión espacial y la escala mínima de análisis es fundamental, sobre todo para evitar que los errores espaciales influyan en la identificación de los patrones. En la práctica, es importante recordar que una mayor resolución también entraña archivos mayores, con el consiguiente aumento del tiempo dedicado a almacenar y a procesar los datos. Otra ventaja importante de la estructura vectorial es que los objetos vectores se mantienen como entidades distintas y pueden vincularse fácilmente a registros de datos de atributos en una base de datos interna o externa. Por eso los programas vectoriales SIG han sido líderes en la integración de bases de datos, ya que las consultas sobre atributos, por complejas que sean, pueden realizarse con relativa facilidad. Un mapa vectorial puede, pues, actuar como ventana para acceder a una base de datos, donde cada objeto está descrito con mucho detalle.

Desventajas. Los objetos vectores son, desde el punto de vista de su informatización, muy exigentes. Cada vértice y cada nodo de un mapa vectorial tiene que almacenarse en la memoria del ordenador, y representar objetos vectores requiere tiempo. De ahí que generar datos vectoriales en una pantalla de ordenador demande mucho más tiempo que los datos ráster. De modo que puede decirse que la manipulación de datos vectoriales es intensiva; las consultas espaciales relativas, por ejemplo, al cálculo de las áreas de solapación en un gran conjunto de polígonos requiere un tiempo por unidad de procesamiento informático considerable. Los datos vectoriales también imponen unas propiedades a los objetos del mundo real que no coinciden necesariamente con la realidad. La imposición más importante son «las delimitaciones». Aunque muchos objetos del mundo real tienen límites precisos y diferenciados, otros son más «borrosos» y no admiten esos bordes precisos y contundentes típicos de los objetos vectores. Dado que los datos vectoriales no gestionan bien la borrosidad y la imprecisión, pueden crear una precisión artificial. Un asunto relacionado con los límites borrosos es el lógico estado de no variación de un atributo a través de un objeto vector. Por ejemplo, el polígono utilizado para representar un área de prospección discreta puede tener un valor de atributo que represente la densidad de artefactos de esa unidad de recuento. Pero ese valor implica una distribución continua de artefactos en el área, algo que en la realidad es muy poco frecuente (p. ej., fig. 12.1). Podría utilizarse un nuevo atributo para expresar la variabilidad dentro de un polígono, pero no existe un modo simple de cartografiar el cambio continuo con objetos vectores. Por eso resulta tan difícil de representar la elevación mediante objetos vectores discretos como puntos o líneas: las curvas de nivel, por ejemplo, ofrecen una indicación de la variación topográfica a intervalos predeterminados, pero será difícil predecir el valor de la elevación entre las líneas. Existen estructuras vectoriales especiales llamadas redes de triángulos irregulares o TIN, que superan estas dificultades (capítulo 6), pero persiste el problema de que algunos tipos de datos no encajan bien con la estructura vectorial.

Ventajas y desventajas de la estructura ráster

Ventajas. La velocidad con que se pueden procesar los datos ráster representa una ventaja para las aplicaciones que manejan grandes bases de datos, y hay otras áreas importantes donde la estructura ráster resulta más indicada que los formatos vectoriales. En primer lugar, los datos ráster son idóneos para cartografiar fenómenos en constante variación, como la elevación, dado que la estructura continua basada en celdas es similar a una superficie que varía constantemente. La estructura ráster es también la más indicada para representar entidades del mundo real con límites borrosos. Por ejemplo, la distribución de los artefactos recuperados en un arado se puede representar de una forma más realista mediante celdas ráster que muestren los cambios de densidad del material en lugar de utilizar un solo polígono que defina aleatoriamente el área del yacimiento con un único valor de densidad. Cuando este tipo de información es decisivo, la estructura ráster presenta una ventaja clara. En segundo lugar, es más fácil combinar y manipular matemáticamente datos ráster que un mapa de polígonos, lo que convierte la estructura ráster en una poderosa herramienta para el modelado espacial. Por ejemplo, se puede crear un simple modelo del potencial agrícola combinando datos de distintas fuentes, entre otras mapas ráster de elevación, pendiente, aspecto, drenaje del suelo y tipo de suelo, en un proceso llamado *álgebra de mapas*. En tercer lugar, las fotografías aéreas, las imágenes de satélite y las exploraciones geofísicas producen datos en formatos ráster, y el procesamiento de imágenes habitualmente necesario para contrastar, clasi-

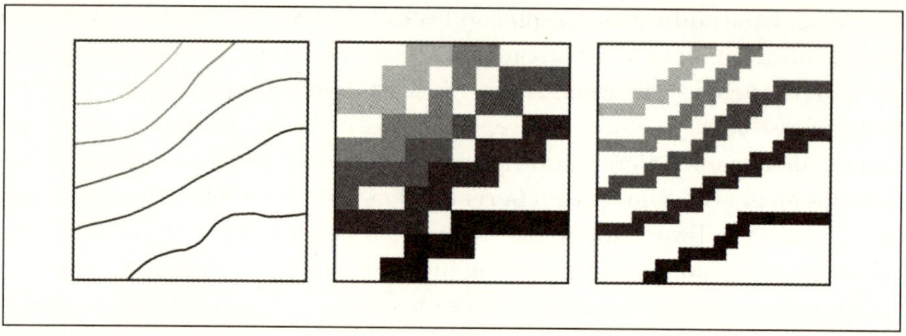

Figura 2.14. Representar curvas complejas con datos ráster puede resultar problemático. El recuadro de la izquierda muestra cinco polilíneas vectoras. El recuadro del centro muestra las mismas líneas utilizando una rejilla ráster de 10 × 10 (es decir, 100 celdas). En el recuadro de la derecha se ha aumentado la resolución a una rejilla de 20 × 20 (400 celdas). Esto mejora la resolución, pero el mapa ráster sigue siendo espeso y deficitario en el detalle.

ficar y dar sentido a esta clase de datos sólo puede realizarse en un formato ráster.

Desventajas. La estructura ráster presenta tres grandes desventajas: su resolución prefijada, su dificultad para representar entidades discretas y su limitada capacidad para manejar datos de múltiples atributos. El primer problema surge cuando se quiere integrar los datos recabados a distinas escalas. Mezclar datos de distintas escalas equivale a introducir problemas suplementarios con independencia del modelo de datos, y aunque en teoría podría evitarse, en la práctica hay muchos casos que requieren la combinación de datos recogidos a escalas distintas. Los datos de una prospección, por ejemplo, suelen mezclar distintas escalas de representación, desde la unidad de prospección mayor (un campo) hasta la reunión de artefactos de un yacimiento donde se recogen más detalles. La representación de datos de distintas escalas es difícil en los sistemas ráster y la combinación de datos ráster obtenidos a distintas escalas suele conllevar la omisión de la escala menor y la consiguiente pérdida del detalle. En segundo lugar, con la estructura ráster pueden surgir problemas a la hora de representar fronteras o límites complejos dadas las limitaciones inherentes a los datos de una rejilla para representar objetos muy curvados. A menos que las celdas sean muy pequeñas en relación con el objeto que se desea representar y el lógico aumento del tamaño de los datos almacenados, las líneas curvadas siempre tendrán un aspecto truncado o escalonado (fig. 2.14).

De ahí que las formas complejas, como las curvas de nivel, se representen mejor mediante un sistema vectorial. Por último, siempre ha sido difícil conectar datos ráster con tablas de atributos. Aunque algunos programas SIG, sobre todo Idrisi y GRASS, tienen un dispositivo para vincular datos ráster a una base de datos, en la práctica resulta más pesado e incómodo que las tablas de atributos de los programas vectoriales del SIG. La estructura ráster tiene, pues, sus limitaciones a la hora de manejar y consultar bases de datos espaciales de distintas escalas.

2.5. CONCLUSIÓN

El SIG es una poderosa tecnología que ofrece una serie de posibilidades analíticas para investigar la organización espacial de las relaciones culturales y medioambientales humanas. Estos «principios básicos» del SIG sólo determinan el punto de partida para explorar la complejidad del uso humano del espacio. De hecho, muchos de estos principios básicos se ven diariamente cuestionados por la propia investigación, que no deja de presionar para superar las limitaciones de la cartografía bidimensional y utilizar el SIG para representar las relaciones espaciotemporales mucho mejor que los formatos vectoriales y ráster que hemos presentado en este capítulo. Sin embargo, el SIG todavía se basa –al menos por ahora– en principios cartográficos y en una tendencia reduccionista que reduce su gama de posibilidades para representar e interpretar el mundo real. Pero, pese a estas limitaciones, hay todavía muchas maneras de utilizar un SIG para conocer mejor la cultura humana en un marco espacial, y en el próximo capítulo se ofrecen ejemplos reales de las aplicaciones del SIG en arqueología.

3. Las aplicaciones del SIG en arqueología

Este capítulo examina cuatro aplicaciones típicas del SIG en el ámbito de la arqueología: la gestión de recursos arqueológicos, la excavación, la arqueología del paisaje y la representación espacial del comportamiento humano del pasado. Para cada aplicación exploramos algunas cuestiones generales sobre el uso del SIG en ese contexto concreto, y presentamos a continuación el estudio de un caso para ilustrar la contribución del SIG. Aunque estos ejemplos no son en modo alguno exhaustivos, dan al menos una idea de las capacidades y contribuciones potenciales del SIG a la gestión y a la investigación arqueológicas.

3.1. Gestión de recursos arqueológicos

No pretendemos hablar aquí de los objetivos de la gestión de recursos culturales (GRC) ni de la estructura de una base de datos espaciales más adecuada para gestionar el registro arqueológico, ya que estas decisiones pertenecen a las instancias gubernamentales y a los arqueólogos encargados de la tarea de registrar y gestionar el patrimonio arqueológico. Sin embargo, observamos que los gobiernos inspeccionan cada vez más las bases de datos arqueológicos e históricos. Es lo que ha ocurrido recientemente en el Reino Unido durante una revisión parlamentaria de la arqueología que tuvo lugar en 2003 (APPAG, 2003; Gilman, 2004). Concretamente, se está procediendo a revisar las bases de datos arqueológicos británicas llamadas «Sites and Monuments Records» (SMR) a la luz de los recientes avances en la tecnología de la información, sobre todo los SIG e Internet (véase Newman, 2002). El informe evidenciaba que los SMR debían evolucionar para ampliarse y convertirse en Historic Environment Records (HER) capaces de incluir información sobre edificios históricos, parques y jardines, lugares de accidentes aéreos históricos, etc. Además, se destacaba el rol de los HER como instrumentos esenciales para la gestión del registro arqueológico y la educación pública.

Por el momento, los SMR son aún fragmentarios debido en parte a su carácter a menudo ad hoc y a la ausencia de unos criterios claros sobre lo que habría que registrar. En Fernie y Gilman (2000), ALGAO (2001 y 2002) se proponen algunos criterios y estrategias para la recopilación, normalización y conservación de datos, pero la falta de requisitos estatutarios para su desarrollo o mantenimiento por parte de las autoridades locales frena una estandarización (APPAG, 2003). Entre las recomendaciones adicionales que se hacían al gobierno para mejorar los SMR figuraban la necesidad de sistemas más racionales y eficaces y un acceso centralizado vía Internet para mejorar el acceso del público (APPAG, 2003: 19).

Las implicaciones de ese informe respecto al SIG son importantes. Por ejemplo, aunque en 2004 más del 90 % de los SMR en Inglaterra decían utilizar el SIG para registrar y gestionar datos (Bevan y Bell, 2004), existe muy poca estandarización de los métodos y formatos para almacenar datos (Newman, 2002). Hay estudios en curso para introducir estándares nacionales que especifiquen cómo registrar determinadas informaciones arqueológica e históricamente importantes en una base de datos espaciales, así como recomendaciones sobre el rol del SIG y la accesibilidad de los datos espaciales al público. Ya se están utilizando estándares terminológicos como el *Monument Inventory Data Standard* (MIDAS) y el *National Monuments Record Thesauri* del English Heritage.[1] Aunque al parecer aún estamos lejos de ver a los SIG convertidos en el sistema de gestión básico para los datos arqueológicos e históricos, lo cierto es que ya se vislumbra en el horizonte. Con este dato en mente, podemos proponer algunas observaciones muy generales y algunas recomendaciones para quienes piensen adoptar un SIG por primera vez, o actualizar los contenidos de los SIG existentes.

En primer lugar, y como ya se ha comentado en el capítulo anterior, el SIG ofrece muchas ventajas frente a los sistemas de bases de datos de atributos solamente a la hora de manejar datos espaciales. Aunque es posible disponer de una base de datos aparte del SIG y perfectamente adecuada que registre la localización de yacimientos y otras informaciones en una hoja de cálculo o en un índice de papel, estas bases de datos tienen problemas importantes cuando la información espacial se convierte en una parte decisiva del registro. Existen Sitios de Especial Interés Científico (SEIC), parques nacionales o grandes yacimientos arqueológicos que son difíciles de describir

1. http://thesaurus.english.heritage.org.uk.

sin una referencia a sus parámetros espaciales, y registrar algo más que la mera localización de un punto concreto del paisaje resulta muy difícil en una base de datos normal en formato de texto. Por ello, las bases de datos espaciales son muy superiores, ya que pueden registrar la morfología y la topología en formatos de fácil consulta, algo imposible con los datos de atributos solamente. Desde la perspectiva de la gestión de recursos, las ventajas de contar con un sistema integrado que permita la interrogación flexible de yacimientos dentro de un mayor contexto espacial son enormes. De ahí que los sistemas de gestión basados en el SIG estén reemplazando a los sistemas de bases de datos convencionales en todo el mundo, aunque la adopción de un SIG en el ámbito cultural no sea ni mucho menos uniforme, ni siquiera en Europa (García-Sanjuán y Wheatley, 1999).

Los medios SIG de base vectorial son especialmente idóneos para cartografiar fronteras y límites precisos y asociar datos de atributos a objetos espaciales. Razón por la cual han sido la opción preferida para la gestión de recursos. En el Reino Unido, casi todos los SMR gestionados por los ayuntamientos locales y regionales utilizan objetos vectores para registrar datos arqueológicos espaciales (Bevan y Bell, 2004). Pero para ser plenamente integrador, un SMR debería incluir otras capas de datos que resultan mejor gestionadas con prestaciones ráster. Datos como las fotografías aéreas, los modelos digitales de elevaciones, las imágenes de satélite, los mapas históricos, las imágenes digitales u otras formas de datos ofrecen una información contextual mucho más amplia. Las bases de datos ráster son también fundamentales para los modelos predictivos, adoptados con entusiasmo en los primeros días del SIG y de la GRC. Aunque existen numerosas razones para dudar de su idoneidad para *explicar* las relaciones entre los humanos y el medio (Wheatley, 2004), el modelo predictivo sigue siendo importante en el ámbito de la gestión de recursos culturales (véanse Westcott y Brandon, 2000 para algunos ejemplos, y el capítulo 8 para un análisis de los objetivos y métodos de los modelos predictivos). Wheatley y Gillings (2002: 219-221) proponen un ejemplo de la utilización de una superficie continua para representar «la importancia» de algunas áreas de conocida y presunta relevancia arqueológica.

Un SIG no solucionará todos los problemas de gestión de datos de un organismo de GRC, y la utilización del SIG podría plantear varias cuestiones que habrá que abordar –en principio, la implementación del SIG antes de abandonar los sistemas First establecidos puede resultar cara. El coste del software y del hardware, sobre todo si se utiliza una aplicación comercial o una especialmente diseñada, puede ser enorme. Pero este coste puede resultar relativamente menor comparado con el coste que implica adquirir y guardar datos espaciales y formar personal especializado para manejar el software del SIG. Además, si bien los sistemas populares ya configurados, como MapInfo o ArcGIS, son potentes y capaces de operar con los sistemas de datos de GRC o SMR más exigentes, la configuración y la programación profesional de estos sistemas para tratar las necesidades específicas de un organismo de SMR o de GRC es una inversión que merece la pena. La configuración de un SIG, aunque esté al alcance de un operador de SIG perfectamente preparado, es mejor dejarla en manos de un programador profesional de SIG.

En segundo lugar, los costes de transferir datos de un sistema de atributos a una base de datos espacial puede crear dificultades debido al detalle requerido por esta última. Aun las formas más básicas de datos espaciales –los puntos– pueden presentar dificultades si la precisión espacial no se ha registrado o estandarizado a un nivel establecido. Por ejemplo, si la mayoría de localizaciones de yacimientos se registran con un margen de hasta 10 m, pero una parte de los registros sólo arrojan localizaciones con un margen de hasta 100 m, la exactitud de todas las consultas espaciales que se realicen a continuación estarán inmediatamente en cuestión. La única solución es conservar los datos relativos al error espacial conocido o sospechado, o comprobar, confirmar o corregir las localizaciones espaciales sobre el terreno (lo cual implica costes adicionales). Con objetos espaciales más detallados –por ejemplo, grandes yacimientos o paisajes históricos– el registro descriptivo de localizaciones deberá traducirse a polígonos tipológicamente correctos que muestren su morfología y sus relaciones espaciales con otros objetos vectores, como caminos, límites de propiedades, oleoductos y otros rasgos del paisaje.

En tercer lugar, también ha de considerarse el coste que supone adquirir mapas digitales topográficos del área en estudio, ya que es posible que las agencias cartográficas nacionales no dispongan de versiones libres de sus costosos datos para fines comerciales. Tampoco puede subestimarse el coste de sustituir los datos para que puedan «funcionar» en un medio SIG, porque después de la inversión en formación o en contratación de personal experto en SIG, la adquisición de datos espaciales es quizá la inversión más importante a realizar cuando se opta por un SIG.

3.1.1. Estudio de caso I: los SMR del Gran Londres y el registro de monumentos (SMR)

Los SMR del área metropolitana de Londres son un buen ejemplo de SIG de GRC. El software utilizado para manejar los SMR se llama el Historic Buildings, Sites and Monuments Record (HBSMR)[2] y fue especialmente

2. www.esdm.co.uk/HBSMR.asp.

diseñado por Exegesis SDM en colaboración con el National Monuments Record (NMR) del English Heritage y la Association of Local Government Archaeological Officers (ALGAO). El HBSMR de Exegesis SDM se fundamenta en la base de datos Access de Microsoft y es uno de los sistemas de gestión arqueológico-espaciales más populares de Gran Bretaña. Su estructura relacional –llamada modelo «Event-Source-Monument»– permite utilizar un sofisticado modelo de datos basado en tablas separadas para los atributos de los yacimientos o monumentos, para las investigaciones arqueológicas asociadas y para los datos que componen el archivo sobre ese yacimiento o monumento (Bourn, 1999; Dunning, 2001). Muchos SMR gestionados por los consejos comarcales o ayuntamientos en Inglaterra utilizan ahora este sistema para gestionar sus bases de datos históricos y arqueológicos. Las bases de datos de atributos se vinculan directamente con objetos espaciales y mapas de base gestionados en SIG MapInfo o ArcView, y contienen los instrumentos esenciales de consulta y búsqueda espaciales necesarias para gestionar los datos de un modo eficaz. El sistema está basado en la serie Ordnance Survey Meridian 1:25.000 que proporciona un marco espacial e información sobre carreteras, límites de propiedades y límites administrativos. La base de datos de lugares arqueológicos e históricos consiste en los objetos espaciales que definen la localización y/o los límites de una amplia gama de datos, desde los yacimientos prehistóricos hasta las estructuras romanas y medievales, y más recientemente edificios de importancia histórica. La información sobre los atributos de cada uno de esos lugares se define en los *National Monuments Record Thesauri* del English Heritage.[3] El «thesaurus» es parte esencial de toda base de datos, ya que ofrece una lista de los términos preferidos para describir tipos de yacimientos arqueológicos e históricos, y establecer relaciones entre los términos jerárquicos utilizados para describir los objetos espaciales en el SMR. El SMR tiene el récord de casi 80.000 yacimientos arqueológicos, lugares históricos y edificios de 33 distritos de Londres, y constituye la fuente principal de información sobre los lugares arqueológicos e históricos de Londres para arqueólogos, investigadores, asesores y planificadores de urbanismo. Se puede obtener más información sobre el SMR del área metropolitana de Londres en el Registro de Monumentos Nacionales de la web del English Heritage.[4]

3. http://thesaurus.english.heritage.org.uk.
4. www.english-heritage.org.uk/.

3.2. LOS SIG Y LAS EXCAVACIONES

La arqueología siempre ha practicado una marcada división conceptual entre lo que es recopilación de datos y el análisis de datos, que se evidencia sobre todo en la separación entre la excavación y las actividades posexcavación. Por muchas razones esta división es lógica y necesaria, porque hay muchas tareas difíciles de realizar sobre el terreno: catálogo de los registros fotográficos, análisis minucioso de los artefactos, dibujo de los planos del yacimiento y muestras medioambientales, pasar a tinta los dibujos, etc. Pero actualmente la posibilidad de utilizar ordenadores portátiles sobre el terreno ha permitido a los equipos de excavación informatizar los datos *in situ*. Por consiguiente, desde una perspectiva del SIG, el cambio más importante de los últimos años está relacionado con la utilización masiva de métodos digitales para el registro de datos espaciales y de atributos. Muchas de las tareas rutinarias que solían dejarse para la fase posexcavación del proyecto ahora pueden realizarse sobre el terreno, lo que ha difuminado la tradicional separación entre la recogida de datos y la descripción de datos, y entre el análisis de los datos y su interpretación. Beck y Beck (2000) presentan un buen ejemplo del impacto de la digitalización *in situ* en el proceso de excavación, y Hodder (1997: 80-104, y 1999) también ha explorado las implicaciones de esa superación de las fronteras entre la recopilación de datos y la interpretación. En Roskams (2001) también encontramos una reflexión general sobre la teoría y los métodos de excavación, y sobre el impacto de la tecnología de la información en las prácticas de excavación.

Aunque desde luego no es la panacea, el SIG puede desempeñar un papel sumamente útil en una excavación arqueológica. Como herramienta de gestión espacial, no tiene parangón, porque permite una rápida visualización de los datos espaciales y vincular planos y dibujos de restos arqueológicos directamente a una base de datos. En cualquier yacimiento con más de unos centenares de planos y registros de datos asociados, el SIG ofrece importantes ventajas para su manejo, y permite asimismo visualizar patrones de datos en el momento de su recopilación o muy poco después, algo inestimable en el transcurso de una excavación, ya que facilita un enfoque «reflexivo» de la recogida de datos tal como describe Hodder (1999). Por eso la recogida de datos se convierte en un ejercicio más interactivo, que permite identificar ideas sobre posibles patrones y relaciones entre los datos y explorarlos con mayor rapidez y eficacia que los sistemas tradicionales basados en el registro sobre papel. En la figura 3.1. se muestra el funcionamiento de un modelo conceptual muy simple de un SIG de excavación básico.

El uso del SIG en una excavación requiere una considerable capacidad de previsión y de planificación. Las tecnologías digitales para el registro de da-

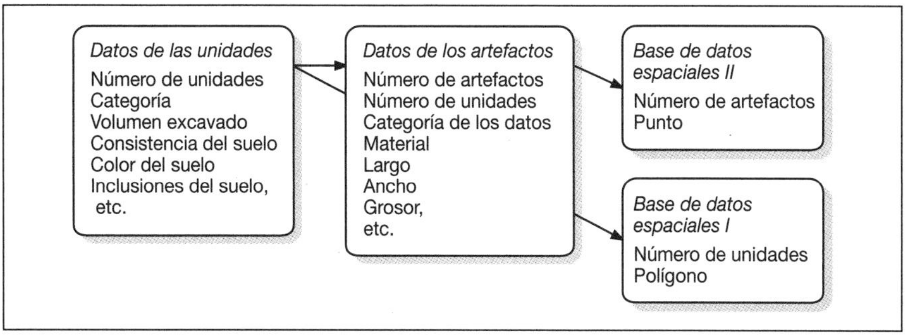

FIGURA 3.1. Un simple modelo de datos para vincular datos de atributo de una unidad excavada y datos de atributos artefactuales a una base de datos espaciales. Los campos «polígono» y «punto» en las bases de datos espaciales contienen los datos de las coordenadas *x* e *y* que describen el objeto espacial tal como se ha recuperado directamente sobre el terreno o ya digitalizado a partir de planos en papel. Este sistema permite visualizar las unidades como polígonos, con una superposición de artefactos en forma de puntos. Cada uno está vinculado directamente a las bases de datos de atributos, lo que posibilita realizar consultas espaciales o de atributos contextualizadas (p. ej., «localizar todos los útiles de cuarzo a menos de un metro de los elementos de hogar»).

tos tienen también sus desventajas, sobre todo la dependencia de la electricidad y el coste que supone comprar o alquilar un costoso equipo de grabación. Estos costes han de sopesarse con las ventajas potenciales, como el ahorro de tiempo a la hora de pasar la información de un formato en papel a uno digital, y las ventajas interpretativas que aporta la posibilidad de visualizar y de explorar complejos patrones de datos durante la excavación. Cada vez es más corriente que los proyectos de excavación registren datos espaciales mediante una estación total o un GPS diferencial, capaces de transferir datos directamente a un archivo de datos o a un ordenador para reducir el tiempo y la posibilidad de que se introduzcan errores a la hora de registrar los datos (Powlesland, 1998; Ziebart *et al.*, 1998). Algunas tecnologías de prospección más recientes, como el pack ArcSurvey de la familia ArcGIS, amplía la funcionalidad del SIG a la recopilación de datos para que los datos de GPS y de la estación total se puedan visualizar y anotar en tiempo real en un ordenador portátil o tableta digitalizadora. También es posible registrar información espacial mediante la fotometría –la derivación de datos espaciales de fotografías–, que tiene una larga tradición de aplicación arqueológica tanto en paisajes como en yacimientos (p. ej., Sterud y Pratt, 1975; Anderson, 1982; Poulter y Kerslake, 1997). En el capítulo 5 se analizan con más detalle los procedimientos para transferir datos en papel a formato digital, y algunas tecnologías de digitalización disponibles para los arqueólogos.

Modelación estratigráfica tridimensional

En muchas situaciones los arqueólogos registran datos en tres dimensiones que no se pueden interpretar adecuadamente en el plano bidimensional que ofrecen muchos SIG. Aunque durante algunos años ha sido posible registrar objetos en tres dimensiones mediante un pack de dibujo asistido por ordenador, como AutoCAD, y pese a que hace tiempo que los prehistoriadores utilizan el análisis espacial de datos tridimensionales para comprender la disposición de los objetos (véanse Spikins *et al.*, 2002; Nigro *et al.*, 2003, para ejemplos recientes), el SIG tridimensional realmente analítico sigue siendo una meta escurridiza (Hudson-Smith y Evans, 2003). Actualmente, muchos packs SIG especialmente configurados reproducen la tercera dimensión a base de modelar objetos vectores mediante una variable de atributos *z* para crear la impresión de una superficie o volumen tridimensional, llamada «2.5D» o «cuasi tridimensional». Aunque esto presenta ventajas para la visualización de superficies o fenómenos tridimensionales regulares, como edificios, búsquedas espaciales del tipo «rescatar todos los objetos dentro de un radio esférico de un metro desde este punto en un espacio tridimensional», o para el modelado de volúmenes irregulares, aún no entra dentro de la funcionalidad básica del SIG de escritorio (aunque pueden crearse «zonas de influencia o zonas *buffer* tridimensionales con el «three-dimensional Analyst» de ArcGIS). Pero se han desarrollado programas para modelar datos geológicos con cierto potencial para una visualización totalmente tridimensional y un análisis de los datos arqueológicos. El programa «Vulcan»,[5] por ejemplo, ofrece herramientas para construir y visualizar datos volumétricos en tres dimensiones. Un conjunto similar de software producido por la C Tech Development Corporation (comercializado con el título Environmental Visualisation Systems –Sistemas de Visualización Medioambiental–)[6] ofrece prestaciones similares, así como herramientas geoestadísticas tridimensionales. La capacidad de crear un modelo estratigráfico tridimensional detallado de una excavación para conocer la estructura y los procesos de formación del registro arqueológico es una posibilidad muy interesante que los arqueólogos todavía no han explorado a fondo, y sólo conocemos el ejemplo antes citado de Nigro *et al.* (2003) para ilustrar ese potencial.

Más de un proyecto ha utilizado ya la realidad virtual para buscar vías innovadoras de interactuar con objetos tridimensionales. Por ejemplo, Gillings y Goodrick (1996) y Exon *et al.* (2000) han explorado las posibilidades de la realidad virtual en el campo de las artes y de las humanidades, y presentan

5. www.vulcan3d.com.
6. www.ctech.com/products/evs-pro.htm.

varios ejemplos de posibles aplicaciones. Aún están en proceso de desarrollo los usos puramente analíticos que vinculan el SIG con la realidad virtual, y aún no se conocen ejemplos arqueológicos que combinen estas dos tecnologías espaciales. Remito a los lectores interesados al libro de Fischer y Unwin, *Virtual Reality in Geography* (2002), con ejemplos del potencial analítico del modelado tridimensional, de la realidad virtual y del SIG.

3.2.1. Estudio de caso II: el Proyecto de West Heslerton

West Heslerton es un pueblo de Yorkshire, Inglaterra, y el escenario de uno de los proyectos de salvación/preservación arqueológica más ambiciosos del English Heritage de la historia reciente. Se examinaron más de 20 hectáreas de un pueblo anglosajón y su cementerio, con excavaciones, prospecciones y sensores remotos, para obtener una visión general de un período crucial de la historia de Inglaterra. El proyecto lo dirigió Dominic Powlesland y se explica en diversas publicaciones, tanto electrónicas como impresas (véanse Powlesland, 1998, y Haughton y Powlesland, 1999, para un listado completo de referencias).

El proyecto es de gran importancia para la arqueología de las transiciones entre el tardorromano/anglosajón arcaico y el anglosajón arcaico/medio, pero lo más interesante en este caso es el uso pionero de registro y presentación de datos digitalizados. Todos los artefactos, elementos y muestras se registraron utilizando una estación total, y ordenadores portátiles sobre el terreno como herramientas básicas para registrar en formato vectorial más de 300.000 contextos arqueológicos, artefactos, medioambientes, dibujos y registros fotográficos (Powlesland, 1998). Lo que diferencia el proyecto de West Heslerton de otros proyectos también pioneros en el uso de técnicas de digitalización de datos es que también se sirvió de un SIG para manejar, visualizar y analizar datos arqueológicos espaciales. El software (G-Sys) fue creado por Powlesland para posibilitar la representación tridimensional de datos de puntos y el acoplamiento de datos geofísicos y de detección remota, y de fotografías digitales, con datos de líneas y polígonos vectoriales.

Además de facilitar la gestión y el análisis de los datos espaciales, la utilización del SIG también agilizó el proceso de publicación. Uno de los aspectos más innovadores del proyecto fue su utilización como medio digital para publicar el registro básico. La escala de los datos, consistente en casi 30.000 contextos y planos registrados, 90.000 objetos y casi un millón de fragmentos de huesos animales, junto con la copiosa base de datos fotográficos, estratigráficos, geofísicos y otros, habría supuesto, con la tradicional publicación en papel, un medio costoso y demasiado voluminoso para presen-

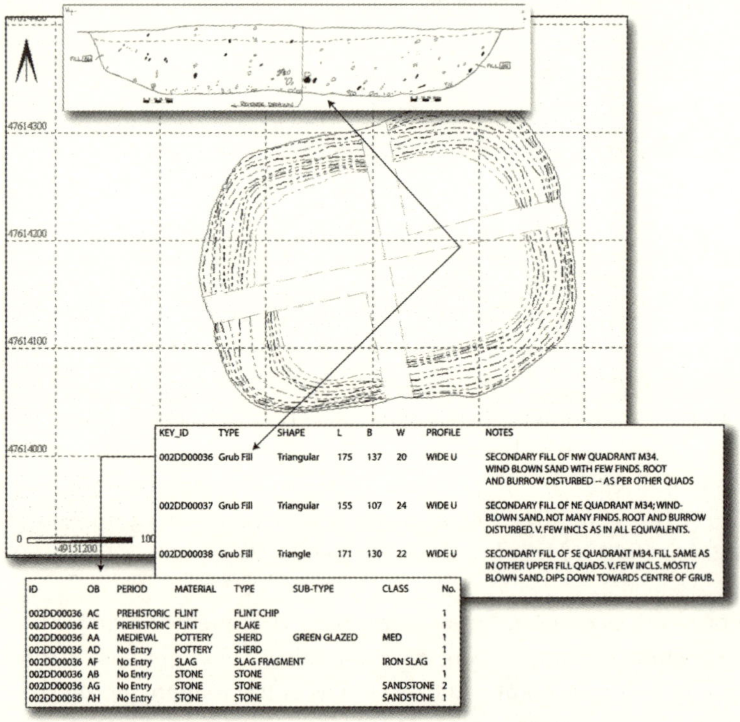

FIGURA 3.2. El funcionamiento del WEB-CD de West Heslerton, donde se muestran los vínculos dinámicos entre planos, secciones y tablas de atributos. Las flechas indican registros de datos sensibles al contexto e imágenes que se pueden obtener pulsando el ratón en el plano del yacimiento. Véase Powlesland *et al.* (1998) para más detalles sobre su creación. Imágenes reproducidas con autorización.

tar todo el conjunto de datos. En todo lo que se publicó, a muy bajo coste, con el título de West Heslerton WEB-CD (Powlesland *et al.*, 1998), se pueden encontrar tablas de datos y vínculos interactivos con planos, textos y dibujos de secciones, algo que hubiera sido imposible con una publicación tradicional (fig. 3.2; Powlesland, 1997). Aunque han transcurrido algunos años desde el final del trabajo de campo, West Heslerton sigue marcando un hito por lo que se refiere a la utilización de los SIG sobre el terreno y a la publicación digital de datos arqueológicos.

3.3. ARQUEOLOGÍA DEL PAISAJE

Los proyectos de prospección regionales (o «sobre el terreno») ofrecen un marco muy claro para la utilización de un SIG, puesto que los *foci* espaciales y regionales se acoplan fácilmente a las herramientas que el SIG ofrece. Tanto si la prospección se basa en sondeos de prueba y en cortes transversales sistemáticos como si es más oportunista y exploratoria, la utilización del SIG ofrece palpables ventajas frente al registro en papel. Varias publicaciones han analizado el impacto de las tecnologías espaciales en las prospecciones arqueológicas y en la arqueología del paisaje: por ejemplo, en Gillings *et al.* (1999) y en Bintliff *et al.* (2001) varias contribuciones analizan cuestiones técnicas e interpretativas derivadas del uso del SIG en determinados escenarios medioambientales, y Lock (2003: 14-77) presenta una perspectiva más general pero muy completa. Uno de los principales problemas que afronta la arqueología del paisaje es cómo compaginar datos de diferentes proyectos cuando los datos se han recogido con distintos sistemas y métodos de registro –por ejemplo, algunos artículos en Alcock y Cherry (2004) presentan una perspectiva mediterránea sobre este problema–, y en este campo el SIG tiene un importante papel que jugar. Pero aquí nos limitamos sólo a una reflexión general sobre el valor y el rol de los SIG en la arqueología del paisaje.

La resolución espacial de los datos recogidos en el paisaje arqueológico varía enormemente: puede ir desde el trazado intensivo de puntos correspondientes a todos los artefactos de un estudio regional (p. ej., Fanning y Holdaway, 2001; Ketz, 2001) hasta una prospección extensiva que sólo desea registrar la localización de yacimientos arqueológicos. En los paisajes ricos en artefactos, como el Mediterráneo, es poco práctico trazar la localización de todos y cada uno de los artefactos, ni siquiera de los cortes transversales, y no es nada infrecuente que los arqueólogos de la región utilicen unidades de prospección de 0,5 ha o unidades mayores, donde el cálculo de los artefactos (aunque no su ubicación) se tabula sobre el terreno (Barton *et al.*, 1999, 2002; Lock *et al.*, 1999; Gillings y Sbonias, 1999; Bevan y Conolly, 2004). En muchos casos, los proyectos utilizarán distintas resoluciones para diferentes tareas, aunque esta vía siempre requiere una documentación rigurosa para garantizar que los datos registrados con la resolución más tosca no se analicen presuponiendo un nivel de precisión mayor. Por ejemplo, si bien es potencialmente posible hacerse una idea de los efectos de la erosión en la visibilidad de los artefactos investigando la relación entre la localización de los artefactos a base de puntos y el valor de la «pendiente» en una rejilla de 2 m^2, esa misma investigación con densidades de artefactos recabadas en unidades de 50 m^2 no tendría sentido si no se remuestrean los datos de la pendiente a ese nivel de resolución.

Al margen de la resolución espacial, un punto de partida común de todo proyecto sobre el paisaje a escala es la adquisición digital (casi siempre en forma de datos vectoriales) de los datos topográficos básicos de tipo general, como por ejemplo el sistema de organización de campos de cultivo y de muretes divisorios existentes, los edificios, cursos de agua, carreteras, caminos y sendas. Este nivel de detalle depende de la disponibilidad de mapas de resolución suficientemente alta cuya escala, por razones prácticas, suele ser de 1:25.000 o más. Estos datos contextuales básicos proporcionan un marco espacial útil para la investigación arqueológica. Para los proyectos que trabajan en áreas más pequeñas puede resultar práctico reunir este tipo de datos, y también los de elevación, como datos primarios mediante un equipo registrador, como un GPS distinto o una estación total (capítulo 5). Pero suele ser más práctico obtener los datos de elevación de fuentes secundarias, por ejemplo, digitalizando las curvas de nivel a partir de mapas convencionales en papel, para luego convertirlas en un modelo de elevaciones continuo (capítulo 6). Pero pueden darse situaciones con muy pocas cartografías de alta resolución disponibles, en cuyo caso podría ser necesario trazar datos en mapas de menor resolución accesibles al público. (Como el Penssylvania State University Library's Digital Chart of the World,[7] la serie US Geological Survey's HYDRO1k,[8] o las imágenes de satélite comercialmente disponibles, como se describe en el capítulo 5.)

El uso de un GPS de navegación (es decir, con una exactitud de ±10 m) permite trasladar con razonable exactitud las unidades de prospección (cortes de prueba, cortes transversales o zonas) o los artefactos reales a mapas de base de escala 1:25.000 o menor. Mediante un GPS manual (de ±3 m) con una estación de aumento de áreas (WAAS) incorporada (véase el capítulo 5), estos datos pueden traducirse con gran exactitud a escalas de 1:5.000 o menos, y si se utiliza un GPS diferencial o de sondeo, la exactitud espacial superará la de todos los mapas excepto los de máxima resolución (véase el capítulo 5 para más información sobre métodos de registro digitales). Como se decía en el capítulo 2, el uso de un sistema de coordenadas métricas (como el UTM, el Ordnance Survey del Reino Unido, el State Plane de EE.UU., o alguna forma de Rejilla Nacional) es preferible a las coordenadas de latitud y longitud.

Para registrar los límites espaciales de una unidad de prospección dentro de un conjunto existente de datos cartográficos se requiere una cierta habilidad para leer mapas y es esencial para situar con exactitud los datos arqueológicos en un determinado paisaje. El uso de receptores GPS puede me-

7. www.maproom.psu.edu/dcw/.

8. http://edcdaac.usgs.gov/gtopo30/hydro/.

jorar la precisión, pero dado que los registradores GPS manuales tienen un margen de error de ±10 m, habrá que comprobar y posiblemente ajustar manualmente las posiciones espaciales trazadas a escalas superiores a 1:25.000. Si las unidades de prospección se quieren digitalizar a partir de mapas en papel, hay que establecer un error espacial mínimo respecto al valor del error cuadrático medio o RMSE (*root-mean-square-error*) (véase el capítulo 5) del registro de mapas en cada sesión de digitalización. Si las unidades de prospección son zonas (es decir, polígonos), también es imprescindible establecer adecuadamente las relaciones topológicas entre las unidades: las zonas limítrofes han de compartir nodos si son realmente adyacentes, y no deben solaparse si no lo son. Pueden producirse errores importantes, por ejemplo, con la estimación de la densidad de los artefactos, debido a errores topológicos en los datos digitalizados. En el capítulo 5 se analizan con más detalle las cuestiones relacionadas con la digitalización y la topología de polígonos.

Merece la pena destacar aquí un punto importante que Thomas (1993: 26) ya planteaba sobre la falsa creencia que pueden deparar las prospecciones del paisaje realizadas con un SIG: la de que «los datos recogidos son datos comprendidos». El aparente «conocimiento totalizador» que emerge en el SIG a partir del conjunto de estructuras, campos, hidrología, suelos, alturas y evidencia arqueológica existente no permite comprender directamente el paisaje social más importante. Las interpretaciones significativas y sustantivas de las relaciones complejas y casi siempre impredecibles que tienen los humanos con sus respectivos paisajes no se pueden aprehender con la sola recogida de datos, sino que se han de construir y explorar minuciosamente utilizando distintas fuentes (etnográficas, históricas, medioambientales, vivenciales, arqueológicas). Todas y cada una de esas fuentes ofrecen perspectivas y posibilidades interpretativas para mejorar nuestro conocimiento del comportamiento humano del pasado en un determinado paisaje; el SIG no es más que una de varias herramientas potencialmente útiles que pueden utilizarse para lograr ese objetivo, y sus resultados deberán cotejarse con otras formas de análisis e interpretaciones.

3.3.1. Estudio de caso III: el Proyecto de la isla de Kythera

El Proyecto de la isla de Kythera[9] ejemplifica un proyecto de prospección extensiva de un paisaje rico en artefactos, donde el SIG desempeñó un rol importante en cuanto a la consecución de los objetivos del proyecto. Kythera,

9. www.ucl.ac.uk/kip.

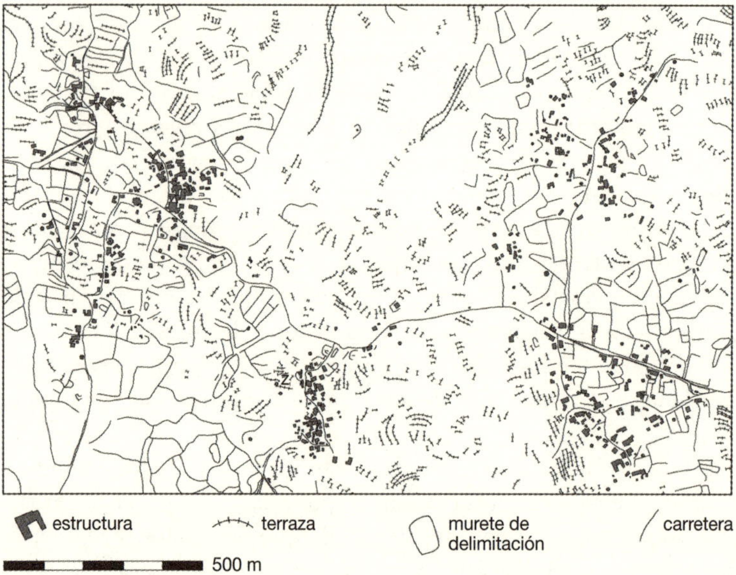

FIGURA 3.3. Una pequeña ventana al SIG del KIP, que muestra los principales elementos antropomorfos que constituyeron el marco para recopilar datos arqueológicos. Fuente: KIP, Proyecto de la isla de Kythera. Utilizado con autorización.

una isla griega situada entre Creta y el Peloponeso, fue seleccionada para realizar un estudio intensivo de exploración de la dinámica insular (véase Broodbank, 1999 para una visión general). En este caso sólo destacamos el componente arqueológico del paisaje investigado, a partir del estudio detallado de más de un tercio de la superficie total de la isla de 280 km^2. El marco geoespacial utilizado en el proyecto se basó en el sistema cartográfico militar griego establecido para la isla, en el que se basa toda la serie de mapas topográficos a escala 1:5.000. Estos mapas se digitalizaron manualmente antes de la prospección e incluían una serie de elementos antropomorfos, como carreteras y demarcaciones, sistemas de organización de cultivos y edificios singulares (fig. 3.3).

Se creó un MDE con una resolución de 10 m para el área de prospección a partir de curvas de nivel digitalizadas manualmente para que ayudara a interpretar los usos del suelo, la tafonomía de yacimientos y artefactos, y el modelado ecológico (Bevan y Conolly, 2004). El equipo informático de campo consistía en tres ordenadores portátiles con sistemas de digitalización car-

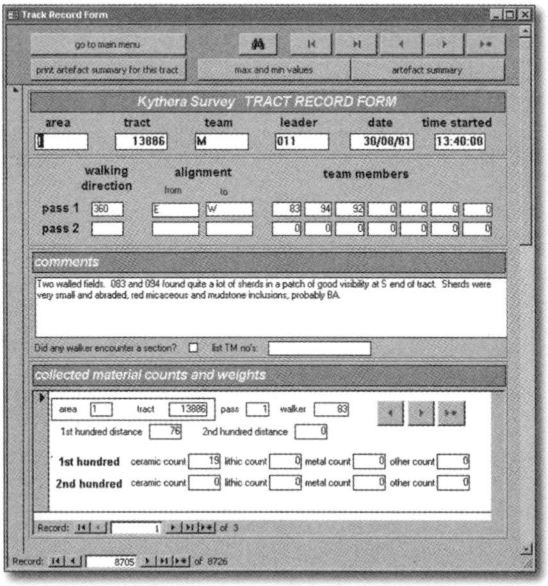

FIGURA 3.4. Sección de la base de datos de atributos de la prospección del KIP.

tográfica, bases de datos y un SIG incorporados. De las impresiones de las secciones de los mapas de escala 1:5.000 con los objetivos de prospección del día se hacían copias en papel para los supervisores arqueológicos, que luego utilizaban una combinación de elementos físicos locales, como lindes de campos, carreteras, caminos y edificios, y de compases y receptores GPS para localizar y trazar sus zonas de prospección. También se registraron en papel los cortes transversales y el cómputo de los artefactos asociados, y en cada zona se registraron asimismo datos de los usos del suelo. Un equipo *in situ* se dedicaba a entrar las hojas de registro de los artefactos en un sistema de base de datos relacional vinculada a un SIG (fig. 3.4). Al final de cada día también se digitalizaban los puntos que definían las distintas zonas de prospección, que luego se vinculaban a los registros de la base de datos. Entre 1998 y 2001 se prospectaron y digitalizaron casi 9.000 zonas, abarcando un área de 42,5 km^2, y se localizaron y documentaron unos 200 nuevos yacimientos en el área prospectada.

La utilización de un SIG durante las campañas de prospección permitió en pocas horas estimar cualitativamente nuevos patrones espaciales a partir de los datos recogidos. Luego los yacimientos arqueológicos recién descu-

CUADRO 3.1. Conjuntos de datos geoespaciales del KIP

Datos	Extensión	Formato	Entidad	Escala/ resolución
Curvas de nivel 20 m	Isla	Vectorial	Arco	1:5.000
Puntos altimétricos	Isla	Vectorial	Punto	1:5.000
Curvas de nivel 2-4 m	Área de prospección	Vectorial	Arco	1:5.000
Topografía cultural	Isla	Vectorial	Varios	1:5.000
Geología del lecho de roca	Isla	Vectorial	Área	1:50.000
Fotografías aéreas	Isla	Ráster	Rejilla	1:15.000
Imágenes de satélite	Isla	Ráster	Rejilla	resolución 20 m
Fotos digitales	Local	Ráster	n/a	n/a
Elevación	Local	Vectorial	Punto	1:2.000
Localización de yacimientos	Área de prospección	Vectorial	Punto	~ 1:15.000
Dispersión de yacimientos	Local/área de prospección	Vectorial	Área	~ 1:15.000
Distribución de la cerámica (i)	Local	Vectorial	Área	unidades 25-400 m^2
Distribución de la cerámica (ii)	Área de prospección	Vectorial	Área	unidades <10.000 m^2
Geoarqueología (i)	Área de prospección	Vectorial	Todas	1:5.000
Geoarqueología (ii)	Local	Vectorial	Todas	1:2.000

biertos, la distribución de artefactos y las condiciones que influían en esa distribución sirvieron para orientar las decisiones a adoptar. También se pudo revisar, comprobar y confirmar de inmediato el propio *datum* arqueológico, generando un conjunto de datos de altísima calidad. Además, la rápida retroalimentación de los resultados hacia los arqueólogos responsables de la recogida de datos tuvo un importante efecto positivo en la moral del equipo. Desde una perspectiva de gestión, el SIG del Proyecto de Kythera también ayudó a predecir el tiempo requerido para completar las secciones de la prospección, y al modo de asignar mejor los supervisores sobre el terreno. Estos factores fueron también de indudable valor durante la campaña.

El archivo final SIG de los datos del Proyecto de la isla de Kythera consiste en un enorme abanico de datos topográficos, geológicos y arqueológicos, recogidos y procesados utilizando varias técnicas (cuadro 3.1). Estos datos han sido la base para un estudio, hoy en curso, de los paisajes históricos de la isla, incluido el estudio de los usos del suelo en el pasado, la relación entre elementos ecológicos, por ejemplo entre los cursos de agua y la ubicación de yacimientos históricos, y entre la demografía y el patrón de asentamiento de la Edad del Bronce (véanse Bevan, 2003; Bevan y Conolly, 2004) como ejemplos más recientes.

3.4. MODELO Y SIMULACIÓN ESPACIALES

El término «modelo espacial» se refiere al uso de datos espaciales para simular un proceso, entender una relación compleja, predecir un resultado o analizar un problema. Por ejemplo, el *análisis de regresión* sirve para verificar la relación entre dos variables continuas, una de las cuales puede ser espacial. Un ejemplo manido de este tipo de modelo es la exploración de la relación entre la proporción de materia prima hallada en un conjunto arqueológico y la distancia de la fuente de esa materia prima. Es lo que suele hacerse para obtener una visión de los posibles procesos que determinaron el medio y el modo de transporte de ese material a través del paisaje. Esta forma de modelo fue muy popular a finales de los años 1960 y 1970, aunque poco después el optimismo inicial de sus primeros defensores por lo que se refiere a la correlación de las curvas de regresión con determinados sistemas de intercambio (p. ej., Renfrew *et al.*, 1968; Renfrew y Dixon, 1976) decayó tras los estudios de simulación de Hodder y Orton (1976).

CUADRO 3.2. Las cuatro escalas de medida

Tipo de datos	Descripción	Ejemplo
Nominales	Categorías descriptivas	Colores: rojo, azul, negro, etc.
Ordinales	Datos según jerarquía	Tamaños relativos: pequeño, mediano, grande, más grande
Intervalos	Datos continuos pero aleatoriedad «0»	Fechas calendario: 100 a.C., 50 d.C., etc.
Ratio	Datos continuos con «0» fijado	Longitudes: 13,4, 16,2, 18,1, etc.

Pese a todo, el análisis de regresión sigue desempeñando un rol importante para comprender la relación entre variables cuantitativas (Shennan, 1988: 114-134), aunque más adelante ilustraremos algunos de los problemas que se han identificado con el uso de esa técnica a la hora de modelar datos espaciales. Existen modelos espaciales arqueológicos más complejos capaces de establecer la relación entre la localización de yacimientos conocidos y variables medioambientales –como la elevación, la pendiente, el aspecto y la distancia del agua– para ayudar a predecir la presencia de yacimientos en áreas no muestrales (como el «modelo predictivo», que se trata con detalle en el capítulo 8). Otros tipos frecuentes de modelo espacial utilizados por los arqueólogos son el uso de un modelo de elevaciones para determinar la visibilidad (Wheatley, 1995; Lake y Woodman, 2003; Llobera, 2003), datos de elevación y del terreno para conocer el movimiento a través del paisaje (Bell *et al.*, 2002), el modelo ecológico para comprender los factores relacionados con la visibilidad y la posición de tal o cual yacimiento (Bevan, 2003) y el análisis cuantitativo de la distribución de artefactos para modelar superficies vivas (Spikins *et al.*, 2002). El modelo espacial también puede incluir el uso de estudios de simulación para conocer las decisiones humanas en determinadas situaciones medioambientales (Lake, 2000a, b). La gama y los tipos de datos que se utilizan en el modelo espacial son de gran alcance, hasta el punto de que resulta difícil ofrecer una orientación general sobre la mejor manera de enfocar este tipo de análisis desde un SIG.

El enfoque más corriente suele ante todo extraer datos de una base de datos espacial para explorar, clarificar y definir pautas, patrones y relaciones (seguramente con la ayuda de un software estadístico). Entre los ejemplos cabe citar la extracción de localizaciones de yacimientos en forma de coordenadas x e y para analizar su relativa agregación a diferentes escalas, el análisis logístico de regresión de variables medioambientales en forma de rejilla en relación con la localización de yacimientos, o el cálculo de índices estadísticos como el I de Moran para buscar la dependencia espacial (autocorrelación) dentro de un archivo de datos.

En estos ejemplos, el modelo de datos no es tan importante como la escala de medida, que trabaja con datos nominales, ordinales, intervalos y ratios (cuadro 3.2, y véase asimismo el capítulo 8), y que influye en el tipo de análisis cuantitativo que se puede realizar. Los datos de intervalos brindan la oportunidad de realizar distintos tests estadísticos sólidos, pero el modelo informativo puede realizarse con datos de orden inferior. Shennan (1988: 65-70), por ejemplo, plantea un simple caso de análisis no paramétrico de localización de yacimientos con una variable nominal (tipo de suelo) que permite una aproximación a los procesos que determinaron esas localizaciones. En el capítulo 8 se presenta una selección de métodos estadísticos útiles para verificar la presencia y la fuerza de las relaciones en archivos de datos espaciales.

Una segunda aproximación al modelo espacial implica la manipulación matemática de uno o más archivos de datos para producir nuevos datos. En esta categoría habría varios tipos de modelado: redes, visibilidad, erosión, movimiento, recorrido óptimo y algunos modelos ecológicos. A excepción del modelo de redes, que depende de una topología vectorial, los datos ráster suelen ser el formato preferido para crear modelos espaciales. Los datos de elevaciones desempeñan un rol importante como base de datos, porque permiten construir modelos de visilidad, de movimiento y ecológicos, que luego pueden servir para conocer mejor el uso humano del espacio. También pueden crearse nuevos archivos de datos geoespaciales, combinando archivos de datos ráster con expresiones algebraicas. Los capítulos 9 y 10 analizan con mayor detalle esta forma de modelo espacial y los estudios de caso que se describen a continuación son un ejemplo aplicado.

Una tercera aproximación es el *modelo dinámico*, que explora el cambio en el tiempo de algunos fenómenos. Ciertos modelos de erosión que utilizan *autómatas celulares* pertenecen a esta categoría. Muchos arqueólogos utilizan también los modelos de simulación SIG basados en los agentes humanos para predecir y explicar ciertas conductas y decisiones del pasado en un paisaje real (p. ej., Kohler y Gumerman, 2000; Lake, 2000a). Los modelos basados en los agentes también se han combinado con el SIG para predecir el movimiento de visitantes en algunos parques nacionales (Gimblett, 2002), técnica que podría ser útil para la GRC (Eve, 2004). La integración con el modelo de simulación es una de las áreas más activas, interesantes y de mayor desarrollo de los SIG arqueológicos. Sin embargo, crear una simulación dinámica en un SIG es un tema muy avanzado que escapa a los objetivos de este libro. Los lectores interesados pueden leer los dos volúmenes antes mencionados y las contribuciones del *Journal of Artificial Societies and Social Simulation*. Gilbert y Troitzsch (1999) proponen una introducción a la simulación de fenómenos sociales, aunque sin abordar concretamente el uso del SIG.

3.4.1. Estudio de caso IV: el modelo de localización de yacimientos mesolíticos y del comportamiento cazador-recolector

En Lake (2000a, b), Lake y Woodman (2000) y Woodman (2000b) hay ejemplos de la aplicación de modelos espaciales basados en los SIG. Estos tres estudios relacionados entre sí investigan la actividad cazadora-recolectora prehistórica en la isla de Islay, Escocia: predicen la localización de yacimientos, exploran las conductas y actividades que crean yacimientos, y establecen la relación entre la localización de tal o cual yacimiento y la porción de paisaje visible desde esos emplazamientos (es decir, el campo visual de un yacimiento), respectivamente.

El estudio de Woodman somete una selección de 14 variables medioambientales a una forma de modelo estadístico llamado *lineal logistic regres-*

CUADRO 3.3. Variables del estudio del modelo predictivo de Woodman (2000b)

Variable	Descripción
Elevación	Derivada de curvas de nivel de 10 m
Relieve local	Máximo rango de elevación en un radio de 500 m
Calidad del abrigo	Medida en escala ordinal del abrigo basada en Kvamme (1985)
Aspecto	Derivada de elevación
Exposición	Derivación del aspecto para crear categorías descriptivas de la exposición
Ángulo de visión	Derivación de pendiente para crear categorías descriptivas del ángulo horizontal de visión
Distancia del agua	Distancia lineal al curso de agua más próximo
Orden del curso de agua más próximo	Basado en clasificación de drenaje según el método de Strahler (Strahler, 1952)
Distancia de la costa moderna	Distancia lineal a la marca de marea alta de la línea de costa moderna
Distancia de la costa mesolítica	Distancia lineal a la línea de costa reconstruida
Exposición de la costa moderna	Medida en escala ordinal (expuesta, semiprotegida, protegida)
Exposición de la costa mesolítica	Ídem
Localización topográfica de la costa moderna	Medida en escala nominal que describe el entorno del yacimiento (p. ej., golfo, cabo, costero lineal o tierra adentro)
Localización topográfica de la costa mesolítica	Ídem

sion analysis (análisis de regresión logística lineal) para comprobar su relación con la ubicación de los yacimientos. Este tipo de análisis tiene muchas fases y depende de varios supuestos que ante todo se han de demostrar, pero que en última instancia se expresan mediante una ecuación $p = a + b_1x_1 + b_2x_2 + \ldots + b_kx_k$, donde p es el logaritmo que representa el porcentaje de presencia de yacimientos, $x_1, x_2 \ldots x_k$ los valores de variables como la elevación, la distancia del agua, etc., y a y $b_1, b_2 \ldots b_k$ son valores numéricos derivados establecidos mediante el análisis estadístico (cuadro 3.3) (Menard, 2001). Esta fórmula puede luego utilizarse para construir mapas de probabilidad de la localización de yacimientos. En este caso concreto, comparando las predicciones sobre la presencia de yacimientos con las localizaciones tanto conocidas como aleatorias de los yacimientos del interior, Woodman pudo demostrar que su modelo era capaz de distinguir entre las localizaciones de yacimientos y los lugares aleatorios del paisaje, y así poder predecir la probabilidad de presencia de yacimientos en el resto de la isla.

El estudio de Lake (2000a, b) combina el SIG con la simulación por ordenador para construir un modelo dinámico del comportamiento de los cazadores-recolectores de Islay. La finalidad del ejercicio era obtener un mayor conocimiento de los factores causales subyacentes del patrón espacial de los artefactos mesolíticos hallados durante el trabajo de campo arqueológico (Mithen, 2000) y verificar si su distribución y su composición podían explicarse en función de las decisiones de los cazadores-recolectores que priorizaban la recolección de avellanas. El proceso pasaba por la construcción de un modelo de simulación basado en los agentes que asociaba a cada actor una serie de metas, capacidades decisorias y parámetros del nivel de riesgo. El medio natural de los agentes incluía un modelo de abundancia de avellanas en la isla, que se creó combinando varios estratos del SIG, como medidas del potencial del suelo con parámetros de tolerancia de las especies arbóreas basados en datos de polen y datos topológicos contemporáneos, como la pendiente y el aspecto. Luego, en ese paisaje digital se «liberaba» a los agentes para que buscaran y recolectaran avellanas, y compartieran información sobre la localización de los avellanos. Mediante la confección de una conducta sin uso de útiles, Lake logró comparar el desplazamiento simulado de varios escenarios (p. ej., variando la lozalización del punto de partida y la voluntad de aceptar cierto nivel de riesgo en cuanto a la decisión de en qué dirección moverse), y comparar los resultados con el registro arqueológico conocido (fig. 3.5). Tal como había anticipado la simulación, el modelo del comportamiento recolector de avellanas mostró una escasísima coincidencia con el registro arqueológico, lo que sugería que la recolección de avellanas no fue un factor determinante de la actividad cazadora-recolectora de la isla. Aquella no coincidencia no significa que la simulación «fallara», sino sólo que aquel comportamiento no explicaba la evidencia arqueológica y, por lo tanto, que había que contemplar otras posibles explicaciones.

Por último, Lake y Woodman (2000) estudiaron un rasgo del comportamiento perfectamente documentado de los cazadores-recolectores: la importancia de conseguir información. Partieron de la hipótesis de que los yacimientos mesolíticos estaban situados en lugares con una visión del paisaje más amplia que la visión «media» desde otros lugares del paisaje. Para verificar esta premisa desarrollaron formalmente una hipótesis nula que decía que la porción de paisaje visible (el campo visual) desde los yacimientos conocidos debería ser estadísticamente indistinguible de la cantidad de paisaje visible desde todas las localizaciones sin yacimiento. Dado que el cálculo de la visibilidad de todos los lugares sin yacimiento implicaba extraer información de 90.000 localizaciones individuales, utilizaron una técnica llamada *simulación de Monte-Carlo* (capítulo 8) para obtener estimaciones de los parámetros de visibilidad de los lugares sin yacimientos. Ello supuso selec-

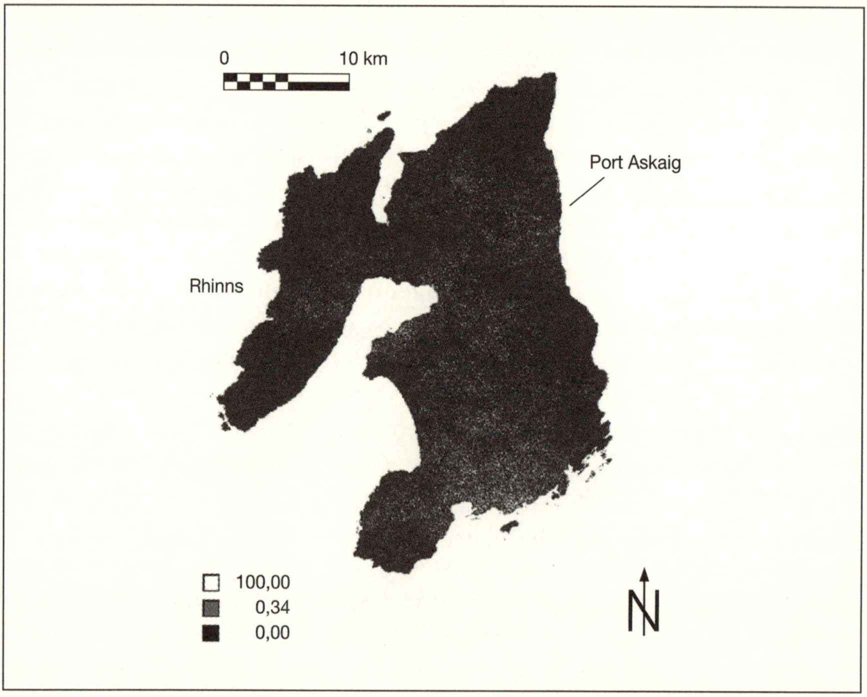

FIGURA 3.5. Una distribución simulada de artefactos derivada de una tendencia de un modelo basado en los agentes. La leyenda muestra el número de microlitos como un porcentaje del número máximo descartado en cualquier celda del mapa. Reproducido de Lake (2000a) con autorización; coastline © Crown Copyright, todos los derechos reservados, licencia n.º 100021184.

cionar aleatoriamente del área de estudio una muestra de 24 localizaciones 25 veces, y calcular una «envoltura» que deparó una serie estadística de características de la visibilidad de los lugares sin yacimientos. Estos valores se compararon luego con las características del campo visual de los yacimientos conocidos, que demostraron ser estadísticamente distintos. Este resultado se mantuvo incluso cuando los yacimientos se compararon con lugares sin yacimiento con idénticos valores de elevación, pendiente y aspecto que los lugares con yacimientos. En consecuencia, la hipótesis nula fue rechazada, lo que les permitió proponer que las gentes mesolíticas de Islay situaban deliberadamente sus yacimientos en zonas con gran visibilidad, seguramente como parte de una estrategia para maximizar la información sobre su paisaje local.

3.5. Conclusión

A estas alturas resulta evidente que la gama de tareas y preguntas que un SIG puede contribuir a contestar es muy amplia. Tanto si lo prioritario es valerse de un SIG para facilitar la gestión de los datos espaciales recogidos durante una excavación, como ayudar a predecir la probabilidad de la presencia de yacimientos en un área de estudio, o modelar los recorridos de las gentes a través del terreno, el SIG puede tener un rol importante. Si usted utiliza el SIG por primera vez y ha seguido los capítulos según el orden propuesto, debería tener ahora una idea más clara de cómo encuadrar el SIG en el marco del interés de los arqueólogos por el uso humano del espacio y del paisaje, cómo funciona un SIG, y cómo se ha utilizado en el pasado para ayudar a gestionar y dar sentido al registro arqueológico. Los tres capítulos que siguen tratan con más detalle el modo de crear un SIG. En primer lugar, en el capítulo 4 hablamos del almacenamiento de datos y los sistemas de gestión. Luego sigue un amplio capítulo dedicado a la captura digital de un conjunto de datos y al modo de estructurarlos para poder ser manipulados y analizados en un medio SIG. El capítulo 6 analiza con profundidad la manipulación de datos espaciales, y muestra cómo clasificarlos e interpolarlos para crear y estructurar datos espaciales con vistas a su análisis posterior.

4. La base de geodatos

4.1. Introducción

Este capítulo describe el modo de estructurar y almacenar datos espaciales y de atributos para su utilización en un SIG. Ofrece la información necesaria sobre modelos de datos y diseño de bases de datos para que los arqueólogos poco familiarizados con las bases de datos informáticas puedan decidir la mejor manera de construir un sistema funcional y eficaz.

Una base de datos es un cúmulo de informaciones estructuradas y registradas de un modo coherente. Un catálogo de fichas que registre información sobre yacimientos arqueológicos, por ejemplo sobre su localización y datación, es una base de datos pero también un registro completo de yacimientos y monumentos digitales accesibles en la web. Las bases de datos digitales difieren de sus homólogas de papel principalmente porque dependen de un software de bases de datos para buscar y recuperar registros. La complejidad de la estructura de datos aumenta cuando las bases de datos digitales se dividen en distintos archivos vinculados entre sí. Lo cual reduce el volumen de información duplicada en una base de datos, mejora la velocidad de acceso y permite también la recuperación de pequeños subconjuntos de datos en lugar de registros completos. El software que se utiliza para almacenar, manejar y manipular datos se llama Database Management System (DBMS) o Sistema de Gestión de Bases de Datos (SGBD). Su objetivo es almacenar y recuperar registros de datos del modo más eficaz posible, desde la perspectiva tanto del tamaño global de la base de datos como de la velocidad de acceso a los datos.

La tecnología del SGBD es un campo privilegiado de investigación en la ciencia de la informática. Hay, pues, una vasta y creciente literatura sobre teorías y métodos de bases de datos, pero a menos que se desee diseñar e

CUADRO 4.1. Una base de datos de archivo plano

Id cerámica	Clase cerámica	Desengrasante	Diámetro (mm)	Id yacimiento	Fecha más temprana (BP)	Fecha más tardía (BP)	Área (m^2)
1	borde	arena fina	88	1001	1200	1100	8.045
2	cuerpo	arena fina		1001	1200	1100	8.045
3	base	grog		1001	1200	1100	8.045
4	cuerpo	vegetal		1004	900	700	410
5	borde	vegetal	47	1004	900	700	410
6	cuerpo	arena fina		1006	1000	800	8.900
7	base	arena gruesa		1007	800	400	7.980
8	borde	concha	140	1007	800	400	7.980
9	borde	grog	134	1009	200	100	1.200

idear un programa de bases de datos partiendo de cero, todos estos detalles se desconocen. Es mejor recordar brevemente las cuatro funciones específicas que un SGBD debería poder realizar (Burrough y McDonnell, 1998: 50): i) acceso rápido y posibilidad de seleccionar subconjuntos de datos, en principio por más de un usuario simultáneamente; ii) un dispositivo para introducir, editar y actualizar datos; iii) la capacidad de definir y aplicar reglas que garanticen la exactitud y la consistencia de los datos; iv) la capacidad de proteger los datos frente a una posible destrucción deliberada.

Un SIG necesita almacenar, manejar y recuperar datos geográficos y de atributos (que combinados se llaman «base de geodatos»). Muchos programas SIG tienen herramientas para manejar atributos y datos geográficos, aunque también es frecuente utilizar un programa de SGBD aparte, como Microsoft Access o MySQL, para manejar datos de atributos. La primera parte de este capítulo pasa revista a las distintas maneras de almacenar y manejar datos de atributos en un SGBD, y en la segunda parte se examinan los métodos de almacenamiento de archivos de datos ráster y vectoriales.

4.1.1. Modelos de datos: del archivo plano al relacional

La base de datos más sencilla consiste en una sola tabla de datos, donde cada columna contiene un campo y cada fila un registro. Este tipo de tablas se llaman *bases de datos de archivo plano* porque son datos sin profundidad. Todos los datos se almacenan en una localización y no hay vínculos entre estos registros y los de otras tablas. Los sistemas de archivo plano tienen ciertas ventajas frente a los modelos lógicos, ya que son muy fáciles de guardar, se accede a los datos con suma facilidad, y las operaciones de consulta son muy sencillas. Con todo, presentan una importante desventaja que desaconseja su uso excepto para las bases de datos más sencillas, y es que no tienen prestaciones para manejar datos que pueden ser redundantes. Por ejemplo, muchos registros de la base de datos de cerámica del cuadro 4.1 contienen información duplicada sobre el yacimiento de procedencia de la cerámica.

Esta limitación introduce un alto grado de duplicación de datos. Además, algunas celdas quedan vacías: en el campo *diámetro*, por ejemplo, sólo aparecen los bordes. El resultado es una estructura de datos innecesariamente larga y redundante donde un gran número de celdas contienen datos repetidos o son nulas. Por lo tanto, las tablas de archivo plano sólo funcionan con bases de datos más sencillas, puesto que si se quiere registrar información de más de una entidad, como en el ejemplo anterior, resultan difíciles de manejar. Una solución elegante para este problema, definida por primera vez por E.F. Codd (1970) en lo que se conocerá como el *Modelo Relacional*, es dividir la base de datos en tablas distintas, cada una de ellas con un conjunto de informaciones coherentes. Por ejemplo, crear tres nuevas tablas con información sobre *yacimientos*, *cerámicas* y *bordes*, respectivamente, reduce las redundancias y las celdas vacías. La desventaja es que el sistema tendrá que manejar tres tablas en lugar de una, así que se necesita algún mecanismo para extraer información de todas las tablas para responder a preguntas como «¿cuántos tipos distintos de desgrasante se encuentran en los bordes cerámicos en yacimientos anteriores al año 1000 a.C.?».

Las ventajas del modelo relacional son su sencilla estructura tabular, relaciones no complicadas y el lenguaje potente y versátil asociado, llamado SQL (pronunciado *sequel*). Aunque el modelo relacional puede parecer complejo a los no iniciados, en la práctica es un modo simple y versátil de manejar grandes archivos de datos.

El componente principal de una *base de datos relacional* es una tabla de datos, llamada *relación*, que consiste en una serie de registros que contienen diferentes campos compartidos por todos los registros. Cada registro tiene que ser distinto de los demás, con un identificador único (un número id), llamado *clave primaria*. Si ningún campo contiene una entrada única, pueden utilizarse dos o más campos para definir una clave primaria, en cuyo caso se llama *clave compuesta*. Las tablas también han de responder a determinadas condiciones definidas por el concepto relacional de *normalización* (para algunos ejemplos, véase Beynon-Davies, 1992: 30-42), que significa que los registros con los mismos valores repetidos deberán colocarse en tablas separadas y definirse por su propia clave primaria. El proceso de dividir un conjunto de datos en tablas distintas y de definir los vínculos entre ellas se llama *normalización*.

Por ejemplo, en el cuadro 4.1, los valores *id-yacimiento*, *fecha más tem-*

prana, *fecha más tardía* y *área* siempre aparecen en grupos y por lo tanto habrán de registrarse en una tabla separada (llamada «yacimientos»). Las reglas de normalización también obligan a separar los valores dependientes de los campos restantes; y así, en nuestro ejemplo, *diámetro* también deberá colocarse en una tabla diferente («medidas de bordes») a las de *id-cerámica*, *clase cerámica* y *desengrasante*, porque es dependiente del valor de «borde» en la *clase cerámica*. En este caso, la tabla de bordes tiene que heredar los datos de *id-cerámica* para poder determinar a qué fragmento cerámico pertenece la medida de cada borde. Las tablas normalizadas y sus claves primarias se muestran en el cuadro 4.2.

Luego se crean relaciones entre tablas definiendo los vínculos entre una clave primaria y su campo equivalente en otra tabla, llamada *clave foránea*. En nuestro ejemplo, es preciso crear un nuevo campo en la tabla de cerámicas llamado *id-yacimiento* que contenga el número de identificación del yacimiento donde se descubrió ese fragmento. Este campo actúa entonces como la clave foránea y permite a la clave primaria (id-yacimiento) de la tabla de yacimientos establecer una relación con la tabla de cerámicas. La variable id de cerámicas, presente en la tabla de cerámicas y en la de bordes, puede utilizarse para vincular ambas tablas. Las tablas de vínculos pueden adoptar la forma de una relación entre *uno-uno*, *uno-muchos* o *muchos-muchos*, según el número de registros a los que se refiere el vínculo de la clave primaria-foránea. En este ejemplo, la relación entre «yacimientos» y «cerámicas» es la de uno-muchos (ya que un yacimiento puede contener muchos fragmentos cerámicos) y la relación entre «cerámicas» y «medidas de bordes» es de uno-uno (ya que ningún fragmento cerámico tendrá más de un registro de borde; hay que tener en cuenta que aquí no consideramos la posibilidad de unir cerámicas o bordes). Por razones de eficacia de almacenamiento y de coherencia relacional, las relaciones entre muchos-muchos deben convertirse en relaciones uno-muchos mediante la construcción de tablas intermedias. La normalización se trata con más detalle en diversas publicaciones accesibles, entre otras las de la Universidad de Texas en las Austin's Information Technology Service Data Modelling Pages[1] y en Hernández (2003).

La recuperación de datos de un sistema relacional mediante el SQL precisa definir las relaciones entre entidades y las condiciones de selección de determinados atributos. Esta cuestión se aborda más extensamente en el capítulo 7, al igual que los métodos de consulta y búsqueda de datos espaciales. Algunos programas SIG, como ArcInfo y ArcView de ESRI, incluyen SGBD que permiten definir y consultar relaciones básicas entre tablas. Mientras los sistemas de gestión incorporados son perfectamente funcionales para recu-

1. www.utexas.edu/its/windows/database/datamodeling/rm/overview.html.

CUADRO 4.2. Las tres tablas normalizadas: yacimientos (arriba), cerámica (centro) y medida de borde (abajo). Las claves primarias se marcan con una †, la clave foránea con una ‡

Id yacimiento†	Fecha temprana (BP)	Fecha tardía (BP)	Área (m^2)
1001	1200	1100	8.045
1004	900	700	410
1006	1000	800	8.900
1007	800	400	7.980
1009	200	100	1.200

Id cerámica†	Clase cerámica	Desengrasante	Id yacimiento‡
1	borde	arena fina	1001
2	cuerpo	arena fina	1001
3	base	grog	1001
4	cuerpo	vegetal	1004
5	borde	vegetal	1004
6	cuerpo	arena fina	1006
7	base	arena gruesa	1007
8	borde	concha	1007
9	borde	grog	1009

Id. cerámica†	Diámetro (mm)
1	88
5	47
8	140
9	134

perar datos de bases de datos de estructura simple, vinculando un SIG a una base de datos como PostgreSQL, MySQL, Oracle o SQL Server de Microsoft, permite un uso pleno del modelo relacional y del SQL para gestionar y consultar datos de atributos.

Aunque el software del SIG proporciona dispositivos SGBD básicos para manejar datos de atributos, existen tres buenas razones para utilizar un SGBD externo: i) un SGBD externo podrá tratar relaciones de datos multitablas más complejos; ii) con un volumen mayor de datos la recuperación de datos será más rápida; iii) permitirá consultas y búsquedas más complejas de las permitidas con las funciones de búsqueda y recuperación presentes en muchos SGBD integrados en programas SIG. Casi todos los SIG incluyen dispositivos para vincular objetos de datos espaciales a los datos de atributos de una base de datos relacional externa, habitualmente a través de un SQL y tecnologías de bases de datos como el Open DataBase Connectivity.[2] El SQL se analiza con más detalle en el capítulo 7, aunque conviene advertir aquí que muchos sistemas de bases de datos contienen herramientas gráficas para que el usuario no tenga que escribir un SQL virgen.

Más allá del modelo relacional: sistemas orientados al objeto

Una reciente teoría posrelacional sobre las bases de datos desarrolla las bases de datos *orientadas al objeto* (o bases de datos OO). Estas bases de datos OO comparten parte de la filosofía subyacente de los lenguajes de programación OO, como Java. Incluye conceptos como «*packaging data*» y funcionalidad (conducta) dentro de unas unidades modulares llamadas objetos: la *encapsulación* de objetos para que sólo puedan cambiar su propio estado pero no el estado de otros objetos del sistema; y la *herencia*, de modo que nuevos objetos puedan heredar las propiedades de otros objetos existentes. Las bases de datos OO difieren, pues, y mucho de las bases de datos relacionales, al incluir información sobre las características de la conducta de las entidades, llamadas *métodos*. La combinación de tabla y atributos, con reglas que definen su conducta, se llama un *objeto*, y objetos similares se agrupan en *clases de objetos*. Por ejemplo, en el caso del SIG, «túmulos funerarios» y «recintos elevados» se pueden configurar como objetos en un modelo de datos OO, y no como simples entidades de un estrato. En el modelo OO, la información sobre las entidades está encapsulada dentro de un objeto, mientras que en el modelo relacional la información se obtiene a través de vínculos con registros de una tabla de atributos. Si se engasta la información relevante dentro de un objeto ya no es necesario buscar propiedades en tablas adicionales, y es posible incluir reglas que estipulen la conducta del objeto. El proceso de recuperar datos es similar al del modelo relacional, aunque en las bases de datos OO se utiliza una derivada del SQL llamada Object Query Language (OQL).

Aún no está disponible un SIG de escritorio totalmente OO que posibilite reglas y conductas de objetos más flexibles, y no ha tenido demasiado impacto en arqueología. Entre los sistemas SIG OO comerciales está el software Smallworld,[3] diseñado para organismos que requieren una importante gestión de bienes raíces y activos. Recordemos, sin embargo, que la estructura de la base de geodatos que utiliza ArcGIS es parcialmente OO porque

2. http://en.wikipedia.org/wiki/ODBC.

3. www.gepower.com/prod.serv/products/gis_software/en/core_spatial.htm.

las entidades vectoras tienen comportamientos y reglas definidos para controlar, por ejemplo, la forma de las relaciones topológicas entre objetos vectores.

4.2. DISEÑAR UNA BASE DE DATOS RELACIONAL PARA DATOS DE ATRIBUTOS

Los usuarios del SIG a menudo apelan a la teoría de bases de datos cuando tienen que diseñar una base de datos capaz de almacenar y acceder a un conjunto de datos de atributos. Por ejemplo, si usted ha estado recopilando datos de una prospección arqueológica, puede que necesite crear un sistema para almacenar la información sobre el medioambiente y los datos arqueológicos recogidos que luego puedan vincularse a un SIG que contenga información sobre la localización espacial de, por ejemplo, los sondeos de prueba, las áreas de prospección, los cortes transversales y los yacimientos arqueológicos.

El diseño de una base de datos tiene siempre cuatro fases: diseño de un modelo conceptual, implementación del modelo, construcción de una interfaz externa (o «*front-end*») y decisión sobre el sistema para almacenar físicamente los datos.

Modelo conceptual. El diseño de una base de datos suele empezar con el modelo conceptual. Es el nivel más abstracto y también el más importante del diseño de la base de datos, ya que concierne a las entidades (yacimientos o artefactos, por ejemplo), a sus atributos (tamaño, tipo, etc.) y a sus relaciones con otras entidades (por ejemplo, entre artefactos y yacimientos). En este sentido, el término «entidad» se refiere a cualquier fenómeno, físico o abstracto, que puede describirse y diferenciarse de otros fenómenos (Jones, 1997: 164). Por ejemplo, «artefactos» y «yacimientos arqueológicos» son dos tipos distintos de entidad. A la hora de diseñar una base de datos de atributos, un primer paso útil es hacer una lista de entidades, de sus atributos y de la clase de relaciones entre ambos. Esta lista puede luego modelarse utilizando un diagrama entidad-relación (E-R) (Chen, 1976). El ejemplo de la figura 4.1 muestra la relación entre las entidades antes mencionadas: «yacimientos», «cerámicas», «medidas de bordes». Nótese que en este ejemplo se ha añadido una cuarta relación que contiene la localización espacial de los yacimientos, que normalmente se almacenarían en un SIG.

Implementación. Una vez diseñado el modelo conceptual, la siguiente fase consiste en poblar la base de datos con una muestra de información para asegurar que las relaciones funcionan de la forma pretendida, y de que es posible extraer información en las combinaciones requeridas para su análisis posterior

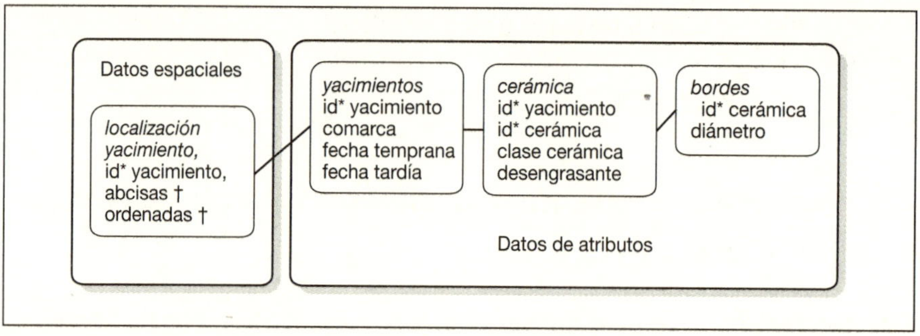

FIGURA 4.1. Un diagrama de entidad-relación (E-R) (recuadros = entidades y atributos; flechas = relaciones) para una base de geodatos. Los asteriscos indican valores únicos (claves primarias); † indica un atributo espacial utilizado para su implementación con un SIG.

(para utilizar el mismo ejemplo anterior, ¿es posible extraer la localización de los yacimientos que poseen cerámica con desengrasante arenoso?).

Interfaz externa. Suponiendo que la base de datos funciona, el paso siguiente más común es crear la interfaz externa, aunque quizá no sea necesario con sistemas más pequeños para un solo usuario. En sistemas para múltiples usuarios es deseable tener un «*front-end*», ya que ofrece a los usuarios un conjunto de herramientas para introducir y buscar datos. Además, dado que puede haber diferentes categorías de usuarios, se puede configurar el modelo externo de manera que presente únicamente los archivos de datos que necesita un determinado usuario. Por ejemplo, el nivel externo de una base de datos de los yacimientos y monumentos registrados podría diseñarse de manera que los datos que hayan visto los arqueólogos y urbanistas municipales se organicen de un modo diferente que los datos que se presentan al gran público. A este nivel una base de datos, o secciones de ella, puede «cerrarse» para impedir que los usuarios no administrativos vean o modifiquen los datos. Externamente también pueden introducirse dispositivos para acelerar la entrada de datos y reducir los errores asociados a esa entrada, como menús «drop-down» o «botones de radio» con opciones simples de «sí/no» para introducir datos. Algunos packs de bases de datos contienen herramientas para diseñar «formas» de *front-end*, y herramientas que permiten utilizar navegadores informáticos para visualizar, consultar y editar datos.

Almacenamiento físico. Los usuarios pueden decidir sobre dónde y cómo almacenar la información en un disco duro. Los programadores del SIG y de la base de datos dedican considerable energía para mejorar la eficacia de sus programas, y por eso los diseñan para que el ordenador pueda acceder rápidamente a la información almacenada. Para los usuarios finales de la base de datos, las especificaciones del modelo físico (por ejemplo, con qué frecuencia la base de datos traspasa información a un disco, cómo asigna la memoria virtual, y cómo detecta y memoriza los cambios en la base de datos) pueden permanecer ocultas, pero la velocidad de la base de datos y su capacidad para procesar con eficacia consultas de información dependerán en última instancia de cómo la base de datos gestione el almacenamiento físico de los datos. Un pequeño SIG de escritorio seguramente almacenará datos en la misma estructura física (disco duro) que el software; pero los datos de un sistema más complejo, multiusuarios y en red seguramente estarán distribuidos por muchos discos duros y, para evitar la pérdida de datos en caso de que falle algún disco, se duplican en lo que se conoce como una «matriz redundante de discos baratos» («redundant array of inexpensive disks», RAID). Si usted está diseñando una base de datos para más de un usuario, es conveniente investigar los sistemas RAID y de almacenamiento en red con más detalle; una consulta por Internet de una tarde le ofrecerá amplia información sobre las opciones disponibles.

4.3. Almacenamiento y gestión de datos espaciales

A semejanza de los datos de atributos, el SIG necesita también una base de datos para almacenar y manipular objetos espaciales. Sin embargo, como las estructuras de datos para los objetos espaciales están fijadas en el programa SIG y como tales no pueden manipularse, el SGBD para objetos espaciales sigue estando «detrás del telón». Aunque hará su trabajo en silencio o sin necesidad de la intervención del usuario, conviene comentar brevemente las distintas estructuras de datos que se utilizan para almacenar y manipular bases de datos vectoriales y ráster para destacar la importancia fundamental del SGBD en los SIG.

4.3.1. Almacenamiento de datos vectoriales

En la estructura de datos vectorial, todos los objetos, sean puntos, líneas o polígonos, se representan mediante uno o más pares de coordenadas x e y. Se registra, por ejemplo, una serie de puntos en forma de una lista de pares de coordenadas, y a cada par se le otorga un número de identificación. Las polilíneas se pueden almacenar como una secuencia de vértices terminados en nodos, y también se les otorga un número de indentificación. Los polígonos pueden representarse igual que las polilíneas, y su último nodo tiene que ser el mismo que su primer nodo para cerrar el lazo.

Este método de almacenamiento de datos es el que utilizan el CAD y algunos de los primeros programas SIG (p. ej., ArcView 3.2), pero no es muy eficiente porque no tiene en cuenta las relaciones topológicas entre los objetos vectores. Por ejemplo, cuando dos polígonos comparten un mismo lado,

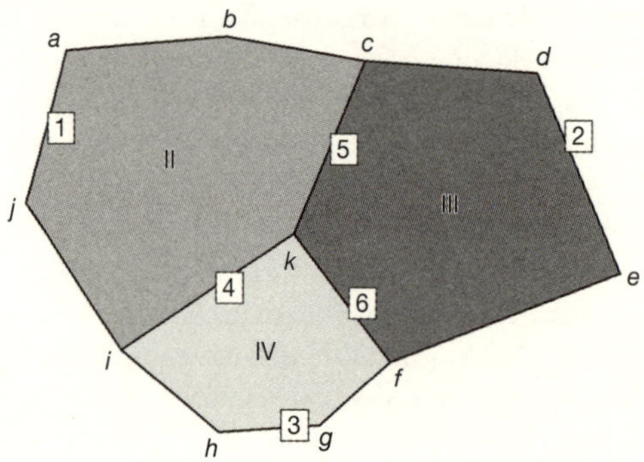

vértices	localización
a	x,y
b	x,y
c	x,y
d	x,y
e	x,y
f	x,y
g	x,y
h	x,y
i	x,y
j	x,y
k	x,y

polígonos	arcos
I	1,2,3
II	1,5,4
III	5,2,6
IV	4,6,3

arcos	inicio	final	vértices	pol l	pol r
1	i	c	j,a,b	I	II
2	c	f	d,e	I	III
3	i	f	h,g	IV	I
4	i	k		II	IV
5	k	c		II	III
6	k	f		III	IV

FIGURA 4.2. Tres polígonos topológicamente relacionados y una estructura simple arco-nodo almacenada.

los vértices de ese lado común han de registrarse para cada polígono, lo que produce un sistema sumamente «hambriento de datos». Además, no hay forma de almacenar relaciones entre objetos vectores –por ejemplo, la contigüidad o la superposición–, así que han de computarse según las necesidades. Una solución más eficaz se basa en un modelo relacional para organizar los datos y se conoce como *estructura de datos arco-nodo* (fig. 4.2). Este método permite estructurar, almacenar y referenciar datos en un SGBD relacional para que los puntos (nodos) creen polilíneas (arcos) y las polilíneas creen polígonos. En este método de almacenamiento la direccionalidad de los arcos se registra mediante un campo que define el nodo inicial y el final y los vértices entre ambos. Los arcos que sirven para definir los límites de los polígonos también registran qué polígonos están a la izquierda y a la derecha del arco. Esto facilita una respuesta rápida a las consultas sobre polígonos adyacentes, mediante referencia a la tabla de arcos en lugar de utilizar un método de consultas espaciales más complejo desde el punto de vista informático.

Toda consulta espacial relativa a estos objetos puede luego responderse por referencia a estas tablas. Por ejemplo, preguntas como «cuál es el área del polígono III» pueden responderse utilizando los vértices que definen los arcos 5, 2 y 6 para crear triángulos, cuyas áreas pueden calcularse, y cuya suma equivale al área del polígono en cuestión. Preguntas topológicas, como «qué polígonos son adyacentes al polígono IV» se pueden contestar encontrando los arcos que definen el polígono IV, y luego utilizando el polígono a la izquierda y a la derecha de esos arcos para definir la adyacencia respecto a otros polígonos (es decir, los polígonos II y III).

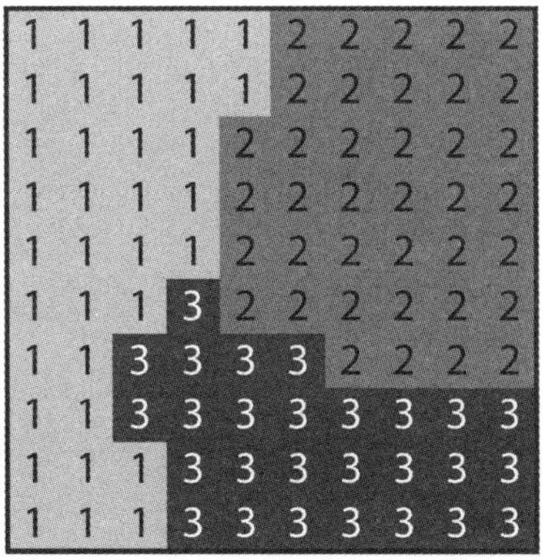

FIGURA 4.3. Una rejilla ráster de 10 × 10 con superposición de valores de celdas.

Aunque la estructura arco-nodo es sin duda más eficaz, puede limitar la flexibilidad, así que algunas bases de datos SIG recientes, como la que utiliza ArcGIS, han incorporado una estructura topológica distinta gestionada por la llamada Spatial Database Engine. En este sistema, la estructura arco-nodo de cada objeto se almacena separadamente en un objeto llamado Clase de Elemento (*Feature Class*). De este modo las relaciones topológicas pueden calcularse a voluntad en lugar de almacenarlas como una parte integral de una base de datos, aunque algunas formas de relación se pueden predefinir y almacenar en Bases de datos de Elementos de modo que, por ejemplo, el cambio en el lado de un objeto provocará automáticamente un cambio en aquellos otros que comparten el mismo lado. Esto permite un alto grado de flexibilidad para definir relaciones entre entidades espaciales, pero también es informáticamente más intensivo y requiere memoria adicional para registrar las estructuras y las relaciones entre objetos espaciales.

En el capítulo 7 analizamos los mecanismos de una variedad más amplia de preguntas espaciales que dependen de las relaciones topológicas.

4.3.2. Almacenamiento de datos ráster

Examinemos el mapa ráster de la figura 4.3. Un método simple para almacenar una rejilla así de n filas por m columnas es registrar el par de coordenadas x e y de cada celda junto con su valor de atributo asociado. Pero esto,

```
columnas: 10
filas: 10
tamaño celda: 20
mínimo x: 320
mínimo y: 153
sistema referencia: metros
11111222221111222221112222221111222
2221111222222111322222211333322221133
33333311133333331113333333
```

FIGURA 4.4. Un típico archivo ráster.

por razones obvias, no es ni práctico ni eficaz: no existe ningún mecanismo para registrar el tamaño de la celda, y las grandes matrices ocuparán muchísima memoria porque cada píxel requiere tres datos (es decir, sus coordenadas x e y más su valor). Los avances en los sistemas de almacenamiento ráster en los años ochenta y principios de los noventa permitieron el desarrollo de métodos mucho más eficientes para almacenar datos ráster (Burrough y McDonnell, 1998: 51-57). Excepto los sistemas más elementales, todos los demás sistemas de almacenamiento ráster poseen ahora una *cabecera*, que define el número de filas y columnas, el tamaño de las celdas, la referencia geodética, el sistema de proyección y de referencia, y la localización de un píxel angular, seguido de una secuencia de los valores de las celdas (fig. 4.4).

En algunos SIG, como Idrisi, la información de la cabecera se almacena como un archivo aparte que comparte nombre con el archivo que almacena los valores de las celdas. El uso de una cabecera facilita el almacenamiento porque las coordenadas de las celdas tienen que almacenarse, pero aún pueden aparecer grandes archivos con datos consistentes en largas hileras de números, como ocurre con los datos de elevación (Burrough y McDonnell, 1998: 51). Un método para reducir el tamaño del archivo que funciona muy bien con datos que presentan cierto grado de autocorrelación espacial positiva (capítulo 6) es registrar las diferencias entre una celda y la siguiente. De este modo una matriz de elevaciones que contenía la secuencia {1021.34, 1022.01, 1023.00} podría registrarse como {1021.34, 0.67, 0.99}, reduciendo así el número de dígitos almacenados en el archivo ráster. Los métodos que se basan en alguna forma de compresión de datos también ofrecen soluciones para determinados tipos de datos. Por ejemplo, una serie de números puede comprimirse utilizando un sistema de compresión por grupos de longitud variable (*run-length*). Implica sustituir los números que se repiten por

1111122222111112222211112222222 1111222
222111122222211132222222113333222221133
33333311133333333111 3333333

se convierte en:

1525152514261426142613312612342412381
3371337

FIGURA 4.5. Ejemplo de compresión de archivo ráster mediante el método *run-length*.

un número entero que define cuántas veces aparece el número en una secuencia. La compresión por grupos de longitud variable reduciría la serie de datos de la figura 4.4 a la segunda serie de la figura 4.5.

Existen otros métodos de compresión que utilizan formas regulares, como cuadrados, rectángulos, triángulos o hexágonos, que se teselan en un patrón regular y luego se asignan a datos de valor uniforme, de manera que sólo hay que registrar el tamaño y la localización de la forma y el valor de las celdas comunes. Cuando se utilizan bloques cuadrados el proceso recibe el nombre de codificación de datos en forma de árbol en grado 4 (*quadtree*). Al igual que el método de longitud variable, más corriente, todos conllevan un ahorro de espacio en detrimento del factor tiempo.

En la práctica, un usuario no tiene por qué preocuparse demasiado por las especificidades del sistema de compresión ráster del SIG, ya que la mayoría pueden importar y exportar datos ráster sin comprimir. El formato y las cabeceras concretas utilizadas para leer datos no comprimidos suelen ser específicos para cada SIG, aunque estos detalles están incluidos en la documentación del software. Los lectores interesados en información adicional sobre almacenamiento y compresión de datos ráster pueden remitirse a Burrough y McDonnell (1998: 51-57).

5. Obtención de datos espaciales

5.1. Introducción

Este capítulo examina las diferentes maneras de obtener y estructurar archivos de datos espaciales para aprovechar la capacidad de visualización y análisis del SIG. Suele distinguirse entre fuentes *primarias* y fuentes *secundarias* de datos porque el método de obtención de datos, el formato de esos datos y el proceso de estructuración difieren notablemente entre una y otra fuente. Los datos primarios consisten en las medidas o en la información obtenida mediante observación, prospección, excavación y percepción remota sobre el terreno. Los datos secundarios se refieren a la información ya procesada e interpretada, habitualmente disponible en forma de mapas digitales o en papel. Muchos usuarios del SIG desean integrar archivos de datos primarios y secundarios (por ejemplo, trazar la localización de los datos primarios de una prospección en un modelo de elevaciones obtenido de un suministrador de datos). Ambos tipos de datos tienen ventajas y desventajas, que se examinan en este capítulo con cierto detalle. Al final del capítulo el lector se habrá familiarizado con el modo de obtener datos primarios y secundarios, y con las cuestiones y procedimientos para valorar la calidad de los archivos de datos combinados.

5.2. Datos geoespaciales primarios

Los datos geoespaciales primarios o «brutos» no han sido procesados ni transformados de modo significativo desde la primera vez que se ha capturado la información. Los arqueólogos generan gran cantidad de datos primarios durante sus excavaciones y prospecciones, como la localización de

FIGURA 5.1. Una «estación total» consistente en un medidor de distancias láser y un teodolito electrónico.

asentamientos, elementos y artefactos, los datos geoarqueológicos y paleoambientales y la localización de fuentes de materias primas en el paisaje. También pueden obtenerse datos «brutos» de las bases de datos de información reunida por otras agencias: se obtiene la localización de yacimientos arqueológicos, por ejemplo, en los registros oficiales de yacimientos y museos y en los «manuales» publicados de los yacimientos. También pueden extraerse datos primarios a partir de fuentes de percepción remota, como fotos aéreas, imágenes de satélite y sondeos geofísicos. Esta sección pasa revista a las dos principales fuentes de datos primarios, la prospección y la percepción remota.

5.2.1. Tecnologías de prospección

El registro digital es cada vez más frecuente en las prospecciones y excavaciones arqueológicas y se ha simplificado mucho en los últimos años gracias a las tabletas digitalizadoras y a los ordenadores portátiles conectados (posiblemente inalámbricos) a un equipo de grabación digital. Esto acelera los procedimientos de registro y reduce la probabilidad de que se introduzcan errores en la transferencia entre el formato en papel y el digital. En este sentido, las tecnologías espaciales más recomendadas son los receptores del sistema de posicionamiento global o GPS y los «taquímetros autorregistradores» o *estaciones totales*. Pese a que ambos equipos son caros, el ahorro de tiempo que suponen permite compensar el coste de su alquiler o compra.

Prospección con una estación total

Una estación total es un equipo de prospección electrónico capaz de registrar ángulos horizontales y verticales y distancias lineales desde el propio equipo hasta un objetivo determinado (utilizando infrarrojos o láser) y de convertir luego estos datos en valores de abcisas (*easting*), ordenadas (*northing*) y de elevaciones mediante una fórmula trigonométrica (fig. 5.1). Las estaciones totales han sustituido a los clásicos teodolitos ópticos, aunque estos últimos se siguen utilizando cuando el coste de una estación total o la dependencia de la electricidad plantean problemas. Es posible establecer la posición de la estación total y de todos los puntos recién medidos respecto a un sistema de coordenadas conocido a condición de disponer localmente de dos o más puntos con coordenadas conocidas (puntos de referencia). También se puede confeccionar una rejilla local fluctuante independiente de cualquier sistema nacional o global. En cuyo caso, la rejilla local puede «conectarse» más tarde a una rejilla nacional, utilizando por ejemplo un GPS para establecer la referencia.

Las coordenadas obtenidas por una estación total se almacenan en una tarjeta de memoria interna o bien en un almacén de datos, que luego puede descargarse a un ordenador, o la estación total puede conectarse a un ordenador para que los resultados de la prospección se puedan visualizar inmediatamente y anotar en un programa similar a los packs de software del Survey Analyst de ESRI o del SIG DataPRO de Leica. Si los datos se guardan en un almacén de datos, éste exportará un archivo de textos con el nombre o el código de cada objeto junto con la abcisa (x), la ordenada (y) y la elevación (z) que definen la localización relativa o absoluta del objeto. Estos datos pueden luego importarse a un programa SIG.

Prospección con un GPS

El GPS es un sistema de navegación por satélite que envía posiciones precisas a los receptores de la superficie de la Tierra. Inicialmente fue desarrollado, y actualmente mantenido, por el ejército norteamericano y empezó a operar por primera vez en 1978. El sistema actual consiste en 29 satélites lanzados entre 1990 y 2004 que giran alrededor de la Tierra dos veces cada 24 horas a una distancia de aproximadamente 20.100 km. Cada satélite emite continuamente una señal horaria desde su reloj atómico interior. Los satélites envían dos señales, llamadas L1 y L2; la primera contiene un código de adquisición ordinario (código C/A) accesible al público, mientras que la segunda contiene un código *protegido* (P) más preciso con unos derechos de acceso controlados por el Departamento de Defensa de Estados Unidos. Hasta mayo de 2000, el código C/A fue deliberadamente degradado, pero hoy ya no es así y la exactitud del GPS básico ha pasado de 50 m a menos de 20 m.

Una unidad receptora de GPS, que puede ir desde una pequeña unidad portátil relativamente barata hasta una estación de base permanente relativamente cara, posee su propio reloj interior desde el que puede determinar el tiempo que tarda la señal de cada satélite en viajar hasta el receptor, y por lo tanto la distancia que hay entre el receptor y el satélite. En teoría, bastan tres satélites para establecer una localización tridimensional (p. ej., la latitud, la longitud y la elevación) en la superficie de la Tierra, estableciendo la posición de la intersección de las distancias entre el receptor y cada satélite. En realidad, los relojes internos de los receptores GPS de consumo no son lo suficientemente exactos para establecer las diferencias horarias al nivel de precisión requerido para medidas tridimensionales útiles, de modo que se necesita una (cuarta) señal de satélite adicional.

En la práctica, un receptor GPS a menudo se conforma con estimar la posición de la intersección debido a sus caprichosas estimaciones de la hora local y a las interferencias atmosféricas con las señales de los satélites situados a un ángulo inferior en el cielo. Para minimizar estas fuentes de error se utilizan mecanismos correctores en el receptor GPS y el envío por satélite de datos adicionales. Los receptores más potentes pueden reducir aún más la incidencia de errores porque pueden analizar las frecuencias del código de señales y estimar así la distorsión atmosférica. Otros sistemas por satélite también incorporan importantes mecanismos de corrección, como el Wide Area Augmentation System (WAAS) y el European Geostationary Navigation Overlay Service (EGNOS). Estos sistemas que permanecen separados se basan en redes de estaciones de tierra en EE.UU. y Europa respectivamente, que transmiten información sobre la fiabilidad y la exactitud de las señales GPS a otros satélites que los receptores de WAAS o EGNOS pueden leer.

Los receptores portátiles GPS para navegación más baratos son ideales para captar información locacional sobre elementos del paisaje con un margen de error de 10-20 m de su verdadera ubicación. Cada vez es más corriente que los receptores baratos cuenten con WAAS/EGNOS, y den posiciones con un margen de error de ±3 m de su verdadera localización en EE.UU. o en Europa. Este nivel de error es aceptable cuando se trata de yacimientos arqueológicos o monumentos, pero no lo es tanto para registrar la topografía local o fenómenos menores, como la localización de artefactos.

FIGURA 5.2. Un GPS diferencial (GPSD) que garantiza una precisión tridimensional de hasta ±3 cm o más.

Para aquellas aplicaciones que requieren mayor precisión y exactitud, se precisa un sistema que proporcione una *corrección diferencial* entre la localización estimada y la real del receptor (llamado GPS diferencial o GPSD). Los receptores de nivel cartográfico, con una exactitud de entre 0,5 y 5 m, son ideales para la prospección de yacimientos arqueológicos y para cartografías de gran escala (p. ej., de hasta 1:2.500) y reciben correcciones de otros satélites o de radiofaros. Los receptores con sistemas de prospección, más caros, pero con una precisión centimétrica, consisten en una unidad y una estación de base (fig. 5.2). La estación de base se sitúa en un lugar cuyas coordenadas se conocen, o que ya se han estimado con anterioridad calculando la media de miles de lecturas tomadas durante varias horas. Una vez establecida la posición real de la estación, empieza a registrar las diferencias en continuo cambio entre su posición real y su posición fluctuante en tiempo real que envían los satélites. El momento preciso de estas diferencias fluctuantes queda grabado, lo mismo que los datos recogidos por la unidad móvil, de manera que las coordenadas calculadas pueden ajustarse mediante el factor de corrección adecuado determinado por la estación de base bien en tiempo real (*real-time kinematic* o GPS RTK) bien en su procesamiento posprospección (GPSD *estático*). De este modo se mejora al centímetro la exactitud posicional o, mejor aún, permite utilizar el GPS para un trabajo de prospección de mayor precisión.

Las coordenadas de la prospección obtenidas por un GPS RTK se almacenan en la unidad móvil y luego se trasladan a un ordenador en forma de un conjunto de códigos de coordenadas y de elementos, o directamente a un pequeño ordenador portátil (a menudo impermeable). Pero como ocurre con toda la tecnología GPS, si los receptores no pueden comunicar con los satélites, no pueden registrar posiciones, lo cual reduce su utilidad en situaciones de vegetación alta y tupida. Por lo tanto la tecnología GPS para prospecciones no es omniaplicable y ha de considerarse simplemente como uno más de los métodos posibles para obtener datos espaciales. Puede que a los no iniciados el equipo de GPS les parezca algo intimidatorio, pero en realidad no es más que una tecnología de manejo relativamente sencillo y, en condiciones adecuadas, suele ser mucho más rápido que una estación total.

5.2.2. Percepción remota

El término percepción remota se refiere a los métodos que recogen e interpretan informaciones sobre fenómenos sin necesidad de contacto físico. Nuestros ojos y nuestro córtex visual, por ejemplo, son sensores remotos extremadamente eficaces para detectar e interpretar la recepción y el reflejo

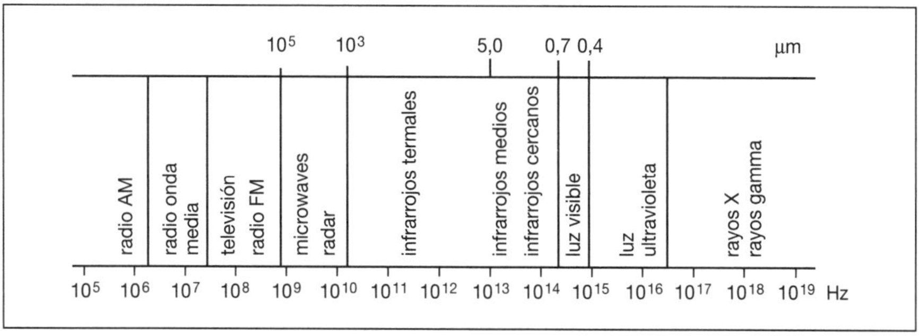

FIGURA 5.3. Frecuencias de ondas (en Hz) y longitudes de ondas (en μ) del espectro electromagnético.

diferencial de longitudes de ondas electromagnéticas entre aproximadamente 700 y 400 nanómetros (nm) (con una frecuencia de ondas de entre 4 y $7{,}5 \times 10^{14}$ Hz), que percibimos como luz visible (fig. 5.3). Pero lo más habitual es que la percepción remota se refiera más concretamente al arte y a la ciencia de obtención e interpretación de informaciones sobre objetos y fenómenos a base de medir las respuestas a la radiación electromagnética recogida en sensores montados sobre algún tipo de estructura, ya sean vehículos, globos, aviones o naves espaciales. Hace tiempo que los arqueólogos utilizan sistemas de percepción remota para recabar información sobre la estructura del paisaje, el medio natural y la localización y configuración de yacimientos y elementos arqueológicos. El abaratamiento y la mayor disponibilidad, resolución y versatilidad de las imágenes por satélite han empezado a tener un impacto considerable en arqueología, aunque todo el potencial de este poderoso conjunto de datos aún no ha sido cabalmente explorado para ampliar nuestro conocimiento de la historia del paisaje y del medio en el tiempo. Aunque se precisa un software de percepción remota específico para manejar las sofisticadas formas de corrección, contraste y análisis de las imágenes, muchos SIG ofrecen un buen número de herramientas para analizar los datos en forma de imágenes. Además, al posibilitar que las imágenes se utilicen como estratos temáticos junto a otras informaciones geoespaciales, el SIG ofrece un marco interpretativo para compaginar, analizar e interpretar datos de sensores remotos del paisaje, contemporáneo y pasado.

Tipos de imágenes

Los datos obtenidos por percepción remota pueden dividirse en dos clases, datos *fotográficos* y datos *digitales*, según que la información se obtenga mediante sensores que registran las respuestas electromagnéticas como datos

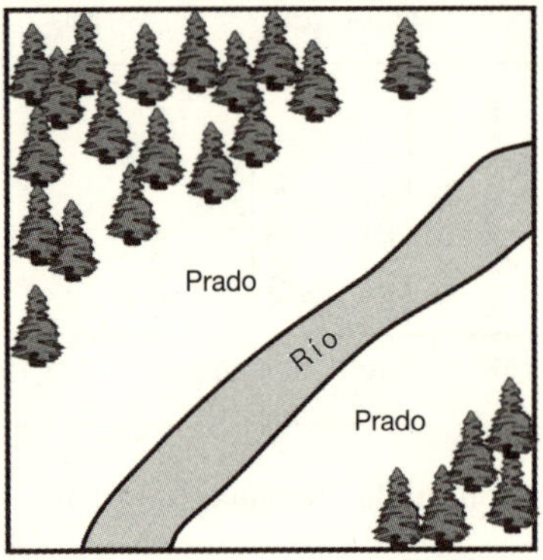

a

190	182	193	190	192	187	78	170	50	48
187	191	190	179	186	190	176	190	59	52
191	193	185	190	176	182	47	65	68	241
198	192	191	173	180	58	68	190	240	251
181	180	182	58	54	67	248	240	248	240
183	179	61	53	61	245	248	240	237	58
188	57	55	51	240	251	235	61	58	54
56	49	60	242	252	235	60	57	140	176
53	67	243	252	235	60	57	165	176	188
54	234	250	240	53	56	57	188	190	193

b

FIGURA 5.4. (a) Un paisaje hipotético con tres zonas ecológicas distintas, (b) los valores de píxeles registrados por un sensor digital. Los valores de píxeles expresan un promedio del área que cubren, y sólo se muestra una banda de varias bandas potenciales.

visuales o digitales. Las imágenes digitales se subdividen a su vez en *pancromáticas* y *multiespectrales*, según la amplitud de las ondas electromagnéticas que sean capaces de captar.

Las fotografías aéreas se utilizan con frecuencia en las prospecciones arqueológicas y, más recientemente, la comunidad arqueológica ha utilizado imágenes de alta resolución emitidas por sensores fotográficos instalados en satélites-espía. Los sensores fotográficos captan imágenes de alta resolución de la superficie de la Tierra utilizando películas en color, pancromáticas o infrarrojas. En términos generales, el valor de una fotografía es ante todo una función del área abarcada por la fotografía y la resolución de la imagen. Esto es a su vez una función de la altitud del avión (o nave espacial), de la longitud focal de las lentes de la cámara, de la sensibilidad de las lentes y de las propiedades de la película (Jones, 1997: 99).

Los sensores digitales registran la manera en que los fenómenos naturales y antropogénicos, como el agua, el suelo, la vegetación frondosa, los caminos y carreteras y los edificios responden a diferentes partes del espectro electromagnético, y registran esta información en forma de una secuencia de bytes,[1]

1. Los satélites transmiten datos a las estaciones terrestres en corrientes de datos binarios compuestos de «bits» que tienen sólo dos valores posibles, 0 o 1. Como los bits no pueden representar por sí solos más que on/off, verdadero/falso, 0/1, etc., suelen juntarse en grupos de ocho, llamados «bytes». Los bytes ofrecen bastante más flexibilidad que los bits, y tienen 256 valores potenciales (es decir, 2^8), y se conocen como imágenes de 8 bits.

donde cada byte corresponde a un valor de píxel (entre 0 y 255; fig. 5.4). La gran ventaja de los sensores digitales es que, a diferencia de los aparatos fotográficos ópticos, registran información de una multiplicidad de longitudes de ondas visibles y no visibles, de ahí que se conozcan como escáneres multiespectrales. La resolución habitual de los sistemas multiespectrales por satélite varía entre 10 y 40 m, lo que limita el uso de imágenes ditigales a la investigación de fenómenos que existen a escalas mucho mayores de las que pueden detectarse con las fotografías aéreas. Sin embargo, los sistemas de imágenes digitales más recientes, como IKONOS de Space Imaging[2] y Quickbird de Digital Glove,[3] pueden alcanzar resoluciones pancromáticas de 1 m o menos (cuadro 5.1), similar a los sensores ópticos de los satélites-espía.

Imágenes fotográficas. Las fotografías aéreas suelen clasificarse en *verticales* u *oblicuas.* Las fotografías verticales son las que se toman con el eje de la cámara lo más verticalmente posible. Suelen utilizarse para *fotogrametría* –la derivación de medidas espaciales a partir de fotografías–, que los arqueólogos emplean hace tiempo de forma muy provechosa (p. ej., Sterud y Pratt, 1975; Poulter y Kerslake, 1997; Bewley y Raczkowski, 2002). Si se toman fotografías aéreas verticales en pares estereoscópicos y se visualizan con un lector estereoscópico o se visualizan mediante un software fotogramétrico especializado, pueden utilizarse para cartografiar topografías tridimensionales. Las fotografías verticales se obtienen normalmente utilizando cámaras y aeronaves especializadas, y se pueden conseguir (a menudo pagando) en las agencias que las han adquirido. Para su utilización en un SIG o en tareas cartográficas, las fotografías verticales y cuasi verticales son preferibles a las fotografías oblicuas, ya que sufren menos distorsión espacial. Las fotografías aéreas oblicuas también se utilizan para obtener información útil, pero tendrán que rectificarse (véase más adelante) y su nivel de exactitud con fines cartográficos y analíticos será menor de la que se obtiene con las imágenes verticales. Sin embargo, como en muchas ocasiones los arqueólogos se ven obligados a utilizar fotografías oblicuas, se han desarrollado programas especiales para ayudarles a rectificarlas y cartografiarlas. El programa AirPhoto incluido en el Bonn Archaeological Statistics Package (BASP)[4] es un ejemplo diseñado específicamente para tareas arqueológicas.

La sombra, la vegetación, el tipo de suelo y la textura influyen en el valor de la fotografía aérea para detectar o delinear restos arqueológicos. Por lo tanto, la visibilidad puede cambiar radicalmente según en qué momento del

2. www.spaceimaging.com.
3. www.eurimage.com/products/quickbird.html.
4. www.uni-koeln.de/~a1001/basp.html.

CUADRO 5.1. Principales fuentes de imágenes de satélite digitales

Fuente	Tipo	Resolución
SPOT 5	Multiespectral de 4 bandas y pancromática	10[a] 2,5[b]
Landsat-7 ETM+	Multiespectral de 7 bandas y pancromática	28,5[a] 15[b]
IKONOS	Multiespectral de 4 bandas y pancromática	4[a] 1[b]
Quickbird	Multiespectral de 4 bandas y pancromática	2,5[a] 0,6[b]
Radarsat	Multiespectral de 4 bandas	3-100
SIX-C/X-SAR	Radar	siempre 30

[a] multiespectral
[b] pancromática

día y en qué estación del año se tome la fotografía. La capacidad para detectar elementos también depende del tipo de película utilizada. Una película en blanco y negro tiene un pedigrí bien establecido en arqueología, pero el uso creciente de la fotografía aérea en color y de la fotografía infrarroja de color (p. ej., McKee *et al.*, 1994) está empezando a sustituirla.

Puesto que los aviones vuelan mucho más cerca de la superficie de la Tierra que los satélites, la fotografía aérea siempre tendrá una resolución superior. Pero las imágenes de satélite-espía recientemente desclasificadas se aproximan a la resolución espacial de la fotografía aérea, por lo que también son adecuadas para distinguir los elementos del paisaje. Los antiguos satélites-espía soviéticos, como los sistemas rusos KVR-1000 y los US CORONA, por ejemplo, captan imágenes fotográficas pancromáticas con una resolución espacial de entre 1,5 y 3 m, suficiente para detectar elementos arqueológicamente relevantes (Fowler, 1996; Philip *et al.*, 2002; Ur, 2003).

Sensores digitales. Convencionalmente, los sensores digitales se dividen en dos clases, *pasivos* y *activos*, según si la instrumentación es responsable de producir la energía que reverberan los fenómenos que se registran (cuadro 5.1). Los sistemas activos registran la respuesta reverberada a la radiación electromagnética transmitida, como el sistema de microondas y las imágenes de radar que transmiten energía de microondas y reciben la energía reverberada por la superficie de la Tierra. Las misiones del proyecto Spaceborne Imaging Radar (SIR-C) y del X-Band Synthetic Aperture Radar (X-SAR) (conjuntamente con la NASA, la Agencia Espacial alemana y la Agencia Espacial italiana) han aumentado el volumen de información que se puede captar mediante sistemas activos de microondas e imágenes de radar.[5] Los arqueólogos han conseguido que, en determinadas condiciones, estos escáneres pueden detectar información a través de una espesa capa de vegetación o enterrada a poca profundidad.[6]

Pero muchos sistemas basados en imágenes de satélite, como la fotografía aérea, son pasivos. Los primeros cuatro satélites Landsat lanzados entre 1972 y 1978 por la NASA llevaban escáneres multiespectrales pasivos que captaban la energía reverberada desde la superficie de la Tierra. Y demostraron el valor de la imágenes de satélite para ofrecer datos sobre el medio terrestre, como el patrón de los usos del suelo y la variabilidad ecológica. El Landsat 4 y el Landsat 5 (lanzados en 1982 y 1984) portaban escáneres multiespectrales mejorados llamados *Thematic Mapper*, e incluían sensores infrarrojos térmicos para registrar la energía calorífica emitida desde la Tierra. El Landsat 6 (lanzado en 1993) no logró ponerse en órbita, pero el Landsat 7 (lanzado en 1999) utiliza un *Enhanced Thematic Mapper Plus* (ETM+) para registrar siete bandas multiespectrales más una octava banda pancromática (cuadro 5.2).

El sistema SPOT más reciente (SPOT 5, lanzado en mayo de 2002) recoge datos multiespectrales en bandas verdes, rojas e infrarrojas cercanas. El sistema de satélite Quickbird de DigitalGlove, lanzado en 2001, proporciona datos multiespectrales en azul, verde, rojo e infrarrojo cercano con una resolución de 2,5 m. Los escáneres multiespectrales también pueden manejarse desde un avión equipado a tal efecto, lo que permite captar datos con una resolución mucho mayor, con frecuencia con un margen de error de menos de un metro.

La distinta manera que tienen diferentes fenómenos de reverberar la energía solar o de responder a la energía transmitida se llama *patrón de respuesta espectral*. El análisis de estos patrones ayuda a identificar y a distinguir fenómenos que para el ojo humano pueden parecer similares y, por lo tanto, ayudan también a definir una *signatura* de respuesta a diferentes fenómenos (Eastman, 2001: 57). En la práctica las signaturas son difíciles de definir. Por lo tanto, muchas interpretaciones de imágenes de satélite precisan del análisis de las diferentes respuestas de los objetos y fenómenos a la radiación solar reverberada o a la radiación transmitida desde el aparato de grabación, bajo distintas condiciones. En general, los diferentes tipos de vegetación podrán distinguirse en la banda de ondas infrarrojas más larga y la más próxima a la corta (600-900 nm) y las diferencias en el grado de humedad del suelo podrán detectarse por las respuestas en las bandas infrarrojas

5. http://southport.jpl.nasa.gov/sir-c/getting_data/missions_general.html.
6. www.jpl.nasa.gov/radar/sircxsar/.

CUADRO 5.2. Bandas del Landsat-7 ETM+ de la NASA (según Jensen, 2002)

Banda	Long.onda (μm)	Zona espectral	Resolución (m)
1	0,45-0,52	Azul visible	30
2	0,53-0,61	Verde visible	30
3	0,63-0,69	Rojo visible	30
4	0,75-0,90	Infrarrojo cercano	30
5	1,55-1,75	Infrarrojo medio	30
6	10,40-12,50	Infrarrojo termal	60
7	2,10-2,35	Infrarrojo medio	30
8	0,52-0,90	Pancromática	15

cortas (es decir, 1400, 1900 y 2700 nm) porque los suelos húmedos absorben esta longitud de ondas electromagnéticas (Lillesand y Kiefer, 2000: 17-20). El cuadro 5.3 muestra un ejemplo general de cómo diferentes fenómenos responden a través de diferentes bandas espectrales. De la misma manera que una fotografía aérea es capaz de distinguir entre unos rasgos arqueológicos y unos patrones de vegetación, que a menudo adoptan la forma de «manchas de cultivos», las leves diferencias en el grado de humedad del suelo o en la vegetación pueden también indicar la presencia de una antigua actividad humana. Cuando se desea identificar y clasificar rasgos con un patrón de respuesta espectral desconocido, se requiere un proceso de «entrenamiento» seguido de una verificación sobre el terreno. En el capítulo 6 se describen con mayor detalle los procesos implicados en la clasificación y el contraste de imágenes.

Entre los sistemas pasivos más recientes utilizados por los arqueólogos están los radiómetros de vídeo térmicos aerotransportados que miden la radiación emitida en la zona espectral térmico-infrarroja (3-14 μm). Está demostrada su utilidad para detectar elementos bajo la superficie: dado que los objetos enterrados se enfrían más lentamente que la matriz del suelo circundante, estos radiómetros térmicos son buenos detectores nocturnos de las diferentes energías térmicas emitidas (Ben-Dor *et al.*, 1999).

Otros sensores remotos utilizados por los arqueólogos para obtener información sobre los restos bajo tierra son el radar tipo sonda, los metros de resistividad y los magnetómetros o indicadores de la dirección del campo magnético. La arqueología tiene una larga e instructiva historia de prospecciones geofísicas, cuyos resultados pueden acoplarse a otras formas de datos espaciales (Barker, 1998: 60-67). La prospección geofísica es una subdisciplina arqueológica especializada que requiere mucha preparación y experiencia. En Clark (1996) se encuentra una buena introducción a los principios básicos.

CUADRO 5.3. Principales aplicaciones de las bandas espectrales TM de Landsat (según Lillesand y Kieefer, 2000, tabla 6.3)

Banda TM	Zona espectral	Aplicación principal
1	Azul visible	Penetración del agua útil para mapas costeros. Discriminación suelo/vegetación, cartografiado del tipo de bosque, identificación de elementos culturales
2	Verde visible	Discriminación de vegetación y determinación de su pujanza. Identificación de elementos culturales
3	Rojo visible	Absorción de clorofila para diferenciar especies Identificación de elementos culturales
4	Infrarrojo cercano	Tipos de vegetación, vigor y contenido de biomasa. Identificar masas de agua y discriminar la humedad del suelo
5	Infrarrojo medio	Humedad contenida en la vegetación y en el suelo
6	Infrarrojo termal	Análisis del estrés de la vegetación, humedad contenida en el suelo y aplicaciones para cartografías termales
7	Infrarrojo medio	Discriminación de tipos de mineral y roca. Humedad de la vegetación
8	Pancromático	Cartografías de elementos culturales y naturales

Datos topográficos procedentes de satélites y aeronaves. Cada vez es más corriente utilizar datos digitales procedentes de satélites o aeronaves para construir modelos digitales de elevaciones (MDE) de la superficie de la Tierra. Esto aporta ventajas frente a las formas más tradicionales de crear un MDE, como la digitalización manual de las curvas de nivel (capítulo 6) o el análisis estereoscópico de fotografías aéreas, ya que los sistemas por satélite permiten un tiempo de procesamiento mucho más rápido y un área de cobertura mayor. Los principales proveedores de imágenes de satélite ofrecen una cobetura global o casi global para los productos MDE. Por ejemplo, SPOT[7] y Space Imaging[8] ofrecen elevaciones con intervalos de 30 m o menos, derivadas del análisis de pares de imágenes en estéreo. El Advanced Spaceborne Thermal Emission and Refletion Radiometer[9] (ASTER) también proporciona datos sobre la temperatura de la superficie terrestre, la reflectancia y la elevación con una resolución horizontal de 30 metros.

7. www.spot.com/home/proser/elevat/dem/welcome.htm.
8. www.spaceimaging.com./products/itm/technical_overview.htm.
9. http://asterweb.jpl.nasa.gov/.

La *interferometría* es una técnica que utiliza la recepción de señales simultáneas mediante un radar de diafragma sintético para registrar las diferencias de elevación en la superficie de la Tierra, como el utilizado por la Shuttle Radar Topography Mission (SRTM) de la nave espacial Endeavor, 2000. En este caso, un sistema de radares instalados en la plataforma de carga y uno en el extremo de un pescante de 60 m captó datos de elevación del 80 % del globo terrestre con una resolución de hasta 30 m, y están disponibles al público desde hace poco.[10] Estas fuentes de datos primarios son útiles para los análisis regionales y pueden ahorrar tiempo y dinero a la hora de prospectar o de digitalizar manualmente mapas en papel para reunir datos de elevación.

Es posible obtener datos de alta resolución instalando transmisores láser o radares en un avión especialmente equipado para ello, como el STAR-3i Interferometric Synthetic Aperture Radar (IFSAR) de Intermap, que suele instalarse en un Learjet.[11] Estos sistemas pueden captar desde la aeronave datos de elevación con una exactitud horizontal con un margen de error de menos de 2 m y una exactitud vertical de 50 cm o más. Aún más exacta es la altimetría láser basada en una aeronave, como la Light Detection And Ranging (LiDAR), que es capaz de registrar cada segundo medidas de 2.000-5.000 m de altitud para producir un MDE con una resolución horizontal de aproximadamente un metro y una exactitud vertical de ±15 cm (DeLoach y Leonard, 2000; Brock *et al.*, 2002). Aunque es una forma muy rápida de reunir datos de elevación de alta resolución de una vasta región, el coste de estos datos supera las economías de muchos usuarios arqueológicos.

Aplicaciones arqueológicas

Las fotografías aéreas y las imágenes de satélite son herramientas particularmente útiles para los arqueólogos, ya que proporcionan valiosa información sobre un paisaje que tal vez no figura en los mapas convencionales, o que en una prospección se invertiría mucho tiempo en reunir. Históricamente, gran parte de la percepción remota practicada por los arqueólogos se ha basado en la fotografía aérea con longitudes de ondas visibles o infrarrojas cercanas, pero desde el lanzamiento, a principios de los años setenta, de los primeros sensores digitales de satélites y el acceso reciente a las imágenes de los antiguos satélites-espía de la guerra fría, la utilización de imágenes de satélite es cada vez más corriente. La fotografía aérea y las imágenes de satélite han servido para identificar y cartografiar muchos fenómenos

10. www.jpl.nasa.gov/srtm/mission.htm.
11. www.intermap.ca/intermap_STAR–3i_upgrade.htm.

culturales, desde antiguas murallas hasta asentamientos u otras alteraciones humanas pretéritas del paisaje, que sólo son visibles en determinadas condiciones de luz y vegetación. Algunas imágenes de satélite se aproximan a las fotografías aéreas por el detalle que captan, y también se utilizan para cartografiar estructuras y rasgos.

Por ejemplo, se pueden combinar estratos de sistemas multiespectrales, casi siempre el rojo, el azul y el verde, para crear lo que se conoce como una «composición de color» que mimetiza la información de una imagen de colores normales, es decir, que la vegetación verde aparece en verde y el agua en azul, etc. También es posible producir imágenes compuestas combinando las bandas infrarrojas, rojas y verdes para destacar la vegetación más frondosa, que en estas imágenes compuestas presentará un color rojo brillante. Algunos sistemas, como SPOT y Quickbird, pueden mejorar sus propias imágenes compuestas mediante un proceso de «panintensificación», que utiliza los datos pancromáticos de mayor resolución para destacar los datos de color de baja resolución, lo que no deja de ser una buena alternativa a la fotografía aérea en color.

Los sistemas de información geográfica han desempeñado un rol importante en el uso arqueológico de las imágenes fotográficas y digitales. El carácter integral de los SIG permite relacionar las imágenes con otras formas de datos espaciales, y muchos programas incluyen también sofisticadas herramientas de análisis y de contraste de imágenes que ayudan a clasificar y a dar sentido a unos datos sumamente complejos obtenidos mediante sensores remotos. Los tres ejemplos que se mencionan a continuación ilustran el potencial del SIG para tratar imágenes de satélite y fotografías aéreas.

La prospección. Uno de los valores de las imágenes obtenidas por sensor remoto es su capacidad para ofrecer una perspectiva distinta de un fenómeno por lo demás familiar, y la posibilidad de identificar rasgos nuevos o inesperados no reconocibles desde la superficie. La historia del uso de este tipo de aparatos se retrotrae a las fotografías de Stonehenge tomadas desde un globo en 1906 (Capper, 1907). Durante la segunda guerra mundial, los vuelos de reconocimiento y algunos arqueólogos tomaron muchas fotografías aéreas que contribuyeron a interpretar su importancia militar. Después de la guerra, la técnica se convirtió en una herramienta de prospección arqueológica establecida en Europa occidental y en Norteamérica, y hay abundantes ejemplos del uso de fotografías aéreas para descubrir y cartografiar estructuras arqueológicas desconocidas o mal definidas hasta entonces. Por ejemplo, se han utilizado fotografías convencionales en blanco y negro para identificar campamentos neolíticos antes desconocidos en la Charente, Francia (Bouchet y Burnez, 1990), para descubrir e interpretar fosos topográficos antropogénicos en Mesopotamia (Wilkinson, 1993), y para identificar nuevos rasgos en el *henge* de Avebury, Wiltshire (Bewley *et al.*, 1996). Con la apertura del espacio aéreo poscomunista tras el final de la guerra fría, la técnica ha desempeñado un rol fundamental en el descubrimiento y documentación de restos arqueológicos en Europa oriental (Bewley *et al.*, 1996, 1998). La fotografía especializada, como las imágenes infrarrojas, resulta a veces necesaria para identificar rasgos arqueológicos que de otro modo habrían sido muy difíciles de detectar a simple vista. El valor de la película infrarroja en color, por ejemplo, se puso de manifiesto al identificar senderos prehistóricos en Costa Rica (Sheets y Sever, 1991; McKee *et al.*, 1994), pero interpretar este tipo de imágenes requiere con frecuencia alguna forma de manipulación y contraste de las imágenes.

Las fotografías desclasificadas de los satélites-espía equipados con sensores fotográficos se pueden utilizar de forma similar a las fotografías aéreas. Por ejemplo, Philip *et al.* (2002) y Ur (2003) se han servido con éxito de este tipo de fotografías desclasificadas de los satélites americanos CORONA para ayudar a descubrir y cartografiar asentamientos arqueológicos en Siria. Las imágenes rusas de los KVR-1000 también han servido para identificar restos arqueológicos en el yacimiento romano de Zeugma, Turquía,[12] y para clarificar rasgos lineales en la región de Stonehenge (Fowler, 1996). Los radares de las naves espaciales también han sido fundamentales para descubrir algunos yacimientos arqueológicos de gran importancia, como el descubrimiento en 1992 de la Ciudad Perdida de Ubar, lo que contribuyó a popularizar los datos obtenidos por radar.[13]

Los sensores aéreos y espaciales producen imágenes que pueden ser muy útiles para la prospección arqueológica, pero el SIG no aporta necesariamente gran cosa a menos que haya que contrastar, clasificar o utilizar estas imágenes como base para la creación de mapas. Muchos programas SIG, sobre todo los que incorporan una gran capacidad de análisis ráster como Idrisi y GRASS, poseen sofisticadas herramientas para aumentar el contraste y analizar datos pancromáticos, de color y multiespectrales. Otros packs, como Imagine,[14] han sido especialmente diseñados para interpretar imágenes. Los arqueólogos han procesado imágenes multiespectrales para localizar restos arqueológicos en función de sus signaturas particulares dentro de la imagen. La investigación en el Vale of Pickering, en Yorkshire, por ejemplo, utilizó imágenes aéreas multiespectrales para identificar y cartografiar rasgos del paisaje no identificados previamente, como senderos, sistemas de cercado y

12. www.ist.lu/ele/html/department/zeugma/remote.html.
13. www.jpl.nasa.gov/radar/sircxsar/.
14. www.erdas.com.

FIGURA 5.5. La superposición de puntos de densidad sobre una fotografía aérea puede ofrecer un marco visual excelente para estimar cualitativamente los patrones de distribución. © Kythera Island Project. Utilizada con autorización.

túmulos funerarios (Powlesland *et al.*, 1997). En EE.UU., se han utilizado con éxito imágenes multiespectrales en el Chaco Canyon para detectar y cartografiar caminos, muros, construcciones y sistemas agrícolas prehistóricos que en algunos casos la fotografía aérea convencional y la fotografía en infrarrojos no habían podido identificar (Sever y Wagner, 1991).

La fotogrametría. La aparición de los SIG ha impulsado el resurgir del uso de la fotografía aérea para la cartografía arqueológica. La fotografía aérea para confeccionar mapas de yacimientos arqueológicos la utilizó por vez primera O. G. S. Crawford en las décadas de 1920 y 1930, y se implantó sólidamente tras la segunda guerra mundial. La fotogrametría es una herramienta arqueológica fundamental, pero también una disciplina en sí misma, y se precisa un equipo de visualización informático u óptico especializado (y también mucho entrenamiento) para interpretar pares estereoscópicos y poder así registrar datos tridimensionales. Las limitaciones del SIG de escritorio restringen la fotogrametría a digitalizar en pantalla fotografías aéreas georreferenciadas para obtener datos bidimensionales. En los últimos años se ha conseguido cartografiar paisajes culturales utilizando imágenes de satélite pancromáticas de alta definición con una resolución de menos de 4 m (Fowler, 1996). Estas imágenes pueden cubrir decenas o centenares de kilómetros cuadrados y han demostrado ser una buena alternativa a la fotografía aérea a la hora de cartografiar paisajes regionales, como hizo Ur (2003) al utilizarlas para cartografiar sistemas viarios de la antigua Mesopotamia.

La aplicación fotogramática más clásica consiste en delinear rasgos trazando sus caminos mediante polilíneas, o definiendo sus límites mediante polígonos, pero este tipo de cartografía nunca será tan exacta como el reconocimiento directo sobre el terreno. Aun así, cartografiar rasgos a partir de fotografías aéreas permite acelerar la producción de mapas de aquellos rasgos cuya extensión sería difícilmente reconocible sobre el terreno. Un excelente ejemplo al respecto es la tarea cartográfica realizada en la ciudad romana de *Viroconium*, en Wroxeter, Inglaterra. Se utilizó una mezcla de fotografías verticales y oblicuas (que habían sido rectificadas utilizando puntos obtenidos durante la prospección geofísica) para ayudar a cartografiar rasgos arqueológicos (Baker, 1992). Las fotografías aéreas también se han utilizado con éxito para distinguir y cartografiar zonas medioambientales, como la categorización de pantanos realizada para una investigación de la historia cultural y medioambiental del noroeste de Inglaterra (Cox, 1992).

La visualización del paisaje. Rectificar y georreferenciar una fotografía aérea o una imagen de satélite para utilizarla como telón de fondo para poder visualizar un paisaje puede facilitar la interpretación de otros estratos de datos espaciales. Una referencia visual que permita valorar cualitativamente el detalle contextual permite hacerse con una profunda visión de las relaciones espaciales entre los datos arqueológicos y los rasgos del paisaje. La figura 5.5 presenta un ejemplo de la utilización de una fotografía aérea georrectificada a modo de telón de fondo de un patrón de distribución/densidad de artefactos, que añade una dimensión contextual muy difícil de conseguir con otras fórmulas. La fotografía aérea o la imagen de satélite también pueden aportar un plus de realismo a un modelo digital de elevaciones (MDE) tridimensional. En el próximo capítulo analizamos con más detalle la creación de MDE, así que aquí sólo diremos que las fotografías aéreas pueden utilizarse para mejorar la visualización tridimensional del terreno cuando se «cuelga» encima de un MDE. Esta técnica puede desempeñar un papel importante en la comunicación efectiva de los aspectos cualitativos de la visibilidad del paisaje, del mismo modo que una fotografía aérea puede convertirse en un eficaz telón de fondo de otros estratos de datos.

Obtención e integración de datos por percepción remota

Las imágenes de satélite pueden obtenerse bien directamente del gobierno, bien de agencias comerciales como SPOT,[15] NASA,[16] Eurimage[17] o IKONOS,[18] bien de organismos académicos y similares. La base de datos de EarthExplorer del Geological Survey norteamericano (USGS) conserva archivos de Landsat, CORONA y otras imágenes desclasificadas de satélite y se pueden encontrar a través de un catálogo online,[19] y el Canadian Centre for Remote Sensing (CCRS) tiene un servicio similar.[20] En Reino Unido, el Natural Environment Research Council (NERC)[21] posee toda una serie de imágenes de Landsat, SPOT y aéreas multiespectrales que se pueden descargar de Internet. MIMAS[22] también ofrece acceso a las coberturas británicas de datos de Landsat y SPOT para la comunidad educativa superior británica.

Los datos de satélite se pueden suministrar en forma de impresiones o negativos fotográficos, imágenes digitales o en un archivo, como suele ser el caso para los datos multiespectrales. El formato exacto de adquisición de una imagen digital depende del proveedor, así que es importante consultar la documentación del programa SIG preferido para saber si puede leer el formato suministrado. Los programas SIG tradicionalmente más potentes en cuanto a procesamiento de imágenes (como Idrisi, Imagine o GRASS) suelen aceptar la mayoría de formatos. Otros software más orientados al formato vectorial, como ArcView y ArcInfo, pueden presentar algunas limitaciones. En el cuadro 5.4 se enumeran los formatos de archivo ráster más corrientes.

La digitalización de rasgos a partir de un mapa de imágenes de base es un modo corriente de crear un mapa. Pero la identificación y delineación exacta de fenómenos de interés depende a menudo del contraste, análisis y de la interpretación de las imágenes, que tratamos en el próximo capítulo. Hay también algunos prerrequisitos que deben cumplirse para poder acoplar íntegramente las imágenes a otros datos espaciales. A diferencia de los mapas, las fotografías aéreas y las imágenes de satélite carecen de un sistema de referencia propio de escalas y localizaciones. Pero cada vez es más corriente suministrar datos de imágenes rectificadas e incorporar datos de referencia

15. www.spot.com.
16. http://landsat.gsfc.nasa.gov.
17. www.eurimage.com.
18. www.spaceimaging.com.
19. http://edcsns17.cr.usgs.gov/EarthExplorer/.
20. www.ccrs.nrcan.gc.ca.
21. www.nerc.ac.uk.
22. www.mimas.ac.uk.

CUADRO 5.4. Formatos de archivo de imágenes y satélite comunes

Formato de imagen	Extensión habitual
Tagged Image File Format	TIF o TIFF
Georeferenced Tagged Image Files Format	TIF, TIFF, GTIF
SPOT GeoSpot Files	GSP
Windows Bitmap File	BMP
Hierarchical Data Format	HDF
National Landsat Archive Production System	NLAPS
National Imagery Transmission Format Standard	NITFS
USGS Spatial Data Transfer Standard	SDTS
USGS ASCII DEM	DEM
Erdas Imagine files	LAN o IMG
ArcGIS Grids	ADF
Military Elevations (DTED)	DTO, DTI
Shuttle Radar Topography Mission files	HGT
Landsat (band-interleaved-by-pixel)	BIP
SPOT (band-interleaved-by-line)	BIL
Joint Photographic Experts Group Image File	JPG

a la imagen. Los formatos GeoTiff y Spatial Data Transfer Standard (SDTS), por ejemplo, son los más utilizados para distribuir archivos ráster referenciados. No olvidemos que un sistema de referencia incorporado puede no coincidir con el resto de los datos. Para incorporar a un SIG imágenes incompatibles o no referenciadas y relacionarlas con otros mapas, sobre la imagen se ha de acoplar un nuevo sistema de coordenadas a través de un proceso llamado *georreferenciación*, que describimos más adelante. Este proceso puede requerir reproyectar o cambiar la forma de la imagen (es decir, «rectificarla», «combarla» o «estirarla») para que se ajuste al nuevo sistema de referencia. El proceso de ajuste más preciso para corregir la distorsión basada en el relieve es la llamada *ortorrectificación*; es necesario para corregir los importantes desplazamientos del terreno de las imágenes de satélite y aéreas en áreas que presentan un considerable relieve vertical, y para llevarlo a cabo con precisión se requiere un software y una habilidad especializados.

5.3. DATOS SECUNDARIOS

El modo más frecuente de obtener datos espaciales sigue siendo la transferencia de datos desde un «depósito» ya existente (p. ej., mapas en papel). Por definición, los datos secundarios, sean digitales o analógicos, ya han sido procesados e interpretados, y por lo tanto su utilización debería tener en cuenta las potenciales fuentes de error en los datos. En mayor o menor medida, todos los mapas son parcialmente subjetivos, traducciones radicalmente transformadas e interpretadas de datos en bruto, e inevitablemente contienen los prejuicios y las intenciones de las personas o agencias que los han producido (Wood, 1992; King, 1996). Las fuentes de datos secundarios también pueden contener errores espaciales importantes que han de tenerse en cuenta cuando esos datos se utilizan para el análisis espacial o la toma de decisiones. Entre esas fuentes están los mapas obtenidos de algún proveedor de mapas comerciales o de alguna agencia cartográfica nacional, como la Ordnance Survey británica o la Geological Survey norteamericana. Si bien estas agencias publican información sobre métodos de adquisición y de procesamiento con índices de error anticipados, el riesgo de trasladar datos erróneos o imprecisos a un modelo espacial sigue siendo muy alto cuando se utilizan datos secundarios procedentes de estas u otras fuentes. Además, si estos mapas existen solamente en papel, habrá que digitalizarlos, un proceso que puede ser en sí mismo una fuente de errores potencialmente graves. No estamos diciendo que haya que optar siempre por las fuentes de datos primarios; la enorme inversión en tiempo y especialización que se requiere para producir un mapa topográfico a partir de fotografías aéreas o de una prospección del terreno significa que es más eficaz utilizar datos secundarios, pero siempre sabiendo que puede haber algunos errores.

5.3.1. Integración de datos secundarios de mapas

Para integrar nuevos datos de mapas en un proyecto SIG han de tenerse en cuenta las siguientes seis características para garantizar la compatibilidad entre la nueva información espacial y la existente (Burrough y McDonnell, 1998: 81):

El sistema de georreferenciación. En el capítulo 2 ya hemos hablado de los sistemas de coordenadas de mapas, y aquí sólo queremos reiterar que los mapas se pueden haber adquirido utilizando un sistema de coordenadas incompatible con la base de datos existente. Para integrar los datos reunidos con un sistema de referencia diferente, se han de reproyectar o rectificar, lo que invariablemente introduce un cierto grado de error espacial. Más adelante se analizan con más detalle la rectificación y la cuantificación de errores espaciales utilizando valores cuadráticos medios (RMSE).

Escala y resolución. Mezclar datos recogidos a distintas escalas puede causar dificultades interpretativas. En términos generales, un mapa compuesto creado a partir de dos o más mapas-fuente no será más preciso que el menos preciso de los mapas, y seguramente será peor si algunos mapas han sido reproyectados.

Además, para poder combinar archivos de datos ráster con diferentes resoluciones (es decir, píxeles de distinto tamaño) será necesario convertir debidamente algunos grupos de píxeles a un solo valor antes de poder combinar los dos estratos.

Técnicas de recopilación de datos. Si se quiere combinar datos de mapas nuevos con datos ya existentes, es preciso que sean compatibles tanto en la resolución como en el método de recogida de datos. Por ejemplo, intentar combinar los resultados de dos prospecciones arqueológicas distintas de la misma zona, una de ellas prospectada mediante cortes transversales lineales y la otra por recolección de datos de la superficie, podría causar problemas de interpretación a la hora de determinar la cantidad o la densidad de artefactos del yacimiento.

Calidad de los datos. En un mapa profesional y estéticamente agradable da la impresión de que se ha dedicado la misma atención a la recopilación de los datos primarios que a su confección. Por desgracia, no basta con mirar un mapa para valorar la calidad de los datos. Deben registrarse las fuentes de los datos, los instrumentos de registro, las condiciones de recogida de datos y, si procede, la estimación de posibles errores espaciales. Si no se dipone de esta información, los datos del mapa habrán de tratarse con suma prudencia.

Métodos de clasificación de datos. La integración de datos secundarios requiere un cierto conocimiento del sistema de clasificación utilizado y de si es compatible con los objetivos del proyecto. Por evidente que sea, un mapa de yacimientos arqueológicos clasificado en categorías como «prehistórico», «romano» y «posromano» no servirá para explorar los patrones espaciales de los asentamientos de la Edad del Hierro. Menos evidente es la clasificación de datos medioambientales, como los mapas de productividad del suelo, que podrían basarse en la productividad agrícola moderna y por lo tanto no serían directamente relevantes para las condiciones agrícolas del pasado.

Métodos de procesamiento de datos. Cuando se utiliza un mapa de elevaciones o de cualquier otra variable igualmente fluctuante, como la temperatura, debe tenerse en cuenta el método de recogida de datos, la densidad de los puntos muestrales y los métodos de interpolación. Por ejemplo, si hay que elegir entre dos MDE en función de su calidad, es importante verificar qué métodos de interpolación y de filtro (si los hubiere) se utilizaron en su creación. Los mapas

CUADRO 5.5. Formatos de archivo vectorial comunes

Descripción	Posible extensión del archivo
Data eXchange Format	DXF
Arc/Info Generate files	EOO
Arc View Shape files	SHP
National Geodetic Survey	BBK
Digital line graphs	DLG
UK National Transfer Format	NTF

digitales de elevaciones producidos a partir de las curvas de nivel son especialmente propensos a errores de interpolación. En el capítulo 6 se analizan los métodos de interpolación más idóneos en cada caso.

Obtención de datos digitales de mapas

Muchos mapas se pueden descargar de los proveedores de datos gubernamentales, como el Geological Survey norteamericano,[23] el Canadian Centre for Topographic Information,[24] Geoscience Australia,[25] el Ordnance Survey británico[26] y las agencias cartográficas europeas y nacionales homólogas. Se pueden obtener archivos de datos globales de menor resolución en el Land Processed Distributed Active Archive Centre,[27] en la Digital Chart of the World de la biblioteca de la Universidad estatal de Pennsylvania[28] y también de las empresas SIG como parte del software. El formato de entrega del archivo de mapas puede variar considerablemente. En el cuadro 5.5 se enumeran los formatos de archivo de mapas vectoriales más comunes. El proceso exacto de cómo se importan los datos obtenidos de tal o cual agencia a un determinado programa SIG depende de lo bien que ese programa soporte el formato de archivo en cuestión, y suele venir explicado en la documentación del programa. Si el software elegido no ofrece soporte para el formato en cuestión, normalmente es posible encontrar otro programa utilizable como «mediador» para convertir los datos a un formato de archivo que sí tenga soporte.

Los archivos vectoriales han de estar debidamente estructurados para poder extraer sólo aquellos estratos de datos u objetos espaciales necesarios para una determinada aplicación. Cada entidad, sea un punto, una línea o un polígono, tendrá asimismo uno o más atributos descriptivos. Por ejemplo, los datos de un mapa obtenido a través del Ordnance Survey británico contienen numerosos estratos, que definen diferentes tipos de objeto espacial. Estos códigos permiten dividir la base de datos en diferentes estratos de mapas dentro de un medio SIG. Los archivos ráster contienen menos información debido a las limitaciones de la estructura de archivo. Un archivo ráster contiene como mínimo una rejilla de valores numéricos, pero sobre todo un archivo de cabeceras que define cosas como la escala y la resolución de las imágenes (capítulo 4). Es posible que algunos programas SIG exijan traducir

23. http://geography.usgs.gov.
24. www.cits.rncan.gc.ca.
25. www.ga.gov.au.
26. www.ordnancesurvey.gov.uk.
27. http://edcdaac.usgs.gov/gtopo30/hydro.
28. www.maproom.psu.edu/dcw.

esta información a un formato adecuado antes de que el programa pueda interpretarla.

5.3.2. Digitalización de mapas de papel

En muchas partes del mundo es imposible disponer de mapas topográficos detallados en formato digital. Y aunque haya mapas digitales, puede que los mapas digitales temáticos –de geología o suelos, por ejemplo– sólo existan en papel. En algunos países puede incluso resultar difícil conseguir mapas en papel por razones de seguridad nacional, y los análisis regionales han de basarse necesariamente en mapas accesibles al público o en datos de sensores remotos basados en las fuentes antes mencionadas. Para utilizar mapas en papel en un SIG es preciso «digitalizarlos».

El término «digitalizar» se refiere al proceso de transferencia de información analógica a un formato digital, aunque en este contexto el término se refiere más concretamente al trazado y transferencia de unidades discretas de informàción desde un mapa en papel, plano o fotografía aérea a una base de datos espaciales. Se puede digitalizar a partir de un programa SIG si el programa lo admite (y muchos software lo admiten) o recurriendo a un medio especializado en diseño asistitido por ordenador (CAD), como AutoCAD. Se puede digitalizar de tres formas distintas. Con frecuencia se utiliza una tableta digitalizadora, sobre la cual se coloca un mapa en papel y se repasan los elementos del mapa mediante un «apuntador» electrónico. Otra forma es escanear el mapa de papel, georreferenciarlo y visualizarlo en una pantalla de ordenador de manera que los rasgos puedan trazarse digitalmente con un ratón en un proceso llamado «*digitalización en pantalla*». Pero cada vez es más corriente utilizar programas que buscan y extraen automáticamente datos vectoriales a partir de mapas escaneados. Programas como ArcScan de ESRI integran este proceso en un medio SIG, pero también hay varios packs autónomos. Sea cual sea el método utilizado, el proceso de digitalización tiene cuatro estadios: i) capturar los datos espaciales; ii) entrar los datos de atributo; iii) verificar errores y «limpiar el diseño» si procede; iv) vincular los datos espaciales con los datos de atributo (fig. 5.6).

Capturar los datos espaciales

Para que la información que se quiere transferir de un mapa en papel se sitúe en su correcta posición geoespacial, antes de capturar cualquier información el mapa tiene que *georreferenciarse*. Si se utiliza una tableta digitalizadora, esa georreferenciación implica un proceso matemático que trans-

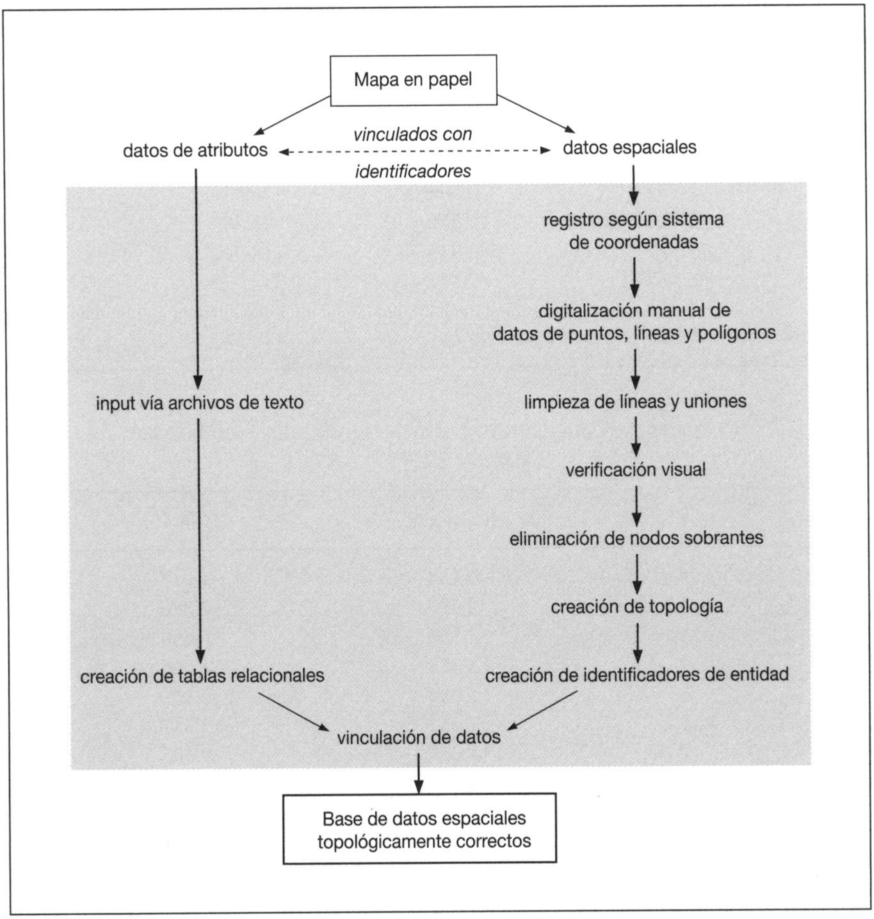

FIGURA 5.6. Pasos para la digitalización de datos de un mapa (según Burrough y McDonnell, 1998, fig. 4.8).

forma las coordenadas del mapa en papel en coordenadas del mundo real (esto se conoce también como «calibración de mapas»). Esto requiere una correspondencia entre la identificación de varios *puntos de control sobre el terreno* (GCP) en el mapa original y determinadas posiciones del mapa proyectado. En teoría, se necesitan más de tres GCP, aunque más de nueve puntos pronto resultan redundantes. La colocación de los puntos es importante para asegurar una coincidencia perfecta entre los datos del mapa en papel y los datos digitales. Los puntos deberán distribuirse de forma equitativa y uniforme alrededor del perímetro del área que se quiere digitalizar en lugar de agruparlos en el centro o junto a una o dos líneas rectas. La base mate-

CUADRO 5.6. Una tabla de correspondencias

GPC	Input x	Input y	Output x	Output y
1	19,682	112,957	115,542	532,924
2	50,304	112,632	408,210	534,677
3	60,892	112,469	476,557	534,667
4	36,785	94,552	294,297	336,644
5	19,520	85,919	119,047	242,009
6	48,675	89,177	383,675	271,802
7	40,531	82,661	296,050	217,474
8	61,217	98,461	478,310	426,022

CUADRO 5.7. Valor del RMSE y de los errores (los «residuales»)
RMS: $x = 2{,}55$, $y = 9{,}83$

GPC	Error x	Error y
1	−0,454	−1,017
2	2,977	7,886
3	−2,139	−9,659
4	−3,273	1,606
5	1,632	−0,555
6	4,252	−19,547
7	−2,627	9,105
8	−0,367	12,179

mática de calibración, y el error espacial asociado a la calibración –que se expresa utilizando el Error Cuadrático Medio (RMSE)–, se describe en el recuadro de la p. 121.

Tanto si se digitaliza «en pantalla» o con una tableta digitalizadora, digitalizar información de un mapa puede hacerse en forma de punto o de línea continua (*stream*). El primero se refiere a un proceso en que el usuario define manualmente la localización de los vértices que definen los puntos, las líneas, las polilíneas o los polígonos. El segundo proceso, la digitalización en forma de línea continua, es la colocación automática de vértices mientras que con el apuntador o el ratón se resigue el objeto del mapa, y la distancia entre vértices se establece con un valor de gradación determinado por el usuario. La ventaja de la digitalización con puntos es que el control del operador a la hora de colocar los vértices tiende a asegurar una selección más «inteligente» de los vértices que mejor representan la forma de una polilínea o polígono utilizando los menos puntos posibles. Para algunas formas de interpolación de datos de elevación –sobre todo los TIN– la captura manual de «puntos muy importantes» (VIP) en los vértices de las curvas de nivel produce mejores resultados que la digitalización continua, porque ésta puede crear largas hileras de vértices redundantes. Pero la digitalización con puntos tiene una importante desventaja: consume mucho tiempo y es un proceso tedioso. Por eso muchos optan por la digitalización continua para capturar información compleja, como las curvas de nivel. Muchos programas SIG contienen opciones de «limpieza», que consiste en una serie de herramientas para eliminar vértices de una polilínea cuando el cambio locacional resultante cae dentro de una tolerancia espacial especificada por el usuario (fig. 5.7). Esto significa que un dibujo digitalizado en forma de línea continua puede «eliminar» la información redundante, reduciendo así su tamaño hasta coincidir con la del dibujo digitalizado manualmente.

ERROR CUADRÁTICO MEDIO

Al calcular la rectificación, un programa SIG tratará de utilizar la función polinómica que mejor ajuste los puntos en su nueva posición. Sin embargo, la coincidencia exacta es altamente improbable, así que es importante obtener una medida cuantitativa del grado de coincidencia entre las localizaciones deseadas y las reales de los GPCs. Esto suele expresarse como un error cuadrático medio (RMSE), que puede interpretarse como el error espacial medio de la rectificación. El RMSE puede ir acompañado de un valor de error para cada GPC utilizado en la georrectificación, que da la distancia lineal entre las localizaciones deseadas y las reales de cada GPC una vez rectificadas. También se llaman «residuos». Los residuos de los puntos de control del cuadro 5.6. se muestran en el cuadro 5.7, siguiendo una transformación similar. El valor del RMSE se calcula así:

$$\text{RMSE} = \sqrt{\frac{\sum (x_o - x_t)^2}{n}} \qquad (5.1)$$

donde xo y xt son, respectivamente, la posición de las coordenadas originales y las transformadas, y n el número de GPC. En el ejemplo del cuadro 5.7, la media de los cuadrados es 6,52 para x y 96,59 para y. La raíz cuadrada de estos dos valores, 2,55 para x y 9,83 para y, da el RMSE, es decir, el error espacial medio del mapa o imagen rectificados. Si es o no un nivel de error aceptable depende de la escala de los mapas y de su finalidad. A tenor de la experiencia, conviene tender a un error de menos de 1:3.000, de manera que si la imagen original estaba a una escala de 1:15.000, entonces un RMSE de aproximadamente 5 m (15.000/3.000 = 5) o menos resultaría aceptable. En el ejemplo del cuadro 5.7, el valor de *y* está fuera de este rango y el valor RMSE combinado para las dimensiones *x* e *y* es de 7,18. Sobre esta base, la rectificación excede el límite de error aceptable, de modo que habrá que elegir una nueva serie de GPC y confirmar de nuevo que sus nuevas coordenadas se estimen con precisión. Puede ser útil en el momento de volver a seleccionar GPC para examinar los residuos. Por ejemplo, el cuadro 5.7 muestra que el GPC 6 tiene un error alto en ambas dimensiones *x* e *y*, lo que sugiere que podría estar contribuyendo de forma sustancial al error global. Simplemente eliminando este GPC del siguiente intento de rectificación se reduciría el RMSE global a límites aceptables.

La combinación de datos espaciales de dos o más fuentes producirá un mayor RMSE que los datos de un mapa individual. Esto es lo que puede ocurrir cuando, por ejemplo, un mapa con datos topográficos se combina con un mapa geológico para poder tomar las medidas entre los fenómenos de ambos mapas (p. ej., la distancia entre un yacimiento y una determinada fuente de materia prima), o cuando se juntan dos mapas ráster cuyos valores de celdas representan dos fenómenos distintos (p. ej., volumen trimestral de precipitación). Cuando se juntan datos de dos mapas, el RMSE puede calcularse así:

$$\mathrm{RMSE}_{\mathrm{combinado}} = \sqrt{\mathrm{RMSE}^2_{\mathrm{map1}} + \mathrm{RMSE}^2_{\mathrm{map2}}} \qquad (5.2)$$

El RMSE combinado puede introducir un alto grado de incertidumbre en los datos espaciales. Por ejemplo, combinar un mapa topográfico a escala 1:25.000 con un RMSE de 8 m y un mapa de suelos a escala 1:100.000 con un RMSE de 32 m significa que cualquier punto del archivo combinado de datos sólo será exacto con un margen de error de ±33 metros.

Verificación de errores y construcción de topologías

Cuando se digitaliza un dibujo, ha de prestarse mucha atención a la topología de los objetos vectoriales. Cuando se digitaliza un mapa topográfico, por ejemplo, es muy importante que las líneas de las curvas de nivel estén conectadas, sin superposiciones ni conexiones fallidas entre ellas (fig. 5.8), ya que estos errores topológicos pueden menoscabar seriamente el análisis y la

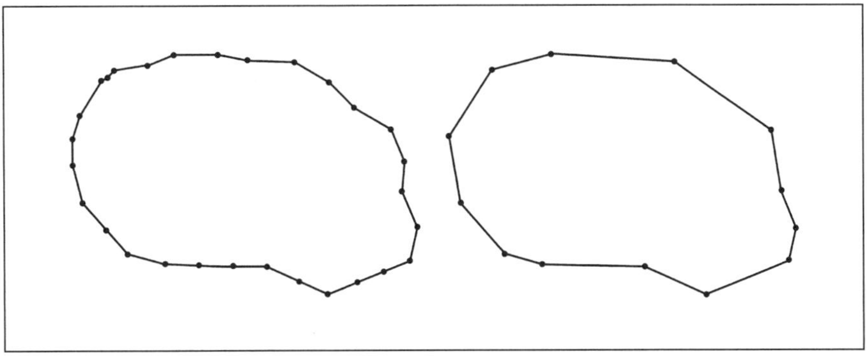

FIGURA 5.7. Un polígono antes (izquierda) y después (derecha) de eliminar los vértices redundantes. Las tolerancias especificadas por el usuario sirven para determinar cuándo son redundantes los vértices. En este ejemplo, la «limpieza» ha provocado la pérdida de algún detalle, pero ha reducido a la mitad el espacio requerido para almacenar este polígono.

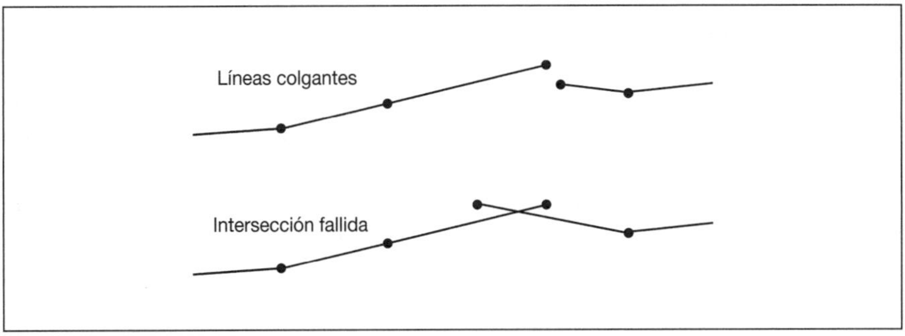

FIGURA 5.8. Dos errores topológicos habituales cuando se digitalizan datos de líneas.

interpolación posteriores. Muchos programas de digitalización tienen funciones para ayudar a conservar las topologías mediante un dispositivo de ajuste instantáneo que al digitalizar busca y conecta automáticamente los vértices dentro de un rango definido por el usuario. Los polígonos también han de definirse adecuadamente, sin que aparezcan polígonos astilla (*slivers*), solapaciones ni vértices sin conectar (fig. 5.9). Aun en el caso de que se utilizar funciones «de ajuste» automáticas, es esencial comprobar la presencia de errores y la «limpieza de diseño» posdigitalización para asegurar una base de datos espaciales topológicamente correcta. Algunos packs SIG tienen funciones posdigitalización automáticas para «limpiar y crear», que prime-

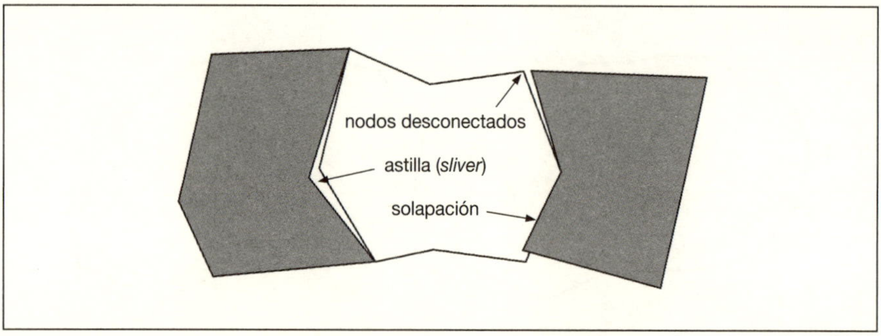

FIGURA 5.9. Tres errores topológicos habituales cuando se digitalizan polígonos.

ro «limpian» los vértices redundantes y luego crean topologías del modo descrito en el capítulo 2. Esto asegura una base de datos espaciales limpia, bien estructurada y eficaz.

Los proyectos de prospección suelen registrar datos sobre muchas pequeñas unidades del paisaje en forma de polígonos (p. ej., Bevan y Conolly, 2004; Barton *et al.*, 2002). El registro de la localización y morfología de cada unidad en forma de polígonos, así como las relaciones topológicas entre los polígonos pueden hacerse directamente sobre el terreno utilizando una estación total o un equipo de GPS, o durante la digitalización posprospección de mapas del terreno. En uno u otro caso, es muy importante para la interpretación posterior de los datos arqueológicos que la topología poligonal se registre correctamente para que las superposiciones o los polígonos astilla aparezcan sólo si de verdad son elementos reales de los datos originales prospectados (fig. 5.10). Si las unidades de prospección están mal registradas puede haber importantes errores a la hora de calcular la densidad de los artefactos.

Entrada de datos de atributos

La digitalización no entraña solamente la conversión de las localizaciones y de la morfología en formato digital. Los datos de atributos, como los valores de las curvas de nivel, los códigos de los yacimientos, etc., son una parte esencial de un SIG, ya que ayudan a interpretar los objetos espaciales. Con datos de un solo atributo, como el valor de las curvas de nivel, suele ser más fácil introducir esta información en el momento de la digitalización. En cambio, sobre todo cuando hay que entrar datos de atributos muy extensos, resulta más fácil introducir esta información en una base de datos aparte, en una hoja de cálculo o en un programa de tratamiento de textos. Siempre que

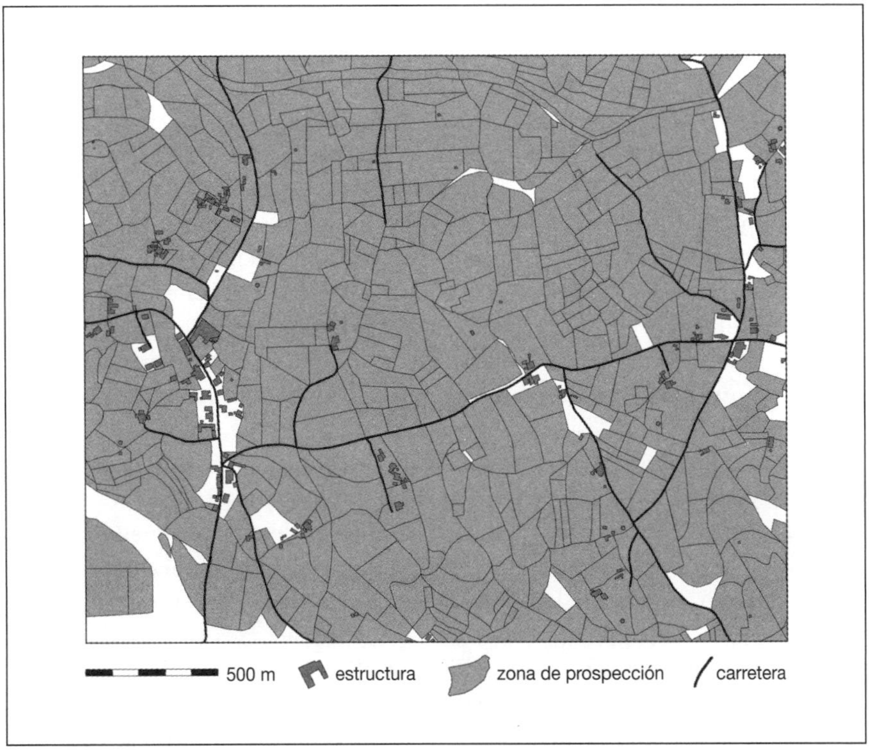

FIGURA 5.10. Pequeña sección del KIP SIG que muestra la topología en polígonos de las zonas prospectadas. Los polígonos adyacentes suelen tener límites comunes pero no se solapan, y los lapsos entre polígonos son deliberados y reflejan las áreas no prospectadas. © Proyecto Isla de Kythera. Utilizada con autorización.

con los datos de atributos se introduzca también un identificador, esta información puede vincularse a la base de datos espaciales una vez que los identificadores se hayan añadido a cada entidad espacial.

Vinculación de datos espaciales y de atributos

Una vez introducidos los datos espaciales y verificadas y/o creadas las relaciones topológicas, para cada objeto espacial han de añadirse o confirmarse los identificadores de entidad. Estos identificadores sirven luego de vínculo con la información almacenada en la base de datos de atributos. El mecanismo para vincular los datos de atributos y la base de datos espaciales varía según el software SIG elegido, pero normalmente supone definir un atributo identificador en cada base de datos y especificar que luego las dos tablas habrán de vincularse a través de este atributo (es decir, como una unión relacional «uno-uno» o «uno-muchos», como se describe en el capítulo 4).

5.4. RECTIFICACIÓN DE MAPAS Y GEORREFERENCIACIÓN

Para compaginar mapas en papel, fotografías aéreas o imágenes de satélite con datos de otros mapas es preciso definir unas coordenadas espaciales para los nuevos datos con el fin de situarlos y reconfigurar las escalas debidamente en relación con los datos de los mapas existentes. Este proceso se llama *georreferenciación*. Para llevarlo a cabo, tienen que ser identificables en el mapa o en la imagen algunas localizaciones con coordenadas conocidas, que llamamos *puntos de control sobre el terreno* o GPC. Los datos del mapa han de tener siempre una rejilla (transparente) superpuesta de la que poder obtener coordenadas, pero cuando se trata de imágenes de baja resolución, como las imágenes de satélite, hallar los puntos de control puede resultar más difícil. En las imágenes que tienen una resolución de píxel de 20 m o menos debería ser posible localizar cruces de caminos/carreteras, divisorias de campos de cultivo, formaciones rocosas, edificaciones y otros elementos donde situar los puntos de control. Si los GPC no se pueden definir comparando los datos de las imágenes con un mapa, entonces habrá que obtener necesariamente los GPC mediante una prospección con GPS (véase Smith y Atkinson, 2001).

En su forma más simple, la georreferenciación es una transformación matemática de una serie de coordenadas en otra. Los cálculos matemáticos que se requieren para realizar este tipo de transformaciones básicas son relativamente fáciles, ya que consisten en una mezcla de tres operaciones: traducción, redefinición de escala y rotación (fig. 5.11). La traducción es el simple cambio horizontal o vertical de un conjunto de coordenadas. Por ejemplo, cambiar el conjunto de tres coordenadas {10, 5; 7, 8; 2, 12} por las nuevas coordenadas {20, 10; 17, 13; 12, 17} supone una sencilla traducción de +10 unidades en la dirección x, y +5 unidades en la dirección y. La redefinición de escala también es una operación sencilla: cambiar el nuevo grupo de coordenadas por una escala de 3 nos daría {60, 30; 51, 39; 36, 51}. La rotación, aunque fácil de visualizar, es un procedimiento más complicado que precisa de la manipulación trigonométrica de los pares de coordenadas. En la práctica, suele ser necesario combinar las tres operaciones, de modo que los programas SIG utilizan funciones polinómicas para transformar el sistema de coordenadas original. El programa define primero una función que usa diversos parámetros desconocidos para vincular las nuevas entradas, consistentes en coordenadas GCP de la imagen original, con los resultados defini-

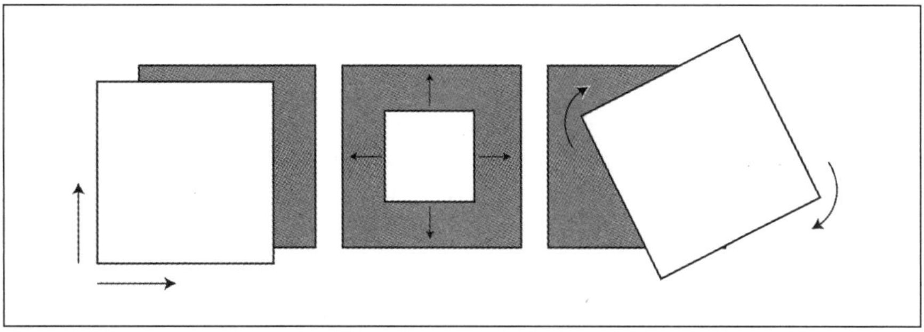

FIGURA 5.11. Traducción, escalado y rotación.

dos por la localización buscada. Luego obtiene estos parámetros calculando la correspondiente ecuación polinómica. Por último, la función completada se aplica a todas las celdas o vértices del mapa original, haciendo así efectiva la transformación.

Cuando la traducción, la redefinición de la escala y la rotación se aplican por igual a todo el mapa (es decir, sin alterar la forma de la imagen original) se denomina una transformación *ortogonal* o polinómica de primer orden. Pero muchas veces se precisa un enfoque más radical. La transformación *afín* o polinómica de segundo orden es capaz de ajustar la forma de la imagen original cambiando de forma independiente la escala de los ejes x e y de la imagen original, luego traduciendo, rotando y sesgando la imagen para que coincida con el sistema de coordenadas deseado. Las transformaciones polinómicas de tercer grado o superiores pueden traducir, cambiar escala y rotar en mayor o menor proporción la totalidad del mapa, en lo que se denomina una transformación *proyectiva*, o «estiramiento» de las imágenes (efecto «goma elástica»), que es una buena analogía de lo que es la rectificación. El proceso combinado de corrección de distorsiones e introducción de un sistema de coordenadas se llama *georrectificación*.

La manera de ejecutar la rectificación de un mapa o imagen es similar en todos los packs SIG. Implica crear un archivo de tablas o textos de correspondencias con una lista de posiciones de GPC (como la localización de píxeles según las coordenadas x e y) en el mapa o imagen no rectificados siguiendo las nuevas coordenadas deseadas (obtenidas a partir del mapa de base; cuadro 5.6). La selección de GPC vendrá dictada por la disponibilidad de rasgos en el mapa de base y en el mapa o imagen que se desea rectificar para los que pueden identificarse coordenadas. Estos puntos de control tendrían que estar muy espaciados por toda la imagen, no agrupados en una esquina o junto a los bordes. El número de puntos de control a utilizar depende de la radicalidad de la rectificación prevista: la simple transformación ortogonal sólo necesita dos o tres puntos, pero una fotografía aérea o imagen de satélite muy distorsionada requiere muchos puntos de control para calcular una trama exacta. Suelen bastar nueve GPC bien situados para una rectificación relativamente radical, aunque en casos extremos se pueden llegar a necesitar 16 puntos o más (Campbell, 1996: 304).

Algunos packs SIG relativamente recientes, como ArcGIS, tienen herramientas de rectificación que permiten determinar de forma rudimentaria y manual la posición del mapa o imagen que se desea georrectificar y luego seleccionar una serie de puntos comunes que sirvan de GPC. Estos se utilizan luego para llevar a cabo la rectificación y calcular un valor de RMSE tal como se define más arriba.

5.5. NOTA SOBRE EL ERROR ESPACIAL Y LA GENERALIZACIÓN DE MAPAS

Un valor RMSE no da la medida del grado de fidelidad de la traducción de la información espacial a un nuevo sistema de coordenadas. Los valores RMSE serán bajos si se calibran mapas en papel en buenas condiciones, y altos cuando se utilizan fotocopias, por ejemplo. En algunos casos, como en la georrectificación de fotografías aéreas, los valores RMSE pueden ser muy superiores a los valores orientativos que sugerimos. En un momento dado, habrá de determinar si el error espacial no supera un rango manejable. Es esencial registrar el RMSE de todos los mapas georrectificados, ya que puede llegar a ser una variable importante a la hora de recopilar datos espaciales, como las distancias. En teoría, el RMSE debería incluirse en los metadatos que acompañan la base de datos (véase el capítulo 13).

Un punto importante a recordar es que los mapas de escalas distintas tendrán resoluciones y errores distintos. Por definición, un mapa a escala 1:50.000 no puede registrar con exactitud la morfología de rasgos con una extensión espacial muy inferior a los 50 m, ya que a esta escala estos rasgos tendrían que representarse con menos de 1 mm de ancho. Si este mapa se digitaliza, nada impide reproducirlo a escalas mucho mayores y utilizarlo para obtener medidas espaciales mucho más exactas que los datos originales. El término «generalización de mapas» se refiere a los errores que surgen cuando se realizan inferencias espaciales a partir de los datos de un mapa que ha sido reproducido a una escala incongruente con las limitaciones establecidas por la escala original del diseño. Esta práctica puede ser fuente de importantes errores y debe evitarse. Además, como ya hemos explicado, combinar mapas a dos escalas distintas puede provocar también un error espacial considerable. Por consiguiente, si se quiere combinar mapas de escalas diferentes es importante estructurar preguntas y supeditar las inferencias al error del mapa de mayor escala utilizado en el análisis. Los lectores que deseen más información sobre la generalización de mapas y errores espaciales, pueden leer a João (1998).

6. Cómo crear un modelo de superficie

6.1. Introducción

Los modelos de superficie son una herramienta analítica importante y, en el caso del modelo de elevaciones, suele ser la última fase del desarrollo de un proyecto SIG. Construir un modelo digital de elevaciones (MDE) a partir de fuentes secundarias, como curvas de nivel o puntos altimétricos digitalizados, o a partir de datos primarios como LiDAR o DGPS, es un objetivo frecuente de los modelos de superficies (Atkinson, 2002). Este tipo de modelos también puede derivarse de una amplia gama de datos antropomórficos o medioambientales basados en puntos, como el recuento de artefactos o la química del suelo (p. ej., Robinson y Zubrow, 1999; Lloyd y Atkinson, 2004). La derivación de una superficie continua a partir de un conjunto de observaciones discretas se denomina *interpolación*, y la selección de la técnica de interpolación más adecuada depende de la estructura de los datos muestrales y también del resultado que se busca y de las características del modelo de superficie. Este capítulo comienza por el examen de algunos de los métodos de interpolación más corrientes y las técnicas para crear MDE a partir de los datos de las curvas de nivel.

6.2. Interpolación

La interpolación es una técnica matemática para «llenar los lapsos» entre observaciones. Puede definirse más concretamente como una predicción de datos basada en observaciones circundantes. Es diferente de la *extrapolación*, que es el proceso de predicción de valores más allá de los límites de una distribución de puntos conocidos. Para utilizar un ejemplo sencillo, si *n* y *m* son los valores desconocidos de una serie de números {2, 4, *n*, 8, 10, *m*}, utilizando un simple modelo de cambio lineal, *n* se podría interpolar como un valor igual a 6. Utilizando el mismo supuesto de cambio constante, con el método de extrapolación *m* arrojaría un valor de 12.

Es importante destacar que la interpolación puede aplicarse a cualquier fenómeno espacial cuantitativo con un mínimo grado de estructura, es decir, cuando los valores de las observaciones no son aleatorios, sino que presentan una *autocorrelación positiva.* Este término describe una forma de estructura espacial donde, en toda la distribución, ocurre en mayor o menor medida que cuanto más próximas están dos observaciones, más similares serán sus valores. Este es claramente el caso de los datos de elevación (p. ej., cuanto más cerca están dos lugares de un paisaje, más similar será su elevación) y de otros muchos tipos de fenómenos naturales. La correlación positiva es un importante prerrequisito para poder realizar interpolaciones, ya que determina si los atributos son predecibles partiendo de la observación de los puntos circundantes. Pero mientras que para muchos fenómenos medioambientales es posible dar por sentada una autocorrelación positiva, como la elevación, la precipitación o la temperatura, no ocurre necesariamente así con los fenómenos antropomorfos, como la distribución de artefactos en el paisaje. Por lo tanto, antes de proceder a modelar una serie de observaciones en forma de una distribución continua, es preciso investigar el grado de autocorrelación entre ellas, ya que sólo procede interpolar distribuciones que presenten una autocorrelación positiva. En aquellos casos en que existe una autocorrelación positiva débil, los métodos de interpolación que se sirven de la geoestadística para valorar el carácter de la variación espacial en un conjunto de datos (entre otros, el *kriging* por ejemplo, que se describe más adelante) suelen funcionar mejor que los métodos simples. En este capítulo se describen con detalle ambas posibilidades.

Efecto bordes. La fiabilidad de la predicción de un valor de atributo de una localización no muestral mejora a medida que el número y la proximidad de los puntos circundantes conocidos aumentan. De ello se sigue que los puntos de las áreas más próximas a los bordes de una distribución tenderán a una predicción menos exacta, porque allí suele haber menos puntos alrededor. Este «efecto bordes» puede distorsionar notablemente la superficie predicha en los bordes de la distribución y, como nos enseña la experiencia, el 10 % más periférico de una superficie interpolada puede considerarse sospechoso. Por ejemplo, si la distribución de unos puntos muestrales abarca un área rectangular de 100 × 100 m, la superficie interpolada de los 80 × 80 m centrales presentará menos efecto bordes que los 10 m de las franjas más alejadas del centro. A la hora de reunir datos para una interpolación, por ejemplo curvas de nivel con vistas a la creación de un MDE, es aconsejable incluir información de las áreas vecinas para reducir la influencia de este efecto bordes. De este modo la superficie interpolada podrá ceñirse a la extensión deseada.

Tipos de interpolación. Los algoritmos de interpolación se pueden caracterizar de distintas formas. Una se basa en el número de puntos utilizados: los *operadores globales* utilizan todo el colectivo de puntos para identificar una tendencia global; los *operadores locales* se atienen sólo a los valores conocidos de una determinada vecindad de la localización no muestral para asegurar que la superficie responda a la variabilidad local, que produce siempre una superficie más desigual pero localmente más fidedigna. Los algoritmos de interpolación también se pueden distinguir según sean *exactos* o *inexactos*. El primero describe modelos donde los valores de los puntos originales se mantienen en el resultado final, mientras que los métodos inexactos producen una superficie enteramente derivada, sustituyendo los valores originales por las derivadas del modelo. Por último, las interpolaciones pueden definirse como delimitada o no delimitada, según si han fijado o no los límites inferior y superior del modelo.

6.3. MÉTODOS GLOBALES

6.3.1. Análisis de superficie de tendencia

Los métodos de interpolación global son sumamente valiosos para establecer las tendencias generales de los datos, pero su potencial para predecir la variación local es muy pobre. El método de interpolación global más utilizado en arqueología es el *análisis de superficie de tendencia*, que acopla una superficie matemática a una distribución espacial de valores de atributos cuantitativos.

Por ejemplo, la figura 6.1a muestra una distribución de artefactos donde también se ha registrado el tamaño del artefacto. El resultado es una distribución en forma de una nube de puntos tridimensional, donde el tamaño del artefacto se refiere a su altura en superficie. Un modelo de superficie de tendencia aplicado a esta distribución es el equivalente matemático de colocar una hoja de papel a través de la superficie tridimensional para minimizar la suma de las distancias entre cada punto y la hoja de papel (o, más concretamente, la suma de las distancias cuadráticas). En la figura 6.1b, una superficie de tendencia «de primer orden» trata de encajar con la hoja de papel imaginaria sin estirarla, mientras que las superficies de un orden mayor traman la superficie de forma progresivamente más compleja para minimizar la distancia media entre todos los puntos. En efecto, cuanto mayor sea el orden, más local será el modelo.

Matemáticamente, una superficie de tendencia es un modelo polinómico. El vocablo «polinómico» describe una simple función creada por la

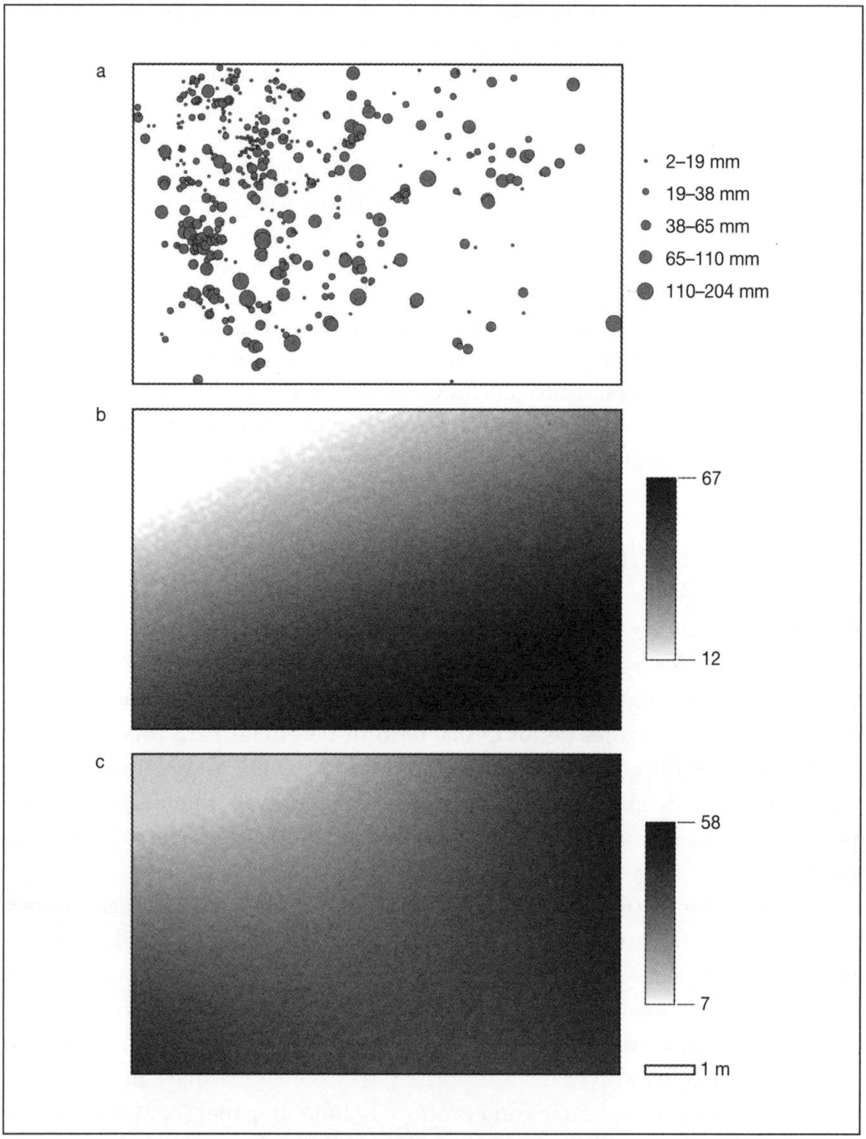

FIGURA 6.1. Análisis de superficie de tendencia de tamaños de artefactos. El mapa de arriba (a) es una representación de símbolos proporcionales. El mapa (b) modela el cambio de tamaño mediante una superficie de tendencia lineal, y el mapa (c) una superficie de tendencia cuadrática. Creados utilizando TREND de Idrisi.

suma de *términos*, y se expresa siempre con el formato b_0x, donde b_0 representa el número derivado del modelo, y x es la coordenada x del objeto espacial. La complejidad (o grado) de un polinómico se define por el número de sus términos. Cuando se aplica a objetos espaciales bidimensionales, el modelo polinómico lineal, o de primer orden, se expresa mediante la ecuación:

$$z_{x,y} = b_0 + b_1x + b_2y \tag{6.1}$$

donde z es el valor de la variable a establecer; b_0, b_1 y b_2 son coeficientes obtenidos mediante un análisis de regresión; y x e y son coordenadas geográficas (Hodder y Orton, 1976: 160). Los modelos cuadráticos, o de segundo orden, como el de la figura 6.1c, se expresan mediante la ecuacíon:

$$z_{x,y} = b_0 + b_1x + b_2y + b_3x^2 + b_4xy + b_5y^2 \tag{6.2}$$

Por ejemplo, en el modelo lineal de la figura 6.1b, la variabilidad del tamaño de los artefactos, z, se representa como $z = 11{,}45 + 0{,}21x + 0{,}46y$. Si se aplica al tamaño de los artefactos del mapa de la figura 6.1a, tanto el modelo lineal como el cuadrático sugieren que, en general, el tamaño de los artefactos es menor en la parte superior izquierda de la distribución, y el modelo lineal muestra un aumento del tamaño hacia la parte inferior derecha. El modelo cuadrático muestra un aumento del tamaño hacia la parte superior derecha e inferior izquierda de la distribución. Como en el análisis de regresión, puede utilizarse un valor R^2 (denominado también valor de «goodness-of-fit» o de concordancia) para establecer el grado de concordancia entre la superficie calculada y la distribución original de valores, y puede tomarse como una medida del porcentaje de variación que se explica por la superficie modelada (Shennan, 1988: 126-131). Se calcula de la siguiente forma:

$$R^2 = 1 - \frac{\sum_{i=1}^{n} (z_i - \hat{z}_i)^2}{\sum_{i=1}^{n} (z_i - \bar{z}_i)^2} \tag{6.3}$$

donde z_i es el valor observado, $\hat{z}_i$ es el valor que predice el modelo, y $\bar{z}_i$ es la media de todos los valores observados. Un valor R^2 de 0,095 para el modelo lineal de la figura 6.1b y de 0,105 para el modelo cuadrático de la figura 6.1c muestra una correspondencia deficiente entre la superficie modelada y los puntos originales. Un polinómico de orden superior arrojaría seguramente una concordancia mayor entre los valores observados y los de la predicción, pero estos modelos suelen ser extremadamente sensibles a los valores atípicos que aparecen en los bordes de unas distribuciones que pueden distorsionar y mucho la realidad (Burrough y McDonnell, 1998: 109).

El análisis de superficie de tendencia es muy útil para identificar tendencias de los datos muy generales, pero por sí solo raras veces ayuda a comprender debidamente los procesos espaciales, por lo que se recomienda utilizarlo con cierta prudencia. Esto no invalida totalmente su valor analítico, aunque sí sugiere que el uso de modelos de superficie polinómica para comprender los patrones de distribución arqueológicos puede conllevar una aproximación algo tosca a patrones más complejos. Se presentan ejemplos del uso del análisis de superficie de tendencia para dar sentido a los datos arqueológicos en Hodder y Orton (1976: 155-174), donde se analiza esta técnica con bastante detalle. Sydoriak (1985) y D'Andrea *et al.* (2002) demuestran su utilidad para estimar la distribución de artefactos intrayacimientos, y Bove (1981) y Neiman (1997) han utilizado superficies de tendencia para entender mejor el declive de la civilización maya clásica.

6.4. MÉTODOS LOCALES

Las interpolaciones locales permiten modelar superficies para obtener una información lo más exacta posible de la variabilidad local. Aseguran una correspondencia cercana o exacta entre los datos de las observaciones originales y el modelo, según se trate de interpoladores exactos o inexactos. Algunos métodos de interpolación local tienen en cuenta las tendencias observadas en todo el área de estudio, mientras que otros se atienen únicamente a una vecindad muy pequeña para predecir un valor. Hay muchos tipos distintos de interpoladores locales, pero aquí analizaremos las dos técnicas más utilizadas: la ponderación de la distancia inversa («inverse distance weihgting») (IDW) y los *splines*. Ambas producen una rejilla de superficie continua a partir de una distribución inicial de observaciones discretas, aunque el modo de hacerlo y las superficies resultantes varían enormemente. En general, ambas permiten modelar superficies cuantitativas de fenómenos medioambientales o antropogénicos, incluida la elevación. Otro método de interpolación local útil para interpretar datos cualitativos, los polígonos de Thiessen, se describe en el capítulo 10.

6.4.1. Interpolación lineal con ponderación de la distancia inversa

La interpolación lineal equivale conceptualmente a trazar una línea recta entre dos puntos con valores de atributo conocidos. Por lo tanto, cualquier

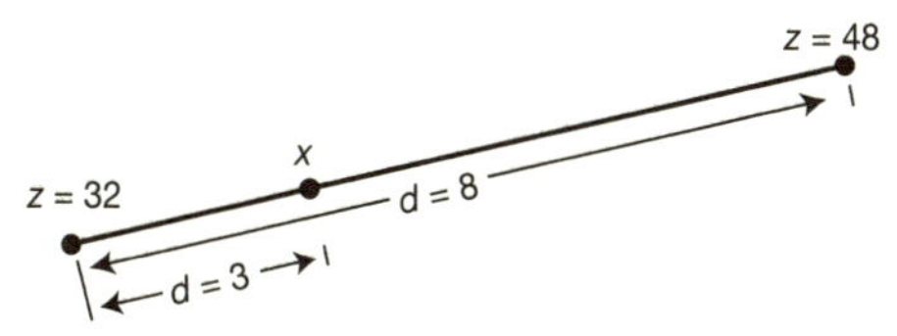

FIGURA 6.2. Interpolación lineal. Usando la eq. 6.4 el valor de z a x se predice como $\frac{(48-32)\times 3}{8} + 32 = 38$.

punto de esta línea puede tener un valor de atributo pronosticado estableciendo su distancia relativa entre los puntos, según la fórmula:

$$z(x) = \frac{(z_u - z_l) \times d_{lx}}{d_{ul}} + z_l \tag{6.4}$$

donde z es el valor interpolado en el punto x; z_u y z_l son los valores inferior y superior; d_{ul} es la distancia lineal entre ambos; y d_{lx} es la distancia entre x y el valor inferior. Esto se demuestra en la figura 6.2.

Sin embargo, el uso de sólo dos puntos en una línea recta no siempre asegura una predicción exacta del valor de los lugares no muestrales. Los métodos que manejan los valores y las distancias de una muestra mayor de puntos circundantes conocidos arrojan resultados más fiables. La fórmula más común es la llamada *ponderación de la distancia inversa* (IDW), por la que el peso o influencia que se da a la muestra de puntos circundantes es inversamente proporcional a su distancia lineal elevada a una determinada potencia. Se expresa así:

$$\hat{z}(x_0) = \frac{\sum_{i=0}^{n} z(x_i) d_{ij}^{-r}}{\sum_{i=0}^{n} d_{ij}^{-r}} \tag{6.5}$$

donde $\hat{z}(x_0)$ es el valor desconocido, $z(x_i)$ los valores conocidos, y d_{ij} es la distancia entre el punto desconocido y el punto conocido. Los valores de atributo de los vecinos más próximos de n sirven para establecer el valor desconocido (fig. 6.3). El número exacto de vecinos seleccionados influirá en la superficie final. Algunos programas seleccionan los 12 vecinos más próximos por defecto («IDW12»), mientras que otros utilizan un radio de búsqueda para seleccionar entre 4 y 8 puntos.

La distancia desde cada punto al punto que se interpola se transforma

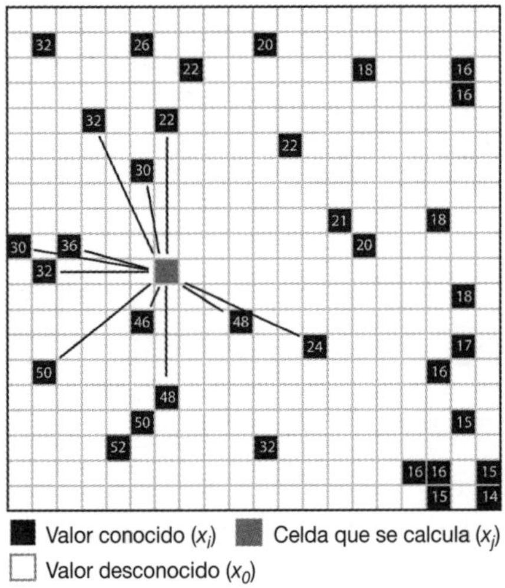

FIGURA 6.3. La interpolación se utiliza para calcular valores en puntos dentro de una distribución de puntos con valores conocidos. Suele utilizarse la distancia media ponderada de hasta 12 vecinos más próximos. Las distancias fuera de los ejes x e y se calculan utilizando el teorema de Pitágoras (véase la fig. 2.9).

luego en su recíproco o inverso (es decir, d_{ij}^{-1}), o con más frecuencia en la inversa de la distancia elevada al cuadrado (es decir, d_{ij}^{-2}). La distancia transformada se multiplica entonces por los valores de los atributos del punto conocido para «ponderar» el valor de atributo para que los puntos más alejados tengan menos peso en la predicción. Estos valores se suman y luego se dividen por la suma de las distancias transformadas. Los métodos IDW son necesariamente interpolaciones fidedignas, porque cuando d se acerca a 0, la influencia aumenta *ad infinitum* y por lo tanto se conservan los puntos originales en la supeficie derivada.[1] El peso de la distancia se puede modificar cambiando su ponderación: por ejemplo, Burrough y McDonnell (1998: 117-118) demuestran que una superficie interpolada cambia radicalmente cuando se modifica la función de la distancia a d_{ij}^{-2}, d_{ij}^{-3} y d_{ij}^{-4}. El cuadro 6.1 ilustra un ejemplo y enumera el valor de los atributos ($z(x_i)$) y el de la dis-

1. Por ejemplo, si $d = 2$, su recíproco es $2^{-1} = \frac{1}{2} = 0{,}5$; si $d = 0{,}001$, entonces su recíproco es $\frac{1}{0{,}001}$; si $d = 0$, su recíproco es $\frac{1}{0} = \infty$.

CUADRO 6.1. Valores de atributo, distancia y atributos ponderados correspondientes a la figura 6.3

x_j	$z(x_i)$	d_{ij}	d_{ij}^{-1}	d_{ij}^{-2}	$z(x_i)d_{ij}^{-1}$	$z(x_i)d_{ij}^{-2}$
1	46	2,2	0,45	0,21	20,9	9,5
2	48	3,6	0,28	0,08	13,3	3,7
3	36	4,1	0,24	0,06	8,8	2,1
4	30	4,1	0,24	0,06	7,3	1,8
5	48	5,0	0,20	0,04	9,6	1,9
6	32	5,0	0,20	0,04	6,4	1,3
7	22	6,0	0,17	0,03	3,7	0,6
8	30	6,1	0,16	0,03	8,2	1,3
9	50	6,1	0,16	0,03	8,2	1,3
10	50	6,4	0,16	0,02	7,8	1,2
11	24	6,7	0,15	0,02	3,6	0,5
12	32	6,7	0,15	0,02	4,8	0,7
Total			2,56	0,64	99,3	25,4

tancia (d_{ij}) para los 12 vecinos más próximos identificados en la figura 6.3. Pero el recíproco y el recíproco de la casilla se enumeran junto con el valor ponderado correspondiente. Según se elija uno u otro valor, el valor pronosticado para la casilla gris de la figura 6.3 será 99,3/2,56 = 38,8, o bien de 25,4/0,64 = 39,7.

La ponderación de la distancia inversa es un buen algoritmo de interpolación multifuncional cuando se trata de puntos muy espaciados, pero no para determinar un conjunto óptimo de parámetros; si variamos el número de vecinos y el peso de la distancia, la superficie alterará sustancialmente la superficie. Una forma de comparar la exactitud de las distintas variables es retener algunos datos-puntos del modelo y luego comparar estos valores conocidos con los valores de la predicción en ese punto. Estas diferencias pueden cuantificarse como un RMSE, de acuerdo con la ecuación 5.1, y así se pueden comparar objetivamente interpolaciones producidas utilizando diferentes valores ponderales. Sin embargo, sin visitar físicamente el área que se interpola para comprobar la concordancia entre el modelo y el fenómeno real, no hay forma de establecer la probabilidad de si el modelo precide correctamente el valor de lugares no muestrales. Si este nivel de información fuera importante, entonces una buena alternativa sería el *kriging*, ya que es una medida de la exactitud de la superficie modelada.

6.4.2. Splines

Los *splines* son un método de interpolación espacial general, muy indicados para las superficies que varían leve y lentamente, como las elevaciones. A semejanza del modelo de superficie de tendencia, los splines producen una superficie polinómica, como si se pasara una hoja elástica curvada a través de una nube de puntos tridimensional (y de hecho su nombre deriva de las reglas flexibles –*splines*– que utilizan los cartógrafos para trazar superficies curvadas). Concretamente, los splines son funciones polinómicas *piece-wise* que se unen en determinados puntos (*break points*) para formar un *spline bicúbico* que pasa exactamente por todos los puntos (Burrough y McDonnell, 1998: 119). Cuando todos los interpoladores son exactos, los valores demasiado altos o demasiado bajos pueden provocar «fosos o picos» en la superficie modelada. Los *splines thin-plate* –la aplicación más habitual de los packs SIG– lo solucionan sustituyendo la superficie exacta por una media ponderada para producir una superficie de curvatura mínima (Franke, 1982; Burrough y MacDonnell, 1998: 120). El método de interpolación con un spline thin-plate suele incluir la opción de introducir un peso de *tensión* o *regularización*. Incrementando el peso del primero se ajusta la tensión de toda la curvatura de la superficie para producir una superficie más rugosa que mejora la adecuación con los datos originales, mientras que incrementando el peso de regularización se ajusta la tercera derivada en la expresión de la minimización de la curvatura para producir una superficie más suave.

Al igual que los métodos IDW, los splines son un método de interpolación multiuso que tienen la gran ventaja de conservar la variabilidad de pequeña escala de los datos. Debido a su superficie inherentemente suavizada, los MDE generados mediante splines pueden crear superficies con pendientes estéticamente agradables. La gran desventaja es que, como los métodos IDW, no resulta fácil verificar el nivel de exactitud entre el modelo y la realidad, y las superficies suaves pueden ser inadecuadas para cierto tipo de datos.

6.5. INTERPOLACIÓN CON GEOESTADÍSTICAS: EL KRIGING

Los interpoladores generales descritos anteriormente funcionan bien con casi todas las bases de datos, pero no tienen por qué ser necesariamente los mejores cuando existe una correlación espacial positiva débil y una densidad y una distribución de puntos irregular. En estos casos un método de interpolación que utilice métodos geoestadísticos para estimar mejor el grado de variación y de autocorrelación espacial en un archivo de datos, contribuirá a asegurar que las predicciones sean óptimas y proporcionen asimismo información sobre el porcentaje de errores asociados a cada predicción (Haining, 2003: 327). La interpolación que utiliza la geoestadística se llama *kriging* y es un proceso más complejo que las técnicas antes descritas. El kriging es conceptualmente similar a la IDW, ya que utiliza una variable para ponderar la contribución de los valores circundantes conocidos basándose en su distancia desde la localización no muestral para predecir un nuevo valor. La principal diferencia es que el valor de la ponderación depende de la estructura espacial y del grado de autocorrelación espacial de la distribución muestral. El cálculo de los valores ponderado pasa ante todo por crear un *variograma experimental* –un modelo matemático que predice qué influencia ejerce la distancia en la relación entre valores conocidos– para luego acoplarlo a un modelo *teórico* definido utilizando una función establecida.

El uso de variogramas para derivar la predicción localizada de atributos a partir de localizaciones no muestrales depende de la *teoría de la variable regionalizada* (Matheron, 1971). Esta teoría postula que la variación espacial de una variable es el producto de un componente determinista y de un componente estocástico (aleatorio). El componente determinista es una media o tendencia global. El componente estocástico tiene dos partes: un componente localizado aleatoriamente correlacionado con el patrón global y una interferencia («ruido») aleatoria muy localizada provocada por un error de medición o por procesos espaciales a pequeña escala (Burrough y McDonnell, 1998: 133-134; Lloyd y Atkinson, 2004). Esta teoría puede expresarse como el valor de una variable z en el punto x definido así:

$$z(x) = m(x) + \epsilon'(x) + \epsilon'' \tag{6.6}$$

donde $m(x)$ es una función que describe la tendencia global de z a x, $\epsilon'(x)$ es la variación local aleatoria pero espacialmente dependiente en x, y ϵ'' es el «ruido» aleatorio (DeMers, 1997). Supongamos, por ejemplo, que z representa el número de artefactos líticos recuperados en un corte de excavación de 2 × 2 m; la teoría de la variable regionalizada puede servir para modelar una situación donde el número de artefactos realmente recuperados (o que según la predicción se podían recuperar) es un producto de: a) la tendencia general a una disminución del número de artefactos cuanto más cerca se está de la periferia de la distribución; y b) una tendencia localizada que hace que la cantidad de artefactos en los bordes varíe más o menos dependiendo de si el borde de la distribución está algo más arriba o más abajo de la pendiente; y c) una influencia aleatoria a un nivel muy localizado, como la presencia de un conchero en el borde de la distribución capaz de explicar un aumento desmesurado de la cantidad de artefactos en el área.

El kriging, al establecer primero la relación entre la distancia y la varia-

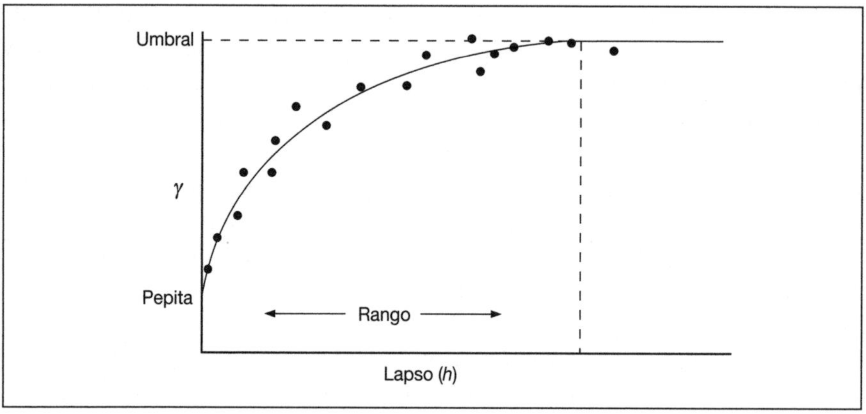

FIGURA 6.4. Un gráfico que relaciona el lapso (h) y la semivarianza (γ) es un variograma. Las observaciones se presentan en forma de puntos, a los que se ha acoplado un modelo teórico exponencial (línea continua).

bilidad de los atributos, utiliza la teoría de la variable regionalizada para determinar la influencia de la distancia a escala local. La función ponderada se define como λ_i y la suma de λ_i es igual a 1. Al aplicarla a cada uno de los valores, $z(x_i)$, de los n vecinos situados dentro del radio de búsqueda, la suma de los valores modificados expresará el valor estimado del o de los atributos, $\hat{z}$, en la posición x_0 (donde x_i son los n vecinos):

$$\hat{z}(x_0) = \sum_{i=1}^{n} \lambda_i \times z(x_i) \qquad (6.7)$$

Para derivar λ_i se ha de crear un semivariograma experimental, que es un diagrama de la *semivarianza*, denotada por γ, en función de la distancia entre cada par de puntos de la muestra (llamada lapso, expresado mediante h). La semivarianza puede estimarse mediante la fórmula:

$$\hat{\gamma}(h) = \frac{\sum_{i=1}^{n} [z(x_i) - z(x_i + h)]^2}{2n} \qquad (6.8)$$

donde n es el número de pares de puntos de la distancia h. El diagrama formado por γ en relación con h es el variograma experimental (fig. 6.4).

La fase más importante del kriging es la adecuación de un modelo teórico con el variograma experimental, cuyos modelos más frecuentes son el esférico, el exponencial, el lineal y el gausiano (Burrough y McDonnell, 1998: 136). Una estrecha correspondencia entre el variograma experimental y el teórico es esencial para una derivación exacta de λ_i, y se requiere algún tipo de medida que certifique si el grado de coincidencia logrado es óptimo. Un buen programa de kriging debe disponer de un mecanismo para cuantificar la concordancia entre ambos (p. ej., mediante un valor R^2). Un encaje deficitario indicaría que los datos presentan dos o más tendencias que deberían modelarse por separado.

Cuando se identifica una buena concordancia, se utilizan los coeficientes del modelo teórico concreto que se ha aplicado al semivariograma (basado en los parámetros de las variables de la pepita, el umbral y el rango, y el tipo de modelo utilizado, como se muestra en la figura 6.4) que luego sirven para derivar los valores de λ para todas las distancias entre los puntos conocidos y los no conocidos. Además de una superficie interpolada, el kriging proporciona una superficie de errores estándares, que puede utilizarse para identificar las áreas donde la interpolación es menos precisa.

Existen distintas técnicas de kriging indicadas para diferentes formas de datos. En muestras sin picos altos ni fosos (es decir, sin valores atípicamente altos o bajos en relación con sus vecinos) y sin estructura espacial (p. ej., unos valores con tendencia descendente) el *kriging ordinario* presenta un modelo de superficie más fidedigno que los métodos derivados sin geoestadísticas. Pero cuando existen valores atípicamente altos o bajos el *kriging por bloques* proporciona una superficie más suave con valores medios. El *kriging universal* es una técnica que pese a utilizar información de la superficie de tendencia, responde a los valores locales. Este método funciona bien con datos que presentan una tendencia bien definida, ya que puede utilizar los datos para realizar predicciones más exactas. La técnica del *co-kriging* utiliza información de más de una variable de la distribución (p. ej., y siguiendo con el ejemplo anterior, artefactos líticos y valores de pendiente). El co-kriging utiliza la autocorrelación de la variable en cuestión así como la correlación entre esta y otra variable cuantitativa para lograr una mejor predicción del valor ponderado utilizado en la interpolación.

Pese a su complejidad, el kriging es una alternativa muy útil para manejar algoritmos de interpolación tradicionales, sobre todo cuando se desea obtener alguna medida de la exactitud de la superficie modelada. Pero es esencial comprender al menos la estructura espacial de los datos de la muestra para asegurar una implementación y una interpretación correctas. Haining (2003: 325-333) presenta una excelente introducción de modelos para representar la variación espacial. En Burrough y McDonnell (1998: 132-151) y en Lloyd y Atkinson (2004) se puede encontrar un análisis detallado e informativo del kriging con ejemplos muy trabajados de cómo calcular las ponderaciones del kriging. El trabajo de Lloyd y Atkinson es notable por ser uno de los pocos ejemplos de reciente publicación de la aplicabilidad del kriging a datos arqueológicos. Los autores presentan dos estudios de caso, donde uno analiza los datos sobre el fosfato del suelo obtenidos durante unas prospecciones en Laconia, Grecia (Buck *et al.*, 1988) y el otro examina los conjuntos cerámicos romanos del sur de Britania publicados por Allen y Fulford (1996). Otro estudio reciente, igualmente interesante, es el de Ebert (2002), que utiliza el kriging para predecir la cantidad de artefactos líticos que se esperaba descubrir en la prospección.

Muchos SIG contienen herramientas geoestadísticas para derivar variogramas y acoplar modelos experimentales, entre otros ArcView (utilizando una de las extensiones de kriging enumeradas en la página ArcSripts de la web de ESRI),[2] ArcInfo, ArcGIS (como componente del Geostatistical Analyst), GRASS (utilizando Gstat) e Idrisi. También hay varios packs distintos del SIG de libre distribución que se pueden utilizar para el análisis geoestadístico y el kriging, como R[3] y Variowin[4] (Pannatier, 1996). El recuadro de la p. 145 explica cómo crear una superficie interpolada utilizando el kriging de ArcGIS.

6.6. CÓMO CREAR UN MODELO DIGITAL DE ELEVACIONES

La creación de un modelo digital de elevaciones (MDE) es uno de los usos más corrientes de algoritmos de interpolación en un SIG, aunque con la creciente accesibilidad a datos de elevación digitales de alta resolución de las agencias cartográficas esta necesidad ha disminuido. Un MDE se almacena, manipula, visualiza y analiza en un SIG bien como una rejilla ráster, llamada *matriz de elevaciones*, bien como una red de triángulos irregulares o TIN («Triangulated Irregular Network»). Los MDE tipo ráster son el método más popular para trabajar con datos de elevación, aunque la TIN ofrece ventajas en cuanto a estructuras de almacenamiento y para determinados análisis. Ambos formatos se pueden derivar a partir de puntos altimétricos (puntos), hipsografías vectoriales (curvas de nivel) o una combinación de ambos.

La calidad de un MDE también se puede evaluar en función de su idoneidad para determinadas tareas. Por ejemplo, ¿tiene la resolución adecuada para la escala de análisis y/o los archivos de datos secundarios con los que deberá integrarse? ¿Es una superficie estadísticamente precisa? ¿Es suave y estéticamente agradable? Priorizar una o más de estas cualidades depende mucho de la aplicación que se quiera dar al MDE (Yang y Holder, 2000). Por ejemplo, las cualidades estéticas de un MDE, sobre todo consideradas desde

2. http://arcscripts.esri.com/.
3. www.r-project.org.
4. www-sst.unil.ch/research/variowin.

INTERPOLACIÓN MEDIANTE KRIGING EN ARCGIS

El *kriging* en ArcGIS se realiza mediante la extensión *Geostatistical Analyst* (Analista geoestadístico). Con la iniciación del Geostatistical Wizard (o Genio geoestadístico) se le pide al usuario que seleccione entre varios métodos de *kriging*, elección que dependerá de la estructura de los datos, como ya se ha mencionado. Una vez seleccionada una técnica, aparece un listado de herramientas de visualización, entre otras el variograma experimental y un variograma direccional para ayudar a identificar la anisotropía. Se pueden seleccionar distintos modelos teóricos, y es posible verificar visualmente el grado de coincidencia con el modelo experimental, aunque por desgracia no hay forma de comparar cuantitativamente la concordancia entre el modelo experimental y el modelo teórico. Una solución es utilizar un programa aparte, como «Variowin» (Pannatier, 1996) para establecer el modelo teórico que mejor encaja y luego introducir los parámetros (p. ej., tipo de modelo, pepita, umbral y rango) en el Geostatistical Wizard. Una vez entrados, el *wizard* o «asistente» pasa la información al Spatial Analyst (Analista espacial) y calcula la interpolación, creando una superficie modelada. El «asistente» tiene en cuenta la generación de errores de predicción, y también la selección aleatoria de subconjuntos de datos para verificar empíricamente la exactitud el modelo de distribución.

el punto de vista isométrico, son importantes para visualizar el paisaje, y pueden ofrecer una perspectiva diferente sobre el tipo de topografía y de terreno. Pueden ser particularmente potentes cuando se «cubre» con otra información, como un relieve sombreado, fotografías aéreas u otro tipo de datos (fig. 6.5). Pero no siempre las superficies suavizadas son las más exactas. En algunos casos puede ser más importante asegurar que el MDE contenga los menos errores posibles, aunque ello signifique sacrificar algún otro aspecto, como la resolución o el impacto visual.

La precisión del MDE es esencial si se utiliza con vistas al análisis espacial. Los modelos digitales de elevación son los datos básicos para una serie de superficies derivadas, modelos ecológicos y medioambientales (que se analizan más detalladamente en los capítulos 9 y 10). Entre las superficies derivadas de un MDE que más se utilizan en un SIG arqueológico cabe mencionar: las derivadas de primer orden de pendiente y aspecto (p. ej., Kvamme, 1985; Woodman, 2000b; Barton *et al.*, 2002); la derivada de segundo orden de curvatura del terreno (p. ej., Bevan y Conolly, 2004); la visibilidad (p. ej., Wheatley y Gillings, 2002; Lake y Woodman, 2003; Llobera, 2003); el

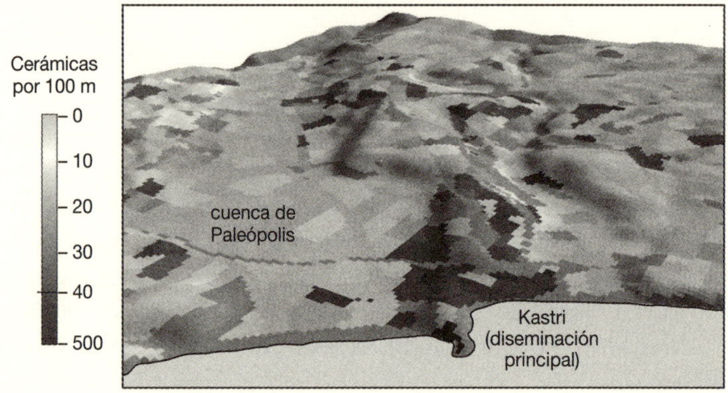

FIGURA 6.5. Un MDE visto isométricamente, con los patrones de distribución de artefactos sombreados. Fuente: Proyecto isla de Kythera. Con autorización.

movimiento (Llobera, 2000), el recorrido óptimo (Bell y Lock, 2000; Bell *et al.*, 2002); los modelos hidrológicos y la extensión de las cuencas fluviales (Hill, 1998; Bevan, 2003; Bevan y Conolly, 2004; cuadro 6.2). Los modelos digitales de elevación también son necesarios para crear modelos tafonómicos, como la pérdida de suelo y el movimiento sedimentario (Burrough y McDonnell, 1998: 193-198; Barton *et al.*, 2002; véase asimismo el capítulo 9), aunque los arqueólogos usuarios del SIG aun no han explotado a fondo todo el potencial del modelado cuantitativo de los procesos de erosión.

La calidad de los MDE varía enormemente según la precisión y la estructura de los datos originales y los métodos de interpolación utilizados. El número y distribución de puntos muestrales (altimétricos) son esenciales. En términos generales, cuanto mayor sea su número en áreas de terreno sumamente variable, más exacta será la interpolación. Por lo tanto, siempre que sea posible es mejor utilizar datos primarios reunidos manualmente usando las técnicas descritas en el capítulo 5, para así poder controlar debidamente la distribución de puntos. Lógicamente esta vía no es una opción viable cuando se trata de proyectos sobre paisajes regionales a gran escala o de situaciones donde la prospección es difícil o impracticable. En muchas zonas, se pueden obtener MDE con espaciación reticular de 15-30 m de fuentes satélite, pero es posible que no tengan la resolución suficiente para trabajar con algunas formas de arqueología del paisaje. En estas situaciones merece la pena investigar la posibilidad de acceder a MDE de fuentes gubernamentales o comerciales, pero hay que tener en cuenta que algunos MDE comer-

CUADRO 6.2. Modelos de superficie que se pueden informatizar desde un MDE (según Burrough y McDonnell, 1998: 190-192, 204)

Atributo	Definición	Aplicación práctica
Pendiente/gradiente	Máxima inclinación en elevación	Inclinación del terreno; dificultad de movimiento; clasificación del potencial de las tierras; erosión y movimiento de artefactos; modelo predictivo
Aspecto/exposición	Orientación de la máxima pendiente descendente	Irradiación solar; modelo de vegetación; movimiento; modelo predictivo de yacimientos
Curvatura de perfil	Máxima pendiente	Modelo de erosión; evaluación del suelo y de la tierra
Relieve sombreado	Representación del relieve del terreno mediante efecto sombra	Evaluación visual de la variabilidad del terreno
Insolación	Cantidad de energía solar sobre un segmento del paisaje	Modelo de vegetación; clasificación del potencial de las tierras; modelo predictivo
Visibilidad	Localización de paisaje visible desde un punto dado	Análisis de localización de yacimientos y asentamientos; modelo predictivo
Cuenca de drenaje	La zona que drena en un punto definido del paisaje	Análisis de localización de asentamientos

ciales son en realidad interpolaciones de datos de curvas de nivel existentes y, por lo tanto, es muy posible que contengan los mismos errores que otros datos interpolados.

6.6.1. Creación de un MDE a partir de curvas de nivel

La creación de un MDE utilizando curvas de nivel digitalizadas manualmente de un mapa en papel recurre a menudo a este método por falta de fuentes de información alternativas. Pero las curvas de nivel no son precisamente los datos más idóneos para crear un MDE. En primer lugar, porque es difícil establecer con qué fidelidad los datos de las curvas de nivel reflejan la morfología real del paisaje en cuestión. Si las curvas de nivel se han obtenido a partir del análisis fotogramétrico de fotos aéreas, serán más exactas que

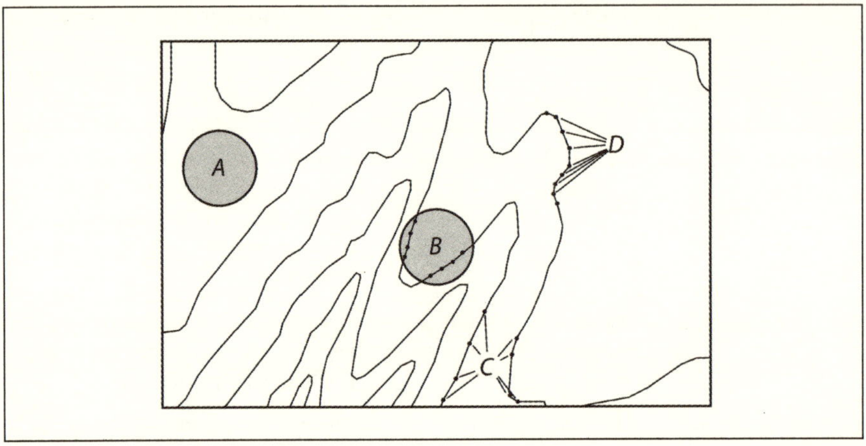

FIGURA 6.6. Problemas asociados a la simple interpolación de datos de curvas de nivel. Si se utiliza un determinado radio de búsqueda puede que o bien no haya puntos disponibles para interpolar (punto A), lo cual arrojará áreas con un valor pronosticado erróneo de «0», o bien que haya una serie de puntos que compartan un mismo valor (punto B), lo cual producirá «mesetas» alrededor de las curvas de nivel. La interpolación mediante la distancia ponderada de los vecinos más próximos provee una superficie más suave (C), aunque los puntos situados entre intervalos muy espaciados, como en D, formarán igualmente una meseta. Fuente: Proyecto isla de Kythera.

las curvas de nivel creadas utilizando puntos altimétricos interpolados, pero muchas veces no se conoce el proceso de confección del mapa de curvas de nivel. En segundo lugar, porque como ya se ha mencionado en el capítulo 5, las curvas de nivel digitalizadas manualmente introducen más errores espaciales en el archivo de datos. Y en tercer lugar, porque como se ha mencionado, las curvas de nivel no son los datos más adecuados para realizar las interpolaciones descritas en la sección anterior.

Una práctica habitual aunque muchas veces insatisfactoria para interpolar MDE utilizando curvas de nivel consiste en rasterizar las curvas de nivel y luego utilizar las correspondientes celdas de la rejilla en una interpolación a base de IDW, splines o kriging. Otra alternativa sería extraer los vértices de las polilíneas y utilizar esos puntos como nodos de una de esas fórmulas. En estos casos siempre se debe actuar con prudencia a la hora de utilizar interpoladores como la IDW o los splines antes descritos. Algunos interpoladores simples, como la IDW, funcionan mejor con una distribución equitativa de datos, en cambio las curvas de nivel presentan una hilera de puntos del mismo valor pero con espacios a veces muy amplios entre una hilera de puntos y otra. En estas condiciones, los algoritmos simples de IDW basados en el vecino más próximo o la búsqueda de un radio fijo producirán seguramente errores importantes, o «artefactos» en la superficie modelada (Burrough y McDonnell, 1998, fig. 5.16; Carrara *et al.*, 1997: 471; fig. 6.6). Muchas veces estos problemas pueden verse claramente en un mapa de pendientes derivado del MDE en forma de mesetas que se alternan con pendientes pronunciadas (fig. 6.7).

Pese a la importancia del MDE y a la frecuente necesidad de utilizar curvas de nivel para crearlo, no existe ninguna práctica «mejor» para convertir curvas de nivel en una superficie continua y el tema sigue siendo objeto de intenso debate (véanse, p. ej., Carrara *et al.*, 1997; Burrough y McDonnell, 1998: 121-131; Franklin, 2000; Yang y Holder, 2000; Merwin *et al.*, 2002, sobre las cuestiones técnicas más recientes). Una posibilidad es utilizar algoritmos de interpolación diseñados especialmente para manejar datos de curvas de nivel, ya que pueden gestionar la irregularidad de la distribución de puntos, como demuestran los ejemplos en Hageman y Bennett (2000). Pero un MDE creado utilizando curvas de nivel no será nunca fidedigno, por lo que habrá que verificar los errores producidos durante la interpolación. Algunos métodos aceptados para valorar la calidad de un MDE pueden comprobar que: i) las elevaciones pronosticadas que coincidan, o casi, con las curvas de nivel originales tengan valores próximos o iguales a la altitud de la curva de nivel; ii) las elevaciones predichas situadas entre dos curvas de nivel tengan un valor entre ambas; iii) las elevaciones varíen linealmente entre las elevaciones de las dos curvas de nivel que las acotan; iv) las áreas acotadas por un solo intervalo entre dos curvas de nivel, por ejemplo, fondos de valles y cimas montañosas, tengan una morfología realista; v) cualquier artefacto de interpolación (es decir, las áreas que tienen predicciones poco realistas) no exceda el <0,1-0,2 % de la superficie modelada (Carrara *et al.*, 1997: 453).

También se puede verificar la calidad de un MDE derivando dos archivos de datos adicionales de la superficie modelada. En primer lugar, para comprobar la exactitud global de la interpolación e identificar las áreas con posibles errores se pueden comparar las curvas de nivel de la predicción con un mapa de curvas de nivel que tenga la mitad de intervalo que el intervalo de los datos de las curvas de nivel originales (fig. 6.8). En segundo lugar, un mapa de pendientes derivado de un MDE mal interpolado puede presentar pendientes artificialmente abruptas intercaladas con mesetas «atigradas» en las curvas de nivel originales, como las de la figura 6.7. Por último, y cuando se trata de aplicaciones críticas, la exactitud de un MDE también se puede comprobar mediante la comparación estadística del MDE con la base de datos original, utilizando los métodos que describen Kvamme (1990b), Wood (1996, cap. 3), Carrara *et al.* (1997) Hageman y Bennett (2000) o Yang y

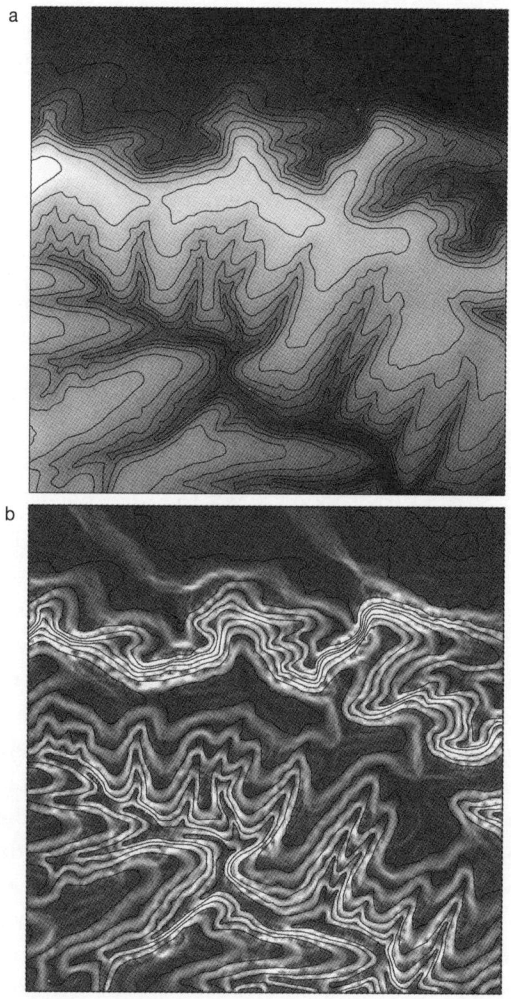

FIGURA 6.7. Problemas típicos cuando se utilizan curvas de nivel para interpolar. Aunque el MDE (a) parece ser un modelo fiel de la variabilidad de la superficie, el mapa de pendientes derivado (b) muestra amplias franjas atigradas (es decir, alternancia de áreas oscuras y claras correspondientes al trazado de las curvas de nivel originales). Creado mediante una interpolación IDW 12 de vértices de curvas de nivel en ArcInfo 7.2. Fuente: Proyecto isla de Kythera.

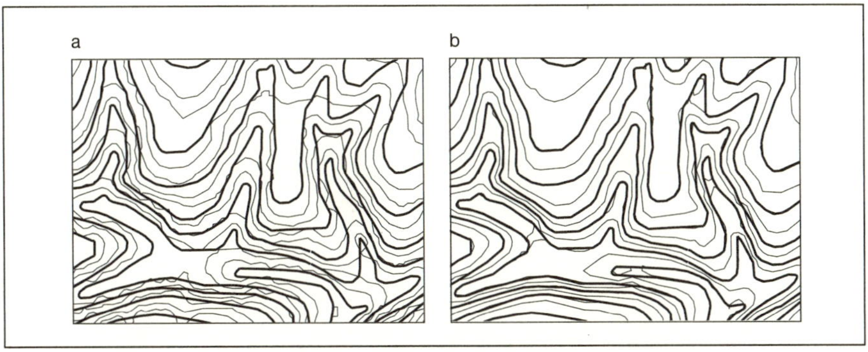

FIGURA 6.8. Comparación de curvas de nivel originales (trazo grueso) y curvas de nivel generadas a partir de superficies (trazo fino) utilizando (a) interpolación IDW y (b) un TIN. Es significativo que se observen más discrepancias entre el original y la superficie modelada en A que en B, debido a los problemas de utilizar una interpolación basada en puntos de las curvas de nivel. El TIN se transformó en una rejilla utilizando TINLATTICE, y se generaron curvas de nivel para ambas rejillas utilizando CONTOUR a una mitad de la ratio original de intervalos utilizando ArcInfo 7.2. Fuente: Proyecto isla de Kythera.

Holder (2000). Entre los métodos de verificación más habituales están el cálculo de los valores del RMSE y el análisis de un histograma de frecuencias de valores de elevación. Este último método, llamado *análisis hipsométrico*, resulta especialmente útil para interpolaciones de datos de curvas de nivel, ya que los datos mal interpolados producen «puntas» que corresponden a los intervalos originales de las curvas de nivel (Wood, 1996, sección 3.1.3).

Filtrar (suavizar) un MDE (proceso que se describe en el capítulo 9) ayuda a «allanar» el tipo de problemas descritos. Pero la experiencia nos dice que aunque un buen filtrado ayuda a que un MDE resulte visualmente plausible, es probable que surjan problemas con los datos de las fuentes o con el método de interpolación, o con ambos. Por lo tanto, y a tenor de los problemas asociados a la creación de MDE utilizando curvas de nivel, es preferible volver a muestrear los datos originales para limitar los efectos de los datos de curvas de nivel en la interpolación y/o para seleccionar un método mejor equipado para manejar este tipo de datos. En esta sección comentamos tres métodos que se utilizan habitualmente para crear MDE a partir de curvas de nivel: el TIN o red de triángulos irregulares, la interpolación lineal basada en la máxima pendiente, y un algoritmo TOPOGRID de ArcInfo. Ninguno de los tres servirá para todos los tipos de terreno y, dado que los MDE más precisos son básicos para muchos otros modelos, merece la pena

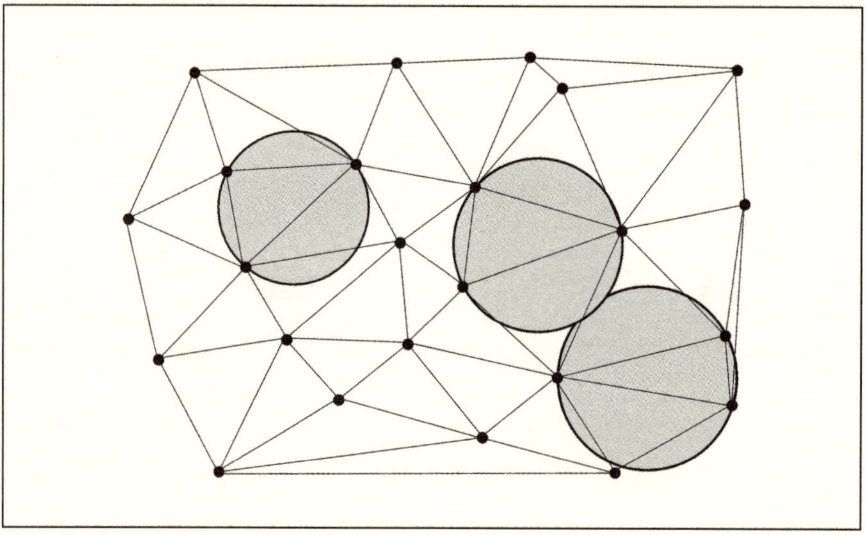

FIGURA 6.9. Una triangulación de Delaunay. Ningún círculo que pase por los tres vértices de un triángulo puede contener otro nodo.

experimentar y comparar diferentes métodos para asegurar que se utiliza el mejor modelo.

Redes de triángulos irregulares (TIN)

Las redes de triángulos irregulares (TIN) se construyen a partir de una muestra de masas de puntos que se pueden derivar de puntos altimétricos, de los vértices de las curvas de nivel o de una combinación de ambos. Una estructura TIN se genera creando una teselación de polígonos triangulares a partir de un conjunto de masas de puntos, configurados de manera que si se trazara un círculo a través de los tres nodos de cada triángulo, todos los demás nodos quedarían excluidos (fig. 6.9). Es la llamada triangulación de Delaunay, que asegura que el nodo más próximo desde cualquier punto del triángulo, *n*, sea uno de los tres nodos utilizados para crear el triángulo *n*.

Sin embargo, los datos de curvas de nivel «brutos» presentan algunos problemas a la hora de confeccionar una estructura TIN. En primer lugar, las curvas de nivel digitalizadas suelen contener más datos de los necesarios para representar una superficie, y los puntos muestrales de una curva de nivel pueden estar más próximos unos de otros que los puntos de la curva adyacente. Cuando se construye una estructura TIN, se producen elevaciones planas poco realistas en partes del modelo de superficie, casi siempre en espolones

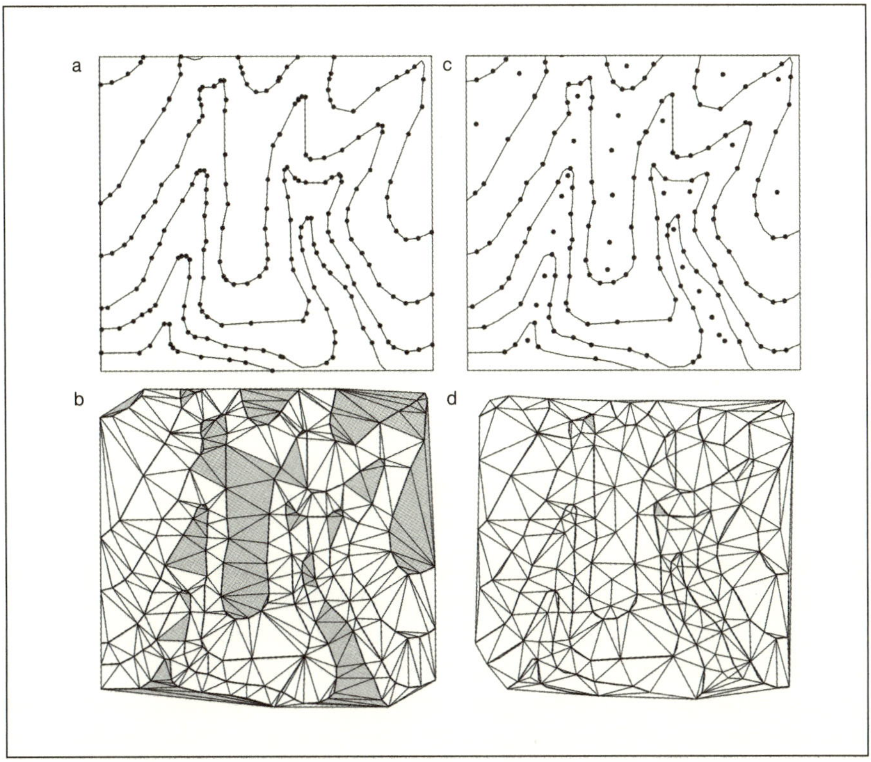

FIGURA 6.10. Cuando se utilizan todos los vértices de un mapa de curvas de nivel (a) se crean muchos triángulos llanos (sombreado gris en b). Si se remuestrean las curvas de nivel y se añaden puntos altimétricos entre las curvas de nivel más altas (c), el problema se reduce (d). Fuente: Proyecto isla de Kythera.

lobulados, o curvas de nivel muy espaciadas en cimas y valles (fig. 6.10 a, b). Para evitar puntos redundantes en el modelo, muchos programas para crear TIN tienen la capacidad para establecer una *tolerancia de proximidad* y una *tolerancia entre vértices* (*weed tolerance*). La primera establece la distancia mínima entre puntos en un plano horizontal, de manera que si dos o más puntos caen dentro del rango de tolerancia sólo se utiliza uno como nodo de la TIN. La «tolerancia entre vértices» establece la distancia mínima en una línea antes de que se utilice un vértice en la TIN (ESRI, 2002: 31).

La fidelidad de una TIN mejora si se digitalizan los puntos esenciales de las curvas de nivel (es decir, si solamente se capturan los puntos más significativos de las cotas, y no todos) y «los puntos verdaderamente importantes» (o VIP) marcados por las cumbres de las montañas, los fosos y los pasos. Carrara *et al.* (1997: 470-471) demuestran también que si no se definen unas claras líneas de separación que ayuden a crear triángulos, el fondo de los valles y las cumbres montañosas aparecen como triángulos planos, produciendo un modelo de superficie poco o nada realista. Para evitarlo se marcan primero estos puntos en el mapa con un bolígrafo de color para luego poder digitalizarlos manualmente (con sus valores de elevación) y crear puntos críticos (masa de puntos) para la TIN (ESRI, 2002: 57). Así se reduce el número de triángulos planos y se obtiene una superficie más realista y fidedigna (fig. 6.10c, d). Para mejorar la fidelidad de la TIN, pueden integrarse otros rasgos del paisaje, como cimas y cauces fluviales, y definirlos como «líneas de separación». Estas líneas, para las que no son necesarios valores de elevación, se mantienen luego como rasgos lineales en la TIN e interrumpen la suavidad de la superficie, lo cual es especialmente importante para representar fielmente los procesos hidrológicos.

La TIN resultante será un modelo muy versátil y se podrá utilizar «tal cual» para derivar atributos de elevación, pendiente, aspecto, relieve sombreado y visibilidad sin necesidad de estratos adicionales. Spikins *et al.* (2002) hacen un uso innovador de las TIN para reconstruir superficies del terreno enterradas utilizando las coordenadas tridimensionales de artefactos. Las TIN también presentan ventajas frente a los modelos ráster en cuanto al almacenamiento y tiempo de procesamiento de áreas de estudio más pequeñas, porque permiten ajustar la densidad de triángulos a la complejidad del terreno y a las necesidades del modelo, utilizando triángulos extra para áreas de relieve altamente variable. Sin embargo, cuando se estudian grandes áreas, esta ventaja desaparece debido al tiempo y a la energía que requiere la creación de polígonos vectoriales. La principal desventaja de las TIN es que la superficie de elevación retiene muchas veces una impronta triangular, lo que otorga a la superficie modelada una sensación poco realista, aunque no necesariamente inexacta.

Por último, para acoplar los datos de elevación de la TIN a otras bases de datos, o para otro tipo de representaciones, puede resultar necesario convertir la TIN en una rejilla ráster. Se trata de un proceso directo que implica colocar una rejilla de la resolución deseada encima de la TIN calculando los valores de las celdas individuales mediante una interpolación lineal o un promedio bicúbico al vértice más próximo. Pero los mapas de pendientes derivados de esta rejilla también son susceptibles de retener la superficie triangular original.

Interpolación lineal entre curvas de nivel

Uno de los algoritmos más básicos para manejar datos de curvas de nivel es una interpolación lineal de una línea trazada entre dos curvas de nivel. Este método implica ante todo rasterizar la curva de nivel digitalizada a la resolución de la rejilla final. La rasterización ha de hacerse a una resolución suficientemente afinada para asegurar que en ningún píxel confluyan dos curvas de nivel, porque ello provocaría errores importantes. Luego, los interpoladores lineales se basan en estas curvas de nivel para derivar valores para los píxeles que se hallan entre ellas. Por ejemplo, el interpolador lineal INTERCON de Idrisi proyecta cuatro líneas rectas (de arriba abajo, de derecha a izquierda, y dos intersecciones diagonales) a través del píxel a interpolar hasta que cada línea se corte con una curva de nivel. La pendiente de cada una de las cuatro líneas se establece calculando el cambio del valor del atributo dividido por la longitud de la línea. Se elige la línea con el máximo gradiente y el valor interpolado se estima de acuerdo con su posición en esa línea, como expresa la ecuación 6.4. Sin entrar en detalles, este interpolador puede producir errores o «artefactos» importantes en la superficie modelada, según la configuración de las curvas de nivel originales. El MDE se puede suavizar con algún filtro, pero los errores no desaparecerán completamente (Eastman, 2001: 120-121). De ahí que la interpolación lineal *simple* de curvas de nivel no sea aconsejable; en la mayoría de casos las alternativas que comentamos a continuación arrojan mejores resultados.

Uno de los interpoladores lineales generalmente más fiables es el método *flood-fill* contenido en el pack GRASS de SIG «r.surf.contour». Con este método, desde cada celda del mapa introducido que no sea una celda de curva de nivel se genera un *flood-fill* –una expansión centrífuga igual en todas direcciones– hasta alcanzar dos valores únicos. El *flood fill* no puede atravesar las curvas de nivel rasterizadas, lo que garantiza que los valores de las curvas de nivel de las partes alta y baja de las pendientes sean los dos valores escogidos. A diferencia de INTERCON, que utiliza una interpolación lineal simple, r.surf.contour utiliza la media linear de la IDW lineal para derivar el nuevo atributo:

$$z = \frac{(d_u^{-1} \times z_u) + (d_d^{-1} \times z_d)}{(d_u^{-1} + d_d^{-1})} \tag{6.9}$$

donde z es el valor interpolado, d_u es la distancia hasta la curva de nivel de la parte superior de la pendiente más próxima, d_d es la distancia entre la parte inferior de la pendiente y la curva de nivel más cercana, y z_u y z_d son los valores de las dos curvas de nivel afectadas (Wood, 1996, sección 3.2.1). Así se obtiene una superficie más realista y r.surf.contour es un método muy popular para crear matrices de altitud utilizando datos de las curvas de nivel.

Figura 6.11. Vista isométrica de un MDE con relieve sombreado generado utilizando TOPOGRID de ArcInfo 7.2. El sombreado de las montañas se obtuvo con HILLSHADE utilizando un acimut de 315° y una altitud de 60°. Todavía aparecen franjas atigradas en las pendientes orientadas al sur, aunque menos pronunciadas que en el MDE producido mediante IDW de la figura 6.7. Las curvas de nivel originales aparecen superpuestas como referencia. Fuente: Proyecto isla de Kythera.

Topogrid

Un método perfectamente establecido y sólido para crear MDE a partir de curvas de nivel es el algoritmo TOPOGRID de ArcInfo, diseñado para producir superficies de elevación hidrológicamente correctas (Hutchinson, 1989; Hutchinson y Dowling, 1991). Con este método se puede construir una superficie utilizando sólo curvas de nivel, pero un funcionamiento óptimo requiere de bases de datos suplementarias, entre otros: puntos altimétricos, localizaciones de ríos, polígonos de lagos, cursos de agua y líneas de cumbres. Los datos de elevación se utilizan inicialmente para construir una red continua que luego sirve para asegurar las propiedades hidrogeomórficas del MDE. Dado que es una convención, el algoritmo de interpolación no está plenamente documentado, aunque utiliza una especie de splines *thin-plate*, con una ponderación de la rugosidad que posibilita cambios abruptos en la topografía (ESRI, 1999). Utilizado sólo con curvas de nivel, reduce notablemente la fidelidad del modelo en sus aplicaciones hidrológicas, pero normalmente produce un MDE que es, no obstante, aceptable para otros propósitos. El mapa de pendientes derivado presenta algunas mesetas (fig. 6.11), aunque más suaves que las producidas mediante interpolación simple de puntos (fig. 6.7).

6.7. Conclusión

Los modelos de superficies son una herramienta analítica importante, aunque transformar una serie de observaciones discretas en una distribución continua casi nunca es un proceso directo. Algunos métodos analizados en este capítulo, como el análisis de superficie de tendencia, ofrecen una visión útil del patrón general, pero no completa de los procesos espaciales, y se deben interpretar con cierta prudencia. Aunque la IDW y los splines son buenos interpoladores generales para distribuir de modo uniforme los datos de puntos, los resultados se han de analizar con sumo cuidado para determinar si representan fielmente el fenómeno en cuestión. Otros interpoladores, como el kriging, requieren una cierta ponderación de la geoestadística antes de crear el modelo. Los modelos digitales de elevaciones, sobre todo, constituyen un conjunto de datos cruciales para muchos modelos y análisis espaciales, así que es fundamental que la interpolación sea lo más apropiada y exenta de errores posible. Si se quiere crear un MDE utilizando curvas de nivel, hay que ir con mucho cuidado a la hora de gestionar algunos de los problemas inherentes a esta forma de representación. Muchos packs SIG ofrecen varios tipos de interpolación, kriging incluido, con mecanismos muy sencillos tipo «pulsar botón». Verificar la exactitud de los datos originales, seleccionar un método adecuado para esos datos en función del objetivo buscado, y valorar luego la superficie interpolada supone un tiempo sabiamente invertido.

7. Análisis de datos exploratorio

7.1. Introducción

Con la selección y clasificación de los datos geoespaciales según su localización y sus atributos arranca el proceso de exploración, reconocimiento e identificación de los datos espaciales. La primera parte de este capítulo aborda la consulta o búsqueda como parte del proceso analítico de los SIG. Una consulta es una petición formal de un subconjunto de datos basada en uno o más criterios de selección y constituye una función esencial del SIG. La segunda parte del capítulo se ocupa de la clasificación, es decir, cómo agrupar o guardar los datos por categorías de acuerdo con sus características cualitativas o cuantitativas comunes. Este capítulo también analiza algunos métodos de clasificación de imágenes de satélite multiespectrales, un proceso importante en la interpretación de las imágenes obtenidas por sensor remoto.

7.2. La consulta

Hay tres tipos de consulta posibles en un SIG: i) consulta de atributos o *fenómenos*, que busca las tablas de datos no espaciales asociados a objetos espaciales (p. ej., «seleccionar todos los yacimientos con artefactos de obsidiana»); ii) consulta de *topologías*, que busca la configuración geométrica de un objeto o relación entre objetos (p. ej., «seleccionar todos los yacimientos del Condado X»); y iii) consulta de *distancias*, que busca algo relacionado con la localización espacial de objetos (p. ej., «seleccionar todos los yacimientos hasta un radio de 100 km de una fuente de obsidiana»).

En el capítulo 4 introducíamos el concepto de modelo relacional para gestionar archivos de datos de atributo y espaciales. Es la estructura de datos más corriente en un SIG. Su lenguaje de recuperación asociado, SQL, actúa a modo de «máquina» para hallar subconjuntos de datos en función de unos criterios de selección determinados. Pero pese a su gran potencia, el SQL no ha sido diseñado para manejar archivos de datos espaciales. Por lo tanto, la mayoría de programas SIG separan la consulta de datos espaciales (mapas) de la consulta de datos de atributo. El SQL se utiliza sobre todo para estos últimos, y se llama una consulta fenoménica. Para consultar datos espaciales se utilizan las herramientas especiales y las máquinas de consulta contenidas en el software SIG. Pero además se ha diseñado una versión del SQL llamada *Spatial SQL* para consultar datos de mapas utilizando un procedimiento similar al utilizado para los datos de atributo (Egenhofer, 1991, 1994; Open SIG Consortium, 1999). Los programas que desarrollan bases de datos, como Oracle y PostgreSQL, también han incorporado a sus sistemas relacionales extensiones con consultas espaciales básicas (Oracle Spatial y PostGIS, respectivamente).

7.2.1. El SQL

El SQL es una herramienta básica para consultar bases de datos relacionales. Los principales SGBD comerciales que usan el modelo relacional comprenden y aceptan los enunciados en SQL, si bien muchos productos de escritorio (como Microsoft Access) utilizan también interfaces gráficas para confeccionar consultas. La mayoría de programas SIG, como Idrisi, GRASS y ArcGIS, pueden procesar los enunciados en SQL (o pasarlos a una base de datos relacional externa), y muchos también ofrecen una interfaz gráfica (p. ej., Query Builder de ARcGIS) para poder confeccionar consultas de atributos. El lenguaje SQL es relativamente fácil de entender y sus elementos básicos se aprenden con rapidez. Pero dado que es un tema amplio y complejo, aquí sólo podemos presntar algunos ejemplos de las consultas más frecuentes.

Opciones y operadores

La *opción «select»* del SQL utiliza una estructura simple para seleccionar una serie de registros de una o más tablas de datos. El componente del SQL más potente es la opción «select», que recupera uno o más campos (variables) de una tabla de datos especificados mediante la opción *from* (de). Por ejemplo, el enunciado SQL para recuperar una lista de números de identificación de yacimientos («site-id») de la tabla de yacimientos del cuadro 4.2 es:

```
SELECT sites.site-id FROM sites;
```

No hay que olvidar que en este y en los siguientes ejemplos, las órdenes SQL siempre van en mayúscula y las opciones en minúscula. Las opciones deben ir seguidas del nombre de la tabla y, si se ha especificado, las columnas se separan del nombre de la tabla mediante un punto.

La opción «where» (dónde). Para introducir condiciones que especifiquen qué datos nos interesan se utiliza un «where» que nos permita acotar la selección a los registros que responden a los criterios especificados. La opción «where» obliga a recurrir a un *operador condicional* para definir las condiciones de selección en un enunciado. Se utilizan cuatro operadores matemáticos básicos, GREATER THAN (>), LESS THAN (<), EQUAL TO (=) y NOT EQUAL TO (<>), para buscar datos de atributo cuantitativos. Por ejemplo, el enunciado SQL para seleccionar todos los yacimientos de menos de una hectárea de tamaño es:

```
SELECT sites.site-id FROM sites WHERE sites.area < 10000;
```

Este enunciado buscará y devolverá una lista de números «site-id» solamente de aquellos yacimientos menores de 10.000 m^2. También es posible utilizar los operadores de igualdad y desigualdad para extraer datos cualitativos, por ejemplo, «date EQUAL TO (=) Bronze Age». Las funciones LESS THAN y GREATER THAN no son aplicables a datos cualitativos y si se utilizan en estos casos producirán errores.

También pueden seleccionarse datos cuantitativos y cualitativos mediante *operadores lógicos* que también utilizan la opción «where» (cuadro 7.1). Por ejemplo, se utilizaría el siguiente enunciado para recuperar todos los yacimientos de entre una y dos hectáreas (inclusive):

```
SELECT sites.site-id FROM sites WHERE sites.area BETWEEN
9999 AND 20001;
```

El operador LIKE puede tener un «%» añadido a modo de «comodín» multicarácter (es decir, LIKE «%lithic» hallaría «paleolítico», «neolítico» y «mesolítico»).

Operadores booleanos. Otros operadores utilizan la *lógica booleana* para definir una serie de opciones mediante las acciones de *unión, intersección, diferencia* y *exclusión.* Las consultas utilizan el *álgebra booleana*, que consiste en cuatro operadores lógicos: AND (intersección), OR (unión), NOT (diferencia) y XOR (exclusión) para definir conjuntos de datos. La función de los operadores se explica por referencia a un conjunto de datos muestrales de yacimientos arqueológicos, algunos mesolíticos, otros neolíticos y otros que

CUADRO 7.1. Operadores lógicos del SQL

Operadores lógicos	Descripción
BETWEEN *n* AND *m*	Halla todos los valores entre valores *n* y *m*
IN *n*	Hallar los valores que encajan con *n*
LIKE {%, _}	Hallar valor que utiliza comodín «%» (caracteres múltiples o «_» (caracteres únicos)
EXISTS	Busca una tabla para una fila que cumple un determinado criterio
UNIQUE	Busca filas para hallar valores duplicados
ALL	Compara un valor con todos los valores de otro conjunto
ANY	Compara un valor con cualquier valor de otro conjunto
IS NULL	Halla valores que faltan (no «0»)

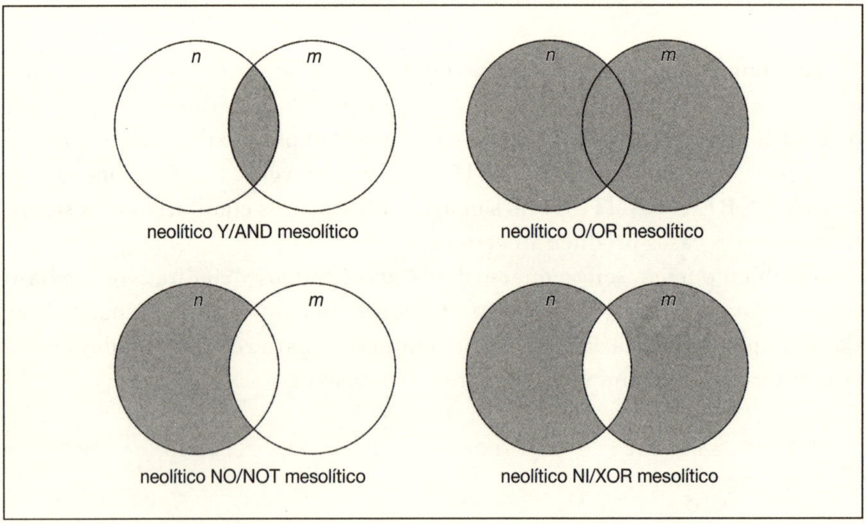

FIGURA 7.1. Los operadores booleanos. El componente sombreado representa el conjunto de la selección.

contienen ambos períodos. Es posible definir nuevos archivos de datos en función de la condición de los atributos definida por los operadores booleanos. La figura 7.1 muestra los resultados de las cuatro expresiones algebraicas donde el componente sombreado de los círculos representa las distintas opciones. Esa misma lógica booleana también sirve para consultas espaciales: «sites <1 km from a river OR <500 m from a lake» («yacimientos a menos de 1 km de un río O a menos de 500 m de un lago»).

CUADRO 7.2. Ejemplo del resultado de una agrupación e informe SQL agregado

Yacimiento_id	N.º de bordes cerámicos
1001	3
1002	4
1004	2
1006	1
1007	2
1009	1

Consultas relacionales

La gran ventaja del modelo relacional es que con él pueden hallarse archivos de datos de dos o más tablas (relaciones) especificando la clave primaria y la clave foránea. Por ejemplo, podemos consultar las relaciones del cuadro 4.2 para obtener una lista del número de «site-id» que contienen bordes cerámicos (registrados en la tabla de cerámicas) utilizando lo que se llama una expresión de unión interna (*inner-join*) para definir el vínculo entre las relaciones entre «sites/yacimientos» y «pottery/cerámica». Las *uniones internas* se activan con la opción «where» y se especifican con un signo de «igual», como en el ejemplo siguiente:

```
SELECT sites.site-id FROM sites, pottery
WHERE sites.site-id = pottery.site-id
AND pottery.type = rim
```

que enumerará la lista de todas las identificaciones (ids) de yacimientos según los criterios de selección específicos en el orden en que aparecen en las tablas, de manera que un yacimiento que tenga seis bordes se mencionará seis veces. Como esa no es una manera demasiado práctica de visualizar los resultados de la consulta, el SQL tiene dos opciones para agrupar datos (por orden y por grupos - *orderby*, *groupby*) y cinco funciones agregadas (recuento, suma, promedio, mínimo y máximo - *count*, *sum*, *average*, *min* y *max*) para sintetizarlos. Se podría mejorar la primera consulta utilizando las opciones *groupby* y *count* para obtener un nuevo campo que nos diese el número de veces que aparece un determinado yacimiento (y que en efecto nos da el número de bordes descubiertos en cada yacimiento):

```
SELECT sites.site-id
COUNT pottery.site-id AS «number of rim sherds»
```

```
FROM sites, surveyors WHERE sites.site-id = pottery.site-id
AND pottery.sherd.class = rim
GROUPBY sites.site-id;
```

El resultado de esta consulta se muestra en el cuadro 7.2.

7.2.2. Consultas espaciales

Las consultas espaciales son preguntas que requieren el examen de las propiedades espaciales de los objetos para configurar el conjunto de selecciones. Se pueden dividir en dos tipos: consultas topológicas y consultas de distancias (de influencia o *buffer*).

Consultas topológicas

Las consultas topológicas plantean preguntas sobre la relación geométrica entre dos o más objetos. Imaginemos, por ejemplo, dos estratos de mapas donde los puntos representan «yacimientos arqueológicos» y los polígonos representan «estados». La orden de «seleccionar todos los yacimientos arqueológicos de Maine» es, pues, una consulta topológica, ya que depende de si un punto está o no dentro de los límites de un polígono. El proceso de recuperación de estos datos se llama operación *point-in-polygon* («punto-en-polígono» (Haines, 1994; Worboys, 1995: 215-218). Están también las consultas topológicas llamadas *línea-en-polígono* (*«line-in-polygon»*) y *superposición de polígonos*. Ahora examinaremos estas opciones más de cerca, lo que nos permitirá apreciar mucho mejor la capacidad y la mecánica de la consulta espacial.

Punto-en-polígono. Este test es la consulta topológica más directa, y a veces recibe el nombre de consulta de inclusión-exclusión. La estrategia más corriente para determinar si un punto está o no dentro de un polígono consiste en utilizar un algoritmo que calcula el número de veces que una línea hipotética, que se prolonga al infinito en una sola dirección, corta los límites del polígono (Haines, 1994). Si lo corta un número de veces impar, significa que el punto está dentro del polígono, y si lo hace un número par de veces, entonces el punto está fuera del polígono (fig. 7.2). Manber (1989) presenta un algoritmo basado en este teorema. Para minimizar el tiempo requerido de realizar la consulta de punto-en-polígono, se traza inicialmente un rectángulo alrededor del polígono para reducir los puntos a verificar (Jones, 1997: 189-190).

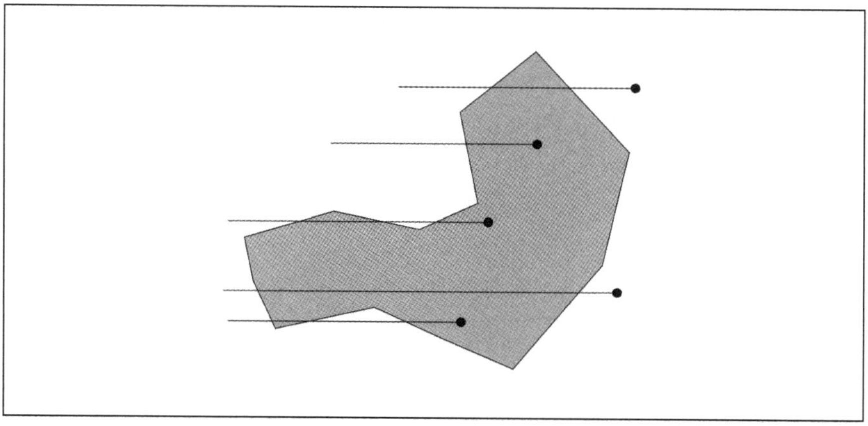

FIGURA 7.2. El problema de punto-en-polígono. Una consulta espacial que pregunte si un determinado punto está dentro o fuera de un polígono se resuelve prolongando una línea en una sola dirección desde el punto.

La consultas sobre inclusión-exclusión con datos ráster son más fáciles. Suponiendo que los elementos del polígono estén representados por un valor de píxel único y propio de ese polígono, todos los píxeles que compartan ese valor estarán dentro del polígono (Foley *et al.*, 1990).

Las operaciones de punto-en-polígono sirven para responder a preguntas como:

- Qué porcentaje de túmulos del Bronce de Wiltshire están situados en tierra calcárea?
- Seleccionar todos los artefactos hallados en la casa N del asentamiento S.
- ¿Cuántos yacimientos se han descubierto en la última zona prospectada?
- ¿Hay poblados tardoiroqueses en Simcoe County?

Línea-en-polígono. Se precisa un test más exigente en cuanto al proceso de informatización para determinar la relación entre una línea y un polígono. La primera fase de un test de *línea-en-polígono* es definir los límites rectangulares mínimos del polígono y luego determinar si corta o contiene la línea en cuestión (fig. 7.3). Las líneas que en potencia cortan el polígono estarán parcialmente contenidas en el polígono, como las líneas *a*, *b* y *d*. Pero esta operación no tiene en cuenta aquellas líneas que están totalmente dentro del polígono, como la línea *c*. Esta posibilidad se explica realizando un test de punto-en-polígono de los nodos finales de la línea. Pero es posible que ambos nodos estén fuera del polígono y que la línea lo atraviese, como la línea *a*. Además, en el caso de los lados cóncavos del polígono, ambos nodos pue-

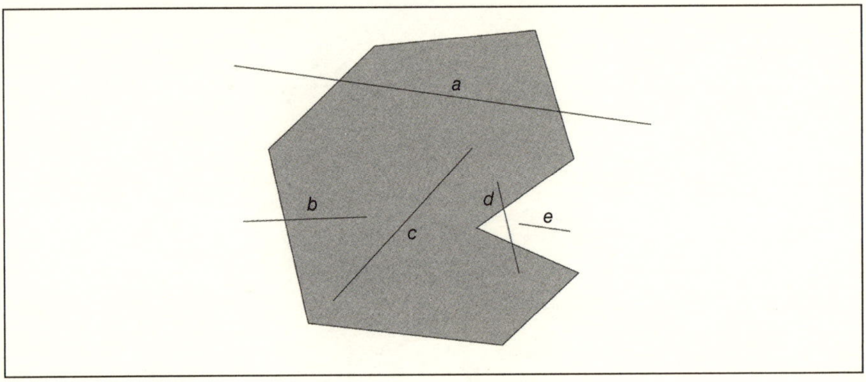

FIGURA 7.3. El problema de línea-en-polígono.

den estar dentro del polígono pero la línea puede tener un segmento externo, como la línea *d*.

Se han ideado diversas soluciones para resolver este problema, algunas se destacan en Foley *et al.* (1990). En un medio SIG topológicamente informado, los nodos situados en las intersecciones de líneas y polígonos permiten calcular exactamente la porción de cada línea que está dentro del polígono. Las consultas que requieren un test de línea-en-polígono serán similares a las siguientes:

- ¿Cuántos condados atraviesa el Támesis?
- ¿Cuántos kilómetros de vía romana hay en Surrey?
- ¿Cuántos senderos públicos hay en el área del Avebury World Heritage Site?

Superposición de polígonos. Cuando se investigan dos polígonos que se solapan surge un complejo problema muy parecido. Imaginemos, por ejemplo, que queremos determinar el área de coincidencia del polígono A, que define un área arqueológicamente sensible, con el polígono R, que representa la posible extensión futura de una autovía (fig. 7.4).

El proceso de computación es similar al de la línea-en-polígono, porque implica el uso de nodos en todos los puntos de intersección (nodos *e*, *f*, *k*, *j* de la fig. 7.4). Hay varias formas de gestionar el problema con el software SIG pero dependerá también del examen de las relaciones topológicas. Por ejemplo, el área del polígono R2, definida por los vértices *e*, *f*, *k* y *h*, se puede establecer mediante principios geométricos estándares, como los analizados en el capítulo 2. Pero cuando los polígonos presentan «islas» interiores, o tienen dos o más áreas superpuestas debido a una convexidad del polígono subyacente, se necesitan algoritmos más sofisticados. Por eso las bases de datos to-

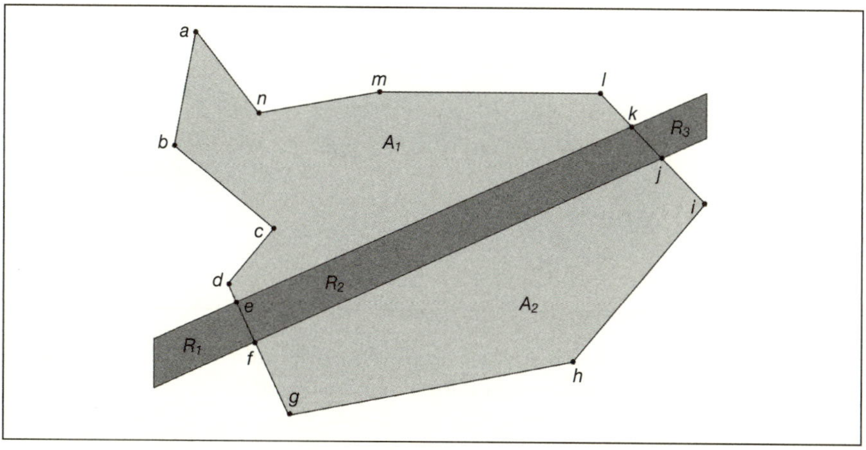

FIGURA 7.4. Superposición de polígonos.

pológicos no se limitan solamente a estructuras arco-nodo sino que también registran relaciones del tipo «contiene» o «limita a la izquierda» para facilitar todas las posibles configuraciones y morfologías de los polígonos. La superposición de polígonos sirve para contestar a preguntas como:

- ¿Qué parte del área de prospección está en cultivo y se ha inspeccionado?
- ¿Cuántas hectáreas de la nueva zona urbana se hallan en áreas arqueológicamente sensibles?
- ¿Cuánta tierra cultivable se halla dentro de un radio de 5 km del yacimiento?

Worboys (1995: 218-222) ofrece más información sobre la implementación de operaciones topológicas en un SIG.

Consulta sobre distancias

El segundo tipo de consulta espacial, o búsqueda de áreas de influencia (*buffer*), implica la selección de un subconjunto de una base de datos basado en su distancia respecto a un punto, línea o polígono predeterminado. Por ejemplo, el resultado de una zona de influencia situada a una distancia *n* alrededor de un punto será un círculo con un radio *n*. Si se busca la zona buffer de una línea, el resultado será un polígono lineal con extremos redondeados, y si se busca la zona buffer de un polígono aparecerá una versión ampliada del mismo (fig. 7.5).

Determinar si un punto, línea o polígono dado está dentro de la zona de influencia equivale a determinar su relación topológica con el polígono de-

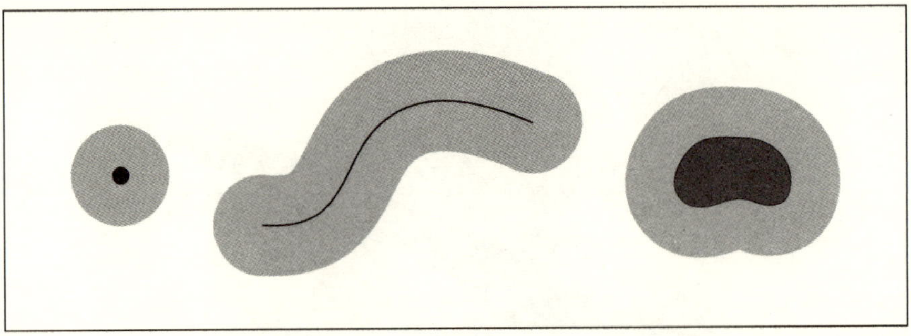

FIGURA 7.5. Los efectos de crear zonas envolventes/de influencia alrededor de un punto, una línea o un polígono con el mismo número de unidades.

finido por la zona de influencia, igual que se hace con las consultas topológicas. Las operaciones relacionadas con estas zonas buffer son necesarias para hallar respuestas a preguntas del tipo:

- ¿Qué porcentaje de yacimientos se halla a menos de 1 km de la costa?
- ¿En qué medida cambia la densidad de las cerámicas cuanto más lejos están del centro del yacimiento k a intervalos de 100 m?
- ¿Cuál es la diferencia en la cantidad media de buena tierra cultivable en un radio de 5 km de los yacimientos de tipo A *versus* los yacimientos de tipo B?
- ¿Que porcentaje de todas las raederas se hallan a menos de 2 m de un hogar?

7.2.3. Consulta de atributos y espaciales: el ejemplo de Shetland

Una vez introducidos los elementos básicos y la clase de consultas sobre atributos y espaciales que un SIG puede gestionar, pasamos a ofrecer algunos ejemplos que demuestran su aplicación en arqueología, para demostrar cómo la combinación de consulta de atributos y consulta espacial es muchas veces el primer paso del análisis exploratorio de los datos. Utilizaremos una simple base de datos del neolítico del oeste de Shetland, en Escocia, que contiene la localización de yacimientos arqueológicos (codificados como *cairns* funerarios o como casas de piedra), la elevación y el potencial del suelo (fig. 7.6). Estos datos se basan en Müller (1988).

Consulta de atributos

Podemos empezar a investigar la relación entre los tipos de yacimientos y sus respectivos patrones de distribución utilizando el SQL con una combina-

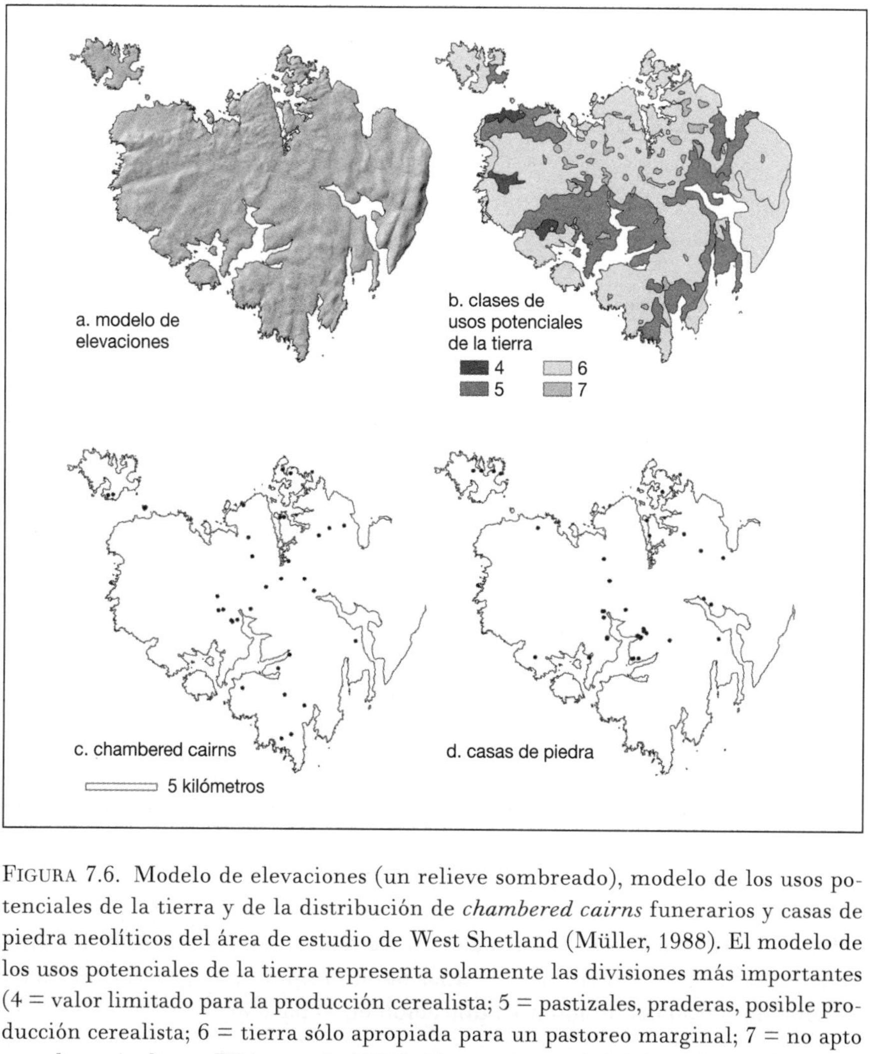

FIGURA 7.6. Modelo de elevaciones (un relieve sombreado), modelo de los usos potenciales de la tierra y de la distribución de *chambered cairns* funerarios y casas de piedra neolíticos del área de estudio de West Shetland (Müller, 1988). El modelo de los usos potenciales de la tierra representa solamente las divisiones más importantes (4 = valor limitado para la producción cerealista; 5 = pastizales, praderas, posible producción cerealista; 6 = tierra sólo apropiada para un pastoreo marginal; 7 = no apto para la agricultura; Bibby *et al.*, 1991). El tamaño total del área de estudio es de 2587,5 ha. Elevación y línea de costa © Crown Copyright, todos los derechos reservados, licencia n.º 100021184. Mapas de potencial de la tierra © The Macaulay Land Use Research Institute 2004, todos los derechos reservados.

ción de operadores matemáticos y lógicos. Por ejemplo, podríamos empezar dividiendo los datos en varios grupos mediante una consulta que nos permita encontrar los yacimientos definidos como «*chambered cairns*». El enunciado del SQL sería:

CUADRO 7.3. Número observado de *cairns* y casas en cada clase de tierra

Clase de tierra	Cairns *n*	Cairns (%)	Casas *n*	Casas (%)
4	0	0,0	0	0,0
5	13	38,2	28	58,3
6	21	61,8	20	41,7
7	0	0,0	0	0,0
Total	34	100,0	48	100,0

CUADRO 7.4. Porcentaje de cada clase de tierra en el área de estudio

Clase de tierra	Hectáreas	%
4	459,6	1,8
5	6.766,2	26,1
6	17.741,9	68,6
7	914,5	3,5
Total	25.882,2	100

```
SELECT site.site-type FROM sites
WHERE site-type = «chambered cairn»
```

Con esta simple consulta iniciamos el proceso de exploración de datos que nos permite hallar en ellos una estructura. En este ejemplo concreto podemos empezar a ver evidencia de agrupamientos espaciales y distintos patrones de distribución de los *cairns* funerarios y de las casas de piedra (fig. 7.6c y d). Utilizando esta información podemos empezar a desvelar las diferencias locacionales entre los dos tipos de monumento y explorar los factores que pudieron condicionar su ubicación en el paisaje.

Consultas espaciales

El limitado conjunto de datos que hemos utilizado en el ejemplo anterior y que utilizamos en el siguiente no es suficiente para entender las razones que determinaron el emplazamiento de estos monumentos en el oeste de Shetland. Pero, sólo para ilustrar algo más detalladamente las fases iniciales de un análisis exploratorio, el siguiente paso recomendable sería definir las relaciones espaciales de las distintas clases de yacimiento mediante el mapa de usos del suelo. Se trata de una consulta de inclusiones que precisa una operación de punto-en-polígono capaz de establecer qué puntos están dentro de

CUADRO 7.5. Estadísticas de los valores de elevación (m) de *cairns* y casas

Estadística	Cairns[a]	Casas[b]
Elevación media	48,3	21,4
Desviación estándar	24,3	12,6
Elevación mediana	45	20
Elevación mínima	5	2
Elevación máxima	106	49

[a] $n = 33$.
[b] $n = 48$.

cada clase de polígono. El mecanismo concreto dependerá del programa SIG (en ArcGIS se lleva a cabo utilizando la función «select by» [seleccionar por]), pero el resultado de la consulta se muestra en el cuadro 7.3, donde aparece que la mayoría de *chambered cairns* están situados en la clase de suelo 6 (pastoreo elemental), mientras que la mayoría de casas de piedra se asocia a un uso del suelo de clase 5 (dehesas con algo de potencial agrícola). Pero es peligroso inferir que cada tipo de yacimiento está situado preferentemente en una zona concreta, porque esto solamente puede establecerse determinando la aportación de cada clase de suelo a todo el área de estudio y verificando si la distribución es significativamente distinta de la que cabría esperar debido al puro azar.

Determinar la proporción concreta de cada una de las cuatro categorías de usos del suelo representada en el área de estudio es otra consulta espacial. Para ello se seleccionan todos los polígonos de una determinada clase, y se calcula el área total del conjunto seleccionado (cuadro 7.4). Los cuadros 7.3 y 7.4 nos ofrecen toda la información necesaria para determinar si los *chambered cairns* y las casas de piedra presentan una distribución diferente según las distintas clases de suelo del oeste de Shetland. La próxima sección describe cómo comprobar estas observaciones mediante un test de la χ^2.

Otro ejemplo de consulta espacial sería comparar la elevación de ambas clases de yacimientos arqueológicos. La forma precisa de llevarla a cabo en un SIG depende, una vez más, del software elegido, pero el algoritmo es relativamente sencillo: como los datos de elevación se almacenan en una rejilla ráster y los yacimientos se almacenan en forma de puntos, encontrar la elevación de cada yacimiento supone sencillamente correlacionar la posición x, y de un yacimiento con su píxel correspondiente en el mapa ráster y calcular el valor del píxel. El cuadro 7.5 muestra el resumen estadístico de los valores de elevación de los *chambered cairns* y de las casas de piedra en nuestra área de estudio.

Los resultados sugieren que los *cairns* están en general situados a mayor

CUADRO 7.6. Términos y conceptos estadísticos básicos

Término	Definición
Población	En términos estadísticos, una población es cualquier conjunto de fenómenos con uno o más atributos comunes. «Hachas de mano paleolíticas», «casas alargadas iroquesas» y «yacimientos Folsom» son poblaciones
Muestra	Una muestra es un subconjunto de una población. «Casas largas de Seneca», «hachas paleolíticas británicas» y «yacimientos Folsom de Nuevo México» son muestras de la población antes mencionada
Hipótesis nula	La hipótesis nula suele definir un estado de no significación, es decir, que no hay diferencia entre las dos muestras que se verifican y que por lo tanto provienen de la misma población
Hipótesis alternativa	La hipótesis alternativa suele afirmar que las muestras proceden muy probablemente de distintas poblaciones
Nivel de significación	El nivel de probabilidad, o «valor crítico», en el que se debería desestimar la hipótesis nula. La convención dice que la probabilidad (p) se sitúa en 0,05 o menos, lo que significa que sólo existe un 5 % de posibilidades de cometer un error de tipo 1
Errores de tipo 1 y 2	El error de tipo 1 surge cuando una hipótesis nula se ha desestimado incorrectamente. El error de tipo 2 surge cuando una hipótesis nula se ha aceptado incorrectamente
Escala de medida	Los datos se pueden calcular con escalas de medida nominal, ordinal, razón o intervalos. Estas categorías se definen en el cuadro 3.2

altura que las casas. Pero habría que realizar un test estadístico suplementario —por ejemplo, el test de Kolmogorov-Smirnov (véase más adelante)— para avalar esta observación.

7.3. MÉTODOS ESTADÍSTICOS

La estadística desempeña un papel importante en las investigaciones que utilizan un SIG porque sirve para explorar, clarificar y estimar la importancia de las relaciones en las bases de datos espaciales y de atributos. Existen muchas técnicas estadísticas, y en el siguiente apartado se describen las cinco más corrientes. Las primeras tres (el test de χ^2, el test de Wilcoxon y el de Kolmogorov-Smirnov) se llaman tests no paramétricos porque no se basan en una estimación de parámetros de la distribución de la variable de interés en la población. Por eso son tests idóneos para muestras pequeñas, sobre todo cuando se sabe poco sobre los parámetros de la población madre, o cuando ésta podría no presentar una distribución normal (es decir, como en la figura 7.9). Como su nombre indica, la estadística paramétrica precisa de un conocimiento de la forma de la población. El test paramétrico más habitual, el test *t* de Student, depende de que la muestra presente una distribución normal.

La verificación estadística depende de varios conceptos y términos, y en el cuadro 7.6 se definen los más básicos. Shennan (1988) y Baxter (1994) son un buen punto de partida para los lectores que deseen conocer más detalles sobre los tests que aquí comentamos.

7.3.1. Tests no paramétricos importantes

El test de χ^2

El test de la χ^2 es un excelente punto de partida cuando hay que verificar la importancia de las observaciones hechas a escalas nominales de medición. Es un test sumamente versátil que tiene un sinfín de aplicaciones, tanto en los SIG como en las ciencias sociales y en arqueología. El test de χ^2 sería adecuado, por ejemplo, para comparar el número de yacimientos descubiertos en distintos tipos de suelo o geologías, para comprobar la correlación entre los diferentes tipos de artefactos hallados en distintas áreas de un yacimiento arqueológico, o para valorar la relación entre los artefactos de la superficie recogidos en distintos escenarios.

El test de χ^2 comienza con la creación de una *tabla de contingencia*, donde se registra el número total (no los porcentajes) de observaciones en contraste con las categorías de datos. Por ejemplo, antes establecíamos el número de tipos distintos de yacimientos neolíticos hallados en distintos tipos de suelo en el oeste de Shetland, tal como se reproduce en el cuadro 7.7. Son nuestros valores *observados*. Nuestra hipótesis inicial es que existe una diferencia importante entre la cantidad de uno y otro tipo de monumento en las distintas clases de suelo. Por lo tanto, la hipótesis nula sería «no existe diferencia entre el número observado de los distintos tipos de monumento en las distintas clases de suelo». El nivel de significación para desechar la hipótesis nula se establece en 0,05.

Para determinar si existe o no una relación entre el número de yacimientos distintos hallados en las dos categorías de suelo, se precisa una tabla de valores *esperados* para cada categoría contra la que puedan compararse los va-

CUADRO 7.7. Número observado de *cairns* y casas en cada clase de tierra

Clase de tierra	Cairns	Casas	Total
4	0	0	0
5	13	28	41
6	21	20	41
7	0	0	0
Total	34	48	82

CUADRO 7.8. Número esperado de *cairns* y casas en cada clase de tierra

Clase de tierra	Cairns	Casas	Total
4	0	0	0
5	17	24	41
6	17	24	41
7	0	0	0
Total	34	48	82

lores observados. Para un test de dos muestras como este, los valores esperados se calculan multiplicando el total de la fila por el total de la columna y luego dividiendo por el número total de observaciones, como en el cuadro 7.8.

La fórmula de χ^2 es:

$$\chi^2 = \sum_{i=1}^{k} \frac{(O_i - E_i)^2}{E_i} \qquad (7.1)$$

donde χ^2 es el valor de χ al cuadrado, k el número de categorías, y O_i y E_i el número observado y el número esperado de casos en cada categoría. Luego, para cada categoría, el valor esperado se resta del valor observado y este número se multiplica por sí mismo y luego se divide por el valor esperado. Una vez realizada esta operación con todas las categorías, la suma de estos valores es χ^2. Utilizando los datos de los cuadros 7.7 y 7.8 obtenemos los del cuadro 7.9.

Ahora sólo queda establecer si el valor 3,22 de χ^2 es lo bastante elevado para desechar la hipótesis nula de no correlación. Pero como las tablas mayores suelen tener valores de χ^2 más elevados, se utiliza una medida llamada *grados de libertad* (υ) para «ponderar» la significación de χ^2 basada en el tamaño de la tabla. Para un test de dos muestras sería:

$$\upsilon = (r - 1)(c - 1) \qquad (7.2)$$

CUADRO 7.9. Valores $\frac{(O_i - E_i)^2}{E_i}$

Clase de tierra	Cairns	Casas	Total
4	0	0	0
5	0,94	0,67	1,61
6	0,94	0,67	1,61
7	0	0	0
Total	1,88	1,34	3,22

donde v define los grados de libertad, r el número de filas y c el número de columnas. En nuestro ejemplo, $\upsilon = 3$. Ahora podemos comparar el valor calculado de χ^2 con el valor esperado de χ^2 dado 1 grado de libertad, para el nivel predeterminado de significación de 0,05. En su versión más formal, si con υ grados de libertad $\chi^2_{calc} \geqslant \chi^2_\alpha$ rechazamos la hipótesis nula, con $\chi^2_{calc} < \chi^2_\alpha$ aceptamos la hipótesis nula. En este escenario, $\upsilon = 1$ y $\alpha = 0{,}05$. Hay que consultar una tabla estadística que contenga los puntos porcentuales de la distribución χ^2, que se presenta en el cuadro 7.10. En este caso, se aprecia que con 3 grados de libertad $\chi^2_{0,05} = 7{,}81$. Pero dado que $3{,}22 < 7{,}81$, no podemos desechar la hipótesis nula, lo cual significa que habremos de concluir que en esta muestra no existe una diferencia significativa entre el número observado de *cairns* y de casas en relación con la clase de suelo.

Puede que a simple vista el resultado parezca un tanto inesperado, ya que los datos del cuadro 7.7 parecen mostrar que hay más casas en la clase de suelo 5 y más *cairns* en la clase de suelo 6. Pero lo que el test de χ^2 nos ha dicho es que, aunque nuestras observaciones sugieren una relación, la diferencia de patrón entre casas y *cairns* no es lo suficientemente marcada, dado el tamaño de la muestra, como para poder postular la existencia de una diferencia. Sin embargo, no hay consenso sobre el nivel de «razonablemente seguro». La ley de la experiencia nos dice que $p < 0{,}05$ –un 95 % de nivel de seguridad– resulta aceptable en la mayoría de situaciones, aunque a veces puede ser mejor un nivel de significación más conservador o laxo. Disminuyendo el nivel de significación hasta $p < 0{,}1$ (es decir, un nivel de seguridad del 90 %), aumenta la posibilidad de rechazar indebidamente la hipótesis nula, y eso recibe el nombre de *error de tipo 1*.

Podríamos investigar además la relación entre el potencial del suelo y el tipo de monumento, comparando la distribución observada con una distribución esperada basada en el porcentaje de cada clase de suelo en el área de estudio. Por ejemplo, dado que la clase de suelo 7 constituye el 3,5 % del área de estudio, cabría esperar allí el 3,5 % de todos los *cairns* y el 3,5 % de

Cuadro 7.10. Valores críticos de χ^2 para υ grados de libertad y valores críticos (α) de 0,10 a 0,0001. Calculados con funciones integradas del programa estadístico «*R*»

	α					
υ	0,10	0,05	0,025	0,01	0,005	0,001
1	2,71	3,84	5,02	6,63	7,88	10,83
2	4,61	5,99	7,38	9,21	10,6	13,82
3	6,25	7,81	9,35	11,34	12,84	16,27
4	7,78	9,49	11,14	13,28	14,86	18,47
5	9,24	11,07	12,83	15,09	16,75	20,51
6	10,64	12,59	14,45	16,81	18,55	22,46
7	9,04	14,07	16,01	18,48	20,28	24,32
8	13,36	15,51	17,53	20,09	21,95	26,12
9	14,68	16,92	19,02	21,67	23,59	27,88
10	15,99	18,31	20,48	23,21	25,19	29,59
11	17,28	19,68	21,92	24,73	26,76	31,26
12	18,55	21,03	23,34	26,22	28,30	32,91
13	19,81	22,36	24,74	27,69	29,82	34,53
14	21,06	23,68	26,12	29,14	31,32	36,12
15	22,31	25,00	27,49	30,58	32,80	37,70
16	23,54	26,30	28,85	32,00	34,27	39,25
17	24,77	27,59	30,19	33,41	35,72	40,79
18	25,99	28,87	31,53	34,81	37,16	42,31
19	27,20	30,14	32,85	36,19	38,58	43,82
20	28,41	31,41	34,17	37,57	40,00	45,31
21	29,62	32,67	35,48	38,93	41,40	46,80
22	30,81	33,92	36,78	40,29	42,80	48,27
23	32,01	35,17	38,08	41,64	44,18	49,73
24	33,20	36,42	39,36	42,98	45,56	51,18
25	34,38	37,65	40,65	44,31	46,93	52,62
26	35,56	38,89	41,92	45,64	48,29	54,05
27	36,74	40,11	43,19	46,96	49,65	55,48
28	37,92	41,34	44,46	48,28	50,99	56,89
29	39,09	42,56	45,72	49,59	52,34	58,30
30	40,27	43,77	46,98	50,89	53,67	59,70

todas las casas situadas en esa región (cuadro 7.11). Pero esto sería investigar una hipótesis algo distinta de la anterior: no que existe una diferencia en el número observado de *cairns* o de casas en relación con la distribución del otro tipo de monumento en las cuatro clases de suelo, sino que existe una diferencia en el número de *cairns* y de casas dado el tamaño de las diferentes clases de suelo. En este caso, el test de χ^2 arroja un valor de 30,7 para 3 grados de libertad, y por lo tanto dentro de los límites para un nivel de seguri-

CUADRO 7.11. Número esperado de monumentos basado en áreas de cada clase de tierra. Véase el cuadro 7.7 para los valores observados

Clase de tierra[a]	Cairns	Casas	Total
4 (1,8)	0,6	0,9	1,5
5 (26,1)	8,9	12,5	21,4
6 (68,5)	23,3	32,9	56,2
7 (3,5)	1,2	1,7	2,9
Total	34,0	48,0	82,0

a Los valores entre paréntesis son porcentajes del área total de la clase de tierra.

CUADRO 7.12. Valores $\frac{(O_i - E_i)^2}{E_i}$ ajustados al área

Clase de tierra	Cairns	Casas	Total
4	0,6	0,9	1,5
5	1,9	19,1	21,0
6	0,2	5,1	5,3
7	1,2	1,7	2,9
Total	3,9	26,8	30,7

dad del 99,9 %. Esto nos permite afirmar que existe una relación estadísticamente significativa entre el potencial del suelo y la distribución de los monumentos. El examen de la contribución del test de χ^2 nos muestra que la causa se debe a que en la clase de suelo 5 hay muchas más casas de las esperadas (cuadro 7.12).

El test de Wilcoxon (Mann-Whitney)

El test de Wilcoxon o de Mann-Whitney es otro test estadístico no paradigmático relativamente directo. Pero a diferencia del χ^2, puede utilizarse para comprobar las diferencias entre dos muestras de datos ordinales o continuos. El único prerrequisito para este test es que las dos muestras se obtengan de modo independiente y aleatorio, que la variable sea potencialmente continua (es decir, son posibles, aunque no necesariamente lógicos, lugares decimales hasta el lugar *n*), y que las medidas en las dos muestras tengan las propiedades de al menos una escala ordinal de medición, para poder hablar de «mayor que», «menor que» e «igual que» (Lowry, 2003, cap. 11a).

CUADRO 7.13. Artefactos recuperados en diez transectos en los yacimientos A y B

	Yacimiento A	Yacimiento B
	23	44
	22	32
	18	20
	15	12
	9	10
	4	10
	2	4
	1	2
	1	1
	1	1
Total	96	136
Media	9,6	13,6

La aplicación del test de Mann-Whitney puede ser adecuada cuando se ha de comparar el tamaño de los yacimientos de dos áreas de estudio, el tamaño de los artefactos de dos cortes de excavación, o el número de artefactos recuperados en transecciones realizadas durante la prospección de dos yacimientos distintos.

Para ilustrarlo, nos servimos de un ejemplo hipotético de artefactos recuperados en diez transecciones realizadas en dos yacimientos, que llamaremos A y B. Los datos se muestran en el cuadro 7.13 con los resultados de cada transección ordenados de mayor a menor.

La pregunta que queremos responder es si los datos avalan la hipótesis de que la densidad del material recuperado en los yacimientos A y B es equivalente, suponiendo que las transecciones tienen la misma longitud en ambos yacimientos y que son una muestra aleatoria extraída de la población total de las transecciones que pudieron haberse hecho en cada yacimiento. Los datos del cuadro 7.13 muestran que, de promedio, se recuperaron más artefactos en las transecciones del yacimiento B, y un diagrama de estas cifras (fig. 7.7) muestra que el rango del número de artefactos recuperados en las transecciones del yacimiento B es también mayor que en el yacimiento A.

Para poder afirmar que las diferencias observadas son suficientemente claras y que las transecciones son muestras de dos poblaciones distintas (y por lo tanto que los yacimientos A y B sí tienen distintas densidades de artefactos en superficie) se requiere un test estadístico.

La hipótesis nula es que las muestras pertenecen a la misma población y que por lo tanto no existe una diferencia significativa en las densidades de artefactos de dos yacimientos. Como en todos los tests estadísticos, se ha de es-

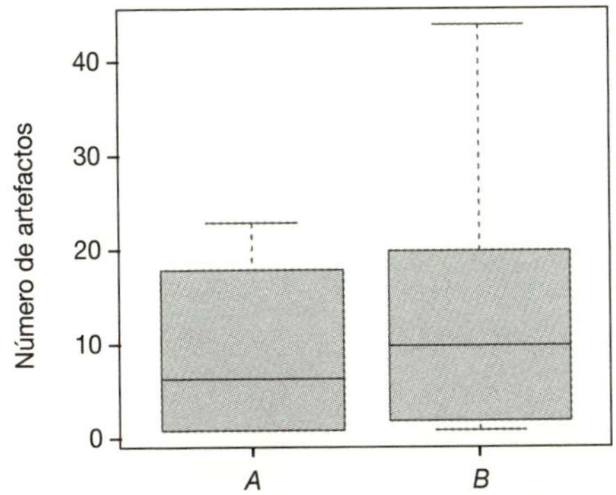

FIGURA 7.7. Diagrama de los artefactos recuperados en transectos de los yacimientos A y B. Los cuadros (en gris) están delimitados por el primer y tercer cuartiles, y por lo tanto contienen cada uno el 50 % de las observaciones. La línea transversal en el interior de cada cuadro marca el valor mediano, mientras que las líneas transversales en los extremos de las «patillas» marcan los valores mínimos y máximos.

tablecer un nivel de significación para desechar la hipótesis nula. Aquí utilizaremos el valor 0,05, de manera que si $p < 0{,}05$, rechazaremos la hipótesis nula y concluiremos que las muestras pertenecen a poblaciones diferentes.

El test empieza por reclasificar los valores muestrales en un solo grupo ordenado por rangos de tamaño $N = na + nb$, donde *na* y *nb* son el número de observaciones asociadas a cada yacimiento A y B (cuadro 7.14). Luego, cada valor se coloca según su posición en la lista total. Cuando un valor aparece más de una vez (como en el caso de los valores 1, 2, 4 y 10), entonces cada uno recibe la media de los rangos para ese valor. Por ejemplo, el valor 1 se posiciona de nuevo como 1, 2, 3, 4 y 5, de modo que a todos los casos en que aparece el valor 1 se les da el rango de $15/5 = 3$. Estos valores se devuelven entonces a cada muestra, como en el cuadro 7.15 (nótese que el orden se ha invertido).

El test de Mann-Whitney calcula una medida U para cada muestra, mediante la fórmula:

$$U_a = n_a n_b + \frac{n_a(n_a + 1)}{2} - W_a \qquad (7.3)$$

y

$$U_b = n_a n_b + \frac{n_b(n_b + 1)}{2} - W_b \qquad (7.4)$$

CUADRO 7.14. Clasificación de valores de transectos de los yacimientos A y B

Valor	Rango	Yacimiento
1	3	*A*
1	3	*A*
1	3	*A*
1	3	*B*
1	3	*B*
2	6,5	*A*
2	6,5	*B*
4	8,5	*A*
4	8,5	*B*
9	10	*A*
10	11,5	*B*
10	11,5	*B*
12	13	*B*
15	14	*A*
18	15	*A*
20	16	*B*
22	17	*A*
23	18	*A*
32	19	*B*
44	20	*B*
Total	210,0	
Media	10,5	

CUADRO 7.15. Clasificación de medidas de los yacimientos A y B

	Yacimiento A	Yacimiento B
	3	3
	3	3
	3	6,5
	6,5	8,5
	8,5	11,5
	10	11,5
	14	13
	15	16
	17	19
	18	20
Total	98,0	112,0
Media	9,8	11,2

donde *na* y *nb* se refieren al número de observaciones (transecciones) asociadas a los yacimientos *A* y *B*, y W_a y W_b indican la suma de la localización de uno y otro yacimientos (como se muestra en el cuadro 7.15). Sustituyendo los valores de las ecuaciones (7.3) y (7.4), resulta que $U_a = 10 \times 10 + (10(10 + 1)/2) - 98 = 57$, y $U_b = 10 \times 10 + (10(10 + 1)/2) - 112 = 43$. Si la hipótesis nula es cierta (que el yacimiento *B* no presenta una concentración de artefactos distinta de la del yacimiento *A*), cabe esperar que $U_a \leqslant U_b$. De hecho este no es el caso, pero tenemos que consultar una tabla estadística que nos de valores de *U* en caso de valores críticos de *p* para determinar si la diferencia es significativa o no.[1] En este ejemplo, *na* y *nb* son ambos iguales a 10, y con $p < 0{,}05$, los límites inferior y superior de *U* son 27 y 73 para un test de una cola (*one-tailed*), y 23 y 77 para un test de dos colas (*two-tailed*). Dado que nuestra hipótesis alternativa propone que los yacimientos A y B son diferentes, utilizaremos un test de dos colas (*two-tailed*) (porque el test de una cola (*one-tailed*) sólo se usaría si se propone una hipótesis de probable diferencia en una dirección). Nuestras estimaciones inferior y superior de *U*, o sea 43 y 57, están dentro del límite superior del test de dos colas (*two-tailed*), y por lo tanto no podemos rechazar la hipótesis nula: no existe diferencia estadística en cuanto a la densidad de artefactos entre ambos yacimientos.

El test de Kolmogorov-Smirnov

Otro método no paramétrico muy útil es el test de Kolmogorov-Smirnov (o K-S). Al igual que el test de Mann-Whitney, se puede utilizar con dos observaciones independientes medidas en la escala ordinal o superior, y no depende de una distribución normal de las observaciones. Es útil para resolver muchos problemas, sobre todo cuando no se cumplen las restrictivas condiciones de un test paramétrico. A título de ejemplo, nos referimos al estudio que ha realizado Campbell (2000) de los paisajes arqueológicos de la isla del Pacífico Rarotonga. Registró el tamaño de las terrazas agrícolas (las *repotaro*) que utilizan los miembros de grupos corporativos llamados *matakeinanga*, que residen en unos territorios llamados *tapere* (Campbell, 2000: 63-64). Para demostrar el valor del test K-S, investigó las diferencias de tamaño de los *tapere* de los distintos territorios de los dos grupos corporativos. Los datos se basan en Campbell, 2000, apéndice 1.

En la figura 7.8 aparece una comparación gráfica del tamaño de las *repotaro* (en m^2) de dos *tapere*, Takuvaine y Tupapa, y se observa que las 14 *re-*

1. Se puede acceder a una calculadora on-line sobre valores críticos de U en http://faculty.vassar.edu/lowry/ch11a.html. Véase Lowry (2003) para más detalles.

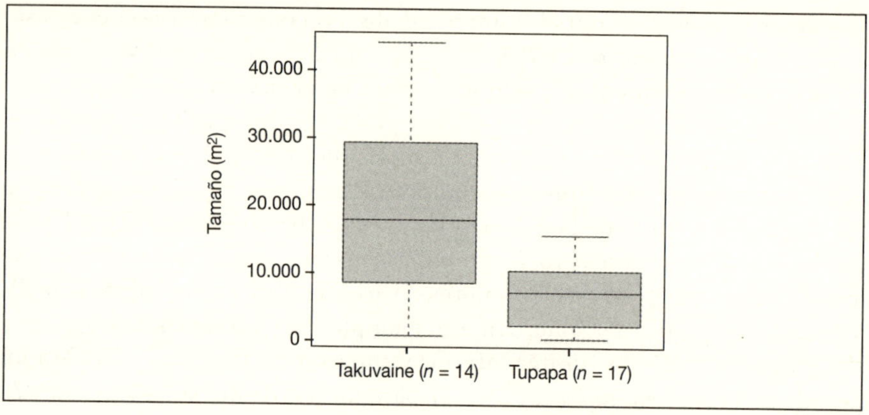

FIGURA 7.8. Diagrama de tamaños de las *repotaro* de los *tapere* de Takuvaine y Tupapa.

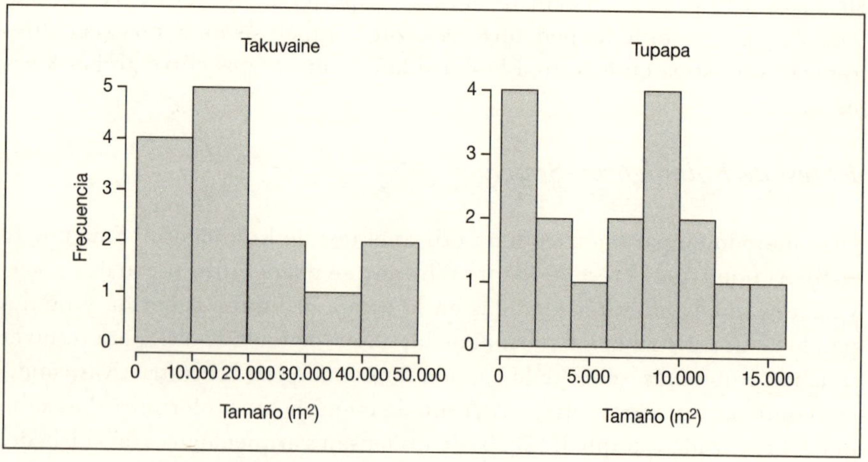

FIGURA 7.9. Distribuciones de frecuencias del tamaño de las *repotaro* de los *tapere* de Takuvaine y Tupapa.

potaro de Takuvaine son, de media, mayores que las 17 registradas de Tupapa. La estimación visual de la forma de distribución de las muestras (fig. 7.9) presenta una distribución no normal, así que para investigar las diferencias lo mejor es utilizar un método no paramétrico. La hipótesis nula dice que las dos muestras de terrazas proceden de la misma población y que no existen diferencias de tamaño significativas entre ambos grupos.

Para poder calcular el estadístico de K-S, es preciso convertir los datos en

CUADRO 7.16. Valores críticos de D, test de Kolmogorov-Smirnov sobre dos poblaciones (Arsham, 2003), donde n_1 y n_2 son el tamaño de las dos muestras

α^a	Valor crítico
0,10	$1,22 \times \sqrt{(n_1 + n_2)/(n_1 n_2)}$
0,05	$1,36 \times \sqrt{(n_1 + n_2)/(n_1 n_2)}$
0,025	$1,48 \times \sqrt{(n_1 + n_2)/(n_1 n_2)}$
0,01	$1,63 \times \sqrt{(n_1 + n_2)/(n_1 n_2)}$

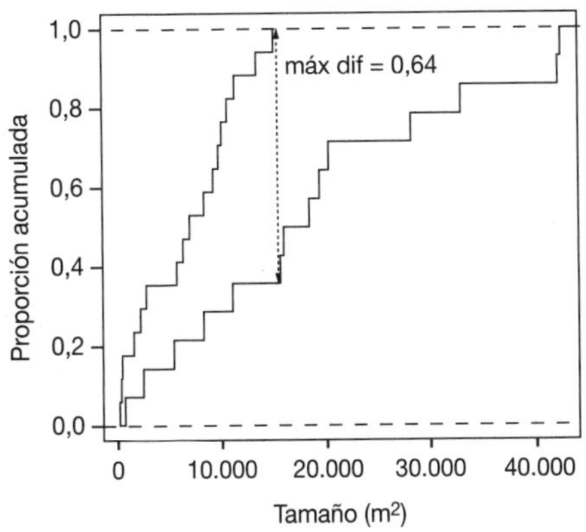

FIGURA 7.10. Distribución de proporciones acumuladas del tamaño de las *repotaro* de los *tapere* de Takuvaine y Tupapa. Localización de la máxima diferencia marcada por la línea discontinua.

una distribución acumulativa. El test de K-S mide la diferencia máxima entre las distribuciones acumulativas de ambas categorías (que llamamos D) y compara esta diferencia con la diferencia prevista si las muestras se extrajeran de la misma distribución:

$$D = \max | S_1(x) - S_2(x) | \tag{7.5}$$

donde D es el estadístico de K-S, y $S_1(x)$ y $S_2(x)$ son las dos distribuciones acumulativas. En este ejemplo, el gráfico de las curvas de distribución acumulativa muestra una distancia máxima de 0,64, a ~ 10.500 m² (fig. 7.10). Para saber si el valor de $D = 0,64$ es significativo o no, hay que consultar una

CUADRO 7.17. Densidades de artefactos mesolíticos (artefactos por hectárea) de las áreas costeras e interiores prospectadas de Islay (según Woodman, 2000b: 457)

Costeras	2,66	3,75	1,78	0,65	0,43	5,15	0,20	2,07	0,40	0,70	7,26	0,41	0,72	0,53
	0,92	3,92	3,26	0,20	0,09	0,53	0,60	0,30	0,04	0,20	0,16	0,23	0,03	0,06
	0,03	6,36	0,45	0,44	0,06	0,46	4,44	0,57						
Interiores	2,09	0,53	1,06	4,60	0,35	1,09	0,53	1,37	14,89	1,17	0,43	0,18	8,64	0,02
	0,13	0,20	0,48	0,27	0,31	0,17	0,43	0,25	0,16	0,52	0,08	0,91	0,14	0,10
	0,09	0,58	6,38	1,56	0,55	1,42	1,26	1,27	0,61					

tabla de valores críticos. La consulta del cuadro 7.16 donde $n_1 = 14$ y $n_2 = 17$ para $p < 0,05$ arroja un valor mínimo de 0,36. Nuestro valor 0,64 de D lo excede, así que podemos rechazar la hipótesis nula y concluir que el tamaño de las *repotaro* no se extrae de la misma población. En otras palabras, las *repotaro* de Takuvaine son significativamente mayores que las del *tapere* de Tupapa.

Aunque este test es fácil de realizar a mano y los valores críticos de D aparecen en tablas estadísticas (p. ej., Lindley y Scott, 1984), muchos packs estadísticos incluyen también el test de K-S para calcular D y devolver un número para un valor crítico dado de p.

7.3.2. Tests paramétricos de significación: el test *t* de Student

Los tests paramétricos dependen del conocimiento que se tiene de las características de la distribución de los datos. El test t es el método paramétrico más corriente, y sirve para establecer la probabilidad de que dos muestras se hayan extraído de dos poblaciones distintas. En teoría, el tamaño de las muestras puede consistir en sólo diez observaciones, pero un prerrequisito esencial para llevar a cabo un test t es que los datos de las muestras presenten una distribución normal, porque de no cumplirse esta condición los resultados no tendrían sentido. Las muestras mayores (p. ej., de 30+) cumplen más fácilmente la condición de normalidad (si su población madre es también normal), y esto puede verificarse bien mediante la estimación visual de un histograma o un diagrama, bien utilizando un test estadístico como el test de K-S para establecer el nivel de normalidad, o el test W de Shapiro-Wilks, o también el test de Lilliefors. Además, hay que determinar si las varianzas en los resultados de las muestras son más o menos equivalentes, ya que hay dos formas de realizar el test t, según sean o no equivalentes. La equivalencia de varianza puede establecerse mediante un test F. Los tests

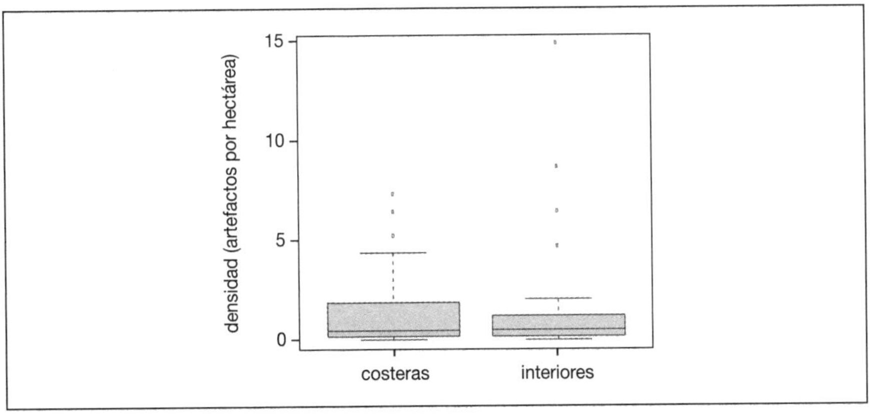

FIGURA 7.11. Diagrama de densidades de artefactos de las áreas costeras e interiores prospectadas.

para comprobar la normalidad, el test *F* y el propio test *t* se incluyen en los principales packs estadísticos, incluido el test R.

Como ejemplo, hemos utilizado datos del estudio de Woodman sobre la localización del yacimiento mesolítico de Islay (Woodman, 2000b: 457). La base de datos consiste en 36 áreas de prospección costeras y 37 áreas del interior, todas ellas con un valor que describe la densidad de artefactos mesolíticos. Estas muestras se pueden utilizar para comprobar si existe una diferencia de densidad de artefactos entre las áreas costeras y las áreas del interior, como parte de un estudio más amplio de la localización de yacimientos mesolíticos (cudaro 7.17).

La densidad media de artefactos es de 1,39 artefactos por hectárea para las áreas costeras y de 1,48 para las áreas del interior, lo que sugiere que esta última zona posee, de media, una densidad más alta de artefactos que la primera. Sin embargo, los diagramas de ambas muestras (fig. 7.11) muestran que existe una importante coincidencia entre la distribución de ambas muestras.

Cuando se trata de bases de datos arqueológicos suele aparecer una distribución de muestras sesgada, lo que contraviene las exigencias del test *t* de Student. Pero en vez de utilizar uno de los tests no paramétricos, a menudo es preferible transformar las muestras y «normalizar» la forma de su distribución, para adecuarlas a un test paramétrico. En este ejemplo, tomando el logaritmo natural de cada valor de densidad, la distribución empieza a parecerse más a una distribución normal (fig. 7.12).

El test de Shapiro-Wilks suele utilizarse para establecer que cada muestra no es estadísticamente diferente de una distribución normal (en este caso

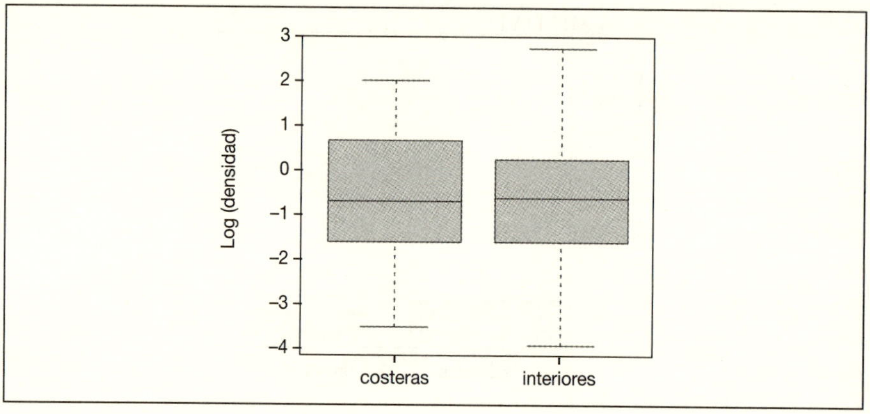

FIGURA 7.12. Diagrama de densidades de artefactos *logged* de las áreas costeras e interiores prospectadas.

devolviendo valores de $p = 0{,}18$ y $p = 0{,}74$ para los valores registrados de las muestras costeras e interiores, que demuestra que no son estadísticamente diferentes de una muestra de distribución normal). Luego se puede utilizar un test F para establecer que las dos muestras tienen varianzas equivalentes. En este caso, el resultado, $p = 0{,}55$, indica que el test t habría asumido esta condición.

El test t devuelve un valor de $p = 0{,}91$, muy superior al valor crítico de 0,05 (o menos) necesario para rechazar la hipótesis nula. Esto indica que las dos muestras no son estadísticamente distintas. Así pues, aunque la muestra de la costa tiene una densidad media superior a la muestra del interior, la diferencia no es lo suficientemente amplia como para concluir que la densidad de artefactos mesolíticos en todas las áreas costeras es diferente de la de todas las áreas del interior de Islay.

Los packs estadísticos más completos, como S-Plus, SPSS y R, pueden realizar los tests no paramétricos y paramétricos descritos en esta sección (así como otras técnicas más especializadas que se describen en el próximo capítulo). Al escribir este libro, estos procedimientos estadísticos también se podían encontrar online en *VassarStats: Web Site for Statistical Computation*[2] (Lowry, 2003). Los recuadros de las pp. 187 y 188 ilustran el uso de R, que es un pack Open-Source compaginable con GRASS del SIG.

2. http://faculty.vassar.edu/lowry/VassarStats.html.

7.4. CLASIFICACIÓN DE DATOS

Esta última sección introduce diversos métodos estadísticos de clasificación útiles para visualizar patrones en los datos de atributos. Como definíamos en la introducción a este capítulo, la clasificación implica la agrupación o colocación de los datos por grupos. En consecuencia, los componentes de cada categoría deberán ser más similares entre sí que los no componentes, a tenor de sus características cualitativas o cuantitativas. Las razones para clasificar datos espaciales son simplificar una matriz por lo demás compleja, descubrir estructuras y patrones, y facilitar el análisis comparativo. Existen muchos *sistemas de clasificación* que, por conveniencia, hemos dividido en *cualitativos* y *numéricos*. Las clasificaciones cualitativas son aquellas que utilizan un atributo descriptivo como base para dividir los objetos en distintas categorías. Por ejemplo, las tipologías de artefactos basadas en la forma de la vasija (p. ej., boca abierta» *vs.* «boca cerrada») o en el tipo de útil (p. ej., «raspadores» *vs.* «buriles» *vs.* «puntas de proyectil») son cualitativas. Los datos espaciales también pueden clasificarse utilizando términos descriptivos: los yacimientos arqueológicos podrían dividirse en diferentes períodos, y los datos paisajísticos clasificados según distintos procesos medioambientales y de formación (p. ej., «terraza de loess» *vs.* «llanura aluvial holocénica» *vs.* «paleocanal» *vs.* «isla de grava», etc.).

LA UTILIZACIÓN DE R

R es un lenguaje de programación estadística versátil y potente, orientado al objeto, que sirve para todo, desde un simple test estadístico univariable hasta modelos estadísticos y geoestadísticos más complejos. Puede vincularse a GRASS del SIG de manera que los datos y los parámetros espaciales puedan leerse directamente en R sin necesidad de introducir datos aparte (véase la sección de uso de R en GRASS en Neteler y Mitasova, 2002). Al igual que GRASS, R es de acceso libre bajo la GNU General Public Licence. Se obtiene en http://cran.r-project.org.

Como R es un lenguaje orientado al objeto, las acciones se realizan con objetos llamados *estructuras de datos especificadas*, que puede ser un vector, una serie ordenada, una lista o una matriz de números. Uno de los objetos más simples y útiles es la lista (o *vector numérico*) de datos en forma de $x1$, $x2$, $x3$... xn. Para establecer un vector llamado *site-1* consistente en 10 números, se utilizaría el siguiente comando de R:

```
> site-1 <- c (64, 23, 42, 2, 23, 9, 42, 2, 11, 6)
```

Pero si los datos están en un archivo ASCII delineado llamado *site1.txt*, el comando

```
> site-1 <- read.table(«site1.txt»)
```

cumple la misma función. Ahora las operaciones matemáticas pueden realizarse fácilmente con este objeto. Por ejemplo, es posible calcular el logaritmo natural de la variable en *site-1* y almacenarlo en un nuevo vector llamado *site-1log* utilizando el comando

```
> site-1log <- log(site-1)
```

Se pueden realizar varias operaciones con vectores numéricos, incluidas operaciones para obtener estadísticos descriptivos básicos y el despliegue gráfico del patrón de distribución. Por ejemplo, estos tres comandos

```
> summary (site-1)
> box.plot (site-1)
> hist(site-1)
```

devuelven respectivamente estadísticos descriptivos básicos (es decir, el mínimo, el primer cuartil, la mediana, la media, el tercer cuartil y el máximo de la distribución) y un diagrama de la distribución y un histograma de la distribución.

ESTADÍSTICO UNIVARIABLE EN R

Dadas dos listas de números, digamos *site-1* y *site-2*, los tests estadísticos descritos en la primera parte de este capítulo se pueden realizar con suma rapidez y facilidad. Por ejemplo, el test de Wilcoxon se activa con el comando

```
> wilcox.test (site-1, site-2)
```

que, en este ejemplo, arroja un resultado en formato similar al que figura a continuación, mostrando que las dos muestras proceden muy probablemente de la misma población:

```
data: site-1 and site-2
W = 51, p-value = 0.9697
alternative hypothesis: true mu is not equal to 0
```

Hay otros tests igualmente fáciles. El test de Kolmogorov-Smirnov se activa con el comando

```
> ks.test (site-1, site-2)
```

y un test *t*, con las mismas varianzas, se activa con

```
> t.test (site-1, site-2, var.equal=TRUE)
```

El prerrequisito para un test *t*, es decir, que ambas muestras tengan una distribución normal, puede determinarse con el test de Shapiro-Wilks:

```
> shapiro.test (site-1)
```

y la equivalencia de varianzas puede establecerse utilizando el test *F* con el siguiente comando:

```
> var.test (site-1, site-2, var.equal=TRUE)
```

En todos estos casos, el resultado adopta una forma similar a la del test de Wilcoxon, es decir, una información sumaria seguida de un valor *p* que indica el grado de seguridad de que las muestras proceden de dos poblaciones.

Para más información sobre R, véase Venables y Smith (2003).

7.4.1. Clasificaciones cualitativas

Cuando un objeto posee varios atributos, de los mismos datos básicos se pueden derivar distintos mapas, según el atributo que se utilice para crear las agrupaciones.

La figura 7.13 muestra una hipotética distribución de útiles líticos en una superficie de habitación, donde cada artefacto está representado con un punto y asociado a una tabla de atributos que describe el tipo de útil (p. ej., «raedera», «núcleo», etc.), la fase de su secuencia de reducción (p. ej., «ini-

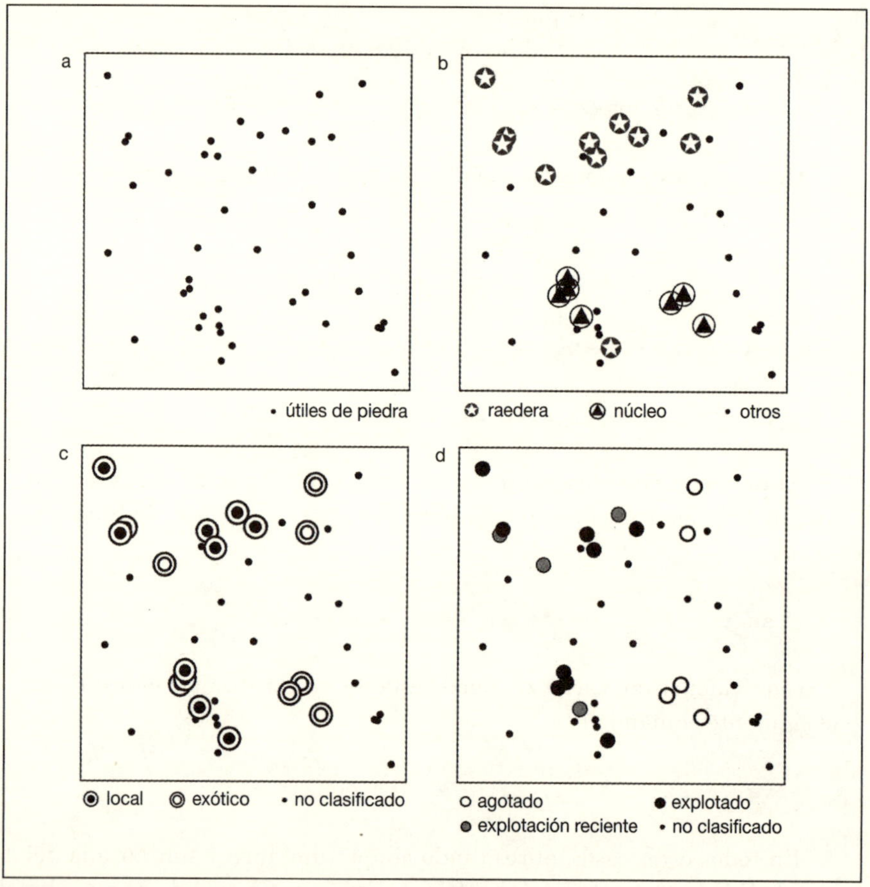

FIGURA 7.13. Distintas clasificaciones cualitativas basadas en el mismo conjunto de datos de útiles líticos: a) distribución no clasificada, b) localizaciones de raederas *vs.* núcleo, c) distribución de materias primas, y d) clasificación de secuencias de reducción. En b) es evidente un cierto patrón en la localización de núcleos y raederas, pero los patrones espaciales y de atributos necesitarían una validación estadística con técnicas descritas en el capítulo 8.

cial», «agotado») y la materia prima de la que está hecho (p. ej., «cuarzo local», «cuarzo exótico», etc.). Clasificando distintamente los objetos según estas variables cualitativas, es posible generar diferentes mapas que permiten valorar visualmente la organización espacial de los artefactos. Dibble *et al.* (1997), por ejemplo, utilizan este método para destacar la distribución espacial de útiles líticos para determinar el efecto posdeposicional y de comportamiento en el yacimiento achelense francés de Cagny-l'Empinette.

Las clases cualitativas pueden servir también de base para el modelado cualitativo una vez reclasificadas por orden de rango (p. ej., la fig. 7.14). Burrough y McDonnell (1998: 171-172) presentan un ejemplo sencillo donde la calidad del suelo (LQ) de la pequeña propiedad agrícola puede modelarse como una función de la presencia de nutrientes, del suministro de oxígeno, de agua y de la erosionabilidad. En este ejemplo, las clasificaciones por rangos se derivan de mapas de polígonos que reflejan la profundidad del suelo (poco profundo, moderado, profundo), los distintos suelos (cinco clases) y la pendiente (llana, moderada, pronunciada). La erosionabilidad se construye combinando datos del suelo y datos de pendiente (p. ej., «si la clase de suelo es S2 y la clase de pendiente es llana, entonces la posibilidad de erosión = 1»). Si partimos de la suposición de que unos valores altos significan menor idoneidad, entonces la idoneidad global del suelo para el cultivo puede determinarse según el valor más alto, tal como sugieren Burrough y McDonnell (1998: 172):

$$\text{Idoneidad} = \max(LQ_{\text{agua}}, LQ_{\text{oxígeno}}, LQ_{\text{nutrientes}}, LQ_{\text{erosión}})$$

Se trata sin duda de una gran simplificación de los factores potenciales implicados en la idoneidad relativa del suelo para el cultivo de cereales, pero sirve para ilustrar cómo las clases de datos cualitativos pueden convertirse en variables numéricas de rangos que luego se combinan para producir nuevos datos a partir de los elementos constitutivos de varios archivos de datos originales.

7.4.2. Clasificaciones numéricas

El tema de la clasificación numérica ha merecido considerable atención en arqueología, sobre todo para el análisis artefactual (p. ej., Baxter, 1994; Shennan, 1988). Lo que aquí nos interesa sobre todo es la aplicación de la clasificación numérica a las bases de datos espaciales, aunque las clasificaciones numéricas pueden dividirse en dos tipos: univariadas y multivariadas. Los métodos univariados clasifican una sola variable –por ejemplo, la clasificación de valores de pendiente– en categorías discretas, mientras que los métodos multivariados clasifican dos o más variables –por ejemplo, como las que deparan las imágenes de satélite multispectrales– en agrupaciones (clústers) o categorías que reflejan la estructura real de los datos.

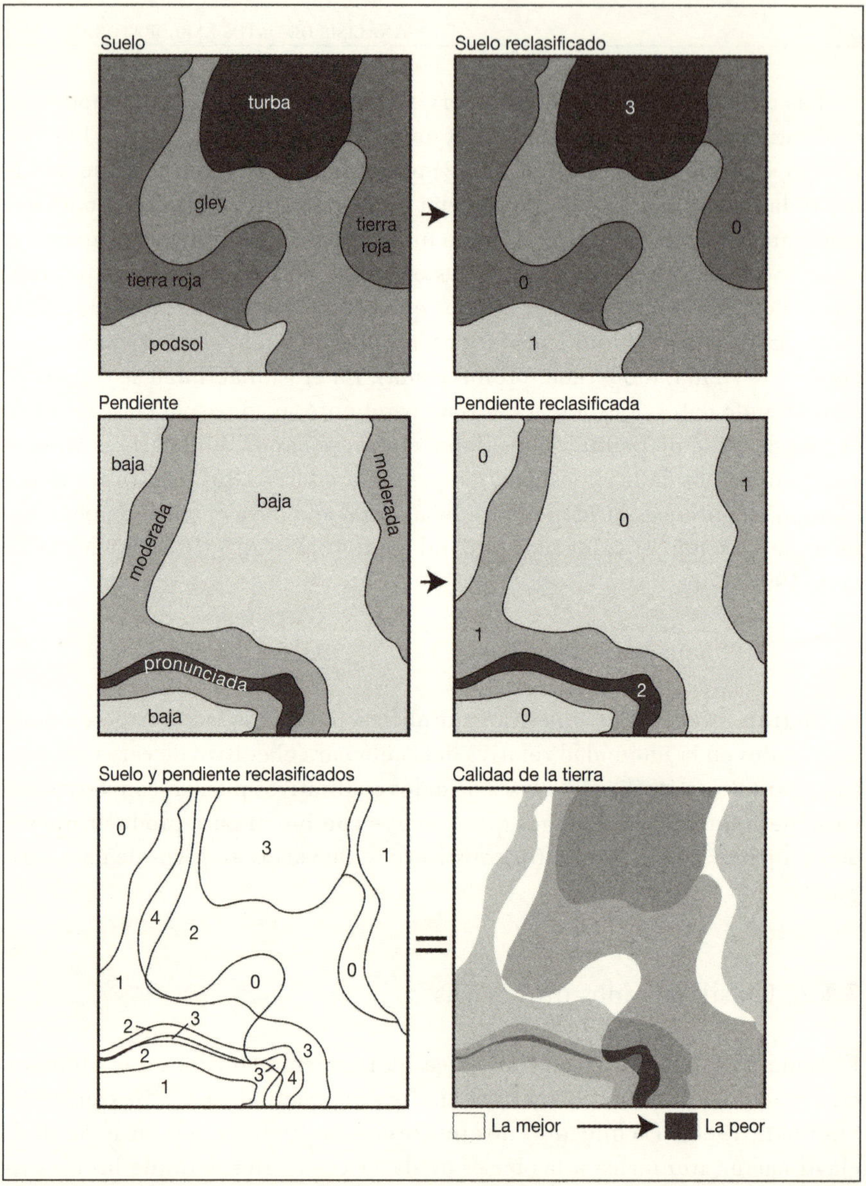

FIGURA 7.14. Reclasificación hipotética de variables cualitativas en variables por orden de rango, para poder realizar una predicción cualitativa de la calidad de la tierra para la horticultura. Los mapas de suelos y pendientes se han clasificado en categorías numéricas (0 = idónea, 3 = la menos apropiada). Estos atributos se combinan utilizando la superposición de polígonos (si son vectoriales) o con el álgebra de mapas (si son ráster). El resultado es un nuevo mapa con cinco categorías de tierra que muestran la variabilidad tierra-calidad. Véanse FAO (1974, 1976) y Rossiter (1996) para una guía sobre este tipo de predicciones cualitativas, y Wilson (1999) y Hoobler *et al.* (2003) para ejemplos aplicados.

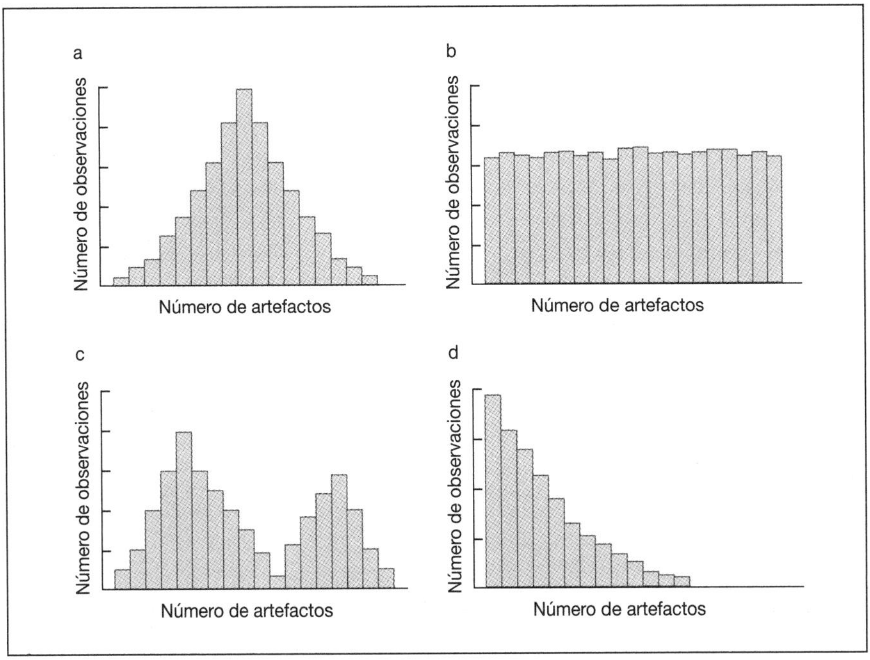

FIGURA 7.15. Cuatro distribuciones ideales: a) normal, b) rectangular, c) bimodal, d) sesgada (hacia la derecha).

Clasificaciones univariadas y generalización estadística

Las clasificaciones univariadas pueden aplicarse a datos geoespaciales para simplificar o generalizar un archivo de datos, como en el caso de los mapas de coropletas (véase el capítulo 12). Por ejemplo, una muestra de varios centenares de cortes de prueba, en la que cada uno contiene entre 0 y 36 artefactos, podrían agruparse en cuatro categorías denominadas «sin evidencia», «densidad media», «densidad alta». La estrategia para definir los grupos y decidir qué cortes se incluyen en cada grupo puede ser aleatoria (p. ej., 0 artefactos = «sin evidencia», 1-5 = «densidad baja», 6-18 = «densidad media», 18-36 = «densidad alta»), pero entonces es posible que haya muy poca correspondencia entre los datos y las categorías; si sólo hay un corte de prueba con entre 6 y 18 artefactos, por ejemplo, la clasificación no representaría divisorias «naturales» en las bases de datos. De ahí la importancia de conocer mínimamente la forma de la distribución de datos para poder clasificarla debidamente. La figura 7.15 muestra cuatro ejemplos de distribución teóricos, cada uno clasificado utilizando uno de los métodos de clasificación siguientes:

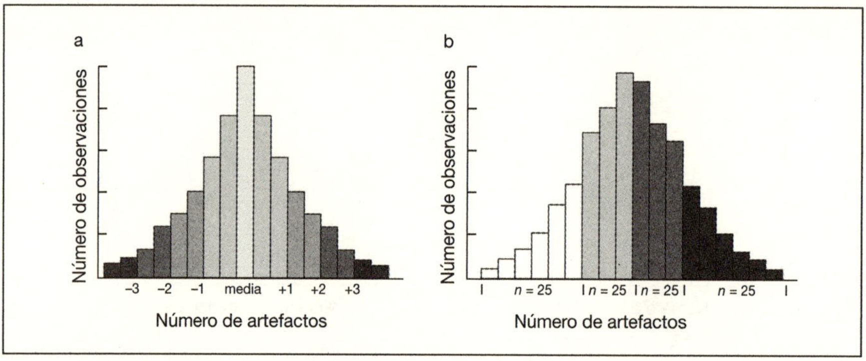

FIGURA 7.16. Clasificación de datos de distribución normal: a) desviación estándar, b) por cuartiles (*n* = número de observaciones).

- *Desviación estándar y cuantil.* Cuando la distribución de datos ha demostrado ser normal, o cuasi normal (es decir, similar al histograma de la figura 7.15a), las clasificaciones más útiles para definir categorías de datos son las que utilizan desviaciones estándares o cuantiles. Los métodos de desviación estándar utilizan la desviación estadística del número medio de objetos por observación, casi siempre en pasos de ± 0,5 o ± 1,0 para crear clases (fig. 7.16). Cuando se aplican a mapas de coropletas, el efecto sirve muchas veces para ilustrar densidades altas y bajas, utilizando distintos colores para los máximos y mínimos del rango de datos (p. ej., el azul para las desviaciones estándares a la izquierda de la media, y el rojo para las desviaciones estándares a la derecha). Las clasificaciones basadas en cuantiles dividen el número de observaciones en grupos de igual tamaño, como por ejemplo en *cuartiles*, para que cada uno contenga el 25 % del número de observaciones, o en *quintiles*, donde cada grupo representa el 20 % del número de observaciones.
- *Intervalo igual.* Las distribuciones rectangulares, o cuasi rectangulares (es decir, cuando los objetos tienen el mismo número de observaciones) son muy excepcionales en arqueología. Cuando aparece un patrón de este tipo, las categoría pueden definirse utilizando *intervalos iguales*, de manera que cada categorías contenga el mismo rango de valores (p. ej., 1-8, 9-16, 16-24, 24-36). Es la forma de clasificación más simple, aunque no la mejor para representar la variabilidad de los datos si la distribución no es lineal. Por ejemplo, si hay más casos de datos de valor bajo (p. ej., el 75 % de los cortes contienen menos de 8 artefactos), en el mapa resultante el 75 % de los datos estarán en una sola categoría y todos los patrones espaciales del rango de artefactos 1-8 quedarán ocultos.
- *Corte o división natural.* Esta es quizá la forma más corriente de clasificar datos cuantitativos. Este método de clasificación trata de encontrar los rangos (divisiones) de clases más idóneos para contrastarlos con la distribución del conjunto de datos para que los rangos resultantes reflejen la estructura de la distribución. El método estadístico más utilizado es el llamado *método óptimo* (u optamiza-

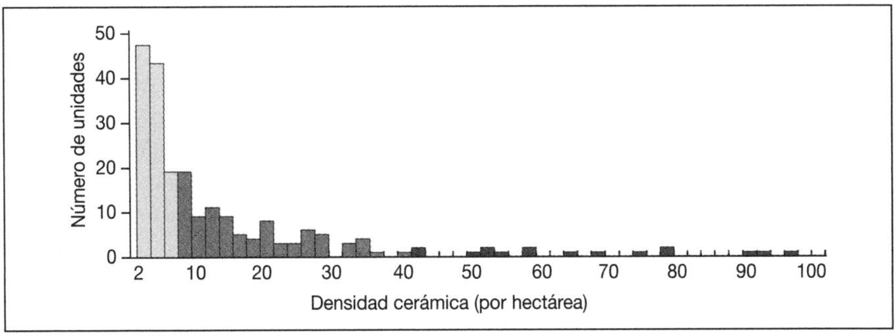

FIGURA 7.17. Distribución de densidad cerámica. Casi el 90 % de las 456 unidades tienen menos de 100 cerámicas por hectárea. Dado que el valor máximo es de casi 10.000 cerámicas por hectárea, sólo se muestra el extremo izquierdo de la curva de distribución. Los tonos de color muestran la clase de progresión geométrica utilizada en la figura 7.18f.

ción) *de Jenks*, que trata de hallar agrupaciones naturales en los datos para poder crear clases que sean internamente coherentes pero distintas de otras clases (Jenks y Caspall, 1971; Slocum, 1998). El proceso implica una comparación iterativa de las medias de las clases con una medida de los valores medios de todo el conjunto de datos con el fin de maximizar la llamada *goodness of variance fit* (GVF, o bondad de la adecuación de las varianzas). La división óptima de cada subconjunto es aquella que presenta el menor error total (la suma de desviaciones absolutas en la mediana de las clases o, alternativamente, la suma de desviaciones cuadradas en la media de las clases). El cálculo es fácil (véase Dent, 1999: 148) y se puede hacer a mano. De todos modos, como se trata de un proceso iterativo que implica empezar con una clasificación aleatoria para luego redefinir las clases y recalcular la GVF para hallar la clasificación más «natural», se realiza mejor en un ordenador. En una situación hipotética, como la de la figura 7.15c, si el número máximo de artefactos es de 36, entonces el método de división natural creará dos clases, de 1-21 y de 22-36. En otros casos, como en la distribución sesgada de la figura 7.15d, los métodos de división natural tenderán a dar categorías pertinentes, aunque sería mejor una clasificación basada en una progresión aritmética o geométrica (véase más adelante). Pero los métodos de división natural tienen tres importantes desventajas: son difíciles de reproducir porque un pequeño cambio en el valor de los datos puede alterar el esquema de clasificación, los grandes rangos son difíciles de leer porque no se basan en divisiones intuitivas, y los valores atípicos pueden adquirir una importancia visual indebida ya que tienen su propia categoría.

- *Áreas iguales*. En lugar de utilizar el valor de los datos como base para determinar el rango de cada clase, la división de los datos se establece de manera que cada clase comparta un porcentaje igual del área del mapa. En algunas aplicaciones, esta puede ser una opción útil frente a las clasificaciones basadas en la propia curva de distribución de datos, porque la división de las clases en áreas iguales puede servir para examinar cómo se distribuyen los datos en función de su área espacial. La principal desventaja es que los grandes polígonos pueden acabar formando su propia clase.

- *Intervalos geométricos.* Cuando las distribuciones aparecen sesgadas, como en la figura 7.15d, puede resultar difícil conseguir una clasificación representativa con las técnicas antes mencionadas. Una alternativa es utilizar una progresión geométrica para definir intervalos. El método sirve sobre todo para clasificar distribuciones que presentan ritmos de cambio muy pronunciados, o cuando los rangos de las clases aumentan exponencialmente tipo X^1, X^2, X^3, etc. Puede utilizarse la fórmula

$$X^n = \frac{H}{L} \qquad (7.6)$$

para determinar el multiplicador X, donde n es el número de clases deseadas, H el valor más alto y L el valor más bajo (Dent, 1999: 406). Los límites superiores de las clases se definen como

$$L \times X^1, L \times X^2, L \times X^3, \ldots, L \times X^n \qquad (7.7)$$

Por ejemplo, la figura 7.17 muestra la curva de distribución sesgada producida a partir de una base de datos de densidades cerámicas de 256 unidades de prospección, donde el valor menor registrado es 1 y el más alto 9902. Por lo tanto, se pueden crear cinco clases bien definidas por progresión geométrica sustituyendo los valores pertinentes en (7.6):

$$X^5 = \frac{9902}{1}$$

$$X = \sqrt[5]{9902} = 6{,}3$$

A partir de la fórmula (7.7) se establecen los límites superiores de las clases como sigue: $1 \times 6{,}3^1$, $1 \times 6{,}3^2$, $1 \times 6{,}3^3$, $1 \times 6{,}3^4$, $1 \times 6{,}3^5$ = 6,3, 39,7, 250,0, 1575,3, 9924,4.

Del mismo modo que la reclasificación y la reagrupación de datos utilizando atributos cualitativos puede generar mapas muy diferentes, los distintos métodos numéricos aplicados a la misma base de datos pueden producir impresiones de datos muy diferentes. La figura 7.18 muestra de qué forma los seis métodos descritos crean seis mapas muy distintos, pese a basarse en datos básicos idénticos. Como los datos muestran un sesgo considerable (fig. 7.17), las clasificaciones basadas en la desviación estándar (a) y en intervalos iguales (c) impiden ver con claridad el patrón espacial. Las clasificaciones basadas en quintiles (b) y en áreas iguales (e) producen resultados muy parecidos y ambas presentan un déficit de detalle en los rangos superiores

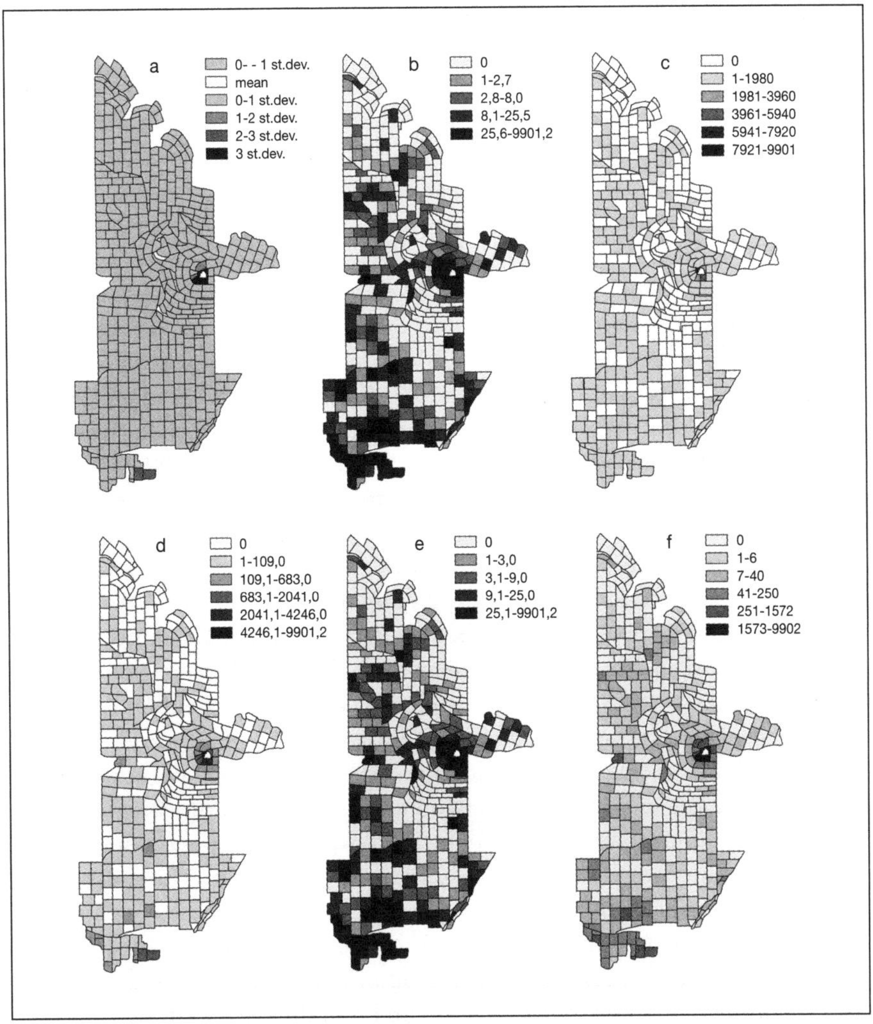

FIGURA 7.18. Seis clasificaciones numéricas posibles de un mismo conjunto de datos: a) desviación estándar, b) quintiles, c) intervalos iguales, d) cortes naturales, e) áreas iguales y f) progresión geométrica. Fuente: Proyecto isla de Kythera. Utilizado con autorización.

debido al enorme rango de la clase 25-9901; se trata de un problema muy común en las distribuciones sesgadas, ya que la escasez de grandes números acaba por agruparlos en una sola clase. La clasificación basada en la división natural (d) supone una mejora, pero mientras la categoría 1-109 es «natural», la figura 7.17 demuestra que un 90 % de los datos entran dentro de este grupo, y por lo tanto el patrón espacial de este rango puede quedar oculto. La clasificación por intervalos geométricos (f), basada en las ecuaciones (7.6) y (7.7), corrige este problema imitando la curva de distribución real; los valores inferiores se han subdividido, lo cual favorece una mejor comprensión de las propiedades espaciales de los valores inferiores (la mayoría).

Clasificaciones multivariadas

Las clasificaciones que buscan descubrir y definir agrupaciones en un conjunto de datos utilizando dos o más variables se llaman multivariadas. Estos métodos se conocen en arqueología sobre todo por su aplicación al análisis de artefactos, y varios manuales explican las diversas técnicas que pueden utilizarse para descubrir, describir y verificar estadísticamente patrones en una base de datos multivariada (p. ej., Shennan, 1988; Baxter, 1994; véase asimismo Aldenderfer, 1998 para una reciente síntesis de métodos cuantitativos en arqueología). Las clasificaciones multivariadas son un componente importante del análisis de datos espaciales en al menos dos vertientes: para hallar agrupaciones en un conjunto de objetos espaciales utilizando dos o más atributos, y para establecer clases en datos de imágenes multiespectrales. Lo primero puede ser útil cuando se desea descubrir agrupaciones de objetos en función de los atributos derivados del análisis SIG. Supongamos que se han recogido diversas variables cuantitativas (p. ej., similares a las descritas en el cuadro 3.3: elevación, pendiente, aspecto, distancia del agua, visibilidad, etc.) para conocer la distribución de yacimientos arqueológicos en la región de estudio. Un análisis multivariado exploratorio podría determinar si los yacimientos forman o no grupos definidos según determinadas características. Los análisis multivariados como el *análisis de factores* o el *análisis del componente principal* permitirán visualizar las agrupaciones, que luego podrán confirmarse y matizarse utilizando un *análisis de la función discriminante* o un *análisis de medias k*. Cuando los datos son cuantitativos y cualitativos, puede utilizarse una matriz de coeficientes, entre otras el *coeficiente de Jaccard*, como base para aplicar técnicas como el *análisis del componente principal* o el *análisis de agrupaciones jerárquico*. Estos análisis podrían, por ejemplo, revelar dos grupos distintos de yacimientos, uno situado a altitudes más elevadas con pendientes orientadas al sur y buena visibilidad, y el otro en altitudes bajas con pendientes poco pronunciadas y más cerca del agua. Remitimos a los lectores a los textos antes citados para una descripción del uso de estas técnicas estadísticas.

Los métodos relacionados con el *modelo predictivo*, una técnica que trata de predecir la probabilidad de hallar un fenómeno en áreas no muestrales basándose en el conocimiento obtenido de áreas muestrales, nos permiten vislumbrar un patrón intuido. Aunque el patrón de los datos parezca evidente tras la inspección visual de un conjunto de datos espaciales, el análisis estadístico sirve para confirmar ese patrón y determinar la contribución relativa de cada variable. El capítulo 8 introduce varias técnicas estadísticas, incluido el modelo predictivo, para investigar patrones y relaciones en una base de datos.

7.4.3. Clasificación de imágenes de sensores remotos

En el capítulo 5 veíamos la utilización potencial de imágenes en arqueología. Muchas veces una imagen puede ser útil «tal cual» y no precisa modificaciones o análisis para servir de referencia visual, o para recopilar datos espaciales. Otras veces, sobre todo con imágenes de satélite multivariadas, para poder obtener información útil los datos se han de procesar y analizar. Esto suele implicar dos procesos distintos: el contraste y la mejora de las imágenes y su clasificación. La manipulación, clasificación e interpretación de imágenes obtenidas por sensor remoto es una disciplina en sí misma, pero en el contexto de este libro no podemos tratarla como es debido. Sólo destacaremos la filosofía básica que subyace a la percepción remota. Para una información más exhaustiva sobre estas técnicas, véanse Lillesand y Kiefer (2000), Campbell (2002) o Lillesand *et al.* (2003).

Como ya hemos mencionado, una imagen digital consiste, en general, en una o más bandas distintas (es decir, rejillas ráster) de datos donde a cada píxel de cada banda se le asigna un valor de entre 0 y 225. Los packs de base ráster del SIG, como Idrisi o GRASS, incluyen una serie de herramientas destinadas específicamente a mejorar y a clasificar datos en forma de imágenes. Para contrastar y mejorar las imágenes se manipulan los valores de los píxeles para facilitar la clasificación e interpretación de los datos. Idrisi, por ejemplo, contiene una serie de módulos analíticos diseñados específicamente para mejorar las imágenes, como la herramienta «STRETCH», que permite *ampliar los contrastes* de una imagen cuando los valores de los píxeles de la imagen aparecen agrupados en una estrecha banda dentro del rango 0-255. Este método redefine la escala del rango de valores para obtener un rango de categorías de datos más amplio y así poder realizar un análisis de agrupaciones mediante técnicas como la *igualación de histogramas* que ayuden a mejorar el contraste entre los valores altos y bajos. También se puede mejorar el contraste de las imágenes creando *composiciones de color* para producir una imagen parecida a una fotografía en color, o *composiciones de color falsas* para destacar determinados rasgos, como la vegetación foliácea. Por ejemplo, combinando las bandas 3 (rojo visible), 2 (verde visible) y 1 (azul visible) de una imagen ETM del Landsat, se crea una composición de colores. Una composición de color falsa con el fin de resaltar los elementos infrarrojos cercanos de una imagen utilizaría las bandas 4 (de infrarrojos cercanos), 3 y 2. Los índices de vegetación, como el Índice de Vegetación Normalizado Diferencial (*Normalised Difference Vegetative Index*), que es una ratio de reverberaciones medida en las partes rojas e infrarrojas cercanas del espectro electromagnético, sirven para calcular la medida de las cantidades relativas de vegetación verde en una imagen. Eastman (2001: 27-34) presenta una buena visión general de estas y otras técnicas para procesar imágenes digitales utilizando el programa Idrisi.

Una vez completados los realces y las correcciones para tener en cuenta la distorsión atmosférica, ya se puede iniciar la clasificación de las imágenes para descubrir y definir la relación entre los valores de los píxeles (es decir, la radiación electromagnética registrada) y los elementos reales de la superficie de la Tierra (fig. 7.19). La clasificación de las imágenes puede realizarse utilizando métodos supervisados y no supervisados.

Clasificación no supervisada

Este método de clasificación permite agrupar los píxeles de igual valor espectral en clases sin conocer previamente la composición de las clases ni lo que cada clase representa. Este proceso se conoce también como *agrupación espectral*. En imágenes de una sola banda, las agrupaciones se pueden identificar mediante el análisis de un histograma de valores de píxeles. Si se utilizan dos bandas, los valores de sus píxeles se pueden representar en ejes x, y y definir las agrupaciones en el grafo resultante. Con imágenes multiespectrales, para identificar patrones de agrupamiento se precisa un estadístico multivariado, como el análisis del componente principal, descrito en la sección anterior. La mayoría de programas para analizar imágenes contienen dispositivos que permiten especificar el número de agrupaciones que se desean. Existen también programas capaces de definir y luego agrupar automáticamente los píxeles para maximizar la variación en la imagen sin demasiada implicación del usuario. Los grupos también se pueden definir manualmente, y asignar los píxeles mediante una función estadística. Basta con asginar cada píxel a su grupo más cercano (p. ej., la función MINDIST de Idrisi). Los píxeles también pueden asignarse a una u otra clase utilizando otra relación estadística con las agrupaciones (p. ej., según si el píxel esté o no a menos de una distancia predeterminada). Para valorar si la imagen clasificada es coherente con el paisaje que representa hay que comparar el mapa de clasificaciones resultante con elementos conocidos del terreno (Eastman, 2001: 30-32). Las clases que no tienen sentido o que resultan inú-

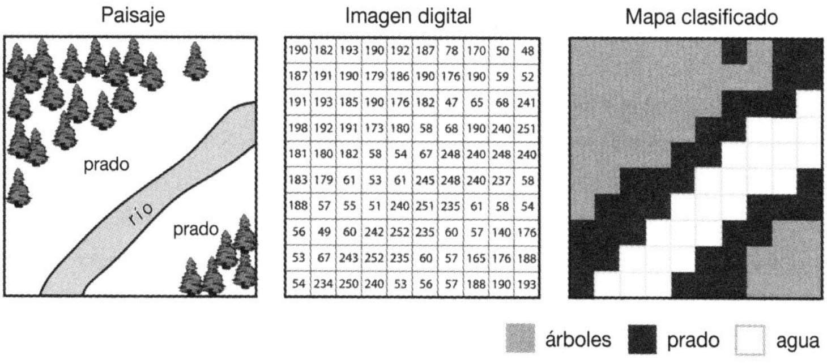

FIGURA 7.19. Un paisaje hipotético consistente en tres zonas ecológicas distintas (iquierda), los valores de los píxeles registrados por un sensor digital (centro) y una posible clasificación (derecha). Los valores de los píxeles expresan un promedio del área que abarcan, y la clasificación se ha centrado en la distinción entre las tres zonas ecológicas. Otra clasificación alternativa trataría, por ejemplo, de hallar clases en la zona de bosque que reflejaran el predominio de diferentes tipos o especies arbóreas.

tiles desde el punto de vista interpretativo, pueden utilizarse en una nueva recolección de datos para crear una muestra de entrenamiento con vistas a una clasificación supervisada. Este ejercicio se llama *verificación sobre el terreno* y es parte esencial de la clasificación no supervisada.

Clasificación supervisada

Este método suele producir mejores resultados que la clasificación no supervisada, pero requiere un cierto conocimiento básico del paisaje en cuestión. El proceso empieza definiendo grupos de píxeles para que actúen como *áreas de entrenamiento*, que consisten en una muestra de píxeles que definen un fenómeno conocido. Definiendo de este modo grupos conocidos de píxeles se pueden derivar la tendencia y la dispersión centrales (como la desviación media y la desviación estándar) de cada agrupación definida por las áreas de entrenamiento. Luego se utiliza un *algoritmo de clasificación* para clasificar los píxeles fuera de las áreas de entrenamiento dentro de una de estas agrupaciones. Estos algoritmos van desde unas simples técnicas para asignar un píxel a la clase que tiene el valor medio de píxeles más cercano a su propio valor (p. ej., la «*clasificación según la máxima probabilidad*»), hasta los complicados métodos bayesianos en los que hay que especificar el porcentaje probable de la aportación de cada clase a la imagen, y que puede ayudar a asignar píxeles «difíciles». Algunos programas SIG tienen dispositivos de clasificación muy complejos, como Idrisi y GRASS. Pero la clasificación e interpretación de imágenes puede ser un proceso complejo y es aconsejable consultar alguna introducción a la percepción remota y a la interpretación de imágenes para saber más detalles sobre la filosofía que entraña esta técnica. El manual de Idrisi (Eastman, 2002) ofrece una buena visión general sobre el funcionamiento de los sensores remotos y su implementación en Idrisi. El GRASS on-line[3] también analiza con más detalle las técnicas de procesamiento y clasificación de imágenes.

7.5. CONCLUSIÓN

Los tres tipos de análisis exploratorios de datos descritos en este capítulo –consultas, tests paramétricos y no paramétricos, y clasificación de datos– son dispositivos informativos y útiles para hallar, verificar y visualizar patrones de datos. Pero los patrones espaciales requieren un conjunto aparte de herramientas estadísticas para poder descubrir su estructura y su significado. En el próximo capítulo analizamos este tema con más detalle e introducimos una serie de métodos para identificar relaciones espaciales en bases de datos arqueológicos.

3. http://mpa.itc.it/markus/osg05/neteler–grass6–nutshell2005.pdf.

8. Análisis espacial

8.1. Introducción

El análisis espacial es, por así decir, la razón de ser de los SIG y se basa en una larga historia de métodos cuantitativos en arqueología. Muchas bases del análisis espacial las establecieron los geógrafos cuantitativos en las décadas de 1950 y 1960, y en los años setenta y ochenta los arqueólogos las adoptaron y modificaron. Pero por una serie de razones, el análisis espacial pasó de moda en la arqueología y en las ciencias sociales, en parte debido a lo que se percibía como una excesiva generalización de ciertos modelos matemáticos, y en parte también a un giro en favor de un estudio del comportamiento humano más relativista y contextualizado. Pero recientemente ha renacido el interés por las técnicas del análisis espacial, incorporando esas críticas, para conocer mejor la organización espacial de la conducta humana. En la última década se han dado avances en las ciencias sociales, sobre todo en geografía y en economía, en cuanto a su capacidad para revelar e interpretar patrones complejos del comportamiento humano a distintos niveles, del marco local al más general, utilizando la estadística espacial. La arqueología ha participado algo menos en estos avances, aunque la literatura de los últimos años demuestra un interés creciente por la aplicación de estas técnicas al estudio del comportamiento humano del pasado. En este capítulo pasamos revista a algunos métodos históricamente importantes (p. ej., la regresión lineal, la autocorrelación espacial, el análisis de agrupaciones) y destacamos algunas aplicaciones recientes del análisis espacial a la arqueología (p. ej., la *K* de Ripley, la estimación de la densidad del núcleo, el análisis de regresión logístico lineal). Los lectores que deseen analizar en profundidad los métodos de análisis espacial pueden consultar las fuentes utilizadas por nosotros para este capítulo, sobre todo Bailey y Gatrell (1995), Fotheringham *et al.* (2000b); Rogerson (2001) y Haining (2003).

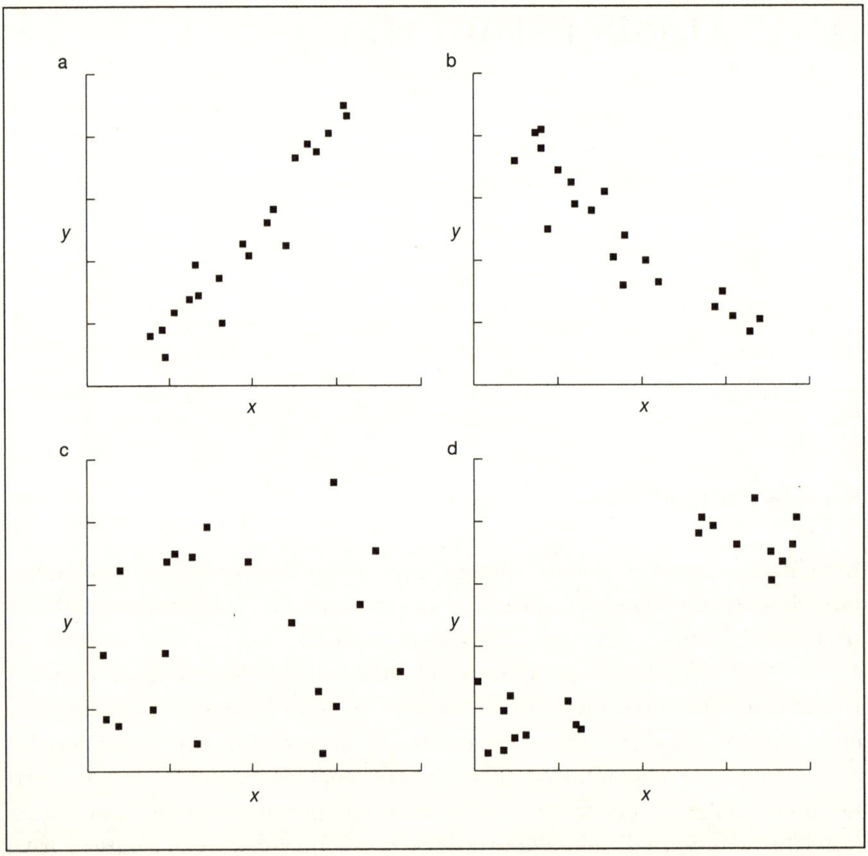

FIGURA 8.1. Patrones de correlación idealizados: a) positivo, b) negativo, c) cero y d) correlación positiva espúrea en un conjunto de datos desiguales agrupados.

8.2. LA REGRESIÓN LINEAL

La regresión lineal es desde hace mucho tiempo el elemento principal del análisis cuantitativo. Se utiliza para modelar la relación entre dos variables continuas, y es uno de los métodos más importantes de la estadística espacial. Por consiguiente describimos la técnica, y algunos de sus potenciales peligros, con cierto detalle.

Las relaciones lineales entre dos variables cuantitativas pueden expresarse en forma de grados de *correlación*, de los que existen tres posibilidades básicas: una correlación positiva, una correlación cero o una correlación negativa. Decimos que dos variables están positivamente correlacionadas cuando hay un aumento simultáneo de valor entre dos variables numéricas (fig. 8.1a), y que están negativamente correlacionadas cuando una variable aumenta cuando la otra disminuye (fig. 8.1b). La correlación cero se da cuando no hay ninguna relación entre las dos variables (fig. 8.1c). La figura 8.1d muestra una relación más compleja, aunque también presenta un fuerte patrón de agrupamiento y de *heteroscedasticidad* (disparidad) en la distribución de los datos que reduce el valor predictivo del modelo. Inicialmente examinaremos los dos primeros ejemplos, y más adelante retomaremos los casos de correlación cero y espuria.

Cuando se examina el tipo y la fuerza de la correlación entre dos variables, una variable se considera *dependiente* y la otra *independiente*. Cuando se trazan en un grafo x, y, la variable independiente se coloca en el eje x y la dependiente en el eje y. La diferencia entre las variables dependiente e independiente es importante, muy parecida a la relación causa-efecto. Para utilizar un conocido ejemplo arqueológico, la proporción de una determinada materia prima suele disminuir con la distancia de la fuente de esa materia prima –es decir, la distancia y la proporción se correlacionan negativamente, tal como predice la «ley» de Renfrew sobre el decremento monotónico (Renfrew y Dixon, 1976). En este caso, la proporción de materia prima actúa como variable dependiente, ya que su valor viene determinado por su distancia de la fuente. Cuando la relación causal que se sospecha es más ambigua, por ejemplo, entre el número de artefactos y el tamaño de un yacimiento arqueológico, es posible hablar de *interdependencia*. En estos casos, qué variable es x y cuál es y es indiferente, y dependerá solamente de lo que se quiera buscar y modelar con el análisis de regresión.

Aunque resulta aceptable simplemente describir la relación entre dos variables cuantitativas como una correlación positiva o negativa, con frencuencia es más útil expresarla en términos de la fuerza de la relación. La medida estándar de la correlación lineal entre dos variables es el coeficiente de correlación de Pearson, simbolizado mediante r y expresado por

$$r = \frac{\sum(x_i - \bar{x}) \times (y_i - \bar{y})}{\sqrt{\sum(x_i - \bar{x})^2 \times \sum(y_i - \bar{y})^2}} \tag{8.1}$$

donde $\bar{x}$ e $\bar{y}$ son el valor medio de las variables independiente y dependiente. Los valores de r varían desde +1,0 para una correlación positiva perfecta, hasta –1,0 para una correlación negativa perfecta. El punto medio, $r = 0{,}0$, denota ausencia total de correlación entre ambas variables. Por ejemplo, las dos variables de las columnas uno y dos del cuadro 8.1 poseen un coeficiente

CUADRO 8.1. Muestra de valores x e y y los cálculos para derivar r en la ec. 8.1 y en la figura 8.2

	x_i	y_i	$x_i - \bar{x}$	$y_i - \bar{y}$	$(x_i - \bar{x}) \times (y_i - \bar{y})$	$(x_i - \bar{x})^2$	$(y_i - \bar{y})^2$
	0,17	365	−0,32	−563,15	180,21	0,102	317.137,92
	0,21	401	−0,28	−527,15	147,60	0,078	277.887,12
	0,22	243	−0,27	−685,15	184,99	0,073	469.430,52
	0,25	502	−0,24	−426,15	102,28	0,058	181.603,82
	0,30	580	−0,19	−348,15	66,15	0,036	121.208,42
	0,32	780	−0,17	−148,15	25,19	0,029	21.948,42
	0,33	602	−0,16	−326,15	52,18	0,026	106.373,82
	0,40	702	−0,09	−226,15	20,35	0,008	51.143,82
	0,41	440	−0,08	−488,15	39,05	0,006	238.290,42
	0,48	900	−0,01	−28,15	0,28	0,000	792,42
	0,50	832	0,01	−96,15	−0,96	0,000	9.244,82
	0,56	1.023	0,07	94,85	6,64	0,005	8.996,52
	0,58	1.100	0,09	171,85	15,47	0,008	29.532,42
	0,62	890	0,13	−38,15	−4,96	0,017	1.455,42
	0,65	1.400	0,16	471,85	75,50	0,026	222.642,42
	0,69	1.480	0,20	551,85	110,37	0,040	304.538,42
	0,72	1.435	0,23	506,85	116,58	0,053	256.896,92
	0,76	1.542	0,27	613,85	165,74	0,073	376.811,82
	0,81	1.703	0,32	774,85	247,95	0,103	6.003.922,52
	0,82	1.643	0,33	714,85	235,90	0,109	511.010,52
Media	0,49	928,15					
Suma	9,8	18.563			1.786,51	0,849	4.107.338,50

de correlación de +0,96, lo que significa que la correlación positiva entre ellas es muy alta, porque cuando el valor de x aumenta, también aumenta el valor de y de un modo altamente predecible.

El coeficiente de correlación se visualiza normalmente en forma de una «línea de regresión» colocada para minizar la suma de las distancias verticales (de hecho la suma de las distancias al cuadrado) desde cada punto (los «residuos»), como ilustra la figura 8.2. A diferencia de r, que sólo describe la fuerza de la correlación y si es positiva o negativa, el valor de r^2 es una indicación mejor del poder predictivo de la variable independiente y puede interpretarse como la proporción de la variación de los valores de y que están determinados por x. Para expresarlo con un ejemplo más tangible, imaginemos que x e y se refieren, respectivamente, al tamaño del yacimiento y al número total de artefactos (de manera que el número de artefactos actúa como variable dependiente). Un coeficiente de correlación de

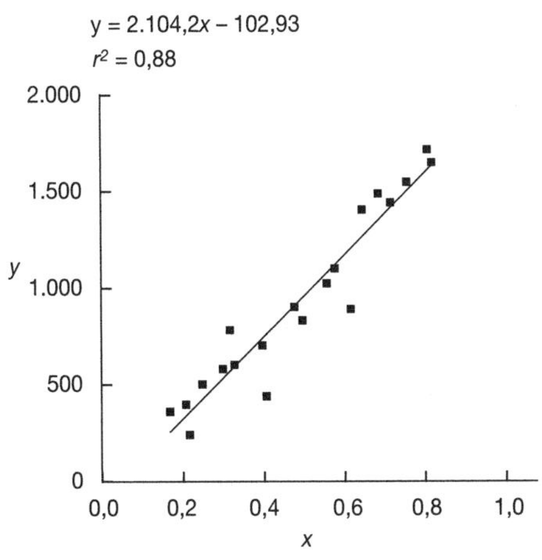

FIGURA 8.2. Una línea de regresión acoplada a los valores de x e y del cuadro 8.1, con el coeficiente de determinación (r^2) y la ecuación de regresión.

0,96 se convierte en un coeficiente de determinación, r^2, de 0,88, es decir, que el 88 % de la variación del número total de artefactos puede explicarse simplemente por el tamaño del yacimiento. Pero también sería aceptable darle la vuelta y volver a calcular el coeficiente de correlación utilizando el tamaño del yacimiento como variable dependiente (como y), si el objetivo del análisis fuera predecir el tamaño del yacimiento a partir del número de artefactos.

Hay dos cantidades de la línea de regresión, su pendiente (a), que define la velocidad de cambio, y el punto donde la línea cruza el eje y (b), llamado *intersección*, que se llaman las *constantes de la regresión*, y se expresan así:

$$b = \frac{\sum_{i=1}^{n} (x_i - \bar{x})(y_i - \bar{y})}{\sum_{i=1}^{n} (x_i - \bar{x})^2} \qquad (8.2)$$

y

$$a = \frac{\sum_{i=1}^{n} y_i - b\sum_{i=1}^{n} x_i}{n} \qquad (8.3)$$

El valor de la pendiente y el de la intersección permiten realizar predicciones de y para cualquier valor dado de x, según la fórmula

$$y = a + b \times x \tag{8.4}$$

Por ejemplo, si la figura 8.2 reflejara la correlación entre el tamaño de un yacimiento en hectáreas (x) y el número de artefactos recuperados en la superficie (y), y $a = -102{,}93$ y $b = 2.104{,}2$, entonces sería posible predecir el número de artefactos de un yacimiento de 0,9 ha sustituyendo estos valores de acuerdo con la ecuación 8.4: $y = (-102{,}93) + 2.104{,}2 \times 0{,}9 = 1.790{,}9$.

Las predicciones también tienen un error estándar asociado, calculado como

$$s_{y-\hat{y}} = \sqrt{\frac{\sum_{i=1}^{n}(y_i - \hat{y}_i)^2}{n-2}} \tag{8.5}$$

donde $\hat{y}$ es el valor de predicción de la variable dependiente. Utilizando los datos del cuadro 8.2, el error estándar de la predicción es la raíz cuadrada de 348.999,1 dividida por 18, que da 139,2. Un error estándar es más o menos equivalente al 68 % de las observaciones si los residuos presentan una distribución normal. En este ejemplo, suponiendo que es así, la predicción sobre el número de artefactos de un yacimiento de 0,9 ha de tamaño es 1.790,9 ± 139,2, que tiene un 68 % de probabilidades de ser correcto. Si se quiere mayor precisión, entonces duplicando el error estándar a ±278,4 arrojaría un 95 % de probabilidades de ser correcto.

El coeficiente de correlación de Pearson (r) y el coeficiente de determinación (r^2) se incluyen en casi todos los packs estadísticos informáticos, incluido Microsoft Excel, el SPSS, S-Plus y R. Sin embargo, el uso del coeficiente de Pearson para describir relaciones puede ser problemático, por lo que conviene comentar los peligros y las trampas más frecuentes que pueden encontrar los usuarios menos experimentados. En primer lugar, *no es recomendable suponer de antemano una relación causal basándose únicamente en una correlación observada*. Por ejemplo, aunque se observe que por lo general existe una fuerte correlación positiva entre el tamaño de un yacimiento arqueológico y la edad del director de la excavación, no existe ninguna relación causal entre estas dos variables. Cuando se sospecha una relación causal, siempre es mejor investigar la posibilidad de que existan variables intermedias (p. ej., en la secuencia de: edad → antigüedad → cuantía de la subvención → tamaño del yacimiento).

El análisis de regresión depende también de diversos supuestos que hay que verificar antes de confirmar que todas las correlaciones medidas son sig-

CUADRO 8.2. Datos para el cálculo del error estándar para el análisis de regresión de las variables del cuadro 8.1

y_i	$\hat{y}_i$	$y_i - \hat{y}_i$	$(y_i - \hat{y}_i)^2$
365	254,8	110,2	12.147,6
401	339,0	62,0	3.850,0
243	360,0	−117,0	13.687,6
502	423,1	78,9	6.222,1
580	528,3	51,7	2.669,8
780	570,4	209,6	43.926,3
602	591,5	10,5	111,2
702	738,8	−36,8	1.350,6
440	759,8	−319,8	102.266,9
900	907,1	−7,1	50,2
832	949,2	−117,2	13.728,8
1.023	1075,4	−52,4	2.748,1
1.100	1.117,5	−17,5	306,5
890	1.201,7	−311,7	97.140,7
1.400	1.264,8	135,2	18.279,0
1.480	1.349,0	131,0	17.169,4
1.435	1.412,1	22,9	524,7
1.542	1.496,3	45,7	2.092,0
1.703	1.601,5	101,5	10.307,9
1.643	1.622,5	20,5	419,7
Suma			348.999,1

nificativas (Shennan, 1988: 139-142). Por ejemplo, el valor predictivo del estadístico es dependiente de la variación alrededor de la línea de regresión distribuida de forma homoscedástica o equitativa. Si no es así, la variación se llama heteroscedástica. Aunque una distribución heteroscedástica puede someterse a una regresión y obtener una fórmula, los resultados son absurdos. La figura 8.3, por ejemplo, muestra dos agrupaciones arbitrarias de puntos que individualmente tienen una r^2 de 0, pero colectivamente tienen una r^2 de 0,835. El carácter heteroscedástico de la distribución significa que x tiene muy poco valor predictivo para y. Y pueden darse resultados igualmente absurdos cuando uno o dos valores atípicos de una distribución aleatoria producen una línea de regresión con un valor marcadamente positivo o negativo. En estos casos, la inspección visual de la distribución es esencial para asegurar que la distribución de puntos es equitativa en los valores x e y. Si no es así y aparecen agrupaciones o valores atípicos, entonces estos últimos se han de eliminar (y explicar aparte) y se han de investigar las agrupaciones separadamente. Y aunque no aparezcan valores atípicos evidentes, un análisis de re-

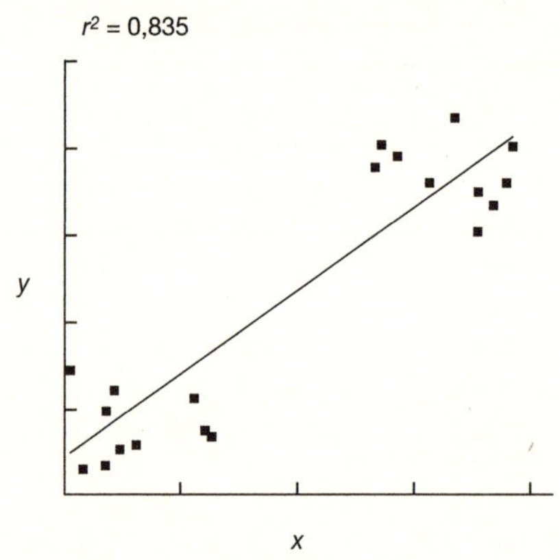

FIGURA 8.3. Una línea de regresión apropiada para una distribución de puntos heteroscedástica. Hay una fuerte correlación positiva ($r = 0{,}91$), pero el coeficiente de determinación ($r = 0{,}84$) no tiene sentido.

siduales de la forma descrita por Shennan (1988: 139-144) puede ayudarnos notablemente a comprender la estructura de una relación lineal.

En tercer lugar, la regresión lineal trata de modelar relaciones lineales entre variables, pero en los datos puede aparecer una tendencia no lineal, como en la figura 8.4. Cuando la inspección visual de un diagrama x,y sugiere un patrón no lineal, es mejor transformar una o ambas variables antes de realizar una regresión lineal, sobre todo porque esta operación no reduce el carácter predictivo del modelo. Entre las transformaciones más habituales están el cuadrado, la raíz cuadrada, el logaritmo natural o $\log_{10}$ de una o las dos variables. Muchas veces hay que experimentar con más de una transformación para obtener el coeficiente de correlación óptimo con datos que presentan tendencias curvilíneas. Shennan (1988: 135-165) presenta un análisis general de las transformaciones de variables para mejorar una regresión lineal.

En cuarto lugar, uno de los supuestos del análisis de regresión aplicado a datos espaciales es que cada una de las dos observaciones en las variables x e y deberían ser independientes y no estar espacialmente autocorrelacionadas (véase la sección 8.3), ni tampoco los residuos (Rogerson, 2001: 154). Si las dos variables, x e y, presentan una autocorrelación espacial muy alta, la varianza y el error estándar de r, que es una función del número de observaciones definida por la ecuación (8.5), resultarán subvalorados porque la r de Pearson se basa en la suposición de que cada par de observaciones son inde-

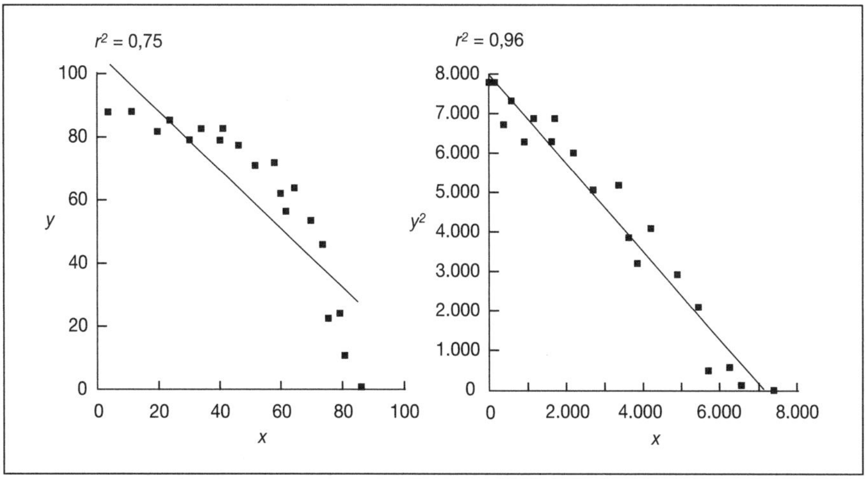

FIGURA 8.4. Transformar una variable para mejorar el coeficiente de correlación. La masa dispersa de puntos de la izquierda presenta una tendencia ligeramente curvilínea, que se puede transformar en una tendencia lineal elevando al cuadrado las variables x e y, como aparece en la derecha. Así que la ecuación de regresión para los datos transformados se convierte en $y^2 = a + b \times x^2$, o $y = \sqrt{a + b \times x^2}$.

pendientes una de otra (Haining, 2003: 279). Por lo tanto, el coeficiente de correlación presentará un valor atípicamente sobrevalorado. Aunque antes de la regresión puede hacerse una valoración de la autocorrelación entre ambas variables con técnicas como el método *I* de Moran, la dependencia espacial también se puede verificar cartografiando los residuos de un análisis de regresión y buscando visualmente evidencia de autocorrelación espacial (Fotheringham *et al.*, 2000b: 162-165).

Supongamos, por ejemplo, que se investiga la relación entre la cantidad de cerámicas prehistóricas y medievales de una muestra de las áreas de superficie prospectadas (cuadro 8.3). La hipótesis nula es que no existe ninguna correlación (es decir, un volumen mayor o menor de cerámicas prehistóricas no influye en absoluto en el volumen de las cerámicas medievales recuperadas, y viceversa). Un análisis *r* de Pearson (8.1) arroja un valor de 0,4 con la cerámica medieval como variable dependiente, lo que sugiere la existencia de una correlación positiva exigua pero clara entre ambos tipos de cerámica, indicando tal vez que el yacimiento prehistórico y el medieval de alguna manera se solapan.

En cambio, un diagrama de los residuos de *y* muestra una fuerte autocorrelación espacial positiva (fig. 8.5). Las altas desviaciones positivas entre la cerámica medieval pronosticada y la observada sólo se agrupan en el centro

CUADRO 8.3. Recuento de la cerámica prehistórica y medieval recuperada en diez áreas de recopilación en superficie

Área	Prehistórica	Medieval	Pronosticada	Residuo
1	30	2	21,1	−19,1
2	6	3	8,4	−5,4
3	56	56	34,9	21,1
4	42	23	27,5	−4,5
5	21	45	16,4	28,6
6	59	12	36,6	−24,6
7	56	65	34,9	30,1
8	21	30	16,4	13,6
9	43	9	28,1	−19,1
10	33	2	22,7	−20,7
Suma	367	247	247,0	0,0

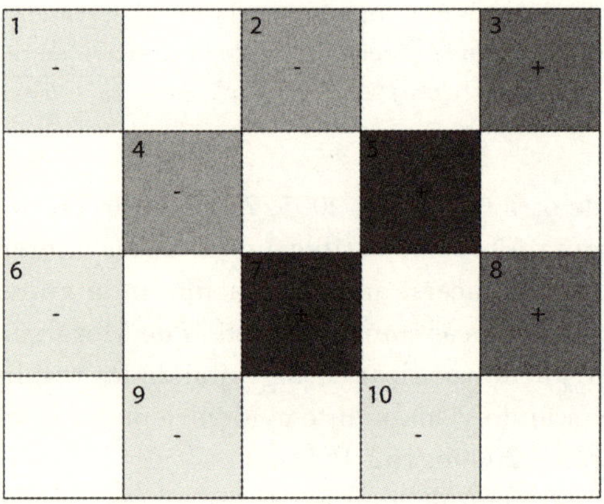

FIGURA 8.5. Un cuadro con los residuos de la cerámica medieval pronosticada *vs.* real. Las cifras de las casillas en la parte superior izquierda hacen referencia a las áreas individuales de recopilación en superficie del cuadro 8.3.

y en el lado superior derecho, y las desviaciones negativas altas sólo aparecen en la parte superior izquierda y en la parte inferior del área de prospección. Ello indica que las observaciones no son independientes. Esto nos advierte a su vez de que los resultados del análisis de correlación no son necesariamente válidos, y que *r* resultará sobrevalorada; de modo que cualquier juicio sobre la significación de la correlación pasar a ser problemática.

CUADRO 8.4. Problemas más corrientes, consecuencias y soluciones en el análisis de regresión (según Haining, 1990: 332-333; Rogerson, 2001: 146)

Problema	Consecuencias	Diagnóstico	Acción correctiva
Residuos no normales	El test inductivo puede no ser válido	Test de Shapiro-Wilks (cap. 7)	Transformar valores de y
Heteroscedástico	Estimación sesgada de errores, de la varianza e inferencia no válida	Diagrama de residuos respecto a y	Transformar valores de y
Variables no independientes	Subestimación de la varianza e inferencia no válida	Test I de Moran	Regresión geográfica ponderada, plots con variable añadida, regresión espacial
Relación no lineal	Encaje deficitario y residuos no independientes	Plot de distribución	Transformar la variable y o/y la variable x
Valores atípicos	Puede afectar seriamente a las estimaciones y a la adecuación del modelo	Plot de distribución	Eliminar valores atípicos
Datos de no intervalos o ratio	Regresión lineal no válida		Regresión logística

Cuando un diagrama de los residuos presenta una autocorrelación espacial positiva, el análisis de regresión puede mejorarse investigando variables explicativas adicionales para producir *diagramas de variables añadidas* (Haining, 1990), o utilizando la técnica de *regresión espacial* (Rogerson, 2001: 187-188) y modelando los residuos como una función de los residuos circundantes (Bailey y Gatrell, 1995), o empleando la técnica de *regresión geográficamente ponderada* (GWR) desarrollada por Fotheringham y sus colegas (Fotheringham *et al.*, 1998). En Fotheringham *et al.* (2002a) se presenta un análisis y muchos ejemplos de esta técnica de regresión.

También es posible, como alternativa, controlar la influencia de variables autocorrelacionadas en la muestra, estableciendo primero cuántos pares de observaciones son espacialmente independientes (n') de todas las observaciones n y utilizando sólo los primeros para establecer la significación de la correlación (Clifford y Richardson, 1985; Haining, 2003: 278-279). En el cuadro 8.4 se describen de forma resumida estos y otros problemas frecuentes del análisis de regresión.

8.3. AUTOCORRELACIÓN ESPACIAL

La expresión «autocorrelación espacial» se refiere al grado de correlación que se da entre un par de valores observados y la distancia entre esas observaciones en la distribución espacial (Clifford, 1981). La autocorrelación espacial positiva describe un estado donde los valores de atributo presentan una tendencia a ser más similares cuanto más cerca están (p. ej., en el caso de la elevación, que cuanto más cerca están dos puntos muestrales, mayor es la posibilidad de que compartan una elevación parecida). Si no existe una relación manifiesta entre la proximidad espacial y el valor de los atributos, entonces la distribución presenta una autocorrelación espacial cero. La autocorrelación espacial negativa aparece cuando valores de atributo similares distan mucho unos de otros (Worboys, 1995: 157-158).

Comprender la autocorrelación espacial de una distribución de datos supone una importante información de ayuda de cara a ciertos procedimientos de modelado. La regresión lineal de datos autocorrelacionados es especialmente problemática por las razones mencionadas en la sección anterior. Por otro lado, la interpolación sólo es un ejercicio válido cuando los datos presentan algún grado de autocorrelación positiva. Si bien esto se supone en el caso de muchos fenómenos, como la elevación, la precipitación, la temperatura, etc., no ocurre lo mismo con los datos antropogénicos. Crear una superficie continua de densidad de artefactos a partir, por ejemplo, de una muestra de cortes de prueba sólo es útil si los datos de la muestra presentan algún grado de autocorrelación positiva (que se comprueba con la técnica del kriging descrita en el capítulo 6). Los métodos de interpolación que incorporan medidas de autocorrelación en sus procedimientos –como la técnica del kriging– siempre producen superficies continuas que son más exactas que utilizando otros métodos.

En general se creía que las medidas de autocorrelación espacial iban a tener una mayor y más amplia aplicación en arqueología (Williams, 1993), pero hasta el momento las aplicaciones con mejores resultados se han limitado al análisis de fechas de algunos monumentos mayas terminales (Premo, 2004).

El método más frecuente para medir la autocorrelación utiliza el estadístico *I* de Moran (Moran, 1950):

$$I = \left(\frac{n}{\sum_i^n \sum_j^n w_{ij}} \right) \left[\frac{\sum_i^n \sum_j^n w_{ij}(x_i - \bar{x})(x_j - \bar{x})}{\sum_i^n (x_i - \bar{x})^2} \right] \qquad (8.6)$$

donde los subíndices i y j se refieren a los ojetos espaciales de los que hay n; $\bar{x}$ es la media de todos los atributos y w_{ij} es la función de ponderación para reducir el impacto de puntos distantes. Si la variable que interesa, x, se transforma primero en un enunciado z $\{z = (x - \bar{x})/s\}$, la fórmula se puede simplificar de la siguiente forma (Rogerson, 2001: 167):

$$I = \frac{\sum_i \sum_j w_{ij} z_i z_j}{(n-1) \sum_i \sum_j w_{ij}} \tag{8.7}$$

La función de ponderación w_{ij} casi siempre es una IDW (ponderación de la distancia inversa) ($\frac{1}{d_{ij}}$). En cambio, para los datos de área, suele utilizarse una medida de *conectividad binaria*, donde $w_{ij} = 1$ si i y j son adyacentes, y $w_{ij} = 0$ si no lo son (Rogerson, 2001: 167).

El valor esperado del I de Moran, si no hay correlación espacial, viene definido por $E(I)$:

$$E(I) = -\frac{1}{n-1} \tag{8.8}$$

Los valores de I mayores que $E(I)$ indican una autocorrelación positiva, y los valores inferiores indican una autocorrelación negativa (Fotheringham *et al.*, 2000a). La significación estadística de cualquier desvío de este valor esperado se puede verificar utilizando una suposición de normalidad (es decir, que los valores de x_i se basen en una población normal). Cuando n es «grande» se puede utilizar el estadístico estandarizado

$$Z = \frac{I - E(I)}{\sqrt{\text{var}(I)}} \tag{8.9}$$

cuando la varianza de I en el supuesto de normalidad es

$$\text{var}(I) = \frac{n^2(n-1)S_1 - n(n-1)S_2 + 2(n-2)S_0^2}{(n+1)(n-1)^2 S_0} \tag{8.10}$$

donde

$$S_0 = \sum_i^n \sum_{j \neq i}^n w_{ij} \tag{8.11}$$

$$S_1 = \frac{\sum_i^n \sum_{j \neq i}^n (w_{ij} + w_{ji})^2}{2} \tag{8.12}$$

$$S_2 = \sum_k^n \left(\sum_j^n w_{ij} + \sum_j^n w_{ji} \right)^2 \tag{8.13}$$

Puede utilizarse una suposición de arbitrarización (es decir, para comparar el I observado con un I esperado si x_i estuviera arbitrariamente distribuido) (Hodder y Orton, 1976: 178). En este caso, la varianza de *I* viene dada por

$$\text{var}(I) = \frac{nS_4 - S_3S_5}{(n-1)(n-2)(n-3)\left(\sum_i^n \sum_j^n w_{ij}\right)^2} \tag{8.14}$$

donde

$$S_3 = \frac{n^{-1}\sum_i^n (x_i - \bar{x})^4}{\left(n^{-1}\sum_i^n (x_i - \bar{x})^2\right)^2} \tag{8.15}$$

$$S_4 = (n^2 - 3n + 3)S_1 - nS_2 + 3\left(\sum_i^n \sum_j^n w_{ij}\right)^2 \tag{8.16}$$

$$S_5 = S_1 - 2ns_1 + 6\left(\sum_i^n \sum_j^n w_{ij}\right)^2 \tag{8.17}$$

Luego se puede utilizar la varianza en (8.9) para calcular el valor de *z*, que ahora se puede comparar con una distribución normal para conocer su significación (Fotheringham *et al.*, 2000b: 204). Cuando *n* es «pequeño», puede ser necesario simular los parámetros de *I* utilizando el método de Monte-Carlo (véase el recuadro de esta página) del que Fotheringham *et al.* (2000b: 204-209) ofrece un pormenorizado ejemplo.

SIMULACIÓN DE MONTE-CARLO

La simulación de Monte-Carlo es anterior a la aparición de la informática, pero sólo se consolidó como una importante forma de muestreo estadístico durante la segunda mitad del siglo XX, sobre todo en el campo de la física (Robert y Casella, 2004). Y no hace mucho ha vuelto a emerger en las ciencias sociales como un método de muestreo estadístico cada vez más importante, porque permite estimar los parámetros de poblaciones complejas. La simulación de Monte-Carlo tiene, pues, un papel importante que desempeñar en los SIG.

La base de esta técnica es muy parecida a la técnica de muestreo estadístico, que propugna que una muestra arbitraria de individuos de una población presentará algún tipo de correspondencia con los parámetros de la población, de modo que estos se pueden estimar basándose en la muestra. Cuando las poblaciones son grandes y potencialmente diversas, no está claro cómo generar una muestra arbitraria, cuántas muestras deben tomarse o hasta qué punto una determinada muestra arbitraria es representativa de la población. La simulación de Monte-Carlo reduce esa incerteza tomando muchas muestras arbitrarias (a menudo mil o más), permitiendo así examinar la distribución de valores de algún estadístico (normalmente la media) de las muestras.

Por ejemplo, un problema arqueológico SIG muy corriente es establecer si el tamaño medio del campo visual de una muestra de yacimientos arqueológicos difiere del tamaño medio del campo visual del paisaje general. Los cálculos de la visibilidad son intensivos desde el punto de vista informático, así que incluso con un área de estudio de tamaño modesto resulta poco realista tratar de establecer el tamaño del campo visual de cada celda. La única opción realista es tomar una muestra arbitraria de puntos en el paisaje y compararla con la muestra arqueológica, pero entonces quizá no quede claro si la muestra arbitraria es representativa o no de la población general. Una simulación de Monte-Carlo para abordar este problema utilizará varias muestas arbitrarias para obtener una mejor estimación de los parámetros de la población.

Un punto de partida habitual en la simulación de Monte-Carlo consiste en tomar mil muestras arbitrarias simples, cada una de 1000 individuos, y luego calcular un promedio. Hay que tener en cuenta que, desde el punto de vista informático, esto equivale a tomar un millón de muestras, que bien podría exceder el tamaño de la población. En estos casos se pueden reducir el tamaño y el número de las muestras; por ejemplo, Lake y Woodman (2000) utilizaron 100 muestras arbitrarias de 30 lugares para estimar los parámetros de las características del campo visual de su área de estudio (véase el capítulo 3). Un resultado se considera significativo si el estadístico de los yacimientos cae en el borde o fuera del rango de valores del estadístico de las muestras de no yacimientos.

Lógicamente no es una tarea que pueda realizarse manualmente; en teoría requiere un programa simple que seleccione las muestras arbitrarias, calcule el tamaño de sus respectivos campos visuales y almacene los resultados en un archivo log. Con Visual Basic para ArcGIS, por ejemplo, estas tareas repetitivas son relativamente fáciles de programar. Otra posibilidad es generar conjuntos de localizaciones x, y arbitrarias en una hoja de cálculo o pack estadístico como R, guardarlas como archivos de texto y luego importarlas al SIG para poderlas utilizar como base para los cálculos.

En otras aplicaciones, como el análisis espacial, las técnicas de Monte-Carlo sirven para establecer cómo es en realidad una distribución aleatoria. Esto es importante en la técnica K de Ripley (en este capítulo), que permite comparar una distribución conocida de puntos con una distribución arbitraria para establecer si es distintiva o no (es decir, si es agrupada o regular). Aunque también lleva su tiempo, mil muestras de mil puntos es un buen punto de partida, ya que eleva la confianza en una estimación más precisa de las características de una muestra arbitraria. Robert y Casella (2004) proponen una buena introducción a los métodos de Monte-Carlo.

Aunque la *I* de Moran se puede calcular a mano, resulta difícil de manejar cuando hay más de diez objetos. Es mucho más fácil utilizar un pack estadístico para ordenador, sobre todo a la hora de calcular la significación del estadístico (como podrían sugerir las fórmulas anteriores). Existen módulos para calcular la *I* de Moran compatibles con muchos packs SIG populares (p. ej., Spatial Statistics para ArcView [Monk, 2001], r.moran para GRASS y AUTOCORR para Idrisi) y se incluyen en los packs geoestadísticos especializados, como G+.[1] También viene incluido en el programa estadístico espacial de libre acceso de CrimeStat[2] (Levine, 2002).

El grado de autocorrelación espacial positiva en una base de datos puede ayudar a interpretar determinados fenómenos antropogénicos. Por ejemplo, la estructura espacial de un «horizonte de acontecimientos», como la expansión de la agricultura (Sokal *et al.*, 1989; Gkiasta *et al.*, 2003) o el colapso del estado maya clásico (Kvamme, 1990d; Williams, 1993; Neiman, 1997), depende en gran medida del establecimiento de una autocorrelación positiva entre las fechas y los lugares donde el acontecimiento se observó por primera vez. Premo (2004) ha utilizado no hace mucho medidas de autocorrelación espacial en arqueología, aplicando estadísticas de autocorrelación a fechas terminales contextuales de yacimientos mayas de vecindades locales para conocer mejor el «colapso» maya. Si este tipo de ejemplos dependen ciertamente de una adecuada muestra de datos, el análisis de autocorrelación tiene otras muchas potenciales aplicaciones arqueológicas.

8.4. ANÁLISIS DE AGRUPACIONES (CLÚSTERS)

Los arqueólogos suelen utilizar puntos para representar la localización de artefactos, elementos y yacimientos. El análisis de los patrones de distribución

1. www.gammadesign.com/.
2. www.icpsr.umich.edu/NACJD/crimestat.html.

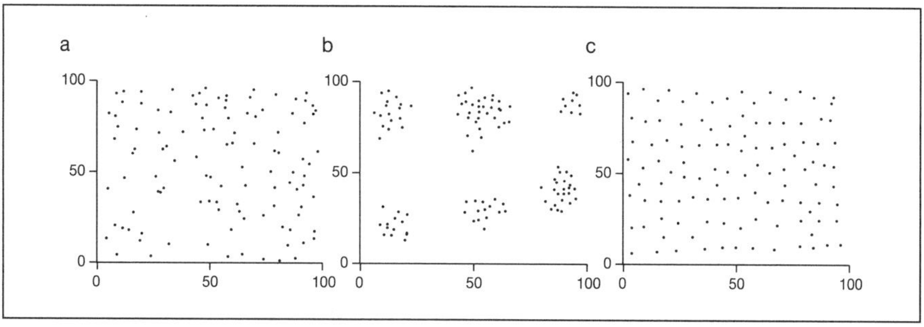

FIGURA 8.6. Distribuciones idealizadas de puntos: a) cuasialeatoria, b) cuasiagrupada, c) cuasirregular.

de puntos es, pues, una herramienta importante para describir, interpretar y explicar las características espaciales de estos fenómenos. Los patrones de distribución de puntos suelen describirse en función de su configuración, que puede presentar tres estados ideales: arbitrario, agrupado o regular (fig. 8.6a-c). En realidad, la distribución espacial, se trate de artefactos o de yacimientos, casi nunca es tan simple. El análisis de patrones de distribución ha de ser sensible al hecho de que en un área de estudio pueden existir varios patrones distintos a muy pequeña escala, y que a menudo coexisten distintas configuraciones a diferentes escalas espaciotemporales.

En el caso del análisis de los patrones de asentamiento, se considera que una espaciación regular de yacimientos puede reflejar o una forma de competición entre yacimientos, la presencia de áreas de captación de un yacimiento, o una combinación de ambas como resultado de un crecimiento demográfico a partir de una distribución inicial arbitraria (Hodder y Orton, 1976: 54-85; Perlès, 2001: 132-147). La agrupación de yacimientos puede deberse a varios factores, pero con frecuencia se apunta a una distribución localizada de recursos y a la emergencia de comunidades políticas o de centros regionales (Roberts, 1996: 15-37; Ladefoged y Pearson, 2000). En cambio, las distribuciones arbitrarias se suelen tratar como la hipótesis nula estadística; aunque algunos autores presentan buenos ejemplos de distribuciones aparentemente arbitrarias, pueden deberse a variables medioambientales, biológicas y sociales menos evidentes (Maschner y Stein, 1995; Woodman, 2000b; Daniel, 2001). En términos generales, la interpretación de las distribuciones de asentamientos arqueológicos demanda una nueva teoría y una investigación empírica y experimental renovada. El trabajo de Premo (2004) sobre la distribución de yacimientos mayas es un ejemplo de este enfoque.

Un tema importante del análisis de una distribución de puntos es la inci-

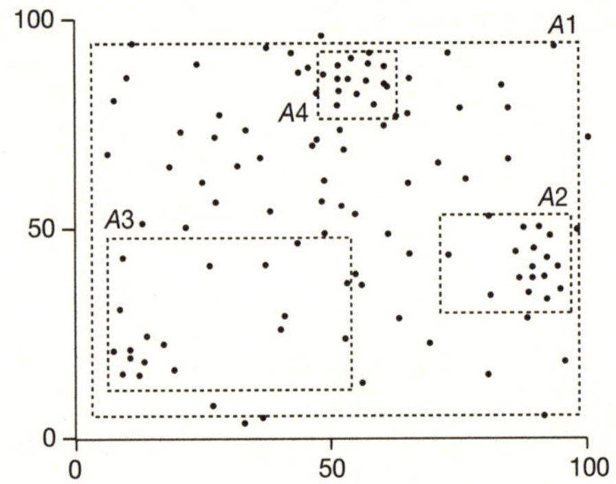

FIGURA 8.7. En la distribución de puntos cuasialeatoria del área *A*1 se observan varios patrones de puntos a pequeña escala. Por ejemplo, se podría decir que las áreas *A*2 y *A*3 contienen distribuciones agrupadas, mientras que *A*4 tendría una distribución regular.

dencia que ejerce el tamaño del área de estudio en la detección y caracterización del patrón. La figura 8.7 demuestra que el ajuste de la escala de análisis influye mucho en la tendencia a la homogeneidad, intensidad y agrupación de la distribución de puntos. En todo el área de estudio *A*1, el patrón es homogéneo, con una estructura agrupada (es decir, las agrupaciones aparecen relativamente iguales) de manera que una distribución de frecuencias de las distancias al vecino más próximo de cada punto presentaría una distribución normal. A escalas más pequeñas, por ejemplo en el área *A*2, el patrón es heterogéneo, con un pronunciado gradiente de izquierda a derecha. Una función de la densidad del vecindario aparecería sesgada positivamente con una tendencia bimodal. El área *A*3 también es heterogénea, aunque el valor de su densidad es bastante más bajo que el del área *A*2. El área *A*4 presenta una densidad alta y una distribución homogénea, aunque en este caso es mucho más regular que en los otros.

La dicotomía entre dispersión y nucleación creada por muchos análisis de puntos depara sólo una caracterización aproximada de los patrones de asentamiento humano. Concretamente, los análisis sensibles sólo a una escala (como el análisis del vecino más próximo) pueden pasar por alto patrones espaciales y multiescalas más complejos.

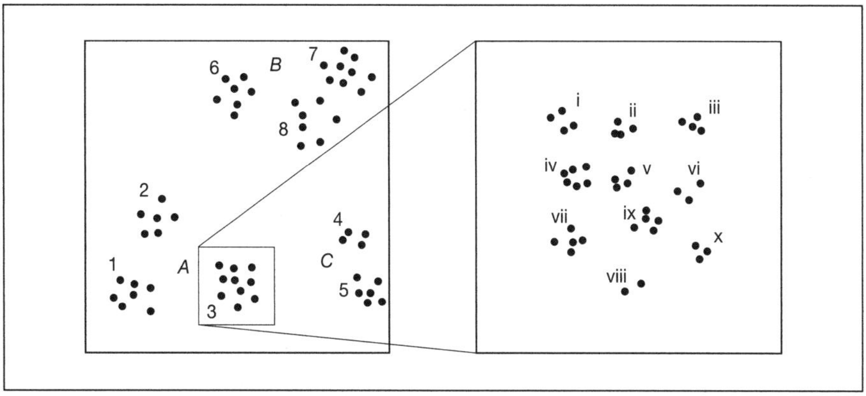

FIGURA 8.8. Patrón de escala múltiple: tres grandes agrupaciones (*A*, *B*, *C*) están formadas por pequeñas agrupaciones (1-8), a su vez consistentes en agrupaciones más pequeñas (p. ej., i-x del grupo 3).

8.4.1. Análisis del vecino más próximo

Una técnica favorita de los arqueólogos, aunque hoy ya desfasada, para analizar una distribución de puntos es el análisis del vecino más próximo. Clark y Evans (1954) fueron los primeros en explorar la utilidad de este análisis en ecología (recuadro de p. 222), y muy pronto los Nuevos Geógrafos empezaron a aplicarlo a los asentamientos humanos (Dacey, 1960; Haggett, 1965). Poco después, a principios de los años setenta, se empezó a utilizar en el análisis arqueológico de los patrones de asentamiento humano del pasado (Hodder y Hassell, 1971a; Clarke, 1972; Hodder, 1972; Whallon, 1974; Washburn, 1974; Hodder y Orton, 1976) y se prolongó durante los años ochenta y noventa. La técnica conserva su preminencia en arqueología tanto en libros de texto generales (p. ej., Wheatley y Gillings, 2002) como en estudios culturalmente específicos (p. ej., Perlès, 1999; Ladefoged y Pearson, 2000). Su popularidad se debe fundamentalmente a dos factores: es fácil de calcular (véase el recuadro de p. 222) y da un coeficiente de fácil interpretación.

Con todo, tiene algunas importantes limitaciones. Inicialmente se pensó para detectar patrones espaciales entre los primeros vecinos más cercanos, y por lo tanto no es el mejor método para identificar efectos de múltiples escalas.

Por ejemplo, la figura 8.8 presenta una distribución hipotética de varios yacimientos representados mediante puntos. Un análisis del vecino más próximo de un solo orden aplicado a la distribución de puntos del panel izquierdo detectaría la presencia de agrupaciones, y se podría utilizar un esta-

ESTADÍSTICO DEL VECINO MÁS PRÓXIMO DE CLARK Y EVANS

Este estadístico, útil pero problemático, se calcula dividiendo la media de la distancia observada entre cada punto y su vecino más próximo (denotado mediante $\bar{R}_0$) por un valor esperado de R si la distribución fuera aleatoria ($\bar{R}_e$). Se estima utilizando la ecuación:

$$\bar{R}_e = \frac{1}{2\sqrt{\lambda}} \qquad (8.18)$$

donde λ es la densidad de puntos en el área de estudio (es decir, la intensidad media de puntos) que se obtiene con la ecuación (8.22).

La ratio de $\bar{R}_0$ a $\bar{R}_e$ (denotada por R) :

$$R = \frac{\bar{R}_0}{\bar{R}_e} \qquad (8.19)$$

Si $\bar{R}_0$ y $\bar{R}_e$ son iguales –esto es, si la distancia media observada del vecino más próximo es equivalente a la pronosticada si la distribución fuera aleatoria– entonces su ratio (R) será igual a 1. En una distribución agrupada, la distancia media entre puntos será menor que si su distribución fuera aleatoria. Así, un valor de R menor que 1 indica una distribución agrupada. Si R es mayor que 1 (hasta su máximo teórico de 2,15), indica que los puntos están espaciados de modo más regular.

Esta significancia de R depende del tamaño de la muestra y de la densidad de la distribución de puntos. Sabemos que la varianza de las distancias medias entre vecinos en una distribución aleatoria es

$$V[R_e] = \frac{4 - \pi}{4 \times \pi \times \lambda \times n} \qquad (8.20)$$

donde n es el número de puntos y λ es la intensidad media de puntos (Rogerson 2001: 162). Dado que podemos estimar la varianza, puede utilizarse un test z para verificar la hipótesis nula de una distribución aleatoria:

$$z = \frac{(R_0 - R_e)}{\sqrt{V[R_e]}} \qquad (8.21)$$

Se pueden utilizar unas tablas de la distribución normal estándar para evaluar la significancia: unos valores z de 1,96 o mayores indicarían uniformidad significante, y valores de –1,96 o menores indicarían una importante tendencia a la agrupación.

dístico de medias *k* (descrito anteriormente) para mostrar que el número óptimo de agrupaciones era seguramente de ocho. Pero ninguno de estos análisis podría detectar que también hay una escala de orden mayor que produce tres agrupaciones. Además, si incluimos una escala de artefactos con una resolución más alta representada en el panel derecho (en lugar de una mera aproximación del centro de la distribución de artefactos), se demuestra que aparecen agrupaciones a tres escalas distintas: i) artefactos que forman yacimientos (agrupaciones i-x); ii) yacimientos que forman agrupaciones primarias (agrupaciones 1-8), y iii) agrupaciones primarias que forman agrupaciones secundarias (agrupaciones A-C).

Si incrementamos la medida del vecino más próximo al segundo, tercer, ... enésimo vecino (*n*), podemos detectar agrupaciones a distintas escalas, pero se dificulta la validación estadística de los patrones (Hodder y Orton, 1976: 41). En el análisis del vecino más próximo también influye bastante el tamaño del área a analizar, y la distribución regular, arbitraria o agrupada depende en parte de la forma del área de estudio. El tamaño del área circundante incluida en el análisis también puede influir mucho en la identificación de las agrupaciones; cuanto mayor es el espacio vacío alrededor de una distribución central de puntos arbitrarios, más probable será que el patrón se identifique como agrupado. Hay artilugios para sortear estos problemas, pero aún así la técnica no deja de ser algo obtusa para describir patrones de distribución de puntos.

8.4.2. La función *K* de Ripley

Dado que los dispositivos del SIG para reunir y gestionar datos de una prospección arqueológica son capaces de almacenar datos a varias escalas distintas dentro de un mismo medio (p. ej., artefactos, yacimientos y zonas), se requieren técnicas más sofisticadas y espacialmente sensibles para identificar y caracterizar los patrones de distribución. Una técnica que aborda algunos de los problemas típicos del análisis del vecino más próximo es la *función K de Ripley* (Ripley, 1976, 1981). La técnica se ideó para identificar la agregación y segregación relativas de datos basados en puntos a distintas escalas espaciales, y la forma del área de estudio tiene escaso efecto en la valoración de los patrones. El estadístico está pensado para un proceso de intensidad de puntos λ, donde $\lambda K(r)$define el número esperado de vecinos en un círculo de radio *r* en un punto arbitrario de la distribución (Pélissier y Goreaud, 2001: 101). La distribución *K* es una distribución acumulativa de frecuencias de la intensidad media de puntos a intervalos de *r* predeterminados. Los intervalos de significación se generan mediante la simulación de Monte-Carlo de

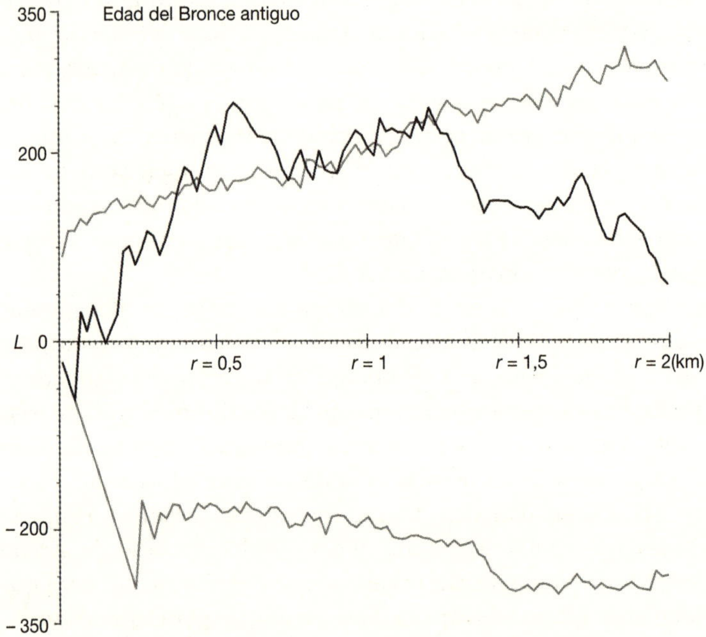

FIGURA 8.9. Identificación del agrupamiento de escala múltiple durante el Bronce antiguo de Kythera utilizando la *K* de Ripley. Se constata la presencia de agrupaciones de asentamientos entre los 500 y ~700 metros por el pico en esa posición en el eje *x*, con agrupamiento importante pero menos obvio entre los ~700 y 1.250 metros (para detalles, véase Bevan y Conolly en prensa).

distribuciones arbitrarias de los puntos y se puede obtener un intervalo de confianza del 95 % en unas 1.000-1.500 iteraciones (Manly, 1991). Estas estimaciones pueden compararse con los valores observados de *K* para obtener una medida estadísticamente fiable del tamaño de las agrupaciones y de la distancia entre ellas en la base de datos. Para una presentación más clara, la distribución *K* acumulativa suele transformarse en $\sqrt{K(r)/\pi} - r$, donde la expectativa aleatoria ($L(r) = 0$) es una línea horizontal (fig. 8.9). $L(r) < 0$ significa que hay menos vecinos de los esperados en la distancia *r*, lo que sugiere un patrón regular, y $L(r) > 0$ significa que hay más vecinos de los esperados en la distancia *r*, indicando un patrón agrupado (Pélissier y Goreaud, 2001: 102).

La *K* de Ripley se puede obtener en packs estadísticos generales como R, como un módulo en el pack de estadísticas espaciales ADE-4 de libre acceso[3] (Thioulouse *et al.*, 1997) y en la extensión a terceros para ArcView Spatial Statistics[4] (Monk, 2001). Aunque más compleja que el estadístico del vecino más próximo de Clark y Evans, y también más lenta de calcular debido a la necesidad de simular los parámetros de una distribución arbitraria, la *K* de Ripley es una vía mejor para investigar la estructura espacial de patrones de puntos. Bevan y Conolly (en prensa), por ejemplo, utilizaron esta técnica para investigar el carácter cambiante de los patrones de asentamiento de la isla de Kythera, y pudieron demostrar no sólo la presencia de agrupamiento durante distintas fases de ocupación de la isla sino también cómo había cambiado en el tiempo tanto la estructura de la distribución como el tamaño de muchas agrupaciones de asentamientos, lo que reflejaba varias estrategias de ocupación.

8.5. CÓMO IDENTIFICAR LA PERTENENCIA A UNA AGRUPACIÓN

Si en una distribución de puntos se identifican agrupaciones (clústers), la segunda fase del análisis consiste normalmente en definir el número y posición de esas agrupaciones. Hay varias técnicas para lograr este objetivo, que pueden dividirse en tres grupos, según utilicen métodos basados en la *jerarquía* (Sokal y Sneath, 1963; Sneath y Sokal, 1973), en la *división* (Ball y Hall, 1970) o en la *densidad* para definir agrupaciones (Silverman, 1986). Los métodos jerárquicos empiezan con objetos individuales y los van agrupando progresivamente en unas pocas agrupaciones de orden mayor para luego poder adscribir todos los objetos a un grupo. Los métodos de división parten de la distribución completa y la dividen en una serie de unidades menores, mientras que el método basado en la densidad identifica concentraciones densas de objetos. En esta sección describimos tres posibilidades: el análisis jerárquico de agrupaciones, el análisis divisorio de medias *k* y el análisis de densidad.

8.5.1. El método de agrupación jerárquico

Este método de agrupamiento tiene una larga historia de aplicación en arqueología. Funciona mediante la creación de una «distancia matriz» entre objetos basada en el estado de sus atributos, y cuando se aplica a datos espaciales las distancias lineales entre todos los puntos de la base de datos forman la base de la matriz. Por ejemplo, las relaciones entre los puntos de la

3. http://pbil.univ-lyon1.fr/ADE-4/.
4. http://arcscripts.esri.com/.

CUADRO 8.5. Una matriz de distancias para el análisis de agrupaciones jerárquico

	1	2	3	4	5	6	7	8	9
2	7,8								
3	7,3	4,3							
4	4,1	3,7	4,5						
5	0,7	7,0	6,7	3,4					
6	7,3	12,1	13,7	9,3	7,5				
7	13,6	19,7	20,7	16,6	14,0	7,7			
8	12,7	19,8	20,0	16,3	13,3	8,8	3,8		
9	14,4	20,7	21,6	17,5	14,9	8,7	1,0	3,7	
10	16,6	22,8	23,8	19,7	17,1	10,8	3,1	5,2	2,2

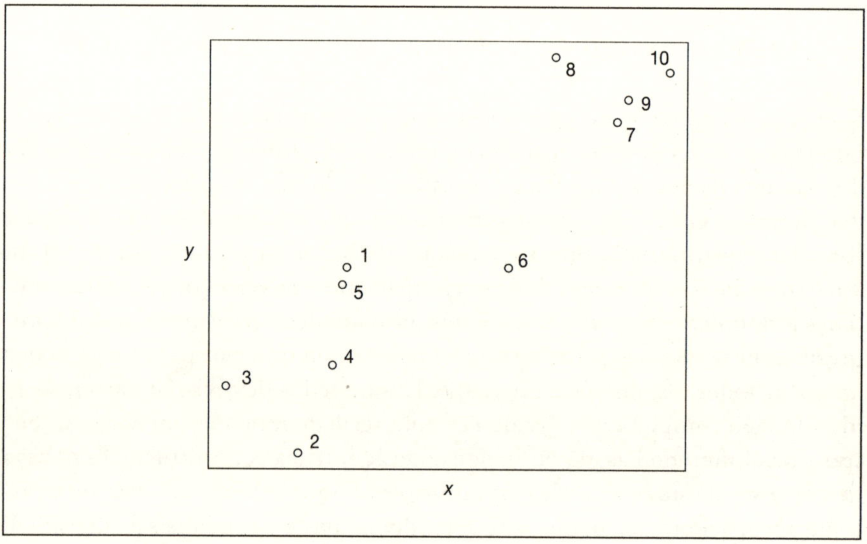

FIGURA 8.10. Una simple distribución de puntos.

figura 8.10 pueden convertirse en una distancia matriz (cuadro 8.5), que a su vez sirve para construir un *dendrograma* que define la agrupación jerárquica de cada punto (fig. 8.11).

La creación del dendrograma empieza aglutinando, esto es, definiendo cada punto separado como un grupo en sí mismo, y luego localizando el par que presenta la distancia más corta, que en la mencionada figura son los puntos 1 y 5, que distan 0,7 unidades. Luego, el par de puntos con la segunda distancia más corta (7 y 9) se agrupan a su vez. Los puntos individuales y

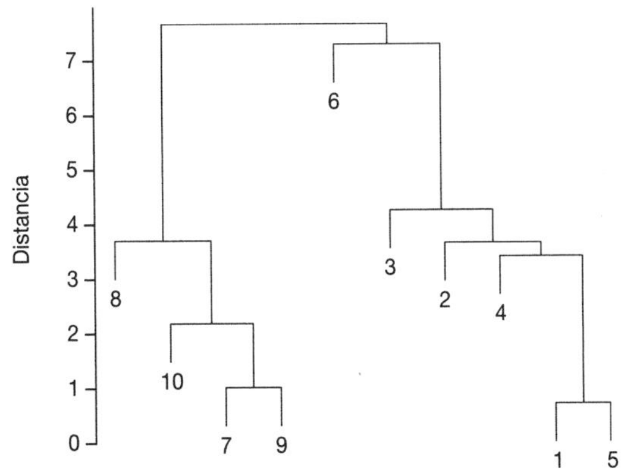

FIGURA 8.11. Un análisis de agrupación de un solo vínculo de la distribución de puntos de la figura 8.10.

los pares agrupados se pueden vincular con grupos ya existentes según una regla especificada, que define el método de agrupación y, en última instancia, la forma del dendrograma resultante. Por ejemplo, uno de los métodos más simples es el llamado *Análisis de agrupaciones con un solo vínculo* (Single-Link Cluster Analysis, SLCA), que asocia puntos a grupos, o grupos a grupos basándose en su nivel común de semejanza con cualquier miembro de los dos grupos. En este caso, el punto 10 se vincularía al par (7,9), y el punto 4 al par (1,5). Luego, los demás puntos se vinculan progresivamente hasta crear el dendrograma de la figura 8.11.

La figura 8.11 da una indicación de la estructura espacial de la distribución de puntos de la figura 8.10. Se distinguen dos grandes agrupaciones, una formada por los puntos 8, 10, 7 y 9, y otra formada por los puntos 6, 3, 2, 4, 1 y 5, con el 6 en una posición periférica respecto a ese grupo. En el primer grupo, el punto 8 está fuera de la distribución principal. Con una distribución tan pequeña, la información adicional que esto aporta a la estimación visual de la distribución es marginal, aunque el análisis jerárquico aplicado a un volumen mayor de datos puede ayudar a dar sentido a configuraciones más complejas. Sin embargo, uno de los problemas más importantes del SLCA es la facilidad para crear vínculos entre grupos, lo que suele generar largas cadenas de pequeñas agrupaciones, y los valores atípicos se conectan a otras agrupaciones basándose en un nexo con un solo miembro. Hay métodos mejores, como el *Análisis de agrupaciones con vínculo medio* (Average-

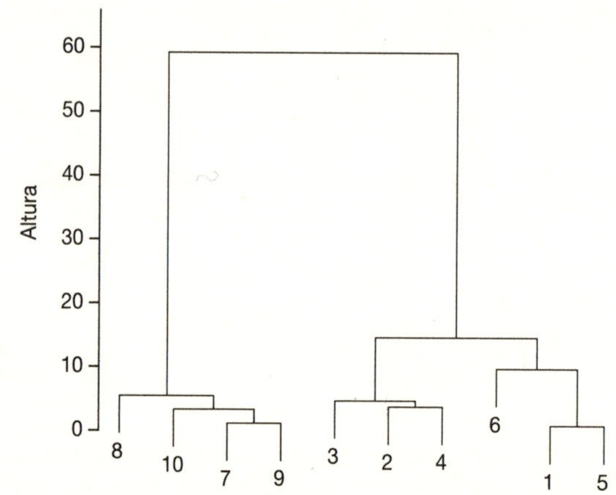

FIGURA 8.12. Un análisis de agrupación de la distribución de la figura 8.10 utilizando el método de Ward.

Link Cluster Analysis), que utiliza la semejanza media de grupos para determinar a qué nivel se agrupan los miembros adicionales. También hay métodos para definir grupos más sofisticados que ofrecen otras ventajas, como el *Método de Ward*, que busca maximizar la homogeneidad de las agrupaciones definiéndolas de tal manera que minimicen la *suma de errores de los cuadrados* (ESS) –la suma de las distancias al cuadrado de todos los puntos desde la media de la agrupación a la que pertenecen. Las agrupaciones creadas con el método del vínculo medio Ward son siempre más fáciles de interpretar que los métodos *single-link* o *average-link*, porque las largas cadenas de pequeños grupos son menos frecuentes, y crean agrupaciones más homogéneas y un dendrograma de fácil interpretación. Por ejemplo, el método de Ward (1990) se utilizó para confeccionar el dendrograma de la figura 8.12. Los resultados son bastante mejores que los resultados del SLCA, porque 3, 2 y 4 forman una agrupación claramente diferenciada de la 1 y 5, con el 6 como valor atípico de este último par.

Shennan (1988: 212-232) pasa revista a diversos métodos de agrupación jerárquicos. En líneas generales, la ventaja de los métodos de agrupación jerárquicos es que es posible visualizar las agrupaciones a distintas escalas, empezando por pequeños grupos de dos o más objetos para luego configurar agrupaciones mayores que incluyen muchos grupos más pequeños. Pero esta ventaja puede presentar dificultades a la hora de decidir exactamente cuántas agrupaciones puede haber en una base de datos, ya que el número de agrupaciones se define mediante un nivel arbitrario de semejanza (o mediante la suma de errores de los cuadrados en el caso del método de Ward) que elige el analista. Por eso es aconsejable evitar una excesiva dependencia del método jerárquico y utilizar en cambio estadísticas complementarias, como el análisis de medias *k*, para ayudar a determinar el número óptimo de agrupaciones en una base de datos. Los packs estadísticos más populares, como SPSS, S+ y R, ofrecen una serie de métodos de agrupación jerárquicos.

8.5.2. El análisis de medias *k*

Cuando el número de objetos es importante (digamos >100), el dendrograma producido con el método de agrupación jerárquico no se interpreta fácilmente, y se hace difícil determinar el nivel de semejanza a partir del cual se definen los grupos. Son mejores los métodos que permiten especificar de antemano el número de agrupaciones deseado para que así se puedan comparar una serie de soluciones y elegir la óptima. El análisis de medias *k* es uno de estos métodos. La principal diferencia entre este método y la agrupación jerárquica es que el de medias *k* es una técnica de agrupación basada en la *división*, porque en lugar de agrupar objetos similares, divide un grupo de objetos en un número determinado de agrupaciones. Los centros de las agrupaciones se definen inicialmente seleccionando puntos aleatorios de la distribución para que hagan de «semillas», y luego se añaden los demás objetos a la agrupación más cercana. A medida que se añaden nuevos objetos a las agrupaciones, se vuelve a calcular el centro de cada agrupación, y si un objeto asignado previamente estuviera ahora más cerca del centro de otra agrupación se procede a reasignarlo. Esta *reasignación iterativa* es una de las principales fuerzas de la técnica de medias *k*, pero como las semillas que definen las agrupaciones son aleatorias, puede haber diferentes soluciones óptimas, y puede que las soluciones sean irrepetibles. Una vez asignados todos los objetos, se calcula la suma de las distancias euclidianas al cuadrado de cada agrupación (es decir, la distancia cuadrada entre cada objeto y el centro de su agrupación) para obtener una estimación de la solución de agrupación.

Un modo de determinar el número óptimo de agrupaciones es examinar el índice de disminución de la suma total de las distancias cuadradas en el creciente número de soluciones de agrupación. A medida que el número de soluciones aumenta y se acerca al número de puntos de la distribución, la suma de los cuadrados tiende a reducirse a 0. El ritmo de disminución, que suele ser exponencial, se reduce en aquellos puntos donde el aumento del número de agrupaciones no altera drásticamente la suma total de cua-

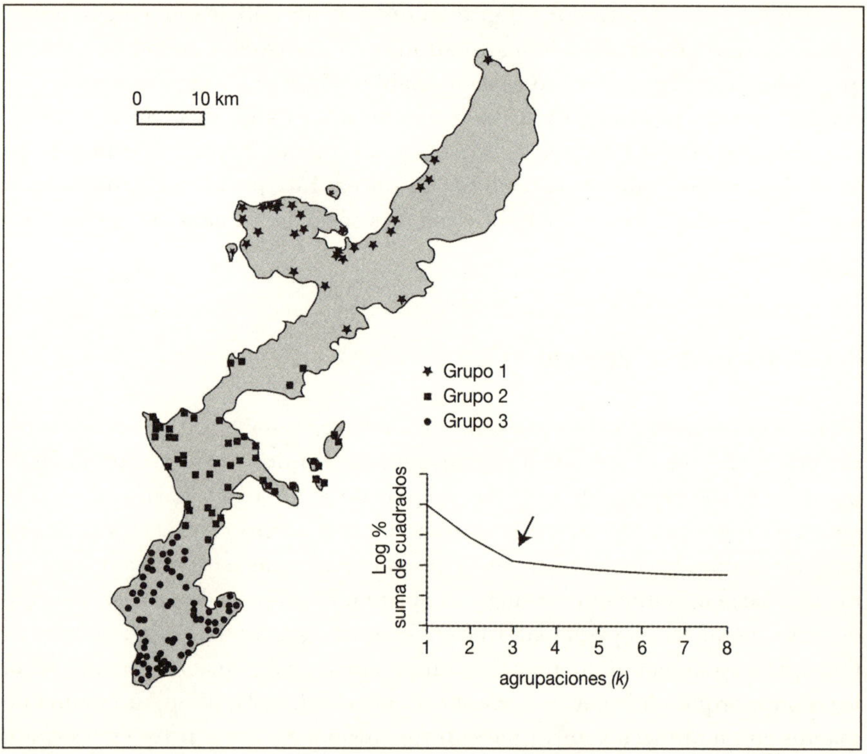

FIGURA 8.13. Un análisis de medias *k* de los castillos medievales de la isla de Okinawa, Japón, con el «codo» en la solución 3 (flecha) del grafo asociado que representa la suma porcentual decreciente de cuadrados (readaptación a partir de Ladefoged y Pearson 2000, figs. 2-4).

drados. Esto se suele medir aplicando el logaritmo natural del porcentaje de la suma total de cuadrados a un número creciente de agrupaciones (*k*). Cuando las distribuciones están razonablemente muy agrupadas, esta puede ser una técnica muy útil para identificar el número óptimo y la pertenencia a uno u otro grupo. Un buen ejemplo es el análisis de Ladefoged y Pearson (2000) de las medias *k* de la distribución de los castillos medievales de la isla de Okinawa, que sugería que la solución óptima era de tres agrupaciones (fig. 8.13).

Las distribuciones más complejas son difíciles de agrupar por vías tan directas. Por ejemplo, la distribución de 1.795 puntos de la figura 8.14 representa la disposición espacial de artefactos líticos del corte 4b del yacimiento del Paleolítico inferior de Boxgrove, Inglaterra (Roberts y Parfitt, 1999, fig. 279). El estadístico R de Clark y Evans es 0,69, con un valor de *z* de 24,8, que

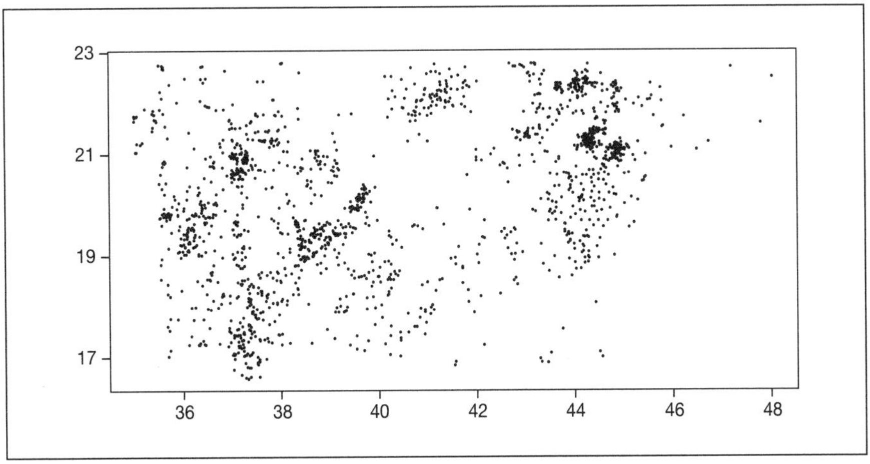

FIGURA 8.14. Distribución de artefactos líticos del corte 4b dedicado a la matanza de caballos del yacimiento del Paleolítico inferior de Boxgrove, Inglaterra (Roberts y Parfitt, 1999, fig. 279). Fuente: Proyecto Boxgrove. Utilizado con autorización.

autoriza a rechazar sin más una hipótesis nula de aleatoriedad. Pero persiste la duda sobre el número y la localización de agrupaciones en esta distribución, que presenta retos importantes debido al carácter difuso del patrón de distribución y a la ausencia de líneas divisorias claras entre las áreas de alta y baja densidad.

El único «remedio» claro radica en la solución de dos agrupaciones, como muestra la figura 8.15. El resultado es una distribución dividida en dos, y la línea divisoria correspondería aproximadamente a una zona de densidad reducida que discurriría por el medio (fig. 8.16). Pero esta solución presenta dificultades, que revelan algunos de los problemas del análisis de medias k. Concretamente, la línea divisoria entre la agrupación de la derecha y la de la izquierda está lejos de ser óptima. Y ello se debe al modo relativamente simple que tienen las medias k de calcular los centroides como la media de las coordenadas x e y.

En algunas soluciones el resultado es que los puntos situados en la periferia de las agrupaciones se asignan a otras agrupaciones aunque formen un grupo coherente. Estas dificultades surgen en gran medida debido al carácter de esta distribución de puntos, que se caracteriza por varias pequeñas agrupaciones de alta densidad mezcladas con una «alfombra» de densidad menor que forma agrupaciones difusas que sangran unas en otras. En estas situaciones, identificar el número óptimo de agrupaciones, y sus miembros, puede resultar muy difícil, aunque subdividir la distribución y aplicar las

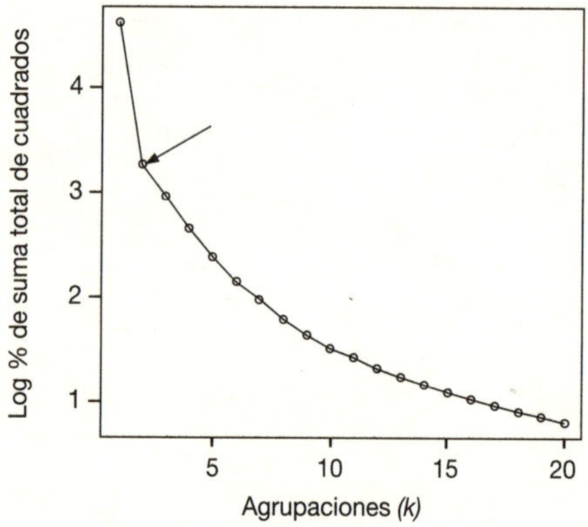

FIGURA 8.15. Índice de cambio de la suma de cuadrados (expresado como porcentaje log de la suma total de cuadrados) para 1-20 soluciones de agrupación. La desviación («codo») del índice de cambio en $k = 2$ (flecha) sugiere que la solución óptima son dos agrupaciones.

medias *k* a cada subunidad puede ayudar. Pero en general las distribuciones espaciales complejas, como la de este ejemplo, son difíciles de agrupar con medias *k*, y quizá no ayude a comprender y a interpretar la conducta que creó la base de datos.

Algoritmos de división más sofisticados, como los *Partitioning Around Medoids* (PAM; Kaufman y Rousseeuw, 1990; van de Laan *et al.*, 2002) pueden contribuir a mejorar algo los resultados. En cambio, examinar el patrón de agrupación mediante la generación de medidas de densidad puede ser muy informativo.

8.6. ANÁLISIS DE DENSIDAD

Hay muchas distribuciones donde el agrupamiento es evidente, pero la definición de sus miembros es difícil de determinar por la gran cantidad de puntos, o por la «borrosidad» de las fronteras entre concentraciones. En estas situaciones, el problema de definir lo mejor posible la localización de las agrupaciones y su tamaño puede solucionarse con métodos que describen los cambios de densidad (o, más exactamente, de *intensidad*) del material. Estos enfoques entran dentro de un tipo de modelo espacial llamado *análisis de intensidad* y permiten a los arqueólogos describir y visualizar el cambio de fre-

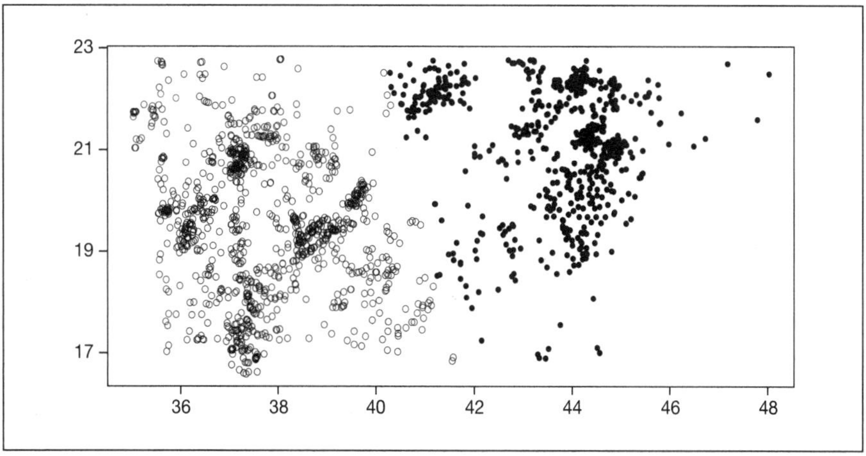

FIGURA 8.16. La solución de dos agrupaciones de un análisis de agrupación de medias *k*.

cuencia de las observaciones que aparecen en una determinada zona, muchas veces para comparar fenómenos distintos dentro de esa área o con el mismo fenómeno en otras áreas distintas.

Si $N(a)$ denota el número de observaciones de un fenómeno que tiene lugar en A, la *intensidad media* del fenómeno, M_1, vendrá dada por:

$$M_1 = \frac{N(a)}{A} \tag{8.22}$$

Por ejemplo, la intensidad de superficie media de una distribución de 1.795 artefactos en un área de estudio de 62 m^2 se calcula como 1.795/62 = 28,95 artefactos por metro cuadrado. El mismo principio podría aplicarse a subzonas del área de estudio, por ejemplo, a rectángulos de 1 m, y calcular la función de intensidad de primer orden para cada rectángulo. En este caso, la intensidad viene dada por $\lambda(x)$, ya que la calculamos para un subconjunto de *a*.

Pero aún es más útil reducir el tamaño del área de observación a una «ventana móvil» para derivar medidas de densidad local, $\lambda_n(x_i)$, en una retícula regular de todo el área de estudio. Esto puede expresarse formalmente mediante la ecuación:

$$\lambda_n(x_i) = \frac{N[C(x_i, r)]}{\pi \times r_i^2} \tag{8.23}$$

donde x_i es el lugar cuya intensidad se calcula, y N es el número de artefactos en $C(x_i, r)$, que es un círculo de radio r alrededor del punto x_i. Este cálculo se llama *estimador naif* (Fotheringham *et al.*, 2000a: 147). Lógicamente el área de observación (r) y el tamaño de las celdas de la rejilla tendrán una fuerte influencia en la superficie de densidad resultante. Los resultados se podrían mejorar algo comparando superficies localizadas (es decir, radios de consulta más pequeños) con superficies generales (es decir, radios de consulta mayores) para investigar influencias a pequeña escala *vs.* a gran escala sobre los patrones de distribución (fig. 8.17).

Hay que tener en cuenta que cuanto más se reduce el área de consulta, mayor será la densidad local de las pequeñas agrupaciones –por ejemplo, los artefactos que están en un radio de consulta de 0,25 arrojarán una densidad local de $5/(\pi \times 0{,}25^2) = 25{,}5$, mientras que cinco artefactos encontrados en un radio de 1 m producirían una densidad local de $5/(\pi \times 1^2) = 1{,}2$.

8.6.1. Estimación de la densidad del núcleo

Un sofisticado método para medir densidades es la llamada estimación de densidad del núcleo (*kernel density estimation*, KDE), que produce resultados más atenuados y de mejor interpretación que las simples técnicas de densidad (Silverman, 1986).

La KDE es una técnica no paramétrica que coloca una función de probabilidad de densidad bidimensional (el «núcleo») a través de los puntos observados para crear una aproximación suavizada de su distribución centrífuga desde el centro del punto. Los dos parámetros que pueden manipularse son la forma del núcleo colocado encima de cada punto (aunque muchos packs SIG la proveen en forma de una función cuadrática que no puede cambiarse) y la varianza (o radio) del núcleo, denominada el ancho de banda y expresada por h. Luego se establece el valor de densidad de cada celda sumando los valores de las distribuciones de densidad (cada una será una fracción de 1, a menos que los puntos representen poblaciones) que están encima de esa celda. Se aconseja experimentar con diferentes valores de h, y se puede encontrar información más detallada en Wand y Jones (1995); las aplicaciones arqueológicas se describen en Beardah y Baxter (1996) y Beardah (1999). En general, si se utiliza un radio demasiado amplio se obtiene una distribución excesivamente suavizada, mientras que un radio demasiado estrecho producirá picos alrededor de las agrupaciones que quizá no reflejen la distribución real. La figura 8.18 muestra el resultado de la KDE utilizando los mismos datos y puntos que los simples cálculos de densidad de la figura 8.17. El resultado es una superficie continua más suavizada y de mejor interpretación que favorece la identificación de agrupaciones.

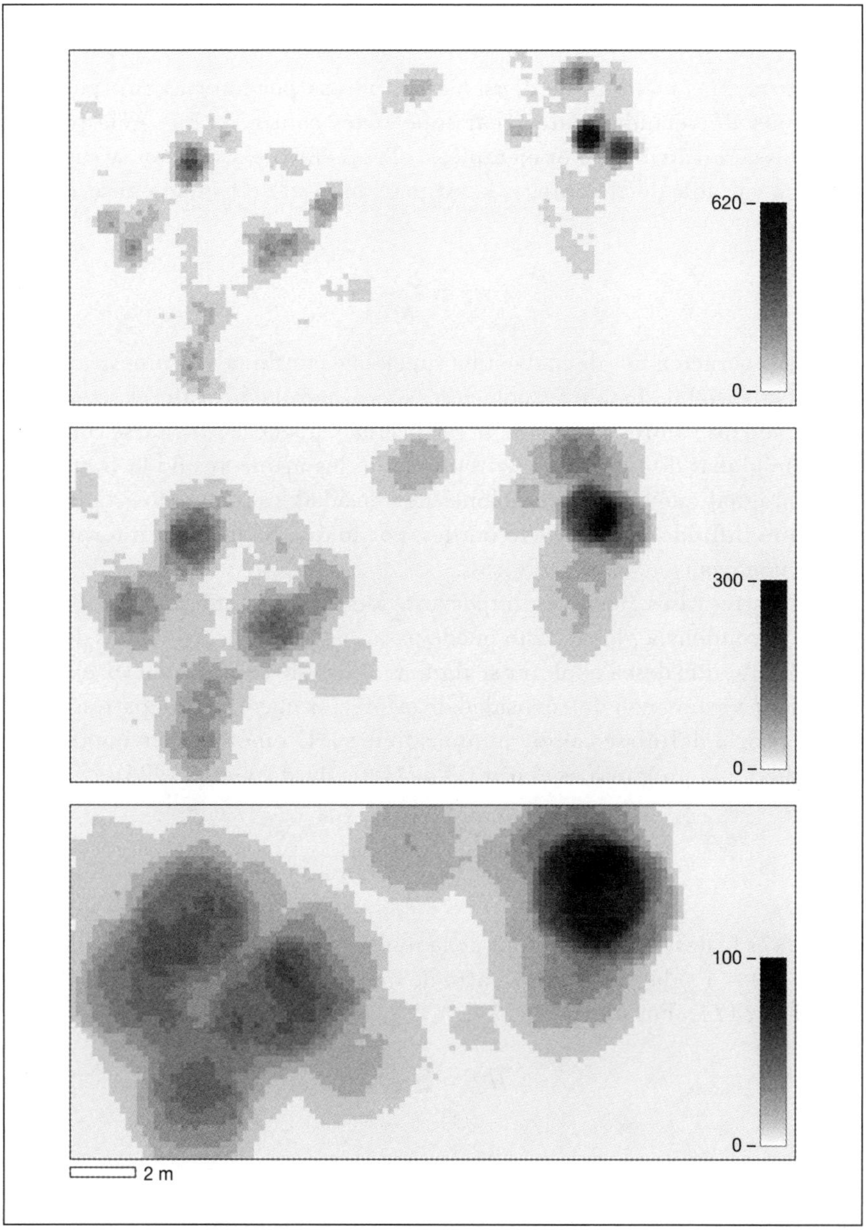

FIGURA 8.17. Tres superficies de densidad/intensidad de la distribución de artefactos de la figura 8.14: radio de 0,25 m (arriba), radio de 0,5 m (en medio), radio de 1 m (abajo). Todas calculadas en una rejilla de 10 cm. Los valores de densidad se expresan en artefactos por metro cuadrado.

8.7. FUNCIONES LOCALES

Por último, las medidas de densidad simples se pueden sustituir por otras funciones de vecindad para crear superficies continuas que muestren los cambios de un atributo. Por ejemplo, si el recuento de artefactos se sustituye por una variable de atributo, y, la estimación local de y en el punto x viene dada por:

$$\hat{y}(x_i) = \frac{\sum y(r_i)}{n(r_i)} \tag{8.24}$$

Esta operación nos devuelve una superficie continua que muestra la media de la variable. Esta interpolación es local porque los valores se estiman utilizando los valores alrededor de cada celda y puede contrastarse con la superficie global de tendencia del tamaño de los artefactos de la figura 6.1. Pero, al igual que las otras funciones de densidad, este método está profundamente influido por el efecto bordes, por lo que habría que interpretarlo con prudencia.

En ciertos casos, puede ser importante identificar si una zona local se desvía de la tendencia global. Esto puede pasar, por ejemplo, con datos de prospecciones si uno desea explorar si alguna unidad de exploración (p. ej., campos) tiene vecinos con una densidad de artefactos mayor que el patrón global y que podría definirse como «punto caliente». Un método pertinente para responder a la pregunta es el test G_i^* de Getis (Ord y Getis, 1995):

$$G_i^* = \frac{\sum_j w_{ij}(d)x_j - W_i^*\bar{x}}{s[(nS_{1i}^* - W_i^{*2})/(n-1)]^{1/2}} \tag{8.25}$$

donde s es la desviación estándar de la muestra de los valores de observación x, y $w_{ij}(d) = 1$ si la zona j está dentro de una distancia d de la zona i (Rogerson, 2001: 174). Por último:

$$W_i^* = \sum_j w_{ij}(d) \tag{8.26}$$

y

$$S_{1i}^* = \sum_j w_{ij}^2 \tag{8.27}$$

Por ejemplo, consideremos la distribución de artefactos recuperados de los cinco campos de la figura 8.19. Y nos preguntamos si los altos valores alrededor del campo 5 representan una agrupación local estadísticamente significativa distinta del patrón global. A partir de estas observaciones, se pue-

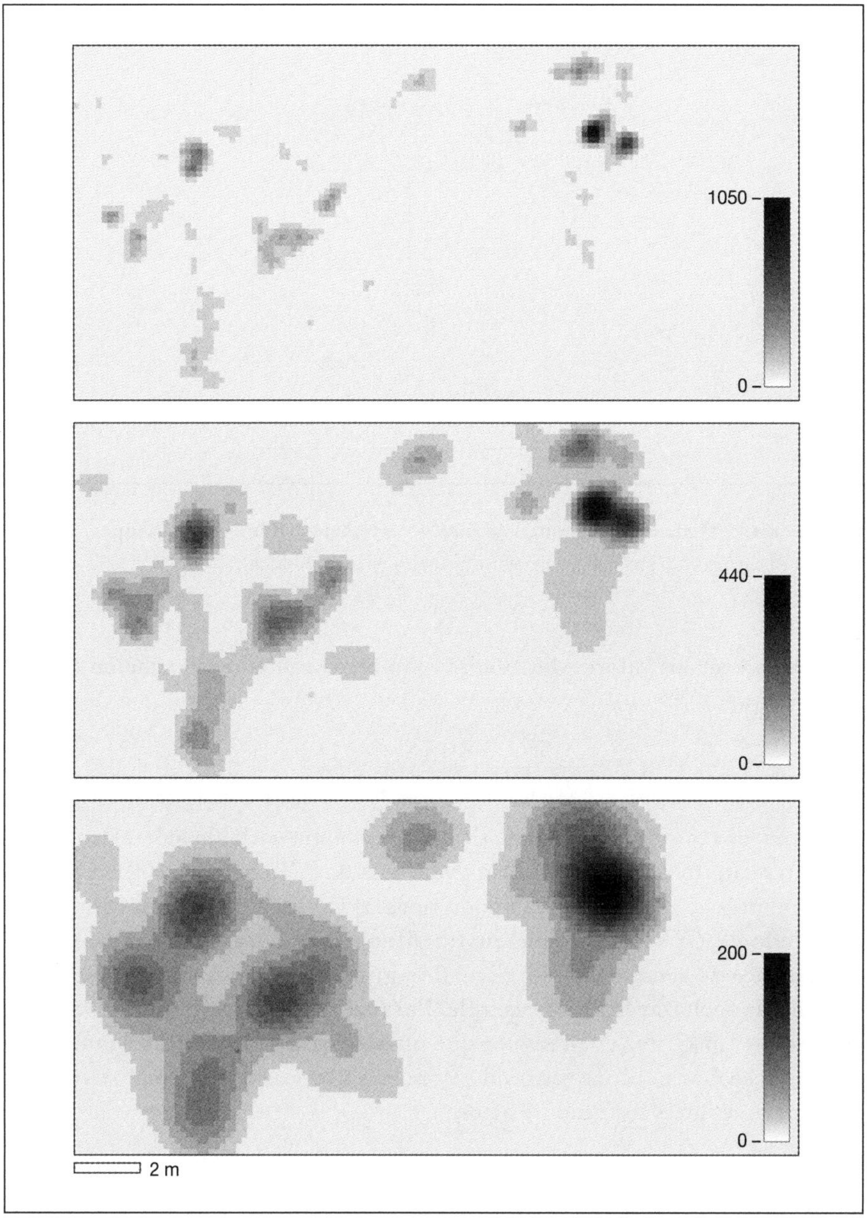

FIGURA 8.18. Estimaciones de la densidad del núcleo de la distribución de artefactos de la figura 8.14 utilizando un diámetro de radio 0,25 m (arriba), de 0,5 m (en medio) y de 1 m (abajo). Densidades expresadas como artefactos por metro cuadrado. Compárese con la figura 8.17.

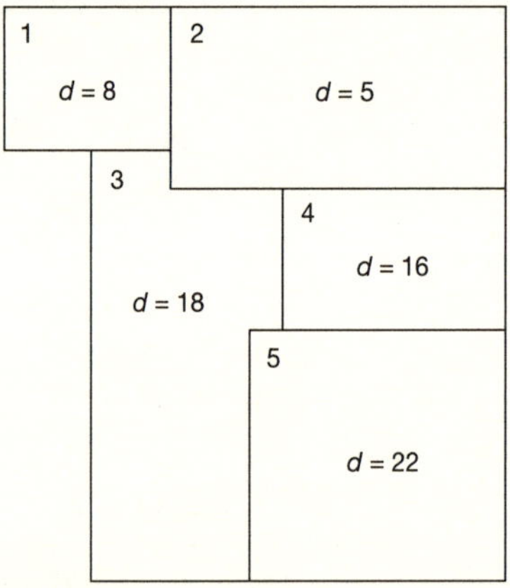

FIGURA 8.19. Distribución de densidades de artefactos (*d*) en cinco campos. ¿Representan el campo 5 y sus dos vecinos un «punto caliente» local?

den establecer los valores del cuadro 8.6 para completar la ecuación 8.25 de manera que:

$$G_i^* = \frac{56 - 3 \times 13{,}8}{7{,}1\sqrt{(5 \times 3 - 9)/4}} = \frac{14{,}6}{8{,}7} = 1{,}67$$

Se puede considerar el estadístico G_i^* como una variable aleatoria normal estándar con una media de 0 y una varianza de 1 (Rogerson, 2001: 174). Así que podemos utilizar la distribución normal (z) para determinar si el valor calculado de G_i^* es o no suficientemente grande para entrar dentro de la zona crítica de acuerdo con un nivel de significación especificado, lo que nos permitiría rechazar la hipótesis nula. Para un test unilateral, si $p < 0{,}05$, entonces $z = 1{,}645$, una cifra menor que nuestro calculado G_i^*. Por lo tanto podemos desechar la hipótesis nula y concluir que el campo 5 está situado en un área de valores localmente altos.

8.8. MODELO PREDICTIVO

El término «modelo predictivo» se refiere al método de predicción del valor (o de la probabilidad de presencia) de una variable dependiente en un lugar no muestral utilizando una o más variables independientes. Su aplicación en arqueología se asocia sobre todo a intentos de predecir la probabilidad de la presencia de asentamientos arqueológicos en paisajes no muestrales sobre la base de una estimación cuantitativa de las características locacionales de los asentamientos del área prospectada (Kvamme, 1983 y 1990a; Judge y Sebastián, 1988; Westcott y Brandon, 2000). En este sentido estricto, al modelo predictivo se le acusa de un cierto determinismo medioambiental por su dependencia de ciertas variables medioambientales (Gaffney y van Leusen, 1995). Si bien es cierto que las variables medioambientales influyen en la elección de los lugares de ocupación, también lo es que estos no son los únicos factores que la gente tiene en cuenta a la hora de elegir dónde y cómo asentarse en un paisaje. Varios autores han demostrado el importante papel que desempeñan algunos factores culturales, desde la influencia de fenómenos «sobrenaturales» hasta la presencia de asentamientos anteriores, y su influencia en la utilización humana del espacio (Ingold, 1993; Tilley, 1994, 1996; Bradley, 1998, 2000; Barrett, 1999; Tilley y Bennet, 2001). La integración en los SIG de variables relacionadas con la experiencia que nos ayuden a comprender mejor los múltiples factores que influyen en la localización de los asentamientos humanos sigue siendo un reto. Hasta la fecha gran parte del trabajo en este campo se ha centrado en la visibilidad, aunque como decimos en el capítulo 10, el interés por la visibilidad no reduce automáticamente el peso del determinismo histórico. Mientras tanto, la investigación activa para desarrollar modelos predictivos sigue centrada en variables medioambientales y ecológicas, sin duda debido en parte a la facilidad de su medición.

Pese a la crítica anterior, sugerimos que el modelo predictivo puede ser genuinamente informativo en dos situaciones. La primera es la gestión de recursos culturales (GRC), cuando es importante predecir la presencia de material arqueológico para prevenir o mitigar los daños potenciales de los trabajos de edificación o agrícolas. Desde la perspectiva de la GRC, lo que importa es saber si la predicción es correcta, y no si contribuye a explicar la localización del yacimiento. Baste con decir que muchos modelos predictivos han demostrado que algunas variables medioambientales, como el relieve, el tipo de suelo, el drenaje y la permeabilidad, la pendiente, el aspecto, la distancia del agua, etc. mejoran efectivamente –a veces sólo ligeramente, pero otras sustancialmente– la capacidad de los arqueólogos para predecir la presencia de asentamientos (Kvamme, 1983, 1985, 1990a; Duncan y Beckman, 2000; Warren y Asch, 2000; Woodman, 2000b). La segunda situación que demuestra la utilidad del modelo predictivo es cuando queremos comprender hasta qué punto el lugar elegido para el asentamiento se vio influido por una compleja mezcla de factores medioambientales (Wheatley, 2004). En este caso, la finalidad es en última instancia la explicación, pero si se está atento al hecho de que la correlación no implica necesariamente una relación cau-

CUADRO 8.6. Una matriz de distancias del test G_i^* de Getis

ij	$w_{ij}(d)$	x_j	$w_{ij}(d)x_j$
5,5	1	22	22
5,4	1	16	16
5,3	1	18	18
5,2	0	5	0
5,1	0	8	0
Suma	3	69,0	56
Media		13,8	
Desv. estándar		7,1	

sal, el modelo predictivo puede ser una valiosa herramienta para identificar patrones multivariados.

La creación de un modelo predictivo suele realizarse en cuatro fases: recopilación de datos, análisis estadístico, aplicación del modelo, y por último validación del modelo (Duncan y Beckman, 2000: 36; Warren y Asch, 2000: 13). Téngase en cuenta que la validación puede llevar a ajustes aún más precisos. Ahora pasamos a analizar estas cuatro fases.

8.8.1. Recopilación de datos

El modelo predictivo parte de la suposición de que es posible diferenciar entre áreas del paisaje con evidencia de antigua ocupación (es decir, «yacimientos») y áreas del paisaje sin esa evidencia («no yacimientos») en función de uno o más atributos del paisaje. Por eso la creación de un modelo predictivo necesita información sobre el emplazamiento de los yacimientos y sobre la distribución de los valores de atributo relevantes del paisaje.

Teóricamente, la localización de yacimientos y de no yacimientos se establece mediante un programa de muestreo arbitrario o posiblemente de agrupaciones del paisaje, el más utilizado en Norteamérica (p. ej., Kohler y Parker, 1986; Kvamme, 1992a). Esta técnica tiene la virtud de que permite obtener una estimación de la frecuencia real de yacimientos, que a su vez permite realizar predicciones absolutas sobre la presencia o ausencia de yacimientos. El método alternativo, llamado control de casos, utiliza los datos existentes sobre la presencia o ausencia de yacimientos, y es más corriente en Europa, porque el muestreo extensivo del paisaje suele resultar poco práctico (Woodman, 2000b). Los datos obtenidos mediante el control de casos sólo aseguran predicciones relativas, no absolutas, de la presencia de yacimientos, es decir, enunciados del tipo «es 2,5 veces más probable que haya un yacimiento en el lugar A que en el lugar B». Nótese que es mejor evitar la práctica de identificar yacimientos y luego elegir al azar otros lugares que sirvan de no yacimientos, porque si estos últimos no han sido examinados es posible que contengan yacimientos, y por lo tanto socavaría inevitablemente la capacidad del modelo para identificar valores de atributos del paisaje que discriminen entre lugares con y sin yacimientos. Pero independientemente de cómo se realice la identificación de los lugares con y sin yacimientos, es práctica común dividirlos en una *muestra de entrenamiento* para crear el modelo, y una *muestra de prueba* destinada a verificar su exactitud. Este procedimiento se conoce como muestreo dividido, y normalmente se coloca el 50 % de las localizaciones en la muestra de entrenamiento y el 50 % en la muestra de prueba. Una vez obtenidas las posiciones mediante las muestras de agrupaciones, se dividen por agrupaciones y no por posiciones individuales (Kvamme, 1988: 395).

Se han utilizado diversos atributos del paisaje para construir modelos predictivos. Las bases de datos primarios consisten en su mayoría en una combinación de mapas de elevaciones, de suelos, de hidrología, geología y vegetación. Una vez introducidos en el SIG, estos mapas pueden utilizarse para obtener bases de datos secundarios, como el relieve, para establecer los distintos tamaños de las áreas de captación (es decir, el rango de valores de altitud de un área acotada), la pendiente y el aspecto, las distancias respecto a cursos de agua estacionales o permanentes, la productividad del suelo, la erosión, la permeabilidad y el drenaje, el tipo de vegetación, la exposición, el grado de protección que procura, el tamaño del campo visual, etc. (véase la fig. 8.20). Evidentemente no todos los datos recopilados tendrán el mismo poder predictivo.

8.8.2. Análisis estadístico

Una vez reunidos todos los datos, la primera tarea es identificar los atributos del paisaje que discriminan de modo significativo los lugares con y sin yacimientos. Esto se consigue normalmente mediante un análisis univariado de cada uno de los atributos. Dependiendo del tipo de datos (p. ej., nominales para tratar el tipo de suelo, o porcentajes/ratio en el caso de la distancia, la pendiente y la altitud), el test estadístico más pertinente es probablemente uno de los descritos en el capítulo 7, como el test de χ^2, el test de Kolmogorov-Smirnov o, si presenta una distribución normal, el test t de Student. Los discriminadores potencialmente útiles son aquellos atributos que permiten desechar la hipótesis nula según la cual sus valores en lugares con o sin ya-

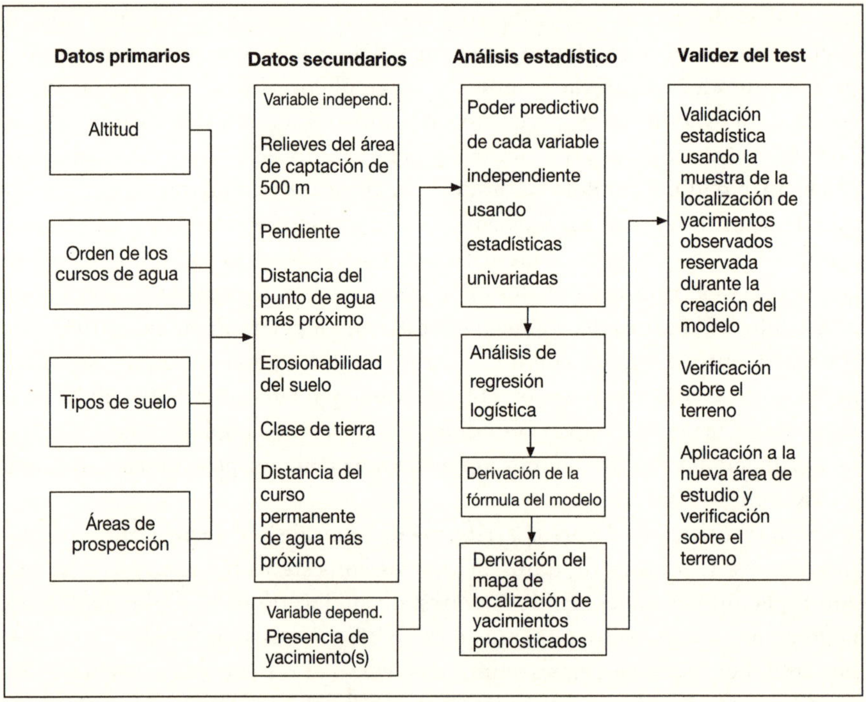

FIGURA 8.20. Tabla generalizada de fases para generar un modelo predictivo. Adaptado de la tabla de Warren y Asch y su modelo predictivo sobre la localización de yacimientos en el condado de Montgomery, Illinois (2000, fig. 2.4). Las seis variables independientes que aquí se muestran son sólo una muestra de una gama mucho más amplia de variables potencialmente útiles. Véanse Warren y Asch (2000) y Woodman (2000b) para algunos ejemplos.

cimientos proceden de la misma población. Antes de seleccionar definitivamente estos atributos para incluirlos en el modelo predictivo, es aconsejable investigar si alguno de ellos se confunde o interactúa con otros. La confusión surge cuando un atributo puede sustituir a otro en la predicción de la presencia o ausencia de un yacimiento (Woodman, 2000b: 452), de ahí que deban excluirse del modelo. La interacción surge cuando un atributo modifica la relación entre otro atributo y la presencia o ausencia de un yacimiento (Woodman, 2000b). Por ejemplo, en su modelo predictivo del asentamiento mesolítico de Islay (véase el capítulo 3), Woodman descubrió que había muy pocas posibilidades de hallar yacimientos en lugares donde escasea el agua y situados a gran altitud, y una posibilidad mucho mayor de hallarlos en lugares con escasez de agua pero situados a baja altitud. Cuando los atributos interactúan de este modo, hay que sustituirlos por variables híbridas que representen específicamente la naturaleza de la interacción. Woodman (2000b: 452-453) describe métodos que permiten identificar confusiones e interacciones.

Una vez identificados los atributos más idóneos, el siguiente paso consiste en crear el propio modelo predictivo, y para ello la técnica preferida es el *análisis de regresión logística* (Stopher y Meyburg, 1979; Hosmer y Lemeshow, 1989; Menard, 2001). La regresión logística difiere de la regresión lineal en dos aspectos que la hacen particularmente idónea para el modelo predictivo. El primero es que la regresión logística puede utilizar una combinación de variables de distintas escalas (es decir, una mezcla de datos nominales, ordinales, intervalos y/o ratios). El segundo es que la regresión logística trata de acoplar una curva de probabilidades en forma de «S» (de ahí el nombre de logística), una curva que permite que las probabilidades predichas de la presencia de yacimientos cambien rápidamente de bajas a altas, evitando así la larga secuencia de valores intermedios (que representan incertidumbre) que se produciría con una función lineal normal. En el caso del modelo predictivo arqueológico, la curva de probabilidades se coloca sobre un determinado eje de discriminación ponderando diferencialmente la contribución de los atributos elegidos con el fin de maximizar la diferencia entre lugares con y sin yacimientos (Warren y Asch, 2000: 6-9). Hay varios packs estadísticos con capacidad para realizar esta tarea, entre otros SPSS, R y S+. Lo que todos ellos generan es una intersección a, y una serie de coeficientes de regresión $b_1, b_2, \ldots, b_n$ que determinan la ponderación aplicada a cada uno de los n atributos $x_1, x_2, \ldots, x_n$. El modelo predictivo es una ecuación que adopta la forma:

$$V = a + x_1 b_1 + x_2 b_2 + \ldots + x_n b_n \tag{8.28}$$

donde V es el log de probabilidad de la presencia de yacimientos.

8.8.3. Aplicación

Una vez utilizada la regresión logística para construir el modelo, éste debe aplicarse al área de estudio celda por celda. La primera tarea es calcular V para cada celda del mapa aplicando la ecuación 8.28 en un álgebra de mapas (véase el capítulo 9). Cuando las variables son escalas de ratios (p. ej., elevación), entonces los coeficientes se aplican directamente a la variable (p. ej., si x_1 se refiere a la elevación y el coeficiente de regresión b_1 es 0,345, entonces el mapa ráster que contiene los datos de elevación se multiplicaría por

0,345). Pero si se utilizan datos a escala nominal, entonces los resultados del análisis definirán una serie de *variables numéricas de diseño* para cada categoría nominal que pueden insertarse en la fórmula algebraica de mapas (véase Warren y Asch, 2000: 19, para un ejemplo concreto). Una vez calculada V para cada una de las celdas de mapas, i, hay que convertirla en una probabilidad de presencia de yacimientos, p_i, aplicando la siguiente ecuación (Haining, 2003: 262) en un álgebra de mapas:

$$p_i = \frac{V_i}{1 + \exp(V_i)} \qquad (8.29)$$

Dependiendo de cómo se haya reunido la muestra de entrenamiento, el mapa ráster resultante dará una probabilidad absoluta o una probabilidad relativa de la existencia de un yacimiento en cada celda del mapa.

8.8.4. Validación

El hecho de haber podido construir un modelo predictivo no garantiza la exactitud de sus predicciones. Esa exactitud se puede determinar utilizando la muestra de prueba que se había reservado durante el proceso de creación del modelo. La idea básica es establecer cuántos yacimientos observados de la muestra de prueba caen dentro del área donde según la predicción hay yacimientos. Por ejemplo, si 16 de los 25 yacimientos observados caen dentro del área con posibles yacimientos, puede decirse que el modelo ha pronosticado correctamente la presencia de yacimientos un 64 % de las veces. Pero en realidad las cosas no son tan sencillas, por dos razones fundamentales:

La predicción es probabilística. Muy pocos modelos, si es que los hay, predicen con absoluta certeza la presencia o ausencia de yacimientos. Por consiguiente, sólo tiene sentido decir que el modelo predice correctamente la presencia de yacimientos con nivel de probabilidad especificado, p, entre 0,0 y 1,0. Los modelos tienden a ser más precisos con probabilidades bajas y menos exactos con probabilidades altas.

Los no yacimientos. Muchas veces es posible especificar una probabilidad de existencia de yacimientos tan baja que todos los yacimientos observados caen dentro del área donde la predicción indica su presencia; en otras palabras, el modelo sería así un 100 % exacto. Pero casi siempre su corolario es que habrá un gran número de no yacimientos que también entren en esa misma área, de modo que el modelo será sumamente inexacto en su predicción de ausencia de yacimientos arqueológicos. Esto sería totalmente indeseable si el objetivo del modelo fuera, por ejemplo, delimitar la ruta de una nueva carretera para minimizar el posible impacto nocivo sobre uno o más yacimientos arqueológicos.

Es, pues, sumamente importante considerar la exactitud de un modelo en relación con el problema que se pretende resolver. Un método que facilita este cometido es la producción de curvas de predicción correcta en porcentajes acumulativos para yacimientos y no yacimientos (Kvamme, 1988). La figura 8.21 muestra este tipo de grafo, donde el número de yacimientos que caen dentro de las áreas de predicción de presencia de yacimientos disminuye cuanto mayor es la probabilidad de la presencia de yacimientos, mientras que el número de no yacimientos correctos aumenta a medida que la probabilidad de presencia de yacimientos aumenta. En este caso, si fuera importante evitar dañar yacimientos, se puede optar por evitar las áreas con una probabilidad relativamente baja de presencia de yacimientos. Sin embargo, en este punto surge otra complicación, y es que el área relevante puede ser tan grande (como se trata de probabilidades acumulativas, el área en cuestión incluye todos los lugares con una probabilidad baja o algo mayor) que podría invalidar de hecho la predicción. Hay al menos dos soluciones a este dilema. Una es fijarse en la compensación entre una predicción correcta de lugares con y sin yacimientos, y la segunda es examinar la ganancia predictiva que ofrece el modelo. Kvamme (1988: 329) define esta ganancia, G, como:

$$G = \frac{\text{\% del área total donde se han pronosticado yacimientos}}{\text{\% de yacimientos observados en el área donde se han pronosticado}} \qquad (8.30)$$

G, que se calcula para una probabilidad concreta de presencia de yacimientos, va desde 1 (alta utilidad predictiva) a 0 (sin utilidad predictiva) y a −1 (el modelo predice lo contrario de lo que supone). La propiedad más importante de esta medida es que es capaz de distinguir un modelo correcto pero relativamente inútil de un modelo claramente menos correcto pero más útil. Por ejemplo, es probable que un modelo que predice correctamente un 80 % de yacimientos y predice la presencia de yacimientos en más de un 70 % del paisaje no sea muy útil, lo que se refleja en la baja ganancia del 0,13. En cambio, un modelo que predice correctamente un 70 % de yacimientos y predice la existencia de yacimientos en sólo un 5 % del paisaje constituye una base mejor para tomar muchas decisiones, y se refleja en la ganancia del 0,93. Para contrastar modelos predictivos, véanse más sugerencias en Kvamme (1988).

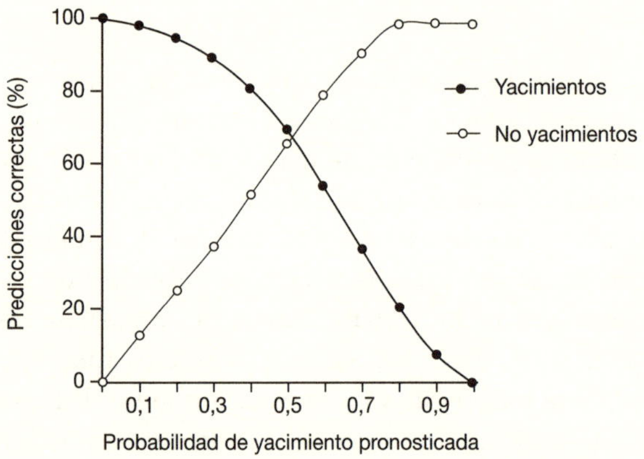

FIGURA 8.21. Predicciones correctas en porcentaje acumulado para modelar todas las probabilidades de presencia de yacimientos y no yacimientos. Reproducido con la autorización de Kvamme (1988, fig. 8.11B).

8.9. CONCLUSIÓN

En este capítulo se han introducido algunas técnicas útiles para investigar los patrones y relaciones en bases de datos. Es imposible dar cuenta de toda la literatura existente sobre técnicas de análisis espacial, así que hemos optado por presentar aquellos métodos que están al alcance de la mayoría de arqueólogos, sepan o no de números y ecuaciones. Aunque en este capítulo se ha pasado revista a varias técnicas «tradicionales» –el vecino más próximo, el análisis jerárquico y el análisis de medias *k*, por ejemplo– también nos hemos ocupado de técnicas para explicar los procesos espaciales, como la *K* de Ripley. Animamos a seguir investigando técnicas de análisis espacial como las que describen Haining (2003) y Fotheringham *et al.* (2000a).

9. ÁLGEBRA DE MAPAS, DERIVADAS DE SUPERFICIES Y PROCESOS ESPACIALES

9.1. INTRODUCCIÓN: OPERACIONES DE PUNTOS Y ESPACIALES

En este capítulo introducimos diversas operaciones de puntos y espaciales que se pueden realizar con datos de un campo continuo. Empezamos con el uso del álgebra de mapas, para luego analizar el cálculo de derivadas (p. ej., la pendiente y el aspecto) y el filto espacial (p. ej., el suavizado y la detección de bordes), todas ellas de gran utilidad para los arqueólogos. En la última sección introducimos técnicas más especializadas con gran potencial arqueológico.

El álgebra de mapas es una operación de puntos, mientras que las otras técnicas analizadas en este capítulo son operaciones espaciales. Las operaciones de puntos calculan el nuevo valor de atributo de una localización con coordenadas (x, y) basadas en los valores de atributo de otros mapas en la misma localización (x, y) (fig. 9.1b). En cambio, las operaciones espaciales calculan el nuevo valor de atributo de una localización basándose en los valores de atributo del mismo mapa, pero en otras localizaciones, las que están en la vecindad (fig. 9.1a). La vecindad utilizada en una operación espacial puede ser espacialmente contigua o no. Por ejemplo, la pendiente se suele calcular utilizando valores de elevación de una vecindad que comprende las cuatro u ocho celdas del mapa inmediatamente adyacentes a la localización en cuestión (véase más adelante), pero veíamos en el capítulo 6 cómo la ponderación de la distancia inversa (IDW) interpola valores de elevación a partir de algunos puntos altimétricos más próximos, con independencia de lo alejados que realmente estén esos puntos altimétricos. El uso de operaciones de puntos y espaciales requiere una adecuada estructura de datos y una rigurosa reflexión sobre si los resultados tienen o no sentido realmente:

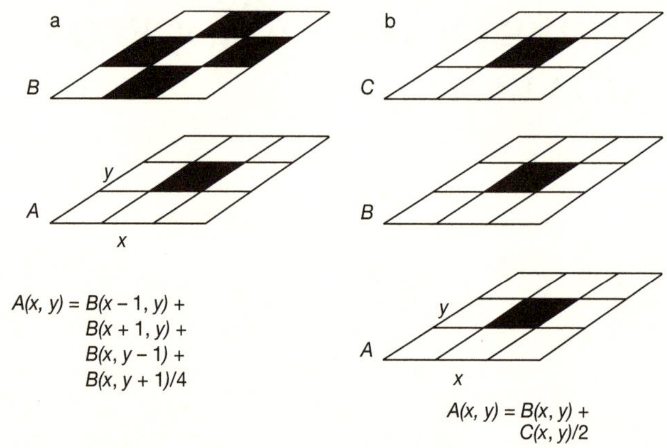

FIGURA 9.1. Cálculo de un valor medio como una operación espacial (a) y como una operación de puntos (b).

1. *Estructura de datos.* Las operaciones de puntos exigen que se pueda acceder a valores de atributo de distintos mapas utilizando el mismo índice espacial, que se obtiene fácilmente «superponiendo» mapas ráster de la misma resolución, como se muestra en la figura 9.1b. En teoría, las operaciones espaciales se pueden aplicar a distintas estructuras de datos. Por ejemplo, la pendiente puede calcularse utilizando datos de elevación almacenados como un modelo de elevaciones ráster o como un TIN (capítulo 6). Pero en la práctica, muchas operaciones espaciales suelen realizarse casi siempre, o sólo, con datos ráster porque la ordenación regular de valores simplifica enormemente los algoritmos necesarios.
2. *Interpretación.* En cuanto al proceso de cálculo, la mayoría de operaciones de puntos y espaciales son aplicables a cualquier información que pueda almacenarse utilizando la estructura de datos requerida. ¡Otra cosa muy distinta es que los resultados tengan sentido! Por ejemplo, los «calculadores» de mapas incluidos en muchos packs SIG permiten al usuario multiplicar un mapa de suelos nominal por la elevación, aunque «arcilla × 134 m» no tenga ningún sentido. Esto no significa que las operaciones sólo puedan utilizarse para los fines previstos originalmente. Por ejemplo, se han desarrollado muchas operaciones espaciales para poder aplicarlas a modelos de suelo, que es donde tienen una interpretación «natural» o lógica. Por lo tanto no será difícil dar sentido a la inclinación de la elevación, que es lógicamente la pendiente; como también será fácil interpretar los caminos situados junto a las rutas de máximo índice de cambios de elevación en dirección descendente como las esperadas líneas de

flujo de aguas de superficie. Pero los arqueólogos han hallado buenas razones para calcular tanto el índice del cambio de los valores (la inclinación) como las «líneas de flujo» de los datos de no elevación. Por ejemplo, Llobera (2003: 40) ha calculado la «pendiente» de un mapa de visibilidad acumulativo (véase el capítulo 10) porque le permitía investigar cómo el alcance de la visibilidad cambia con el movimiento a través del paisaje. Como pasa muchas veces con el SIG, depende en última instancia del usuario encontrar los métodos que en un contexto dado producen resultados con sentido.

9.2. ÁLGEBRA DE MAPAS

El término «álgebra de mapas» se refiere a la manipulación matemática y a la combinación de rejillas ráster sobre una base de celda por celda (Tomlin, 1990). Es una capacidad importante del SIG y es esencial para muchos modelos y análisis. Conceptualmente es una operación directa. Imaginemos que dos rejillas ráster, A y B, cubren la misma posición con idéntica resolución. Cada celda de la rejilla A contiene el valor 2, y cada celda de la rejilla B contiene el valor 3. El resultado de sumar la rejilla A y la rejilla B será un nuevo mapa donde cada celda tendrá el valor 5. Y lo mismo sucede si multiplicamos la rejilla A por la rejilla B, ya que el resultado será un nuevo mapa donde cada celda tendrá el valor 6. Evidentemente, cuando las celdas de un mapa ráster tienen valores distintos que reflejan alguna forma de variabilidad espacial (p. ej., la vegetación, la elevación, etc.), el resultado de la combinación con otros mapas ráster será un nuevo conjunto de datos en continua variación. Es lo que pasa, por ejemplo, si se combinan datos como los de la figura 7.14.

Lógicamente son posibles combinaciones algebraicas más complejas. Por ejemplo, el conocido Índice de Vegetación Normalizado Diferencial (Normalised Difference Vegetation Index, NDVI) muestra la variación de la vegetación de una superficie, donde las áreas «más verdes» presentan valores más altos que las áreas no verdes. Se calcula basándose en las bandas de imágenes infrarrojas cercanas y rojas visibles transmitidas por un satélite de percepción remota como los sistemas SPOT o Landsat:

$$\mathrm{NDVI} = \frac{(\mathrm{NIR} - \mathrm{VIS})}{(\mathrm{NIR} + \mathrm{VIS})}$$

Crear un mapa que muestre la probabilidad de la presencia de yacimientos basado en una fórmula de regresión logística (capítulo 8) también requiere algún tipo de álgebra de mapas largo pero no necesariamente complejo, que suele adoptar la forma de un polinomio:

```
predictive_map = (0,345 * elevation_map)
               + (0,2194 * slope_map)
               + (1,34 * distance_to_water_map)...
```

Debe tenerse en cuenta que las rejillas han de tener la misma resolución para que puedan combinarse mediante un álgebra de mapas. Si no es así, habrá que volver a muestrear una o más rejillas a la resolución deseada.

El álgebra de mapas también se utiliza para transformar un mapa ráster en un nuevo mapa mediante una expresión matemática. Por ejemplo, algunas aplicaciones de modelos de percepción remota y predictivos requieren sustituir los valores de las celdas por sus logaritmos para poder interpretar los resultados.

En muchos SIG el álgebra de mapas se maneja mediante una interfaz similar a una calculadora como la de la figura 9.2, con teclas para combinar mapas ráster. Algunos packs, como GRASS, también incluyen una interfaz de comandos, que muchas veces resulta más conveniente para repetir cálculos. GRASS también es interesante por otra razón: es único para calcular el nuevo valor de una celda con coordenadas (x, y) a partir de los valores de celdas con diferentes coordenadas, digamos $(x + 1, y + 1)$. Es un dispositivo muy útil ya que permite implementar mediante álgebra de mapas operaciones espaciales complejas (como la ya mencionada) (véase el recuadro de la p. 340, a modo de ejemplo).

9.3. DERIVADAS: FORMA DEL TERRENO

La inmensa mayoría de SIG arqueológicos incluyen un modelo de terreno, que se utiliza muchas veces como trasfondo visual para desplegar, por ejemplo, la localización de yacimientos. Pero en otros casos el modelo de terreno sirve para fundamentar algún tipo de análisis, quizá porque se cree que el terreno ha influido en algún aspecto de la actividad humana del pasado o en la recuperación de evidencia de esa actividad. Tomemos, por ejemplo, el patrón de asentamiento tradicional de los valles del oeste de Yorkshire, Inglaterra: las granjas no suelen aparecer ni en el fondo de los valles ni en lo alto de las montañas sino a una altura de entre 190 m y 260 m. Seguramente esta circunstancia se debe a una serie de razones, como la proximidad de alguna fuente, la facilidad de desplazamiento entre unas viviendas y otras cuando los valles eran más boscosos y/o pantanosos, y sobre todo al hecho de que sólo había que trasladar el estiércol animal montaña abajo para fertilizar los henares. El modelo SIG más simple de la ubicación de este tipo de granjas sería un mapa de elevaciones reclasificado delineando las áreas situadas en-

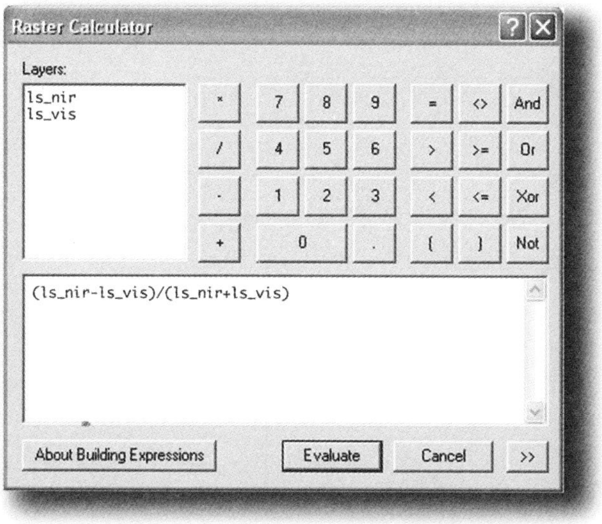

FIGURA 9.2. Calculadora ráster de ArcGIS de ESRI. Fuente: ESRI. El software de ESRI y la interfaz gráfica del usuario son propiedad intelectual de ESRI y aquí se utiliza con autorización. Copyright © ESRI. Todos los derechos reservados.

tre los 190 y los 260 m del nivel del mar. Evidentemente un modelo tan rudimentario tendría poco que decir sobre la localización concreta de cada granja. Para ello habría que incluir información adicional, como por ejemplo la distribución de fuentes y cursos de agua, y otros aspectos del terreno, como la disponibilidad de tierra llana para edificar y de lugares de abrigo para resguardarse de los vientos dominantes. Lo importante aquí es que el terreno es algo más que elevación. En esta sección analizamos medidas de la forma del terreno que son campos continuos en sí mismas: pendiente, aspecto, convexidad de plano y convexidad de perfil. Luego, en el capítulo 10, analizamos el uso del SIG para identificar zonas de terreno discontinuas.

9.3.1. Derivadas de primer orden: pendiente y aspecto

Definiciones

La *pendiente* que calculan los packs SIG es la máxima inclinación de la elevación en un lugar determinado, y el *aspecto* es el acimut (dirección de los

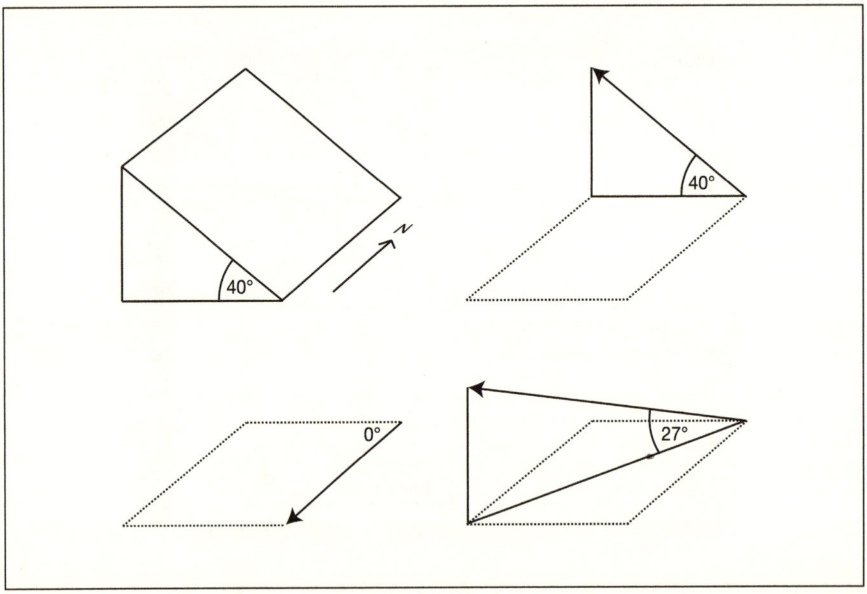

FIGURA 9.3. La pendiente experimentada al atravesar un terreno depende de la dirección del viaje. Ir hacia el oeste en una pendiente de 40° orientada al este significa un índice de subida de 40°, mientras que si se va al norte o al sur es de 0°. Desplazarse al NO o al SO en una pendiente de 40° cambia el ángulo de ascenso a 27°. De ahí nuestra propensión a zigzaguear cuesta arriba las pendientes para minimizar el ángulo de ascenso.

puntos cardinales) de esa máxima pendiente en dirección descendente. La noción de máxima pendiente es importante, ya que, como ilustra la figura 9.3, la pendiente real experimentada al desplazarse por el terreno puede variar según la dirección de la marcha, un factor que abordamos en el capítulo 10 al tratar el análisis del recorrido óptimo. Técnicamente, la pendiente y el aspecto son derivadas de primer orden de la superficie, del mismo modo que la aceleración es una derivada de primer orden de la velocidad; la única diferencia es que la pendiente es un índice de cambio (inclinación) en el espacio, mientras que la aceleración es un índice de cambio en el tiempo.

Cómo calcular la pendiente y el aspecto

Casi todos los packs SIG contienen algún tipo de calculadora para medir la pendiente y el aspecto a partir de los datos de elevación. Sin embargo, los resultados pueden variar de un pack a otro porque se han ideado diferentes algoritmos para calcular derivadas de datos de campo continuo. Afortunadamente parece que los packs más conocidos utilizan los dos algoritmos que parecen comportarse mejor en los tests: el método de Zevenbergen y Thorne y el método de Horn (Burrough y McDonnell, 1998: 192). El recuadro de esta página presenta un método para calcular la pendiente y el aspecto a falta de un dispositivo con teclado.

Las unidades de medida utilizadas para la pendiente y el aspecto no dependen del algoritmo para calcularlos; algunos packs SIG ofrecen al usuario una opción:

La *pendiente* (slope) puede expresarse en forma de grados de inclinación respecto a la horizontal, o en forma de porcentaje, del tipo 0° = 0% y 90° = 100%. La relación entre estas unidades es simple:

$$\text{slope}_{\text{per cent}} = 100 \times \tan(\text{slope}_{\text{degrees}}) \tag{9.1}$$

$$\text{slope}_{\text{degrees}} = \arctan(\text{slope}_{\text{per cent}}/100) \tag{9.2}$$

El *aspecto* suele expresarse en forma de grados de rotación desde un origen, con un valor aparte para las áreas llanas donde el aspecto es indefinido. Es importante establecer exactamente qué esquema utiliza un pack SIG, ya que es posible que el significado de los valores no resulte obvio. Por ejemplo, GRASS da 0 para las áreas llanas y luego valores numéricos que aumentan en sentido contrario a las agujas del reloj respecto a un acimut infinitesimalmente al norte del este, de manera que el norte equivale a 90°, el oeste a 180°, el sur a 270° y el este a 360°. Es práctica habitual reclasificar los valores de aspecto en puntos cardinales N, NE, E, ... O, y NO. En el caso de GRASS, esto se logra con las reglas que se muestran en la figura 9.4.

CÓMO CALCULAR LA PENDIENTE Y EL ASPECTO A PARTIR DE PRINCIPIOS BÁSICOS

Método de Horn. Este método produce buenos resultados, pero no es practicable si el pack SIG en cuestión no contiene un álgebra de mapas espacial (p. ej., GRASS) o si no permite crear filtros espaciales muy elaborados. Según este método, la tangente de la inclinación máxima (máxima pendiente), S, viene dada por

$$\tan S = \sqrt{(\delta z/\delta x)^2 + (\delta z/\delta y)^2}$$

y la tangente del aspecto, A, por

$$\tan A = -(\delta z/\delta y)/(\delta z/\delta x)$$

donde las derivadas parciales $\delta z/\delta x$ y $\delta z/\delta y$ dan la pendiente en dirección este-oeste y sur-norte respectivamente. Pueden calcularse como sigue:

$$\begin{aligned}\delta z/\delta x &= (z_{x+1,y+1} + 2z_{x+1,y} + z_{x+1,y-1} \\ &\quad - z_{x-1,y+1} - 2z_{x-1,y} - z_{x-1,y-1})/8\Delta x \\ \delta z/\delta y &= (z_{x+1,y+1} + 2z_{x,y+1} + z_{x-1,y+1} \\ &\quad - z_{x+1,y-1} - 2z_{x,y-1} - z_{x-1,y-1})/8\Delta y\end{aligned}$$

Nótese que $z_{y,x}$ es el valor de elevación en la fila y, columna z y Δx y Δy son las resoluciones este-oeste y sur-norte del mapa (es decir, el espaciado de la rejilla).

Cómo utilizar la pendiente y el aspecto

La pendiente y el aspecto suelen estar incluidos en los modelos predictivos arqueológicos de la localización de yacimientos (véase el capítulo 8). Pero poseen propiedades que han de tratarse con cierta prudencia.

Los valores de las *pendientes* calculados a partir de mapas de elevaciones casi nunca presentan una distribución uniforme o normal (fig. 9.5). Las más frecuentes son las pendientes poco inclinadas, las menos frecuentes son las abruptas y son muy excepcionales las pendientes de >15°. La distribución normal de valores de pendientes descarta el uso de tests estadísticos paramétricos para investigar si lugares arqueológicamente importantes están o no asociados a determinadas pendientes. Como se ha descrito en el capítulo 7, una solución es utilizar un test no paramétrico, como el de Kolmogorov-Smirnov, para comparar los valores de pendientes de lugares arqueológicamente significativos con los de algunos lugares elegidos al azar. Los parámetros de la distribución de los valores de pendiente han de establecerse empíricamente, ya que es muy posible que difieran de una región a otra. Conviene recordar que lo mismo puede decirse de muchos otros productos de datos de elevaciones, incluido el aspecto y el tamaño del campo visual.

Los valores de *aspecto* calculados a partir de mapas de elevaciones suelen presentar una distribución más uniforme que los valores de pendiente, como se aprecia en el histograma de la figura 9.6. Pero no es infrecuente que la distribución

```
                          = 0 Flat
0.0001 thru  22.4999 = 3 E
22.5   thru  67.4999 = 2 NE
67.5   thru 112.4999 = 1 N
112.5  thru 157.4999 = 8 NW
157.5  thru 202.4999 = 7 W
202.5  thru 247.4999 = 6 SW
247.5  thru 292.4999 = 5 S
292.5  thru 337.4999 = 4 SE
337.5  thru 360      = 3 E
```

FIGURA 9.4. Un archivo de reglas GRASS del SIG para reclasificar valores de aspecto en forma de direcciones cardinales N, NE, E, O, NO...

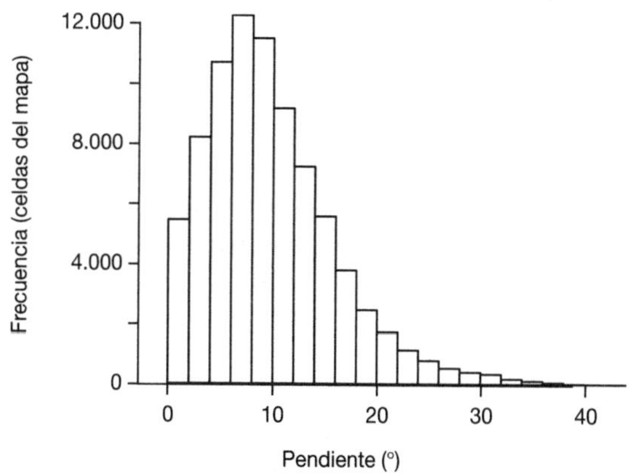

FIGURA 9.5. Un histograma de valores de pendiente en Dentdale y Garsdale, Reino Unido, calculado a partir de datos de elevaciones del Ordnance Survey. Pese a tratarse de un área con relieves altamente variables, la distribución de los valores de pendiente está fuertemente sesgada de manera que, aunque la máxima pendiente sea de 43,1°, el 75 % de las celdas tienen pendientes <13° y el 50 % tienen pendientes de <8,7°.

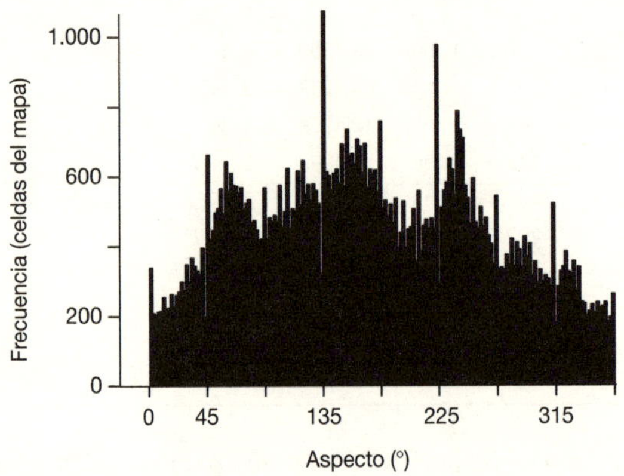

FIGURA 9.6. Un histograma de valores de aspecto en Dentdale y Garsdale, Reino Unido, calculado a partir de datos de elevación del Ordnance Survey.

de los valores de aspecto calculados en un sistema ráster contenga artefactos del método de cálculo. Por ejemplo, la figura 9.6 muestra una serie de picos bajos pero anchos a intervalos de 90° y picos altos pero estrechos a intervalos de 45°. A muchos les sorprenderá saber que las montañas del norte de Inglaterra no se parecen a una serie de pirámides octangulares orientadas exactamente hacia los puntos cardinales. Lo cierto es que estos picos de mayor frecuencia son el resultado de calcular el aspecto utilizando las ocho celdas más inmediatas de cada lugar. Como ya hemos resaltado, los mapas SIG son modelos, y no siempre perfectos.

Quienes deseen utilizar la pendiente y el aspecto para un análisis estadístico deben saber que no son variables totalmente independientes, porque las pendientes de 0° están necesariamente correlacionadas con un aspecto indefinido. Dicho esto, la elevación, la pendiente y el aspecto no suelen estar estrechamente relacionados en áreas de elevación muy variadas (Kvamme, 1992b), aunque es mejor comprobarlo caso por caso (p. ej., Lake y Woodman, 2000).

Cómo representar la pendiente y el aspecto

Cuando se representa un mapa de pendientes puede que haya que aumentar el número de colores asignados a los valores de menor pendiente para poder reflejar la variación en todas las áreas del mapa. Este es el resultado directo

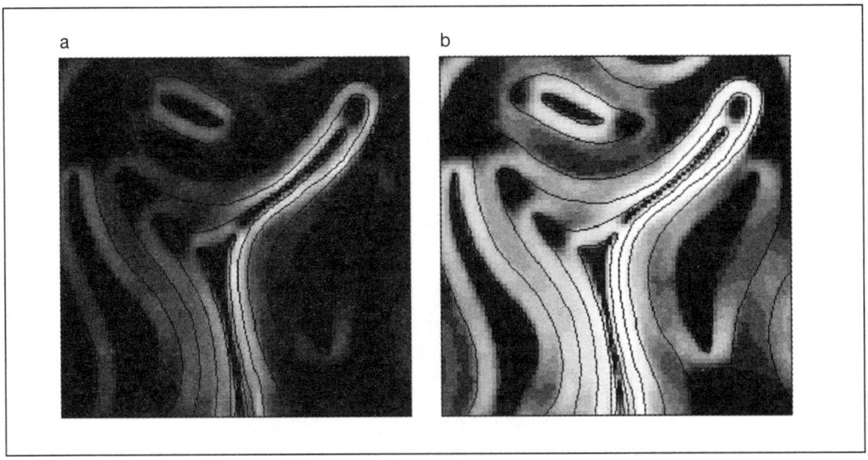

FIGURA 9.7. Las clases de pendiente se han sombreado utilizando un método de *intervalos iguales* (a), oscureciendo la variabilidad en la parte baja del rango (tonos más oscuros). Esto se corrige (b) definiendo las clases mediante una clasificación de *áreas iguales*.

de la distribución sesgada de valores antes mencionada. La figura 9.7a muestra un mapa de valores de pendiente basado en tonalidades de gris asignadas a clases de pendiente del mismo tamaño. La figura 9.7b muestra la misma información pero representada con tonos de gris asignados a clases de pendiente de tamaño variable elegidas para igualar el área que representan: se observa que se diferencian mejor los valores de menor pendiente. Burrough y McDonnell (1998: 193) y Mitasova *et al.* (1995) presentan sugerencias alternativas para tamaños de clases apropiadas.

Una de las aplicaciones más corrientes de la pendiente y el aspecto es la producción de mapas con sombreado del relieve. El sombreado posibilita visualizar datos de elevación en tres dimensiones, como si estuvieran iluminados por una tenue luz solar. El efecto demuestra su utilidad a la hora de visualizar mejor datos de prospecciones topográficas de alta resolución, como por ejemplo terraplenes parcialmente excavados. También deja en evidencia los artefactos del algoritmo, sobre todo las «terrazas» que a veces se producen durante una interpolación basada en curvas de nivel (capítulo 6). Una vez calculados la pendiente y el aspecto a partir de los datos de elevación, se puede aplicar el sombreado a otros datos, como las clases de vegetación, o incluso a fotografías aéreas, para dar una impresión de relieve (fig. 9.8).

La mayoría de packs SIG contienen algún dispositivo de botones para producir mapas de sombreado del relieve. Las aplicaciones más simples sombrean la superficie de manera que las celdas cuyo aspecto da la espalda a una

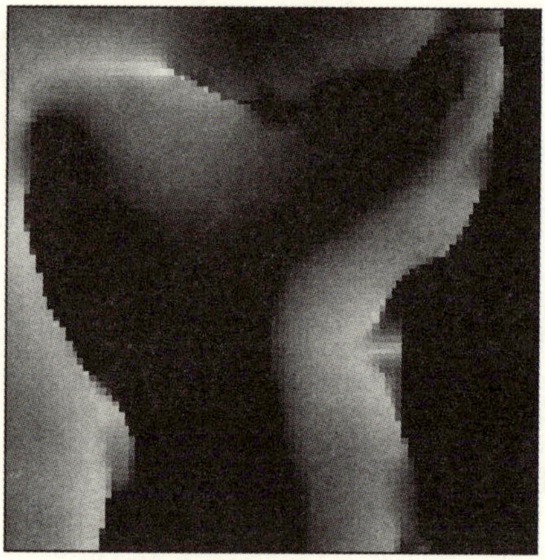

FIGURA 9.8. Un modelo de sombreado integrado en un MDE para crear un modelo de sombreado de relieve.

hipotética fuente de luz (convencionalmente situada a 45° respecto al horizonte en el NO) tengan un tono más oscuro que las que miran hacia el punto de luz. Las implementaciones más sofisticadas no sólo permiten al usuario variar la posición del punto de luz sino que estiman la cantidad de luz que refleja cada celda como una función del aspecto, la pendiente y la reflectancia de la vegetación. Horn (1981) ofrece un análisis detallado de los distintos métodos utilizados.

Los principios que sirven para calcular un relieve sombreado llegan a su conclusión más lógica con el cálculo de la intensidad solar, también llamada irradiación. La intensidad solar no es un dispositivo meramente estético sino un modelo genuinamente analítico de la cantidad de energía solar que recibe cada lugar de un paisaje. El cálculo de la intensidad solar es relativamente complicado –véase Burrough y McDonnell (1988: 202-203) para una breve introducción–, pero ha sido provechosamente incorporado a modelos predictivos de localización de yacimientos (Duncan y Beckman, 2000).

9.3.2. Derivadas de segundo orden: convexidad de plano y de perfil

Pese a que las derivadas de primer orden de la elevación, la pendiente y el aspecto ofrecen una información útil y de fácil interpretación acerca del te-

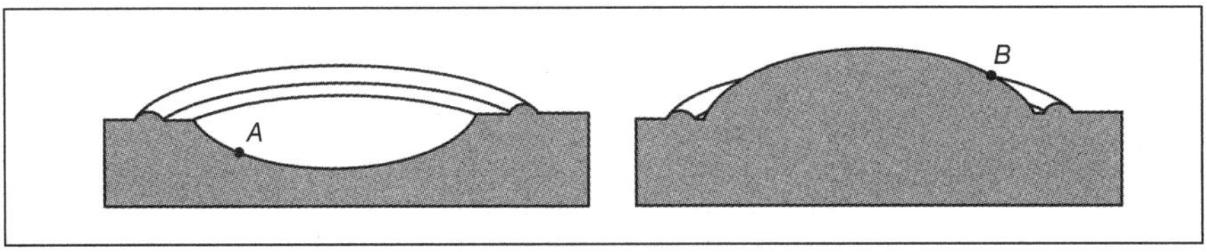

FIGURA 9.9. El punto *A* en el túmulo deprimido tiene la misma pendiente y aspecto que el punto *B* del túmulo acampanado, pero difieren en cuanto a complejidad de plano y de perfil, como se describe en el texto.

rreno, nada nos dicen directamente de su forma. Para ello es preciso calcular las derivadas de segundo orden, la convexidad de plano y la convexidad de perfil, que miden el cambio en las derivadas de primer orden.

A modo de ilustración, supongamos que un colega ha dirigido una prospección topográfica de alta resolución de una necrópolis tumular de la Edad del Bronce y le ha proporcionado los valores de aspecto y pendiente de un lugar no especificado cerca del centro de un túmulo perfectamente semicircular de un tipo no especificado (fig. 9.9). Con esta sola información sería imposible distinguir entre un túmulo acampanado y un túmulo deprimido. Pero si el colega proporciona la convexidad de perfil y la convexidad de plano, la forma del túmulo quedaría inmediatamente de manifiesto: cualquier posición junto al centro de un túmulo acampanado estaría situada en una pendiente convexa tanto de plano como de perfil, dándole valores positivos, mientras que toda posición junto al centro de un túmulo deprimido estaría situada en una pendiente cóncava tanto de perfil como de plano, dándole valores negativos.

En la práctica, las principales aplicaciones de la convexidad de plano y de perfil se dan en geomorfología, ya que las medidas cuantitativas de la forma del terreno pueden proporcionar información útil sobre los procesos de formación que han generado un determinado paisaje (Clowes y Comfort, 1982). Esta información puede a su vez ser útil para los arqueólogos, sobre todo para quienes estudian la prehistoria más antigua. Pero existen otras utilidades directas de la convexidad de plano y de perfil directamente para la arqueología (¡no prevemos en serio su utilización para clasificar túmulos!). Volviendo al ejemplo de las granjas del valle de Yorkshire, tanto la convexidad de perfil como la de plano pueden representar niveles de abrigo, de manera que los lugares con valores negativos estarían mejor protegidos que los de valores positivos. Además –y de índole menos procesual– la capacidad de cartografiar aspectos cualitativos del terreno, como la «redondez», abre la posibilidad de un diálogo reforzado con quienes propugnan un enfoque fenomenológico del paisaje. En efecto, sospechamos que este tipo de diálogo podría ir bastante mejor si los arqueólogos usuarios del SIG mostraran algo más de voluntad para experimentar con las derivadas más abstractas de datos de campo continuo. Quienes estén interesados en ello deberían consultar el trabajo de Marcos Llobera (2001) sobre, por ejemplo, la prominencia, y también los trabajos de Lake y Woodman (2003) sobre los círculos de piedra y su contexto.

9.4. CONTINUIDAD Y DISCONTINUIDAD

Es posible enfatizar el cambio en los datos de un campo continuo, casi siempre con la esperanza de identificar aquellos límites que marcan los bordes de elementos arqueológicos, como muros, edificios e incluso asentamientos, según la escala de análisis. Pero también es posible desenfatizar el cambio, por ejemplo, para suavizar un MDE por lo demás «problemático». Ambas operaciones se realizan aplicando filtros espaciales a mapas ráster.

9.4.1. Filtros espaciales

El filtrado espacial es, en cierto modo, similar al método de interpolación basado en la ponderación de la distancia inversa comentado en la sección 6.4.1. A semejanza de ese método, calcula el valor de una celda dada como una función de los valores de las celdas vecinas y el resulado es, con frecuencia aunque no necesariamente, algún tipo de promedio ponderado. Pero a diferencia de la interpolación, la finalidad no es estimar el valor de celdas no muestrales sino modificar los datos existentes para poder incrementar o reducir la autocorrelación espacial entre celdas vecinas. Como veíamos en el capítulo 8, un aumento de la correlación dará valores de las celdas vecinas más similares, mientras que una reducción dará celdas menos similares.

La vecindad utilizada en los filtros espaciales suele ser una ventana cuadrada, llamada *núcleo*. El nuevo valor (filtrado) de la celda central de esa ventana se calcula como una función de los valores de las celdas englobadas por esa ventana. La ventana se desplaza a través de todo el mapa, asegurando que todas las celdas reciben un nuevo valor filtrado. El proceso será *secuencial* si el nuevo valor de una celda se utiliza para calcular el valor de una celda vecina, y será *paralelo* si todos los cálculos utilizan los valores originales (no filtrados) de las celdas.

El filtrado espacial se expresa matemáticamente mediante la siguiente ecuación:

$$C_{ij} = f\left(\sum_{i-m}^{i+m} \sum_{j-m}^{j+m} c_{ij} \times \lambda_{ij} \right) \qquad (9.3)$$

Esta ecuación dice que la celda central (C_{ij}) es una función (f) de cada una de las celdas vecinas (c_{ij}) de una ventana de radio m, donde el valor de cada celda (c_{ij}) se multiplica por una ponderación λ_{ij}, y luego estos valores se suman para determinar el valor del centro del valor del núcleo. Nótese que cada celda puede multiplicarse por una ponderación diferente dependiendo del tipo de función y de la distancia de la celda. Por ejemplo, el filtro espacial de Laplace, que luego se describe con más detalle, pondera el valor de los píxeles de manera que se destaquen las localizaciones donde aparecen rápidos cambios de valor. Para lograr este efecto, las ponderaciones pueden tener valor negativo dependiendo del tamaño del núcleo, como se muestra en el núcleo de 7 × 7:

0	0	-1	-1	-1	0	0
0	-1	-3	-3	-3	-1	0
-1	-3	0	7	0	-3	-1
-1	-3	7	24	7	-3	-1
-1	-3	0	7	0	-3	-1
0	-1	-3	-3	-3	-1	0
0	0	-1	-1	-1	0	0

Algunos packs SIG que ofrecen filtros espaciales piden al usuario que especifique los ponderaciones y probablemente también el radio de la ventana. Los packs con contenidos más analíticos también ofrecen una serie de funciones opcionales, por ejemplo el módulo «FILTER» de Idrisi contiene nueve filtros predefinidos y también la opción de funciones definidas por el usuario (Eastman, 2001: 87).

9.4.2. Filtros de paso bajo: suavizado

Los filtros de paso bajo reducen la correlación entre celdas vecinas: tienen el efecto de suavizar la variabilidad local (también llamada *ruido*). La figura 9.10 muestra la aplicación de un filtro de paso bajo a una matriz de 5 × 5.

Utilización de filtros de paso bajo

Los filtros de paso bajo se utilizan para suavizar (o «difuminar») datos en un SIG arqueológico por una serie de razones, algunas más pertinentes que otras:

Presentación. Las superficies suavizadas suelen ser más atractivas visualmente que los datos en bruto. Por ejemplo, muchas veces es preferible solapar etiquetas y otros gráficos encima de la tonalidad continua que representa la suma de cuadrados (*quadrat counts*) suavizados de microlitos, por ejemplo, que superponerlos sobre la representación «en bloque» de los cálculos en bruto. De todas maneras pensamos que en general es mejor evitar este tipo de suavizado a menos que: a) las medidas originales también estén disponibles; y b) la superficie suavizada no se utilice para fundamentar una proposición insostenible dada la variabilidad de los datos originales.

Mejora de los modelos de terreno. Como se ha visto en el capítulo 6, los modelos de terreno contienen con frecuencia artefactos de interpolación, de modo que a veces se tiende a suavizarlos. Pero suavizarlos por razones puramente estéticas tiene la desventaja de que otros podrían malinterpretar la calidad del modelo de terreno. Una razón analítica habitual para suavizar el terreno es la eliminación de «fosos» para evitar que distorsionen el flujo de agua simulado en un modelo hidrológico (véase el capítulo 11). Otra razón es eliminar las «terrazas» de interpolación que de otro modo truncarían erróneamente la línea de visión en un análisis de visibilidad, aunque esto tiene la importante desventaja de rebajar picos y crestas que suelen ser importantes determinantes de la visibilidad.

Identificación de tendencia. Reduciendo la variabilidad local resulta más fácil identificar tendencias en los datos. El uso de la suavización para este fin puede ser pertinente cuando el proceso de indagación es de índole informal, pero para fines más analíticos es mejor modelar una superficie de tendencia (capítulo 6), ya que da una medida de la concordancia.

Cómo calcular los filtros de paso bajo

Los filtros de paso bajo siempre calculan la celda central como algún tipo de promedio de las celdas de la ventana (el núcleo):

- Se utiliza la *media* de los datos de ratios e intervalos (fig. 9.10), por ejemplo, el número de elevaciones o de cerámicas. La media se calcula de forma muy sencilla, aplicando ponderaciones fraccionales iguales y luego sumando los resultados. Por ejemplo, si la ventana tiene un radio $m = 1$, entonces las nueve ponderaciones $\lambda_{i-1,j-1} \dots \lambda_{i+1,j+1}$ han de establecerse en 1/9, ya que sumando una novena parte de nueve celdas da su valor medio.
- La *moda* (el valor más común) ofrece un promedio más adecuado de datos nominales y ordinales, como por ejemplo, un mapa que muestre el tipo de artefacto(s) más frecuente en cada celda (fig. 9.11b).

Otras veces, los filtros de paso bajo no se utilizan para suavizar los datos existentes sino para crear un nuevo mapa que muestre una medida de su variabilidad local. Las siguientes funciones miden (pero no aumentan) la variabilidad local:

- El *rango* se utiliza en datos de ratios e intervalos para describir la máxima diferencia entre los valores de las celdas de la ventana (fig. 9.11c).

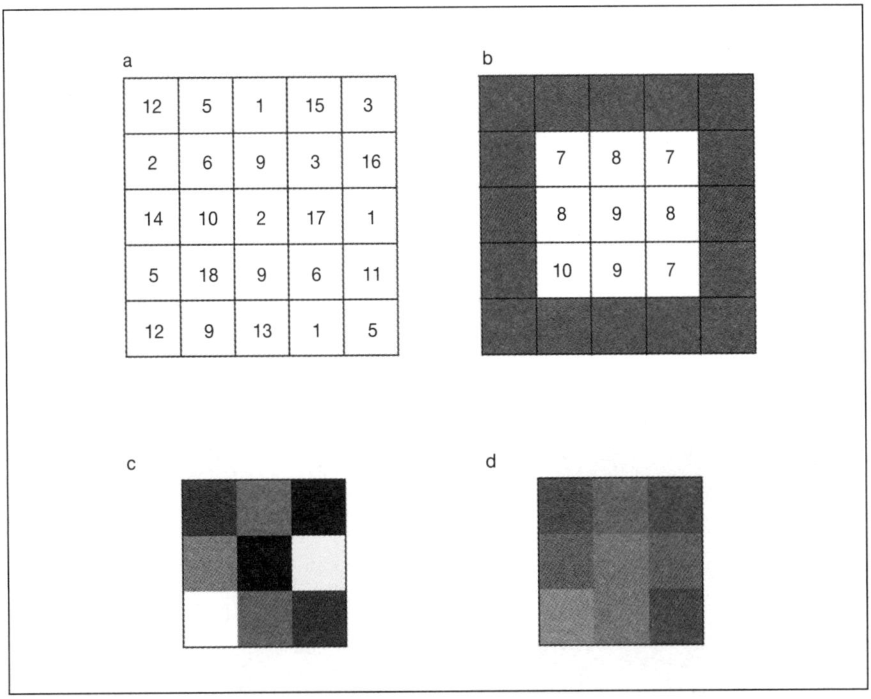

FIGURA 9.10. Un sencillo filtro de paso bajo. En este ejemplo los valores de las 25 celdas de (a) se han sustituido por la media de sí mismas más la de sus 8 vecinas más próximas. Este nuevo valor se almacena en un mapa aparte (b). El proceso transforma una superficie «rugosa» (c) en una suave (d). Hay que tener en cuenta que los nuevos valores no se calculan para las celdas en los bordes del mapa, ya que para ellas se calcularían valores erróneos debido a que tienen menos de 8 vecinas.

- La *diversidad* (el número de valores distintos de la ventana) ofrece una medida mejor de la variabilidad en datos nominales y ordinales (fig. 9.11d).

9.4.3. Filtros de paso alto: resaltar los cambios

Los filtros de paso alto tienen el efecto contrario que los filtros de paso bajo: refuerzan (o «agudizan») la variabilidad local (el *ruido*).

Cómo utilizar filtros de paso alto

La aplicación arqueológica más frecuente de los filtros de paso alto es la detección de bordes. Por ejemplo, en una determinada prospección topográfi-

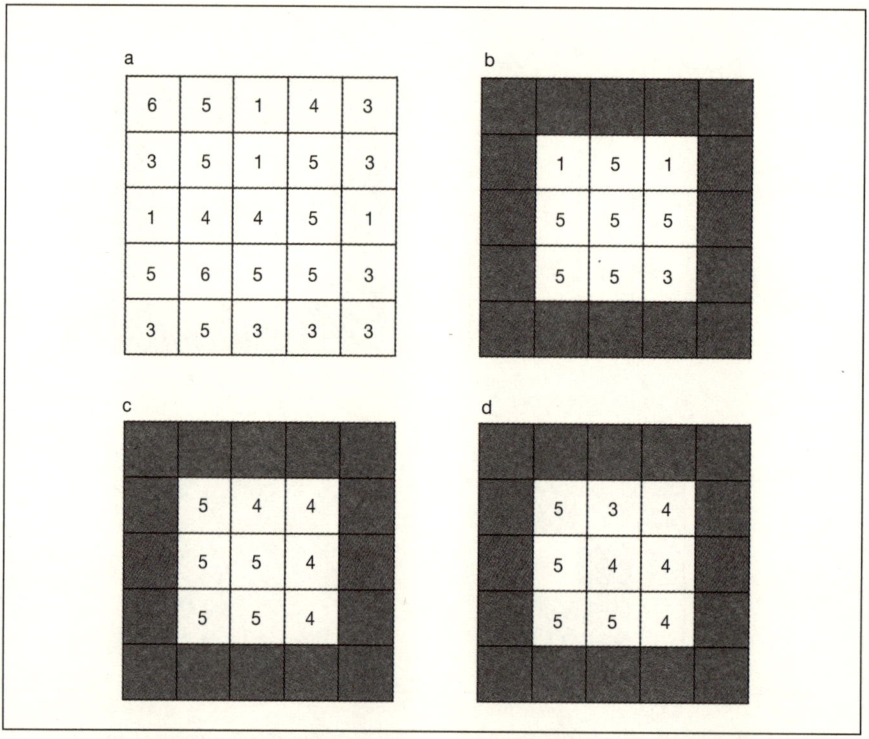

FIGURA 9.11. La aplicación del filtrado para calcular la moda (b), el rango (c) y la diversidad (d) del mapa (a).

ca de alta precisión, sería posible identificar los muros de un edificio sepultados bajo tierra localizando las áreas donde se observa un rápido cambio de elevación (fig. 9.12). La misma técnica también puede aplicarse al patrón de cultivos de una fotografía aérea, donde lo que cambia no es la elevación sino los tonos registrados en la imagen (digitalizada). En estos casos, la finalidad de la detección de bordes podría ser:

- la *detección* de elementos apenas discernibles para el ojo humano;
- la *extracción* de elementos para realizar cartografías automáticas (adelgazando y vectorializando los resultados);
- la *cuantificación* de la fragilidad de los indicios de elementos, tal vez con vistas a su conservación.

La detección de bordes también sirve para examinar modelos de terreno en busca de artefactos de interpolación, aunque un mapa de pendientes suele ser tanto o más efectivo para este fin.

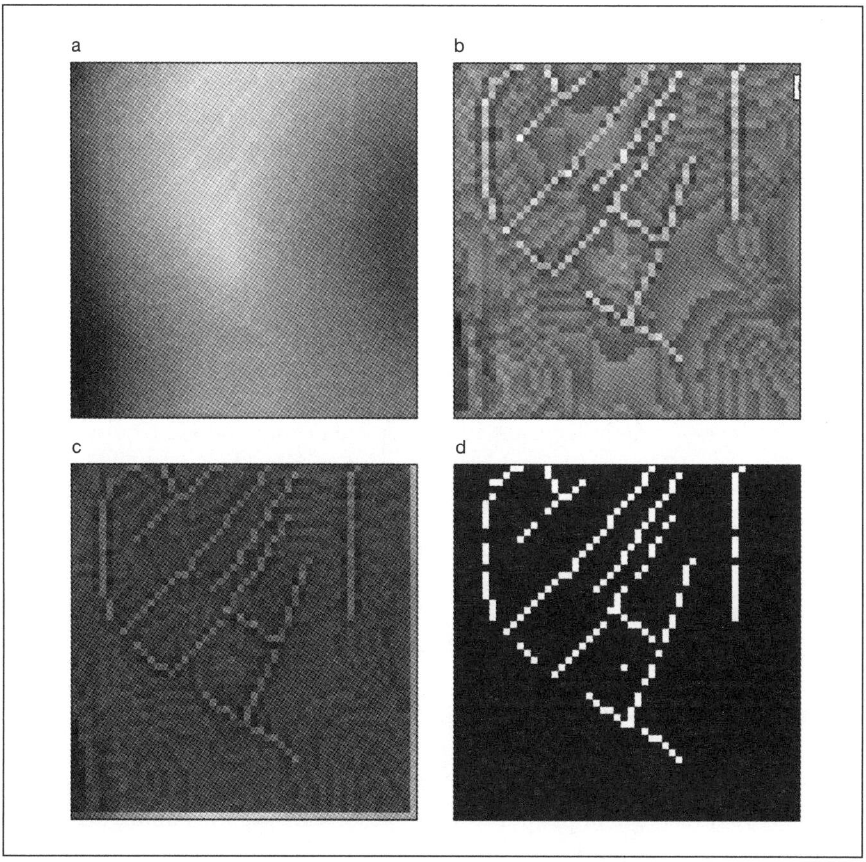

Figura 9.12. Filtros de paso alto algebraico (b) y de Laplace (c) aplicados a un MDE sintético que contiene rastros de un sistema de cultivos (a). La extracción de valores >1 basada en el resultado del álgebra de mapas produce un mapa del sistema de cultivos (d).

Cómo calcular los filtros de paso alto

Los filtros de paso alto se definen en términos de álgebra de mapas como:

High_pass_map = Original_map - Low_pass_map
(Mapa_filtro_alto = mapa_original - mapa_filtro_bajo)

Los filtros de paso alto se pueden crear aplicando la fórmula anterior a un álgebra de mapas. La figura 9.12b muestra un filtro de paso alto calculado de esta forma utilizando un radio de núcleo de 1. Pero es más frecuente utilizar ponderaciones del núcleo especialmente diseñadas. Por ejemplo, el filtro de Laplace anteriormente descrito se calcula sumando el producto de los valores de cada píxel y multiplicándolo por los valores de su núcleo. En un núcleo de 3 × 3, las ponderaciones pertinentes de los píxeles son:

```
-1 -1 -1
-1 +8 -1
-1 -1 -1
```

Este resultado destaca los bordes de áreas poligonales con valores más altos o más bajos que el área circundante. Este filtro de Laplace aplicado a los datos de elevación de la figura 9.12a produce la imagen de la figura 9.12c.

Los packs SIG con más contenido ráster, como GRASS e Idrisi, también contienen otros filtros especializados en la detección de bordes, como el filtro de cruzado cero (*zero-crossing*) y el detector de bordes Sobel.

9.5. PROCESOS DE SUPERFICIE: LA EROSIÓN

En esta sección se abordan los modelos de erosión del suelo como ejemplo de operación espacial que sirve para modelar un proceso del mundo real que actúa constantemente en el espacio. Hemos elegido el modelo de erosión del suelo por dos razones: la primera es que posee varias aplicaciones arqueológicas y, la segunda, porque es un buen ejemplo del tipo de cuestiones que suelen plantearse a quienes utilizan las funciones más especializadas del SIG.

Con el modelo de erosión del suelo los arqueólogos pueden obtener una mejor percepción gracias a una serie de aplicaciones, como:

- la *conservación*: porque la identificación de los yacimientos con mayor riesgo de erosión natural, sobre todo en zonas altas, supone un beneficio para la arqueología;
- la *predicción* de la posible presencia de yacimientos: porque posibilita la identificación de áreas donde el suelo se ha depositado en cantidad suficiente para asegurar la preservación de elementos arqueológicos;
- la *historia del paisaje*: porque podría necesitar una estimación de los efectos de los usos humanos del suelo en la erosión del suelo y, por lo tanto, en su forma.

CUADRO 9.1. La ecuación universal de la merma del suelo: $A = R \times K \times L \times S \times C \times P$ (según Burrough y McDonnell, 1998, cuadro 7.2)

Variable	Descripción
A	Pérdida anual de suelo (tn h^{-1})
R	Erosión pluvial, donde $R = 0{,}11abc + 66$ y a es un promedio anual de precipitación (cm), b es la máxima precipitación de un día cada dos años (cm) y c es la máxima precipitación total de un aguacero cada dos años (cm)
K	Erosión del suelo
L	Factor de la longitud de pendiente: $L = (l/22{,}1)^{0{,}5}$, donde l es la longitud de la pendiente (m)
S	Factor pendiente: $S = 0{,}0062 \times s^2 + 0{,}065$, donde s es la pendiente (%)
C	Parámetro de cultivo(s)
P	Parámetro de producción

9.5.1. Cómo calcular la erosión del suelo

Antes de la generalización de los SIG, representar cuantitativamente la erosión del suelo pasaba fundamentalmente por crear un modelo predictivo empírico de la probable pérdida de suelo en un determinado lugar. Este método, representado por la conocida ecuación universal de pérdida de suelo («universal soil loss equation, USLE) vincula los índices observados de pérdida de suelo con la erosión pluvial y atributos del este de Estados Unidos (Wischmeier y Smith, 1978). Estos últimos incluyen, en general, la erosión del suelo, la pendiente, la longitud de la pendiente, el tipo de cultivo y cualquier medida adoptada para frenar la erosión (cuadro 9.1).

Algunas organizaciones ofrecen datos para simplificar el cálculo de la USLE con fines agrícolas y de gestión del suelo. Por ejemplo, el National Soil Erosion Laboratory[1] de Estados Unidos, y el Ministerio de Agricultura y Alimentación de Ontario[2] publican tablas de datos que dan valores de R, K, C y P sobre las áreas locales y sus condiciones. La USLE puede utilizarse en un SIG aplicando el álgebra de mapas a mapas ráster de los distintos atributos. Pero conviene recordar que no es un modelo en sí mismo sino una serie de relaciones empíricamente inferidas entre variables medioambientales y el uso del suelo del este de EE.UU. Su aplicabilidad fuera de esta región resulta cuestionable, y en áreas como el Mediterráneo la USLE ha demostra-

1. http://topsoil.nserl.purdue.edu/usle/.
2. www.gov.on.ca/OMAFRA/index.html.

do muy poco valor predictivo cuando se trata de estimar índices de erosión del suelo (Grove y Rackham, 2003: 255).

La USLE es un modelo de erosión generalizado básico pero no ha sido diseñado para aprovechar la capacidad del SIG de realizar operaciones auténticamente espaciales. Existen métodos más recientes basados en el SIG que tratan de predecir la pérdida de suelo modelando el proceso real de erosión (Nearing *et al.*, 1994), es decir, el desplazamiento de sedimento en una superficie. Los ejemplos más conocidos serían el Agricultural Non-Point Source Model (AGNPS) (Young *et al.*, 1989) y el Areal Non-Point Source Watershed Environmental Response Simulation Model (ANSWER; Beasley y Huggins, 1991).

Los modelos de erosión centrados en el proceso siempre hacen que el sedimento «fluya» en sentido descendente desde cada celda del mapa hasta su vecino de abajo. Como las celdas también pueden recibir sedimento de sus vecinos situados más arriba, el resultado final en un lugar determinado puede ser bien erosión –una pérdida neta de sedimento–, bien deposición –un aumento neto de sedimento–. Según cómo se implemente el modelo, los resultados pueden considerarse uno o más de: un modelo de elevación revisado; un mapa de grosor sedimentario revisado; o un mapa de cambios de elevación o de grosor del sedimento (véanse las figuras en Mitas *et al.*, 1996, para algunos ejemplos). En teoría, la cantidad de sedimento que se desplaza entre dos celdas dadas depende de factores que afectan a tres procesos: el desprendimiento de partículas de suelo del material madre; el transporte de esas partículas por algún agente, como el agua o el viento; y la deposición de las partículas transportadas. Los factores que suelen incluirse en los modelos de erosión del SIG centrados en el proceso son los que miden la contribución de la forma, el tipo y la vegetación del suelo y la intensidad de la precipitación al desprendimiento, transporte y deposición de las partículas (recuadro de la p. 269).

9.5.2. Aspectos del modelo de erosión

Hay tres cuestiones especialmente relevantes para los arqueólogos que conviene destacar y los analizamos con cierto detalle porque también son aplicables a muchos modelos avanzados de un SIG.

La elección de modelo

La forma más simple de elegir un modelo es dar con uno que haya sido implementado en el pack SIG con el que esté más familiarizado y/o utilizado

PARÁMETROS REQUERIDOS EN EL MODELO DE EROSIÓN ANSWERS[a]

Suelo:

- Porosidad total (porcentaje de espacio poroso del suelo)
- Capacidad del terreno (porcentaje de saturación)
- Índice de infiltración en estado estacionario
- Diferencia entre estado estacionario e índice de máxima infiltración (mm h^{-1})
- Recuento exponencial de infiltración para determinar el índice de disminución de la capacidad de infiltración frente al aumento del contenido de humedad
- Humedad del suelo precedente (porcentaje de saturación)
- Erosión del suelo (K en la USLE)

Utilización del suelo:

- Intercepción potencial de precipitación por la corteza terrestre (mm)
- Superficie cubierta por una utilización del suelo especificada (%)
- Coeficiente de rugosidad de la superficie (un factor de la forma)
- Máxima altura de rugosidad del perfil de la superficie (m)
- La *n* de Manning (una medida de la capacidad retardataria de la superficie)
- Erosión relativa (función del tiempo y *C* y *P* de la USLE)

Cauces

- Coeficiente de drenaje de la corteza vegetal
- Fracción del aflujo de aguas de superficie (contribución del aflujo de aguas de superficie vertidas en corrientes de agua)

Precipitación

- Intensidad en momentos especificados durante el evento (mm h^{-1})

Canales

- Ancho
- Rugosidad
- Pendiente (si es distinta de la pendiente terrestre)

Prácticas de gestión

- Una opción de las cuatro mejores prácticas de gestión (BMP)

[a]http://soils.ecn.pardue.edu/~aggrass/models/answers/.

por el proyecto en cuestión. Pero como seguramente habrá que dedicar bastante más tiempo a reunir datos que a aprender los botones que hay que pulsar, será más fácil a la larga –y más defendible científicamente– elegir según las propiedades del modelo y no según el software. La mayoría de modelos se basan en el mismo conocimiento básico de los procesos físicos que provocan erosión, pero todos difieren en su modo de representar exactamente estos procesos. Esto es cierto tanto en términos de resolución espacial como de los parámetros concretos utilizados para caracterizar los procesos. Por ejemplo, mientras el AGNPS parte de la suposición de que la precipitación es constante en toda la región, ANSWERS permite especificar varios «indicadores de pluviosidad» que registran la variación temporal de precipitación en una determinada subzona. El AGNPS requiere que se especifiquen las propiedades del suelo en términos de porcentaje de arena, limo y arcilla, mientras que ANSWERS requiere información sobre la porosidad, el punto de saturación y el índice de infiltración. Por lo tanto, existen por lo menos tres criterios para elegir un modelo:

la *resolución espacial*: la concordancia entre la resolución espacial y la zona de estudio;

los *parámetros*: la concordancia entre los parámetros requeridos y los que están disponibles o son más accesibles;

la *preferencia teórica*: que podría requerir el consejo de un experto.

Recopilación de datos para incorporar

Como se muestra en el cuadro 9.1 y en el recuadro de la p. 269, los modelos de erosión requieren un buen número de parámetros. Algunos, como la elevación y la distribución de tipos de suelo, pueden obtenerse en fuentes publicadas en forma digital (y ciertamente de pago). Es importante comprobar que la resolución sea la adecuada para el problema que tenemos entre manos. La distribución de la cubierta vegetal también se puede derivar de datos de percepción remota vía satélite, aunque puede exigir trabajo de campo para una verificación sobre el terreno (véase el capítulo 7). Las propiedades de los tipos de suelo y el efecto de los tipos de cubierta vegetal sobre, por ejemplo, el índice de flujos, podría requerir una investigación extensiva sobre el terreno y en el laboratorio. Lo importante aquí es que con los modelos de erosión sobre todo, y con los modelos avanzados en general, el uso del SIG suele ser la parte más fácil y más barata del trabajo. Los datos introducidos de alta calidad tienen más probabilidad de tener una influencia mayor en la utilidad de los resultados que el dispendio en un software más sofisticado.

Reconstrucción paleoambiental

Aplicando un modelo de erosión al paleoambiente es posible predecir dónde hay yacimientos enterrados y mejorar el conocimiento de la historia del paisaje. Evidentemente la calidad de la reconstrucción paleoambiental disponible es fundamental. Todos los arqueólogos están ya familiarizados con las cuestiones relacionadas con la resolución temporal y otras fuentes de incertidumbre, como la preservación diferencial del polen de diferentes especies arbóreas. El problema adicional para quienes desean realizar un modelo de erosión SIG centrado en el proceso es que no existe una compatibilidad inmediata entre el requisito de un input espacialmente continuo y la evidencia paleoambiental, casi siempre constituida con datos de puntos, como los de las perforaciones. Este problema, común a la mayoría de modelos SIG de paisajes del pasado, incluido el análisis de visibilidad (capítulo 10), se ha de superar con alguna forma de interpolación. Una de las respuestas posibles a la incertidumbre adicional que supone esta necesidad de interpolación sería rechazar completamente los modelos SIG de paisajes antiguos, lo cual nos parece excesivamente pesimista. En cambio, sugerimos dos criterios que se pueden utilizar para decidirse a proceder:

1. Si el efecto de incertidumbre en los datos introducidos puede medirse de manera que los resultados puedan calificarse con un intervalo de probabilidad o de confianza. Esto se logra activando el modelo con una serie de valores de input diferentes que reflejen los posibles estados del paleoambiente.
2. Si la incertidumbre es compatible con la lógica inductiva del proyecto. Por ejemplo, un proyecto que desee inferir prácticas no conocidas del uso humano del suelo basándose en su contribución a la evolución del medio ambiente moderno requiere una certeza razonable sobre el paleoambiente, porque su lógica es inferir un proceso no conocido a partir de un punto inicial y final conocidos. En cambio, un proyecto donde se conocen los usos humanos del suelo y la finalidad en la reconstrucción del paleoambiente requiere menos certeza, porque la lógica es que se utilizarán el punto final y el proceso para inferir el punto inicial desconocido mediante un proceso de «ingeniería inversa».

9.6. CONCLUSIÓN

En este capítulo hemos analizado la aplicación de operaciones espaciales a datos de campo continuo, como la elevación. El cálculo de la pendiente y el aspecto es casi rutinario en los SIG arqueológicos orientados a la investigación, aunque, como ya hemos explicado, hay que superar diversos escollos. El cálculo de la convexidad de plano y de perfil es menos frecuente, pero es útil para la investigación geomorfológica y fenomenológica. Los filtros de paso bajo tienen varias aplicaciones –unas más deseables que otras–, mientras que los filtros de paso alto pueden servir para mejorar la interpretación de las imágenes aéreas y de satélite e incluso, en algunos casos, el cartografiado automático. En la última parte de este capítulo hemos hablado de los modelos de erosión del suelo como ejemplo de operación espacial destinada a representar un proceso del mundo real de interés para los arqueólogos. En el próximo capítulo ampliamos nuestro análisis de modelos e introducimos la derivación y el análisis de zonas.

10. Zonas: territorios, áreas de captación y visibilidad

10.1. Introducción: acerca de las zonas

Un SIG sirve para crear, representar y analizar muchos tipos de zonas o regiones. Algunas poseen una realidad objetiva, aunque sólo sea por el amplio reconocimiento que suscitan y una influencia fácilmente detectable en diversos aspectos del comportamiento humano. Los ejemplos más evidentes de este tipo son las zonas o regiones sociopolíticas, como el territorio de las modernas naciones-estado. Otras zonas tienen una realidad objetiva de índole distinta: se definen por algún proceso natural. Un buen ejemplo de una zona natural es la cuenca, es decir, el área donde todas las precipitaciones afluyen hacia algún punto concreto de una red de drenaje. Existe un tercer tipo de zona esencialmente analítica, en el sentido de que se ha creado para un determinado fin efímero y puede que nunca nadie la pueda reconocer salvo el analista. Por ejemplo, un arqueólogo podría determinar la zona de tierras contenidas a menos de 100 m de una línea férrea de alta velocidad con el fin de identificar yacimientos arqueológicos en peligro, pero lo que se incorpora al proceso de planificación no es la zona sino la lista de yacimientos y su localización.

Las zonas se suelen representar en forma de polígonos en un mapa vectorial, y también, aunque sea menos eficaz, en forma de celdas codificadas para poder distinguir entre el interior y el exterior de una zona en un mapa ráster. Cuando en el análisis basado en el SIG la extensión de las zonas se conoce de antemano, como en el caso de las regiones sociopolíticas, su generación y manipulación en un SIG tiene que ver sobre todo con la obtención de datos y la consulta de mapas.[1] Por lo tanto, el lector interesado sobre todo en

1. A veces se cuestiona la realidad exacta de zonas supuestamente objetivas, en cuyo caso se necesita un enfoque más sofisticado, como una representación mediante un mapa ráster con cel-

cartografiar y manipular zonas conocidas debería consultar los capítulos 5 y 7, donde se analizan estas operaciones con más detalle. En este capítulo lo que interesa es el uso del SIG para crear modelos de zonas cuya extensión se desconoce de antemano.

El uso del SIG para representar zonas recuerda tanto a ciertos desarrollos teóricos en arqueología y geografía que es importante tenerlos en cuenta, ya que con frecuencia se utilizan para justificar implícita o explícitamente muchos análisis basados en el SIG. Como decíamos en el capítulo 1, hay una larga historia de tráfico intelectual entre la geografía y la arqueología (Goudie, 1987), desde los anticuarios locales y diletantes viajeros de los siglos XVI y XVII, que fueron una mezcla de prospectores, cartografiadores, exploradores y anticuarios, hasta la influencia de geógrafos humanistas como Ted Relph (1976) y Yi-Fu Tuan (1974, 1978) en el desarrollo del enfoque fenomenológico de la arqueología del paisaje. Mientras tanto, la Nueva Arqueología estuvo fuertemente influida –sobre todo en su versión europea– por la Nueva Geografía, cuyos textos clásicos *Locational Analysis in Human Geography* (Haggett, 1965) y *Models in Geography* (Chorley y Haggett, 1967) inspiraron las obras *Analytical Archaeology* (Clarke, 1968) y *Models in Archaeology* (Clarke, 1972). Inspiradora en parte de la Nueva Arqueología, la Nueva Geografía nació en buena medida de un creciente interés por (y una accesiblidad a) las técnicas de medición y de comparación, y también de una cierta insatisfacción respecto a la tradición de la síntesis y del relato descriptivos (Wagstaff, 1987). Pero de gran importancia para el estudio de zonas fue la sustitución de la cronología –el estudio del carácter y de las interrelaciones entre lugares y zonas, que era la columna vertebral de la geografía tradicional– por el análisis espacial –el estudio de la ordenación geométrica y del patrón de fenómenos (véase p. ej., Bunge, 1966). Dicho de otro modo, según la Nueva Geografía, había que tratar el lugar y la zona como el resultado de unos procesos de interacción y no como entidades objetivas esperando ser estudiadas. Esta perspectiva inspiró una arqueología decididamente espacial definida en las contribuciones a *Spatial Archaeology* (Clarke, 1977) y a *Spatial Analysis in Archaeology* (Hodder y Orton, 1976), y en el desarrollo del análisis de las áreas de captación (Roper, 1979).

La idea de que las zonas debían tratarse como el resultado de procesos inspiró y justificó teóricamente (y sigue haciéndolo) muchas de las técnicas SIG corrientes para modelar y crear zonas. Por ejemplo, la creación de zonas utilizando polígonos de Thiessen (sección 10.2.2) contraviene algunos supuestos sobre los procesos de diferenciación espacial, mientras que el uso del

---

das codificadas de acuerdo con alguna medida del grado en el que hubiera consenso sobre si caen o no en la zona.

recorrido óptimo (sección 10.3.1) siempre reconoce factores como el coste del transporte. De ahí que la adopción del SIG en arqueología haya provocado a la larga una tensión entre el acceso a unas técnicas teóricamente adecuadas para tratar los temas prioritarios de la arqueología espacial de los años 1970 y el hecho de que gran parte de aquellas prioridades hayan sido descartadas por los posprocesualistas, más interesados en un significado contextualizado que en la identificación de procesos generales. No pretendemos arbitrar en este asunto, sino sólo exponer las tesis que hay detrás de las distintas técnicas y animar a los usuarios a pensar de forma creativa sobre su aplicación.

10.2. ZONAS GEOMÉTRICAS

Las zonas geométricas se definen en términos espaciales abstractos, sin tener en cuenta el contenido del espacio. Por ello son fundamentalmente analíticas, ya que muy pocos procesos espaciales del mundo real escapan al impacto de lo que hay «sobre el terreno». Las zonas geométricas se suelen producir mediante la creación de zonas *buffer*, esto es, zonas de influencia o zonas envolventes (también llamado análisis de proximidad) y teselación.

10.2.1. Zonas o áreas de influencia (buffer)

La zona de influencia o envolvente más simple es una región que contiene todas las localizaciones situadas a una determinada proximidad de un elemento geográficamente referenciado (el origen). La proximidad se suele especificar en términos de máxima distancia, o también de máxima y mínima distancia. En la figura 7.5 ilustrábamos el resultado de una consulta relativa a las distancias o zonas de influencia basada en puntos, líneas o áreas. Una zona de influencia generada desde una entidad lineal, como un río o una carretera, recibe el nombre de corredor. También es posible crear múltiples zonas de influencia, en cuyo caso se eligen valores máximos y mínimos para producir una serie de zonas envolventes contiguas cada vez más alejadas del origen (fig. 10.1).

La presencia o ausencia de una localización especificada dentro de una determinada zona ofrece información contundente sobre su distancia del lugar del origen. Si las zonas se estrechan debidamente de acuerdo con la resolución del mapa, el efecto es análogo al proceso de creación de una superficie de proximidad continua mediante la función de dispersión (spreading function) (véase la sección 10.3.1). En este caso, la presencia de una lo-

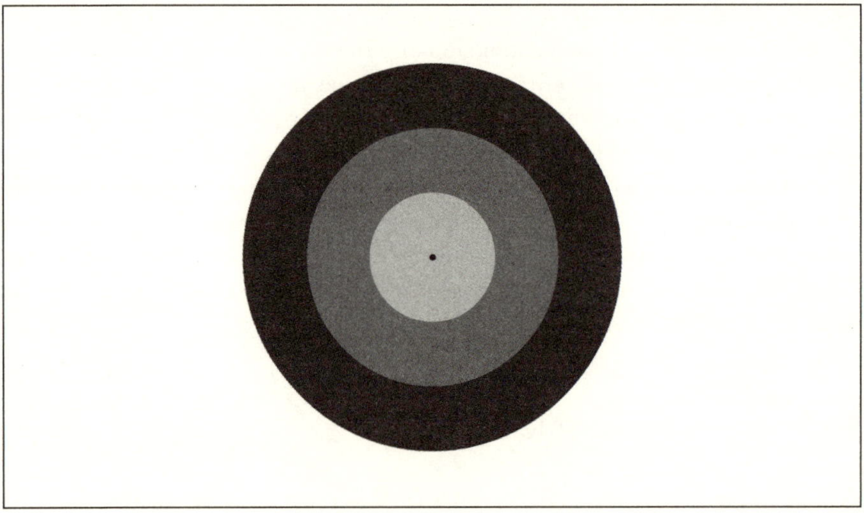

FIGURA 10.1. Zonas de influencia (buffer) múltiples alrededor de un punto.

calización especificada en una determinada zona registra, efectivamente, la distancia entre ese lugar y el origen. También pueden generarse una o múltiples zonas de influencia partiendo de múltiples orígenes, en cuyo caso las zonas envolventes se calculan según la distancia del origen más próximo (fig. 10.2).

Dado que las zonas de influencia son entidades discretas, la forma más eficaz de representarlas es mediante polígonos en un mapa vectorial. En consecuencia, casi todos los software SIG de tipo vectorial contienen un dispositivo con teclado para calcular zonas de influencia individuales y múltiples a partir de uno o más orígenes. Una de las virtudes de la representación vectorial de zonas de influencia es que luego pueden incluirse en consultas espaciales implementadas mediante superposición de polígonos (capítulo 7). Así es fácil, por ejemplo, identificar todos los yacimientos arqueológicos que están dentro de la jurisdicción de una determinada autoridad local, y situados asimismo a menos de 50 m de una futura carretera. Pero también es posible representar zonas de influencia en bases de datos ráster. Si bien una sola zona de influencia se puede representar con un mapa booleano con celdos codificadas 1 si están dentro de esa zona de influencia y 0 si están fuera, cuando se trata de múltiples zonas envolventes deberán representarse codificando las celdas según el valor de la categoría de la zona de influencia donde queden incluidas. Tradicionalmente, las zonas de influencia ráster se crean reclasificando una superficie de proximidad continua, pero muchos

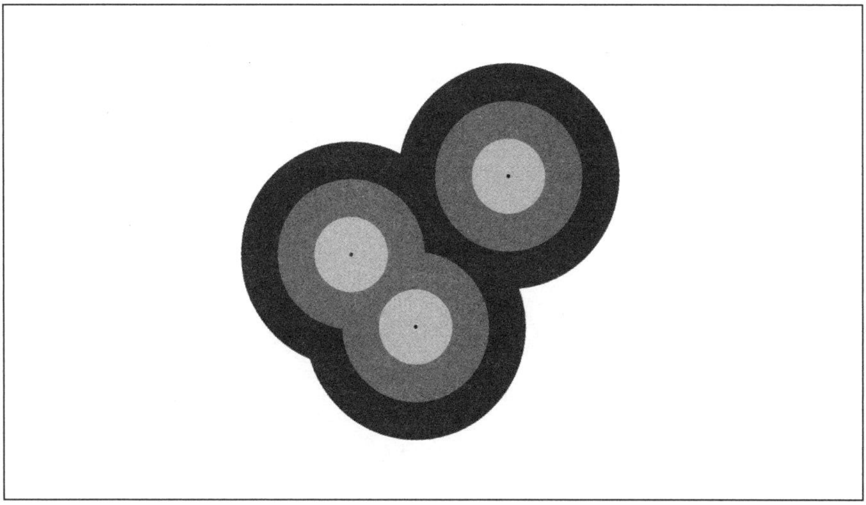

FIGURA 10.2. Zonas de influencia múltiples fusionadas. Cada zona fusionada informa de la distancia al punto más próximo sin indicar qué punto es.

packs SIG de base ráster ofrecen ahora algún tipo de «calculadora» para esa operación.

Hemos incluido las zonas de influencia como ejemplo de zonas geométricas porque casi siempre se calculan utilizando exclusivamente la distancia euclidiana. Pero la distancia euclidiana no es necesariamente la medida más adecuada para conocer la proximidad: existen otras medidas de posible aplicación en arqueología, como el tiempo de desplazamiento, la concentración de sustancias químicas que emanan de una fuente, la intervisibilidad, y medidas de la posibilidad de inundaciones. El álgebra de mapas y la reclasificación sirven también para crear zonas de influencia que representen la distancia entendida en términos de atributos contundentes, como la intervisibilidad y la localización en una llanura aluvial. Las zonas de influencia que representan distancias mediante atributos continuos, como el tiempo de desplazamiento, normalmente se derivan de los resultados de la dispersión (véase la sección 10.3.1).

10.2.2. La teselación

La teselación es simplemente el proceso de dividir un área en una serie de teselas más pequeñas de manera que no queden vacíos entre ellas. Los mapas ráster son un ejemplo de teselación, pero en este caso las teselas (es decir, las

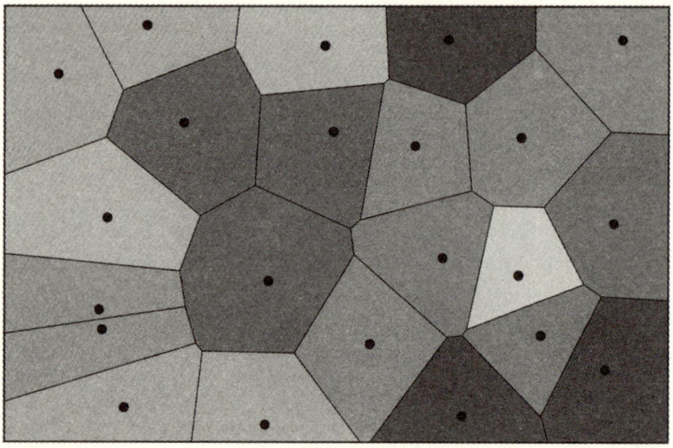

FIGURA 10.3. Polígonos de Thiessen. Los distintos grises representan diferentes valores de atributo.

celdas del mapa) no se interpretan normalmente como zonas significativas. Aquí nos interesa más la teselación creada con fines analíticos. El método más utilizado, con mucho, es la llamada teselación de Dirichlet, o diagramas de Voronoi o, con más frecuencia, polígonos de Thiessen. Dada una distribución inicial de puntos, la teselación divide un área de manera que cada punto quede incluido exactamente en un polígono que también contiene todo el espacio más próximo a ese punto que a cualquier otro. El polígono puede entonces heredar un atributo de su punto definidor para convertirse de hecho en una simple forma de interpolación. Este método se utiliza para interpolar observaciones de puntos claras y rotundas, por ejemplo, para crear mapas de suelos continuos basándose en datos de perforaciones (fig. 10.3).

La Nueva Geografía fue la primera en utilizar polígonos de Thiessen para definir las esferas de influencia de algunos centros urbanos, una idea que inspiró el manifiesto de Clarke (1968) en favor de la Nueva Arqueología. Los polígonos de Thiessen se utilizaron luego para definir el «territorio» de distintos tipos de yacimiento arqueológico, entre otros los túmulos alargados neolíticos (Renfrew, 1976), los fuertes (Cunliffe, 1971) y los asentamientos britanorromanos (Hodder y Hassell, 1971b). En estos casos implementaron una lógica muy clara para definir y asignar un territorio: que el control había que adscribirlo al yacimiento más próximo. En la medida en que esta lógica se hacía explícita, el uso de polígonos de Thiessen representó una mejora de métodos *ad hoc*, como «la compresión» de zonas de influencia circulares

(Dennell y Webley, 1975; véanse Steinberg, 1996; Perlès, 2001: 139-143 para usos más recientes). Pero pocos arqueólogos aceptarían hoy el supuesto subyacente de que la influencia es independiente del coste del transporte, del tamaño del centro y de mil y un factores sociales y culturales (véase, por ejemplo, la revisión de Milner de 1996 de la aplicación hecha por Peregrine en 1995).

No existen métodos «de manual» para ajustar las teselaciones de manera que reflejen la influencia del contenido de las teselas individuales en su extensión mediante factores como el coste del transporte. Lo cual no debe sorprendernos ya que los métodos geográficos para crear zonas ignoran el contenido del espacio; cuando este dato es importante, la dispersión resulta un método más adecuado. Pero es posible ajustar la extensión de las teselas individuales según la importancia relativa de cada uno de los puntos que se utilizaron para generar la teselación. En este caso, la «importancia» puede ser una medida de muchas cosas, desde el tamaño de la población hasta la presencia o ausencia de un centro religioso.

La premisa básica del modelo de gravedad es que la intensidad de la interacción entre dos o más lugares es directamente proporcional a una cierta cantidad de esos lugares e inversamente proporcional a la distancia interpuesta (Hodder y Orton, 1976: 187-195). De forma muy resumida, predice por ejemplo mayor interacción entre grandes asentamientos que entre pequeños, y que el volumen de interacción es menor si los asentamientos están más lejos que cerca unos de otros. Jochim (1976: 55-62), por ejemplo, utilizó un modelo de gravedad para investigar la "atracción" diferencial de distintas fuentes y su influencia en la ubicación de yacimientos de la Alemania mesolítica. En el recuadro de la p. 280 se describe un método muy simple para ajustar el tamaño de los polígonos de Thiessen ponderándolos según el tamaño o la importancia relativa de cada punto. Renfrew y Level (1979) idearon el modelo XTENT, un enfoque alternativo que utiliza límites ponderados para determinar el dominio de un territorio sobre otro. Pero existen pocas aplicaciones más allá de su primera formulación, debido sobre todo a la reconocida subjetividad a la hora de determinar el valor de la constante que determina el grado de autonomía de cada territorio.

10.3. ZONAS TOPOGRÁFICAS

Muchas veces conviene definir zonas según el resultado de los procesos. A diferencia de las zonas geométricas antes comentadas, las zonas definidas por procesos han de tener necesariamente en cuenta el contenido del espacio, ya que el resultado final de los procesos relevantes estará determinado, al me-

CÓMO PONDERAR POLÍGONOS DE THIESSEN

Una posible ecuación para ponderar polígonos de Thiessen, y por lo tanto para representar la frontera entre dos asentamientos, *i* y *j*, es:

$$D_{xj} = \frac{D_{ij}}{1 + \sqrt{P_i/P_j}}$$

donde P_i y P_j son los dos tamaños de población, D_{ij} es la distancia entre ambos y D_{xj} es la distancia respecto al asentamiento *j* donde podría trazarse el límite (Hodder y Orton, 1976: 188).

Crear en un SIG polígonos de Thiessen ponderados basados en este modelo de gravedad supone primero establecer el envolvente convexo más pequeño alrededor de cada punto utilizando como vértices sus puntos vecinos. Luego se pueden crear polígonos ponderados conectando primero una serie de localizaciones de puntos con segmentos lineales y trazando perpendiculares a los segmentos lineales en el punto definido por D_{xj}, y luego extendiendo esas perpendiculares hasta que se crucen. Aurenhammer y Edelsbrunner (1984) proponen una alternativa: la ponderación de polígonos de Thiessen no viene incorporada en el SIG como una función ya preparada, así que para aplicar este algoritmo con los packs SIG más comerciales precisará la escritura de un lenguaje. Pero hay programas autónomos de libre acceso, como Gambini (Tiefelsdorf y Boots, s.f.) o VPPlants (Gavrilova, s.f.) que realizan esta función, y este último permite exportar los resultados, y así poder reintroducirlos en un SIG.

nos en parte, por lo que hay «en el terreno». Hemos decidido llamar «topográficas» a este tipo de zonas, por la sencilla razón de que los procesos que con mayor frecuencia se eligen para definir zonas, naturales o antropogénicas, son los afectados de forma significativa por la elevación y sus productos. Por ejemplo, las cuencas fluviales se definen por el flujo de precipitación en una determinada superficie terrestre (véase el capítulo 11), que es, en gran parte, una función de la pendiente. Lo mismo pasa con las zonas definidas por la distancia máxima que puede recorrerse sin exceder un determinado coste, dada la fuerte influencia potencial que sobre ellas ejerce la inclinación de las pendientes. Pero hemos de subrayar que las técnicas descritas en esta sección no son sólo aplicables a la topografía, sino también al contenido cultural del espacio, por ejemplo, para representar el movimiento por paisajes sagrados que contienen lugares investidos de un significado que los convierte en un destino atrayente o quizá prohibido. Es un tipo de área donde los arqueólogos podrían mostrar mayor creatividad a la hora de elegir funcionalidades del SIG para sus fines (pero véanse Wheatley, 1993; Llobera, 2000).

10.3.1. Zonas accesibles

La explicación de un patrón del uso humano del suelo requiere, aunque no siempre, conocer su potencial favorable y desfavorable al desplazamiento a través del paisaje. En otras palabras, requiere que se intente establecer la accesibilidad relativa de diferentes localizaciones. El ejemplo clásico de un interés explícito por la accesibilidad es el análisis de la zona de captación de un yacimiento, que es una investigación de los recursos disponibles en una zona (captación) accesible desde un determinado yacimiento (Finzi y Higgs, 1972; Higgs y Finzi, 1972). Estos análisis han modelado de distintas maneras la accesibilidad como una función de la distancia (Higgs *et al.*, 1967), del tiempo (Higgs *et al.*, 1967), del gasto energético (Foley, 1977) o de la compactación territorial (Cassels, 1972; Dennell y Webley, 1975), y todos se pueden modelar –al menos en principio– utilizando un SIG. La influencia de la distancia y de la compactación territorial puede representarse en forma de zonas geométricas utilizando las técnicas antes descritas, como la creación de zonas de influencia y la implementación de polígonos de Thiessen, respectivamente. La influencia del tiempo y del gasto energético se pueden representar utilizando zonas topográficas derivadas del recorrido óptimo, que es el tema que nos ocupa.

Un recorrido óptimo, o mejor dicho, un *recorrido óptimo acumulado*, representa el coste de desplazamiento de un origen determinado a uno o más destinos. El coste de llegar a cada destino se acumula mediante una función de dispersión que se «despliega» sobre un *mapa de costes de recorrido*. Los recorridos óptimos acumulados y los mapas de costes de recorrido suelen crearse en formato ráster, ya que así se simplifican los algoritmos necesarios. Casi todos los programas SIG han de introducir un mínimo de tres mapas de información para crear un recorrido óptimo acumulado: un mapa que especifique el origen, un mapa que especifique un destino donde finalizar el cálculo y un mapa de costes de recorrido. Los dos primeros son triviales, pero en cambio no es en absoluto desdeñable la cantidad de trabajo necesario para generar un buen mapa de costes de recorrido.

Antes de hablar de cómo crear un mapa de costes de recorrido con más detalle, es importante tener en cuenta que los costes que se utilizan para determinar la accesibilidad no se tienen necesariamente que medir utilizando una unidad funcional, como pueden ser el gasto energético o el tiempo invertido. En principio es posible emplear costes que representen influencias culturales, como la atracción o la repulsión hacia los túmulos funerarios u otros lugares emblemáticos. En efecto, Llobera (2000) describía con detalle cómo la influencia cultural de los monumentos puede combinarse con el coste energético del desplazamiento. Aunque se precisa un nivel avanzado de capacitación en el manejo del SIG para tratar un modelo de esta índole, los obstáculos para avanzar en este área radican tanto en la dificultad para calibrar modelos de influencia cultural como en las limitaciones de la tecnología SIG.

Mapas de costes de recorrido

Un mapa de costes de recorrido representa el coste de atravesar cada celda del mapa. El coste recibe el nombre de *fricción*, y el mapa de costes de recorrido el de *mapa de fricciones*. El coste de desplazarse a través de una celda depende del medio de transporte y de los atributos de la celda. Por ejemplo, una celda del mapa que coincide con un río puede ser costosa de atravesar a pie, pero barata si se cruza en barca. La combinación entre medio de transporte y atributos de la celda determina si el coste es o no isotrópico, parcialmente anisotrópico o plenamente anisotrópico (Collischonn y Pilar, 2000).

Los costes isotrópicos dependen de la dirección del viaje. Por ejemplo, el coste asociado a la cubierta vegetal suele ser el mismo independientemente de la dirección en que uno se desplace: la maleza presenta la misma resistencia tanto si uno viaja al norte como al sur, y lo mismo ocurre con una superficie metalizada (p. ej., de grava o guijarros).

Los costes parcialmente anisotrópicos dependen de la dirección del viaje, pero la dirección de máximo coste es la misma para todas las celdas del mapa. Por ejemplo, alguien que se desplace en kayak invierte más coste energético remando contra el viento que con el viento a favor, pero la dirección del viento puede ser constante en todo el mapa.

Los costes anisotrópicos dependen tanto de la dirección del viaje como de los atributos de cada una de las celdas del mapa. Por ejemplo, es muy probable alcanzar el coste máximo si se cruza una celda montaña arriba siguiendo la máxima pendiente, pero esta dirección es potencialmente distinta en cada celda del mapa.

En la mayoría de análisis arqueológicos de los costes de recorrido publicados el modo de transporte más frecuente es a pie (p. ej., Bell y Lock, 2000; Bell *et al.*, 2002; van Leusen, 2002), que implica costes isotrópicos y anisotrópicos.

Costes de recorrido isotrópicos. Los determinantes más importantes del coste isotrópico cuando se va a pie son la rugosidad de la superficie y la cubierta vegetal. Se han desarrollado los llamados «coeficientes del terreno» para representar el efecto de la rugosidad de la superficie en el gasto energético (Soule y Goldman, 1969), aunque los costes adicionales raras veces superan el 10 % del coste en una superficie llana (Passmore y Durnin, 1955). El gasto energético que supone desplazarse por diferentes tipos de cubierta vegetal no se ha estudiado de forma tan sistemática, en parte porque existen múltiples posibilidades, desde superficies pavimentadas y distintos tipos de vegetación natural y trabajada, hasta rocas y cursos de agua. Algunos manuales (entre otros, Langmuir, 1997) proporcionan un punto de partida para determinar los costes relativos de algunos tipos de cubierta vegetal, pero en última instancia puede resultar necesario efectuar comprobaciones sobre el terreno. Van Leusen (2002, capítulo 16), que ha tratado de representar redes comerciales de la Edad del Hierro y romanas, es un buen ejemplo del tipo de decisiones a adoptar teniendo en cuenta el efecto de la cubierta vegetal en el coste de recorrido.

Hasta aquí hemos supuesto que se pueden atravesar todas las celdas del mapa, aunque con distintos costes, pero a veces es más conveniente marcar algunas celdas como barreras absolutas contra el movimiento. Por ejemplo, supongamos que queremos representar el impacto de terraplenes defensivos, límites territoriales, áreas sagradas o ríos con rápidos peligrosos. Algunos programas SIG ofrecen la posibilidad de incorporar barreras, permitiendo al usuario colocar valores especiales (por lo general negativos) en el mapa de costes de recorrido. Cuando esto no es posible, se puede obtener un efecto similar mediante el simple procedimiento de insertar valores excepcionalmente altos en el mapa: los valores elegidos podrían ser órdenes de magnitud mayores que el valor máximo adscrito a las celdas atravesables. En uno y otro caso, podrían surgir problemas si la resolución del mapa es tal que una barrera lineal está representada por un cordón de celdas individuales. Como señala Van Leusen (2002, capítulo 16), si el algoritmo elegido de dispersión permite el movimiento en diagonal y también siguiendo los puntos cardinales, entonces en determinadas circunstancias (fig. 10.4) es posible franquear la barrera. Una solución al problema es añadir celdas a la barrera, utilizando una función que «genera» zonas.

En lugar de incluir barreras también es posible representar elementos que faciliten potencialmente el movimiento. En muchos casos se tratará de fenómenos físicos reales, como carreteras o ríos, en cuyo caso se tendrá que codificar el tipo de cubierta vegetal relevante con un adecuado valor bajo en el mapa de costes de recorrido. En otros casos puede que el movimiento viniera condicionado por la costumbre y no por una determinada cubierta ve-

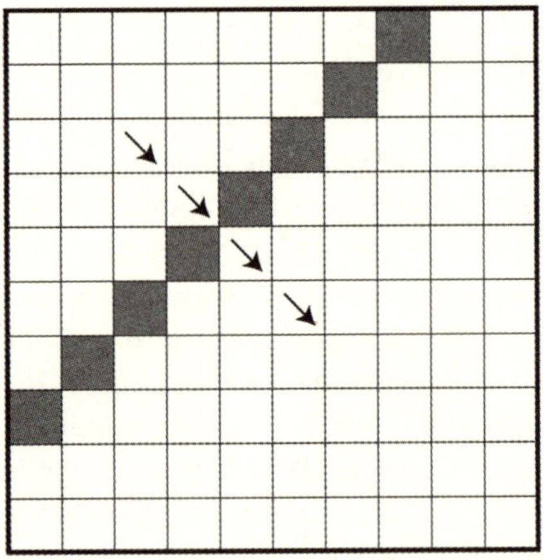

FIGURA 10.4. Barrera lineal rota por movimientos en diagonal.

getal. Cuando se sabe que fue así, se puede reproducir reduciendo los valores de las celdas relevantes en el mapa de costes de recorrido. Aunque la modificación del mapa de costes de recorrido invalidará el valor de todo empeño de calcular los costes del esfuerzo acumulado (si en realidad es lo que se desea), propiciará efectivamente el desplazamiento por rutas que se conocen o que se sospecha fueron las preferidas. Una gran reducción a un valor prefijado otorgará mayor influencia al desplazamiento habitual que una reducción menor establecida en función de los costes en las celdas vecinas (fig. 10.5).

Costes de recorrido anisotrópicos. El desplazamiento a pie es un buen ejemplo de un modo de transporte que produce costes anisotrópicos, en este caso debido a las mayores exigencias energéticas que supone atravesar pendientes. Hay dos aspectos en la representación del coste de atravesar pendientes a pie. El primero es determinar la magnitud de la pendiente que se experimenta realmente, la *pendiente efectiva*, y el segundo es asociar un coste a la travesía de una pendiente de esa magnitud.

La pendiente efectiva difiere de la pendiente registrada en un mapa de pendientes de dos maneras. En primer lugar, los mapas de pendientes registran la máxima inclinación de la elevación en una celda del mapa, pero no es preciso que uno viaje necesariamente siguiendo la máxima inclinación. Dado que los mapas de aspectos siempre registran el acimut de la dirección descendente de la máxima pendiente, de ello se deduce que la pendiente que se experimenta al

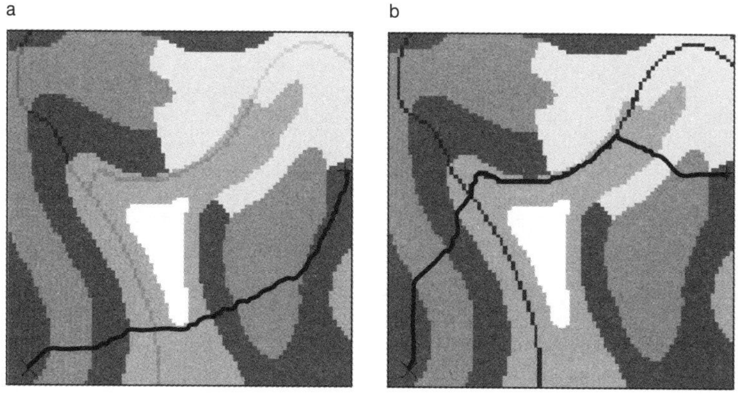

FIGURA 10.5. Caminos de menor coste (líneas negras) derivados de mapas de coste de recorrido isotrópicos que asignan a las carreteras o caminos (líneas grises) un coste relativo (a) y un coste fijo (b).

atravesar una celda del mapa varía entre cero y la pendiente, según si la dirección del viaje es perpendicular o paralela al aspecto, respectivamente. En segundo lugar, una pendiente puede ser descendente (montaña abajo) o ascendente (montaña arriba), según si el desplazamiento se hace en la misma dirección que el aspecto o en la opuesta. Uniendo estas dos consideraciones, es posible calcular la pendiente efectiva ε utilizando la ecuación 10.3, donde α es la diferencia entre el aspecto y la dirección del desplazamiento, σ es la pendiente, y a y b son las que vienen definidas en la figura 10.6. Suponiendo que $a = 1$, entonces (10.3) puede deducirse de la siguiente manera:

$$\cos \alpha = b/a$$
$$\cos \alpha = b \tag{10.1}$$

y como:

$$\tan \sigma = c/b$$
$$c = b \tan \sigma \tag{10.2}$$

se deduce de (10.1) y (10.2) que:

$$\begin{aligned} \tan \varepsilon &= c/a \\ &= b \tan \sigma \\ &= \cos \alpha \tan \sigma \\ \varepsilon &= \arctan(\cos \alpha \tan \sigma) \end{aligned} \tag{10.3}$$

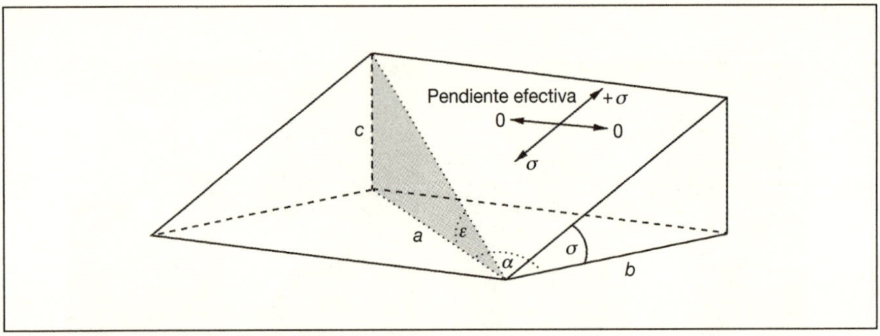

FIGURA 10.6. Cálculo de la pendiente efectiva.

Es importante tener en cuenta que la pendiente efectiva calculada con este algoritmo (10.3) es correcta sólo si el ángulo de diferencia se ha calculado utilizando un mapa de aspectos *invertido*, es decir, un mapa de aspectos que registre el acimut de la dirección *ascendente* de la máxima pendiente. Si es este el caso, entonces el término del coseno (*cosine term*) asegura que la pendiente efectiva varíe desde la pendiente ascendente ($+\alpha$) hasta menos la pendiente descendente ($-\sigma$), como muestra la figura 10.7.

Una vez calculados los valores de la pendiente efectiva, deben adscribirse los costes pertinentes. Los experimentos de laboratorio han demostrado que la energía invertida para desplazarse a pie es mínima en una leve pendiente descendente de 4-6°, aumenta ligeramente en una superficie plana y aumenta más rápidamente y de forma no lineal en pendientes ascendentes más pronunciadas (Minetti *et al.*, 1993; Rose *et al.*, 1994: 62). La energía consumida también aumenta en pendientes descendentes muy pronunciadas, pero a un ritmo menor que en pendientes ascendentes equivalentes. Llobera (2000: 71) ha reunido datos de diversas fuentes para sugerir la relación representada en la figura 10.8.

Van Leusen (1999: 216-217) describe algunas funciones utilizadas en estudios arqueológicos para representar el coste del recorrido a pie en pendientes de distintas magnitudes, incluido el tratamiento del coste en términos de velocidad y del gasto energético relativo y absoluto.

La velocidad. Gorenflo y Gale (1990) recomiendan utilizar la siguiente ecuación para representar el efecto de la pendiente en la velocidad del desplazamiento a pie:

$$v = 6e^{-3,5\,|s\,+\,0,05|} \qquad (10.4)$$

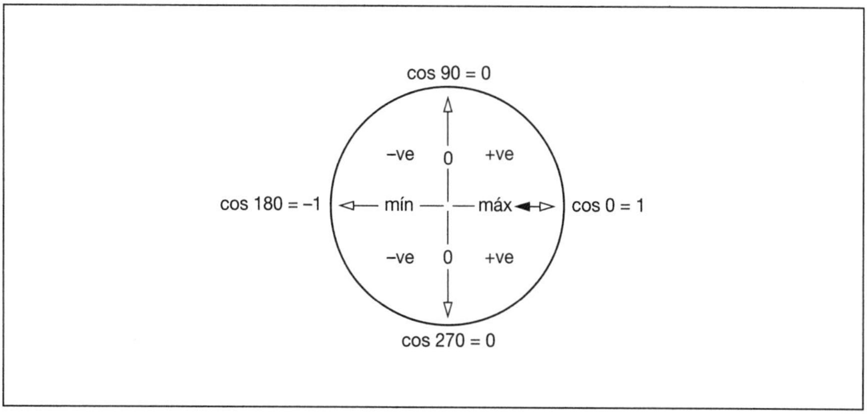

FIGURA 10.7. El signo de la pendiente efectiva indica si el movimiento es ascendente o descendente.

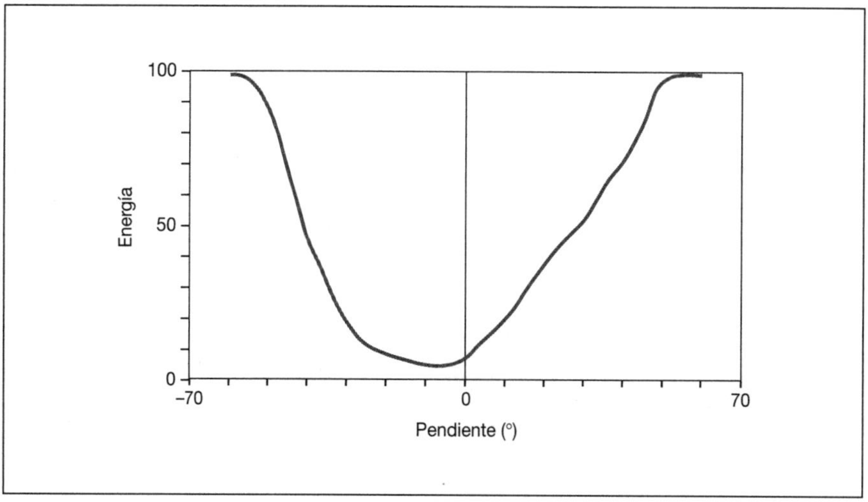

FIGURA 10.8. El coste energético de pasar por distintas pendientes según Llobera (2000, fig. 2).

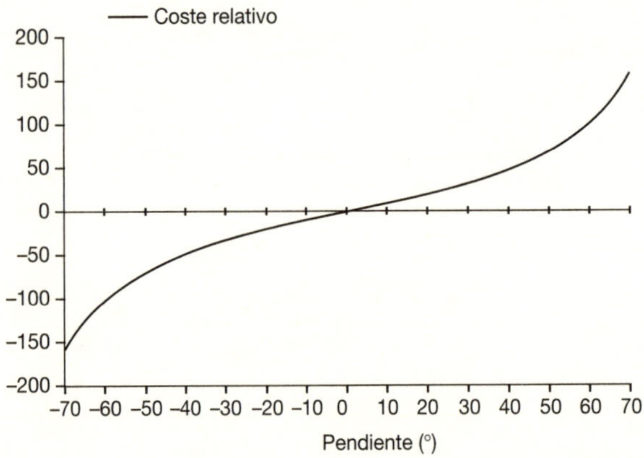

FIGURA 10.9. El coste energético de pasar por distintas pendientes según Bell y Lock (2000).

donde v es la velocidad en km h^{-1} y s es la pendiente en grados (nótese que $|s + 0{,}05|$ es el valor absoluto de $s + 0{,}05$, es decir, que siempre será un valor positivo). Verhagen *et al.* (1999) utilizaron esta ecuación para calcular la accesibilidad de asentamientos, pero téngase en cuenta que como parece que utilizan la pendiente y no la pendiente efectiva, su análisis no es totalmente anisotrópico.

Gasto energético relativo. Bell y Lock (2000) proponen una función basada en los cambios de la energía potencial y no en estimaciones de laboratorio del gasto energético metabólico real. Demuestran que el coste relativo de subir una pendiente puede representarse como la razón de las tangentes de los ángulos de la pendiente s. Por lo tanto, un mapa del coste relativo, C, se puede obtener utilizando la ecuación:

$$C = \tan s / \tan 1 \qquad (10.5)$$

donde una pendiente de 1° sirve de punto de referencia. Esta ecuación tiene la virtud de la simplicidad, pero produce una relación no lineal entre pendiente y coste (fig. 10.9). Por otro lado, tiene la desventaja de que la relación es simétrica[2] en torno a una pendiente de 0°, lo cual, como reconocen los propios autores, es incompatible con los resultados de los estudios de laboratorio sobre el gasto energético metabólico real durante la marcha.

2. Aunque positivo en dirección ascendente y negativo en dirección descendente.

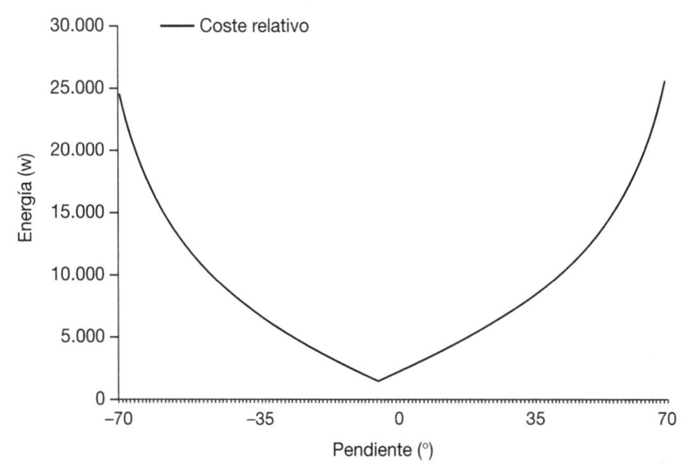

FIGURA 10.10. El coste energético de pasar por distintas pendientes según van Leusen (2002).

Gasto energético absoluto. Van Leusen (2002, capítulo 6) propone la siguiente ecuación para calcular el gasto de energía metabólica (en vatios) que se invierte al andar:

$$M = 1{,}5W + 2{,}0\,(W + L)\left(\frac{L}{W}\right)^2$$
$$+ N\,(W + L)\,(1{,}5V^2 + 0{,}35V\,|\,G + 6\,|\,) \quad (10.6)$$

donde M son los vatios gastados, W es el peso del cuerpo de la persona que se desplaza (kg), L el peso de cualquier carga (kg), V la velocidad de la marcha (km h^{-1}), N un «factor del terreno» y G la pendiente (%). El factor del terreno permite incorporar el efecto de la cubierta vegetal en la facilidad de desplazamiento y supone una superficie pavimentada como referencia, de modo que $N = 1$ para una carretera, $N = 1{,}5$ para una superficie 1,5 veces más costosa que atravesar una carretera, etc. Téngase en cuenta que el término $[G + 6]$ asegura que el mínimo coste se asocie a pendientes descendentes del 6 % y no a una superficie llana (fig. 10.10). Van Leusen ha utilizado esta ecuación (aunque sin ajustarla al coste mínimo) para representar las redes comerciales romanas y de la Edad del Hierro en el hinterland de la ciudad romana de Wroxeter (van Leusen, 2002, capítulo 16).

Es importante reconocer que ninguno de los métodos mencionados para calcular el coste de atravesar una pendiente de una determinada magnitud

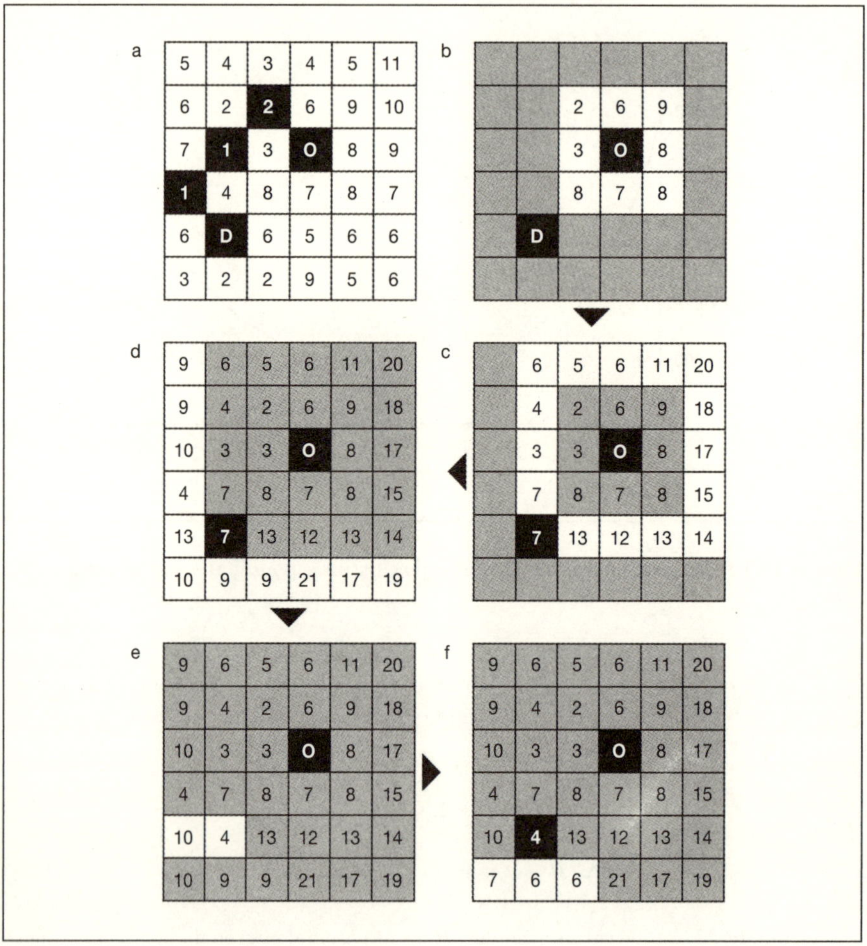

FIGURA 10.11. Fases de la iteración de una función de dispersión básica.

son anisotrópicos a menos que se apliquen a la pendiente efectiva. El ángulo de diferencia y, por lo tanto, la pendiente efectiva se calculan fácilmente mediante el álgebra de mapas, siempre que la dirección del viaje se conozca de antemano. Esto suele ocurrir cuando representamos el coste del recorrido por caminos conocidos (véase, p. ej., el estudio de Krist y Brown de 1994 de los senderos amerindios históricos de Michigan), pero lo más frecuente es que el análisis del recorrido óptimo intente predecir una dirección de marcha desconocida. En estas circunstancias, el ángulo de diferencia y, por lo tanto, la pendiente efectiva sólo pueden calcularse utilizando la función extensiva en el momento de calcular la superficie del coste de recorrido acu-

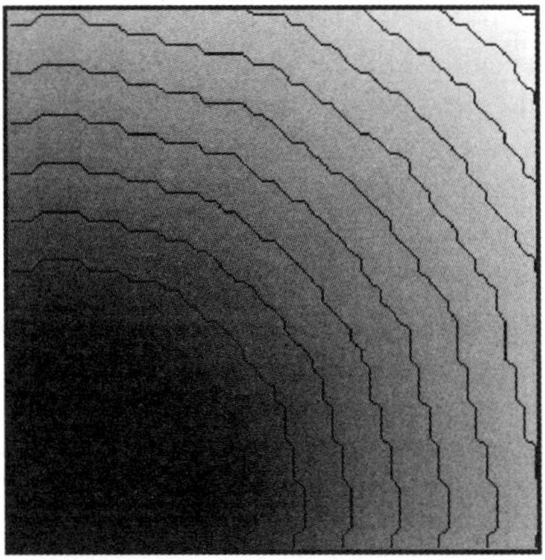

FIGURA 10.12. Un coste de recorrido acumulado que muestra artefactos algorítmicos.

mulado, porque sólo entonces podemos conocer la dirección del desplazamiento (véase más arriba). En consecuencia, a la hora de realizar un análisis anisotrópico del recorrido óptimo es muy importante elegir el programa del SIG que no sólo calcule la pendiente efectiva sino que también nos permita especificar de qué modo esa información se transforma en un coste. Actualmente el único software ampliamente utilizado con esta funcionalidad es Idrisi (Eastman, 1997, capítulo 15).

El recorrido óptimo acumulado

Un recorrido óptimo acumulado se calcula aplicando una función extensiva a un mapa de costes de recorrido. Las funciones extensivas utilizadas para ello permiten minimizar el coste acumulado en destino, de lo cual se deduce que un mapa de costes de recorrido acumulados representa el coste mínimo invertido para desplazarse desde un punto de partida especificado hasta el destino o destinos especificados (con frecuencia todas las celdas del mapa). Uno de los más conocidos algoritmos es el ideado por Tomlin (1990) y se muestra de forma simplificada en la figura 10.11. La figura 10.11a muestra un origen, O, y un destino, D, en una superficie de costes de recorrido isotrópica. Una inspección de esta superficie sugiere que las celdas negras del mapa constituyen la ruta menos costosa entre el origen y el destino. Las figuras 10.11b-f muestran cómo calcularlo. Téngase en cuenta que las celdas en gris son aquellas cuyos valores han permanecido inalterados tras esta fase. Al comienzo, todas las celdas se inicializan con un coste acumulado cero. Luego, en cada paso, se desplaza una ventana con los 8 vecinos más próximos sobre todas las celdas que tengan al menos un vecino no cero, empezando por el origen. El coste acumulado se calcula como el coste de atravesar la celda por el centro de la ventana, más el menor coste acumulado entre sus vecinos. El cálculo de un recorrido óptimo acumulado completo para el mapa de la figura 10.11a requiere cinco pasos.

1. (fig. 10.11b) El primer paso considera tan sólo las celdas de los 8 vecinos más cercanos del origen.
2. (fig. 10.11c) Las ocho celdas consideradas en el primer paso se vuelven a reconsiderar y sus costes acumulados no han cambiado, pero ahora pueden calcularse los costes acumulados de las celdas vecinas.
3. (fig. 10.11d) Las 24 celdas consideradas en el paso dos se vuelven a considerar y sus costes acumulados no han cambiado, pero ahora pueden calcularse los costes acumulados de las celdas vecinas.
4. (fig. 10.11e) Las 36 celdas consideradas en el paso 3 se vuelven a considerar y ahora hay dos celdas con costes acumulados inferiores. Y ocurre que una de ellas es el destino.
5. (fig. 10.11f) Las 36 celdas consideradas en el paso 4 se vuelven a considerar una vez más y aparecen otras tres celdas con costes acumulados inferiores. Como ya no son posibles más cambios, este es el resultado final.

Las versiones del algoritmo de Tomlin suelen incluir modificaciones para tener en cuenta la prolongación del viaje al desplazarse en diagonal por una celda y no en una dirección cardinal. También pueden incluir modificaciones para mejorar la eficacia, como el procedimiento de «pulsar botones» de Eastman (1989), implementado en Idrisi.

Las funciones extensivas que ofrece el SIG suelen ser insuficientes. Douglas (1999) señalaba que un mapa de costes de recorrido isotrópico uniforme –es decir, un mapa donde el coste del recorrido es el mismo para todas las celdas en todas las direcciones– debería deparar un recorrido óptimo acumulado en el que el coste acumulado aumentara en forma de una serie de anillos circulares concéntricos de un radio cada vez mayor. Resulta que la mayoría de packs SIG sí producen una serie de polígonos concéntricos, como se aprecia en la figura 10.12, pero lo cierto es que no sirve y que puede socavar la validez de los análisis ulteriores basados en el recorrido óptimo acumulado. El motivo no es otro que la utilización de una vecindad de 8 celdas, que sólo permite acumular costes en dirección N, NE, E, SE, S, SO, O y NO. Douglas ha propuesto una solución para este problema basada en una analogía con los procesos de refracción y difracción en la transmisión de la luz, pero por desgracia aún no se ha incorporado a ningún software disponible.

Cómo utilizar los recorridos óptimos

Los recorridos óptimos acumulados se calculan sobre todo para preparar análisis ulteriores, como la derivación de caminos de coste mínimo, que analizamos en el próximo capítulo. Aquí nos interesa su utilización para delimitar zonas discretas, como territorios o áreas de captación de yacimientos. En efecto, la disponibilidad del SIG ha fomentado un renovado interés por el análisis de áreas o zonas de captación de yacimientos (Gaffney y Stančič, 1991; Hunt, 1992; Saile, 1997; Stančič *et al.*, 1997), que a finales de los años setenta había perdido el favor de los adeptos. En este contexto es importante reconocer que los avances técnicos no siempre solucionan las deficiencias esenciales, sobre todo en determinados tipos de análisis. Por lo tanto, quien pretenda llevar a cabo un análisis de zonas de captación con un SIG haría bien en familiarizarse con la revisión que hizo Roper (1979) de muchos estudios anteriores. En muchos casos los problemas que esta autora identifica no son insuperables, pero tampoco se resuelven automáticamente con un SIG.

Delimitación del área de captación de un yacimiento. La creación inicial de un mapa de costes de recorrido adecuado es el primer paso en la utilización de recorridos óptimos para delimitar el área de captación de un yacimiento. Ese mapa ha de reflejar los factores más relevantes, como el terreno, la cubierta vegetal, etc. que se cree influyeron en el tamaño del área que se pudo explotar desde el yacimiento en cuestión. La influencia de estos factores tiene que medirse con unidades de medición adecuadas, como el tiempo de desplazamiento o el gasto energético. Una vez calculados los recorridos óptimos, los límites del área de captación se pueden obtener de la siguiente manera:

1. Decidir el máximo valor de las unidades de medición elegidas más allá de las cuales los recursos no habrían podido explotarse, por ejemplo: el tiempo máximo de viaje para ir a, extraer de y volver desde una fuente de recursos en un día. Esta decisión deberá basarse, lógicamente, en diversas suposiciones o hipótesis sobre la organización para la obtención de recursos. En efecto, podría decirse que, precisamente cuando existe incertidumbre, la aplicación del SIG resulta más útil, ya que facilita la comparación de zonas de capatación basadas en distintas suposiciones.
2. Codificar de modo distinto cada celda del mapa según el coste acumulado exceda o no el máximo elegido. En muchos casos esto se consigue utilizando un álgebra de mapas como el siguiente:

   catchment = (accumulated_cost_surface < = maximum)
   (área de captación = (coste_óptimo_acumulado < = máximo)

que producirá un mapa con celdas codificadas 1 si caen dentro de la zona de captación, y 0 en caso contrario.

3. Si se deseara, convertir la representación ráster de la zona de captación en un polígono de un mapa vectorial.

Análisis de las zonas o áreas de captación de yacimientos. La mayoría de estudios de las zonas de captación relacionadas con yacimientos empiezan analizando la composición del tipo de recursos (u otros atributos del paisaje) presentes en esa zona de captación. El objetivo último puede ser:

- Determinar si una comunidad de un tamaño dado pudo ser autosuficiente;
- Estimar la población máxima de un asentamiento;
- Determinar el modo de subsistencia de los habitantes del asentamiento, por ejemplo, si eran agricultores, pastores, o recolectores;
- Determinar si la gama de recursos disponibles pudo ser un factor condicionante de la ubicación del yacimiento, tal vez comparando las zonas de captación del yacimiento con las de lugares elegidos al azar (p. ej., Zarky, 1976).

Fuere cual fuese la finalidad, analizar la composición de una zona de captación con un SIG es una operación bastante simple, siempre y cuando los recursos relevantes hayan sido cartografiados. Se trata, lógicamente, de una salvedad importante, ya que es muy posible que ese cartografiado demande un notable esfuerzo de cara a una reconstrucción paleoambiental. Pero si bien las posibles dificultades que pueden surgir a la hora de proceder a una reconstrucción paleoambiental adecuada tienen poco que ver con los SIG como tales, sí puede decirse que el uso del SIG tiende a evidenciar la disyuntura entre el deseo de una reconstrucción espacialmente continua y el formato de puntos de la mayoría de datos paleoambientales, porque el software del SIG no se presta fácilmente, por ejemplo, a «estimar a ojo» la extensión de la vegetación, sino que tiende a crear modelos *explícitos* a partir de los cuales sea posible deducir esa extensión, que además suele ser buen revelador de la escasez de datos.

Suponiendo que contamos con los mapas de recursos necesarios, la composición de la zona de captación de un yacimiento puede analizarse utilizando uno de los dos métodos siguientes:

La *superposición de polígonos* es adecuada para trabajar con mapas vectoriales de recursos discontinuos. Como decíamos en el capítulo 7, sirve para responder a consultas tales como establecer la proporción de tierra cultivable de una zona de captación.

La *tabulación cruzada* permite plantear consultas similares en mapas ráster. En este caso, el resultado de la tabulación cruzada sería una tabla mostrando la

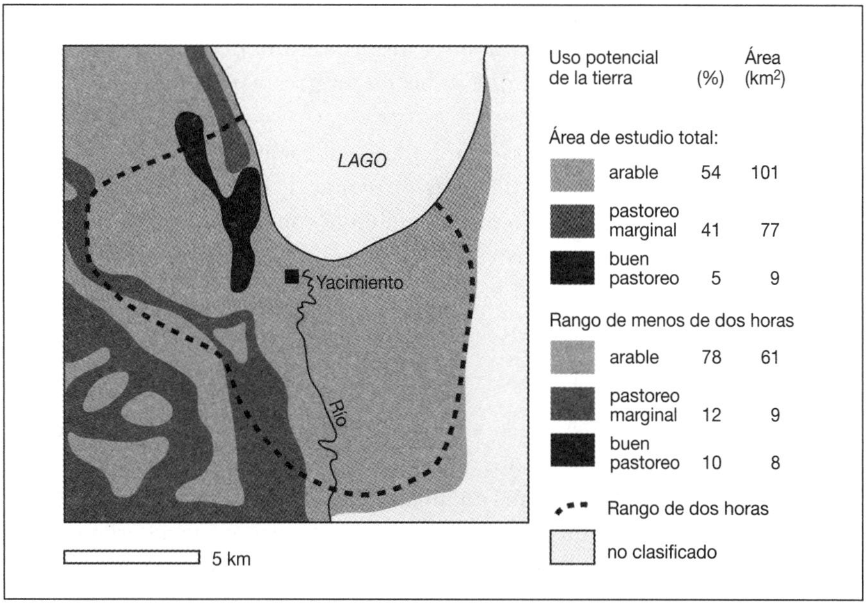

FIGURA 10.13. Tabulación comparada del uso potencial de la tierra dentro de un límite territorial de menos desde dos horas de un yacimiento.

distribución de los valores del mapa ráster entre las celdas que están dentro de la zona de captación y las que no (fig. 10.13). La tabulación cruzada es aplicable a mapas ráster que representan recursos en constante cambio y a los mapas que representan (tipos de) recursos discontinuos. Como el primero produce una tabla con una fila (o columna) para cada valor de recursos, muchos de los cuales representarán muy pocas celdas del mapa, resulta más útil reclasificar este mapa en una serie de clases. Por ejemplo, se puede reclasificar un mapa de insolaciones en forma de clases baja, media y alta.

10.3.2. Zonas visibles

El cálculo de la visibilidad (zonas de intervisibilidad) se ha convertido en una de las utilidades más populares del SIG en el ámbito de la investigación académica. Muchos de esos trabajos analizan la localización de determinados monumentos en el paisaje, como por ejemplo, el estudio de Wheatley (1995) de la intervisibilidad de los túmulos funerarios (túmulos alargados) en la Inglaterra centro-meridional; el estudio de Woodman (2000a) de la visibilidad recíproca entre las cámaras funerarias de piedra de las islas Orkney de Escocia; la investigación de Fischer *et al.* (1997) sobre si los *cairns* de piedra de la isla escocesa de Mull se colocaron así deliberadamente para dominar el mar; y los estudios de Llobera de la preminencia de monumentos (Llobera, 2001) y la forma en que se hacen progresivamente visibles a medida que uno se acerca a ellos.

El cálculo de la visibilidad también tiene aplicaciones en la gestión y planificación de recursos culturales más en general. Por ejemplo, Batchelor (1999) calculó el área visible desde Stonehenge con el fin de investigar cuál de los distintos trazados previstos de las carreteras en torno al yacimiento comportaría un impacto visual menor.

Definiciones

Intervisibilidad. El análisis de la visibilidad en un SIG permite determinar automáticamente si un determinado par de puntos son intervisibles o no. Este proceso se suele llevar a cabo en un modelo digital de elevaciones (MDE) ráster y funciona a base de proyectar una línea de visión recta desde el punto de visión hasta el otro punto. Si las elevaciones de todas las celdas afectadas del mapa caen por debajo de la línea de visión, entonces se considera que los dos puntos son intervisibles. Si en cambio la elevación de una o más celdas afectadas están por ecima de esa línea de visión, entonces ésta se interrumpe y se entiende que los dos puntos no son intervisibles.

Campo visual o visibilidad. El campo visual de un punto de visión es el conjunto de células que pueden verse *desde* ese punto de visión (véase *reciprocidad*, más abajo).

Un solo campo visual. El resultado más simple de un análisis de visibilidad es un mapa binario que marca las células que son visibles o no visibles desde un punto especificado. Algunos packs ofrecen información adicional. Por ejemplo, GRASS puede crear un mapa donde cada celda-objetivo se marca con la declinación (ángulo en el plano vertical) desde la cual resulta visible desde el punto de visión especificado. Otras informaciones útiles, como el acimut (ángulo en el plano horizontal), pueden obtenerse con operaciones posprocesamiento, como describen Wheatley y Gillings (2000: 22).

Mapa de visibilidad múltiple. Un mapa de visibilidad múltiple es la unión lógica de dos o más mapas de visibilidad (fig. 10.14). Los valores de un mapa de visibilidad múltiple son bien 1 (visible desde uno o más puntos de visión) o 0 (no visible desde ningún punto de visión). Cada celda del mapa registra si es visible o no desde al menos un punto de visión.

Visibilidad acumulativa. Es el término introducido por Wheatley (1995: 173) para referirse a la suma algebraica en un nuevo mapa de dos o más mapas de visibilidad binarios (fig. 10.15). Los valores de las celdas de un campo visual acu-

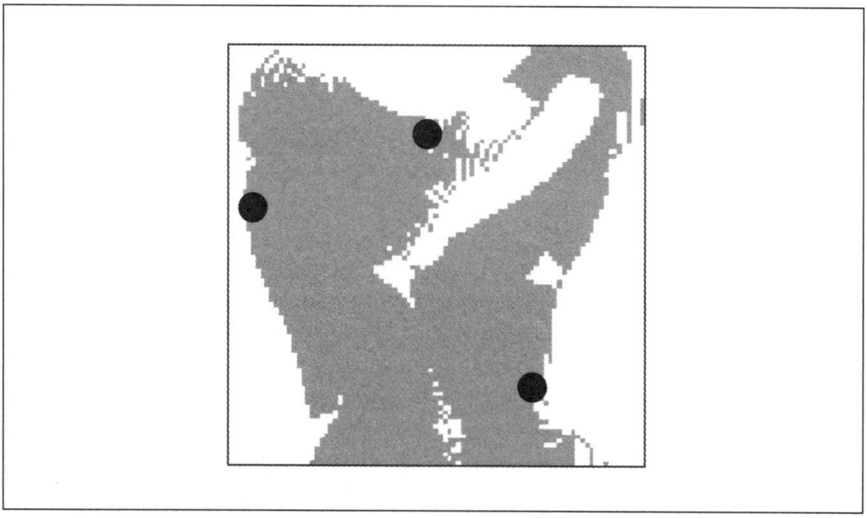

FIGURA 10.14. Una visibilidad múltiple creada mediante fusión de la visibilidad de las tres localizaciones.

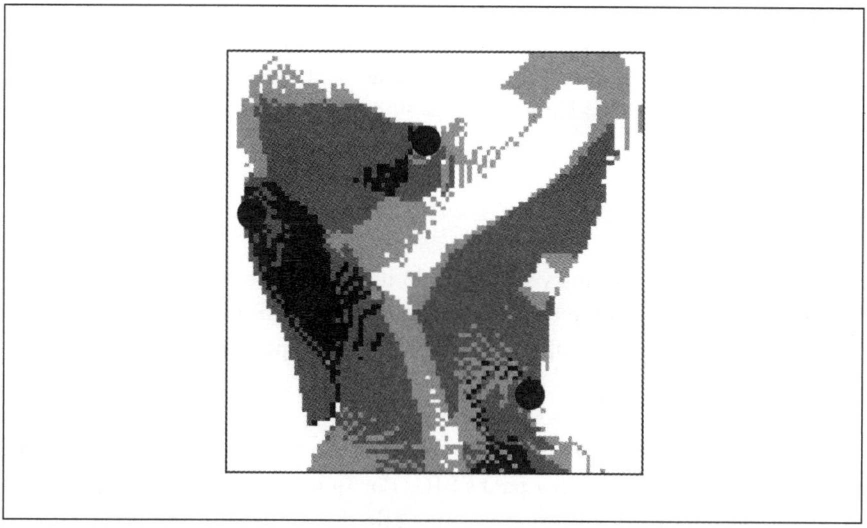

FIGURA 10.15. Una visibilidad acumulativa creada mediante adición (superposición) de la visibilidad de las tres localizaciones.

mulativo son números enteros entre cero y un número máximo teórico de puntos de visión, aunque esto sólo se da si al menos una celda es visible desde todos los puntos de visión. Cada celda de un mapa de visibilidad acumulativa registra el número de puntos de visión desde los que resulta visible.

Visibilidad total. Un mapa de visibilidad total (Llobera, 2003) suele crearse utilizando dos métodos. El primero consiste en calcular la visibilidad desde cada celda del mapa y luego sumar todos estos campos visuales. Este tipo de mapa constituye efectivamente la visibilidad acumulada de cada punto de visión posible, de lo cual se infiere que cada celda del mapa registra el número de celdas de otros mapas *desde las cuales resulta visible.* El segundo método es utilizar un programa específico (como el módulo r.cva disponible para GRASS) que calcula la visibilidad desde cada celda del mapa, cuenta el número de celdas de ese campo visual y luego registra el número de celdas de otros mapas *que son visibles desde allí.* Es posible obtener el segundo tipo de mapa con el primer método mediante una elección meditada del observador y del objetivo buscado (véase reciprocidad, más abajo). Los valores de las celdas de una visibilidad total son números enteros entre cero (o uno si el algoritmo de la línea de visión utilizado considera que el punto de visión es también visible) y un máximo número teórico de celdas del mapa, aunque este máximo no se puede obtener con modelos de terreno natural.

Campo de isovistas. Es el término utilizado en planificación y arquitectura para referirse a una visibilidad total. Una isovista es «el conjunto de todos los puntos visibles desde una determinada posición estratégica en el espacio» (Benedikt, 1979: 47), y un campo de isovistas se crea sumando isovistas para cada posición estratégica posible en un medio (Batty, 2001). Un campo de isovistas es, pues, directamente equivalente a una visibilidad total utilizando el primer método antes descrito.

Cuestiones relacionadas con el análisis de visibilidad

La literatura arqueológica ya ha tratado los errores potenciales de un análisis de visibilidad basado en el SIG (Wheatley y Gillings, 2000). Aquí distinguimos entre problemas informáticos, experimentales, sustantivos y teóricos.

Problemas informáticos. Estos tienen que ver con la propia programación del análisis de visibilidad en los packs SIG. Por lo general el usuario último no controla los software comerciales, más allá de la elección inicial, y aun así una elección informada puede verse afectada por la falta de documentación adecuada. Cuando el software es de código abierto, el usuario final puede cambiar la programación del análisis de visibilidad, pero sólo él o un colaborador tienen la capacitación necesaria para ello.

Las dos cuestiones informáticas más importantes se refieren a la capacidad del software del SIG para calcular con precisión la intervisibilidad *teórica*, siempre que los datos sean perfectos:

El algoritmo. Distintos packs SIG utilizan diferentes algoritmos para calcular la intervisibilidad. Concretamente, varía el modo de calcular la elevación de una celda del mapa situada en la línea de visión, el modo de tratar el punto de visión y los objetivos como puntos o celdas, y el modo de comparar la elevación de una celda con la elevación de la línea de visión (Fischer, 1993). En consecuencia, distintos packs SIG producen resultados distintos, aunque los datos sean los mismos (Fischer, 1993; Izraelevitz, 2003).

La curvatura de la Tierra. Dado que la superficie de la Tierra no es recta sino curvada, hay una distancia máxima más allá de la cual ya no se puede ver un determinado punto de una cierta altura, ni siquiera en el mar con visibilidad perfecta. El efecto de la curvatura de la superficie de la Tierra hace que la altitud de una determinada posición disminuya aproximadamente 7,86 m por cada 10 km desde el punto de visión, lo que no deja de ser potencialmente importante para el análisis arqueológico de la visibilidad. Por desgracia, muchos packs de programas SIG no tienen en cuenta la curvatura de la Tierra a la hora de calcular la intervisibilidad. En caso necesario, este problema se puede superar modificando el modelo de elevación digital para curvarlo levemente hacia abajo desde el punto de visión, como describen Ruggles y Medyckyj-Scott (1996: 133). Pero hay que tener en cuenta que cuando se calculan visibilidades múltiples, acumulativas o totales, esta modificación ha de hacerse individualmente con cada punto de visión.

Problemas experimentales. Estos surgen como resultado del modo de gestionar un análisis de visibilidad una vez tomadas todas las decisiones esenciales (parámetros, datos, finalidad). El usuario final los puede controlar, aunque con posibles limitaciones, como la velocidad del ordenador en uso. Los problemas experimentales más importantes son los siguientes:

El efecto bordes es especialmente influyente si el propósito de un análisis de visibilidad es comparar el tamaño o la forma de dos o más campos visuales. Como la intervisibilidad decrece con la distancia (como antes hemos visto), se suele calcular con las celdas-objetivo que caen dentro de un determinado radio especificado del punto de visión (la máxima distancia de visión). Cuando la distancia entre un punto de visión dado y el borde de la zona del mapa es menor que ese radio, la visibilidad puede verse truncada artificialmente, lo que invalida la comparación con la visibilidad de otros puntos de visión más alejados de los bordes (fig. 10.16). La solución más simple es realizar el análisis de visibilidad en una zona del mapa que esté rodeada de una zona envolvente (buffer) de la misma anchura que la distancia máxima de visión; luego, durante el análisis siguiente, esto se desecha. A título de ejemplo, véase el estudio de Lake *et al.* (1998), que demuestra claramente el efecto bordes.

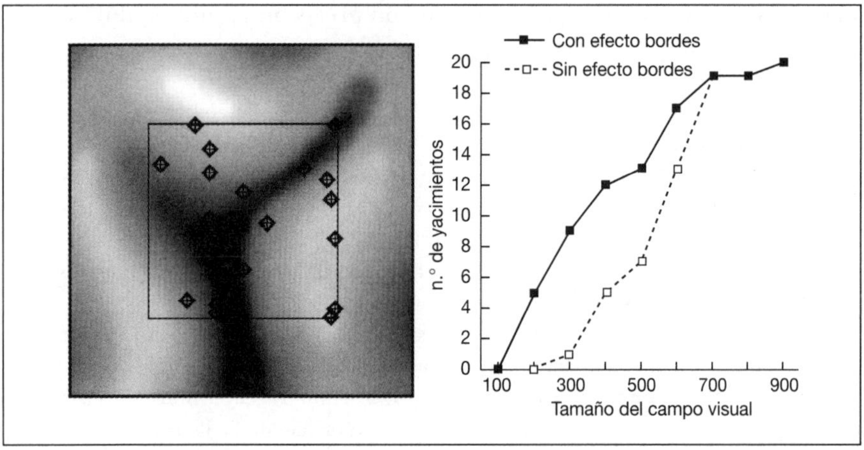

FIGURA 10.16. El efecto bordes en un análisis de visibilidad.

Reciprocidad. Si, como suele ocurrir, se tiene en cuenta la altura del observador y la del objetivo respecto al nivel del suelo (es decir, si se «compensan» ambas alturas), es posible que el observador vea el objetivo pero que se mantenga invisible para éste (fig. 10.17). Cuanto más dispares son las posiciones del observador y del objetivo, mayor es la posibilidad de que la intervisibilidad no sea recíproca. La falta de reciprocidad puede ser interesante, como se ha demostrado con la ubicación de las tumbas de cámara orcadienses (Woodman, 2000a) y las defensas de las ciudades helenísticas (Loots, 1997). El problema surge solamente en casos de un diseño experimental deficiente, por ejemplo, cuando uno intenta producir una visibilidad total donde cada celda registra el número de las otras celdas del mapa que *son visibles desde ella*, sumando las visibilidades de cada posible punto de visión; en este caso sería importante invertir las posiciones del observador y del objetivo para lograr el resultado deseado.

Calidad del MDE. Una determinación ajustada de la intervisibilidad teórica entre dos puntos depende esencialmente de que el modelo digital de elevaciones reproduzca una representación fiel de la realidad. Dado que el cálculo de la intervisibilidad es especialmente sensible a la elevación de las cumbres, es mejor crear el MDE utilizando un método de interpolación exacto junto con una red exhaustiva de puntos altimétricos con las máximas y las mínimas (aunque menos importantes) elevaciones locales. Si se plantean serias dudas sobre la fidelidad del MDE, es aconsejable crear un campo visual probabilístico como el descrito por Fischer (1991).

Sensibilidad. Cuando se ha de calcular la intervisibilidad a grandes distancias aumenta la probabilidad de que cada pequeño cambio en la altura del observador provoque grandes diferencias de tamaño o forma del campo visual. Y el problema se agrava aún más si hay inexactitudes en el MDE u otros factores, como la incertidumbre acerca de la altura de la vegetación afectada (véase más

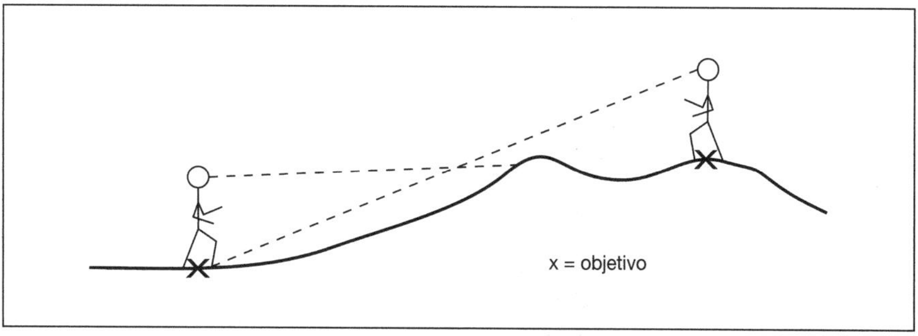

FIGURA 10.17. Las distintas posiciones del observador y del objetivo impiden una intervisibilidad recíproca exacta.

abajo). Por esta razón es aconsejable repetir los análisis de visibilidad con distintos valores de parámetros para saber si los resultados son sólidos –que es lo deseable– o si por el contrario son sumamente sensibles al más pequeño cambio (véase Lock y Harris, 1996 para un análisis).

Problemas sustantivos. Estos problemas determinan la elección de los valores de los parámetros y de los datos para un análisis de visibilidad. Incluyen:

El paleoambiente. La mayoría, si no todos, de análisis de visibilidad publicados hasta ahora utilizan un MDE moderno, que es idóneo para modelar la topografía de la protohistoria de un área rural, pero no tan adecuado para la prehistoria más arcaica o para un área edificada.

La paleovegetación. El llamado «factor árbol» (Wheatley y Gillings, 2000: 5; Chapman y Gearey, 2000) se plantea invariablemente en cada congreso dedicado al análisis de visibilidad. Es evidente que la presencia de vegetación alta puede tener un efecto importante en la intervisibilidad, pero ya no es tan evidente lo que se puede hacer al respecto. La solución más simple (allí donde no se puede demostrar que la paleovegetación era baja) consiste en añadir la altura media de la vegetación a las celdas del mapa relevantes del MDE. En la práctica, suele ser difícil obtener reconstrucciones paleoambientales con suficiente resolución espacial. En cualquier caso, el efecto de bloqueo de la vegetación depende de la época del año (si son árboles de hoja caduca) y de su densidad en una determinada celda del mapa. Por lo tanto, una solución más prometedora sería dar con una medida probabilística de ese bloqueo análoga a la descrita por Fischer (1991) para modelar la calidad del MDE, aunque es posible que requiera el desarrollo de nuevos algoritmos.

El contraste. Un objetivo que contraste con el fondo puede resultar visible, a efectos prácticos, a distancias mayores que uno que se confunde con ese trasfondo. El contraste es una función de las propiedades innatas del objetivo, de las con-

FIGURA 10.18. Un campo visual probabilístico.

diciones atmosféricas y de la luminosidad (Felleman, 1986). Por ejemplo, un túmulo funerario de piedra caliza recién construido que con una luz solar oblicua parece blanco puede divisarse desde más lejos que un túmulo funerario recubierto de yerba visto un día nublado y lluvioso. Las herramientas para representar la visibilidad disponibles en los packs SIG más corrientes no modelan el efecto del contraste sobre la visibilidad. La solución más sencilla es establecer la máxima distancia de visión basándose en experimentos del mundo real con un objetivo análogo en condiciones análogas. Pero este uso de una sola distancia máxima de visión no explica por qué la probabilidad de intervisibilidad disminuye gradualmente a medida que la distancia aumenta, y tampoco explica las variaciones diarias y estacionales de las condiciones atmosféricas y de la luminosidad. Por lo tanto, un enfoque más matizado añade un elemento probabilístico. En el caso de los efectos relacionados con la distancia (por ejemplo, el tamaño del objetivo), es posible producir un mapa donde la probabilidad de intervisibilidad real disminuya con la distancia, y esto se consigue posprocesando el campo visual calculado utilizando una mezcla de zonas de influencia y de álgebra de mapas, tal como describen Wheatley y Gillings (2000). Se podría idear una solución parecida para los efectos relacionados con el ángulo horizontal de la visión. En el caso de los efectos relacionados con algunas condiciones específicas, como el tiempo, es posible crear un mapa en el que la probabilidad de intervisibilidad real refleje hasta qué punto una determinada celda del mapa siempre es visible, o sólo visible en una serie limitada de circunstancias (fig. 10.18). Una forma de producir este tipo de mapa es la siguiente:

1. Calcular un mapa de visibilidad binario para cada condición utilizando la distancia máxima de visión pertinente.

2. Utilizar un álgebra de mapas para multiplicar cada campo visual binario por el número de unidades de tiempo (p. ej., horas o días) para las que se mantiene la condición relevante.
3. Sumar los campos visuales binarios.
4. Utilizar el álgebra de mapas para dividir la suma de todos los campos visuales por el número total de unidades de tiempo (p. ej., 24 horas, 365 días).

Se han desarrollado métodos más sofisticados para representar los factores que realzan el contraste para establecer el impacto visual de unas turbinas eólicas: el trabajo de Bishop (2002) es de gran relevancia potencial para los arqueólogos que realizan análisis de visibilidad.

La altura del observador. La elección de la altura del observador no es fácil –aunque haya buenas evidencias óseas sobre la población en cuestión– porque el software del SIG sólo acepta un valor de altura cuando es posible que el objetivo fuera de interés para muchas personas de diferentes alturas. No es un asunto trivial: Lock y Harris (1996) han demostrado en su análisis de la visibilidad del asentamiento fortificado de Danebury, de la Edad del Hierro, que la altura del observador puede alterar considerablemente la visibilidad calculada. Una solución es calcular la visibilidad para varias alturas. Según cual sea la finalidad de la investigación, puede ser conveniente crear un mapa probabilístico que muestre la probabilidad de que una persona de altura desconocida pueda ver cada celda del mapa.

La agudeza visual. El software del SIG no tiene en cuenta la agudeza visual, ya que para ello necesitaría información sobre la capacidad visual del observador y sobre el contraste y el tamaño del objetivo (y aun así presupondría un observador y un objetivo fijos). Existe una solución algo rudimentaria que trata la distancia máxima de visión como un sustituto de la agudeza visual y luego repite el análisis con varias distancias distintas que representen diferentes grados de agudeza visual.

Problemas teóricos. Los problemas teóricos condicionan el marco de referencia y la finalidad del análisis de visibilidad basado en un SIG. Lake y Woodman (2003) afirman que los avances en el estudio de la visibilidad con el SIG tienden en general a sintetizar los estudios de la teoría arqueológica. Entre los problemas teóricos más importantes, cabe mencionar:

La estrategia inductiva. Una de las razones que llevan a muchos a utilizar un SIG para calcular la intervisibilidad es comparar el campo visual de un yacimiento arqueológico, por ejemplo, un túmulo funerario, con el de otros lugares que no presentan evidencia de actividad humana. Con un adecuado diseño experimental (véase el capítulo 8), es posible atribuir un cierto nivel de significación estadística a los resultados que, a su vez, pueden ofrecer un medio de verificar una hipótesis sobre las razones para el emplazamiento del yacimiento (véanse Fischer *et al.*, 1997; Lake *et al.*, 1998; Wheatley, 1995 para algunos ejemplos). Este tipo de análisis puede realizarse manualmente sobre el terreno (p. ej.,

Bradley *et al.*, 1993), pero con un SIG es posible, en general, reunir muestras de un número mucho mayor de no yacimientos y también contar con el único medio realista de mitigar el impacto de la edificación moderna.

La percepción. Ha habido un considerable interés –aunque básicamente entre los arqueólogos europeos– por utilizar las herramientas de visibilidad del SIG para investigar la percepción del paisaje, con frecuencia para demostrar que el SIG es aplicable en un marco claramente posprocesual. Pero estos estudios (p. ej., Gaffney *et al.*, 1996) no suelen investigar más allá de si determinados puntos, por ejemplo, los círculos de piedra o el arte rupestre, son intervisibles. Podría argumentarse que demostrar la existencia de una línea de visión entre puntos de interés tiene poco que ver con la percepción, que se entiende sobre todo como el proceso entre el input sensorial y la representación cognitiva. Un pequeño grupo de investigadores son conscientes de ello, sobre todo Marcos Llobera (1996, 2001, 2003), quien ha desarrollado métodos cuyas premisas teóricas se basan en la teoría ecológica de Gibson (1986) sobre la percepción visual. Wheatley y Gillings (2000), que también se inspiran en la obra de Gibson, por razones prácticas utilizan más los ocho índices visuales de la estructura visual y espacial del paisaje de Higuchi (1983). Estos enfoques de la percepción más sofisticados reflejan el desarrollo de la metodología: ahora se impone realizar contribuciones sustantivas a problemas arqueológicos concretos.

El visualismo. Una crítica frecuente al análisis de visibilidad basado en el SIG es que privilegia la visión en detrimento del sonido, el olor y el tacto, y que hace más por perpetuar los ideales del Renacimiento que por reflejar la importancia relativa de la visión en el pasado más remoto (Witcher, 1999; Wheatley y Gillings, 2000). Tschan *et al.* (2000, fig. 10) ilustran un hipotético «acervo de percepción», que registra la combinación de sentidos que pueden utilizarse para percibir cada celda de un mapa ráster. Sugieren que el oído y el olfato, como sentidos «sujetos a la distancia como proceso» (Tschan *et al.*, 2000: 45) se podrían representar adaptando las herramientas del análisis de la visibilidad existentes, aunque no ofrecen ningún ejemplo concreto.

Otra crítica relacionada con la del visualismo es que la forma del plano del campo visual representado en un mapa SIG se parece muy poco a la experiencia de la gente sobre el terreno y por lo tanto tiene un valor interpretativo limitado (Thomas, 1993). Quienes trabajan con un marco teórico para el que este factor supone un problema, querrán saber si la realidad virtual constituye un medio para superar las formas de representación «especulares» (Thomas, 1993) asociadas a los mapas SIG bidimensionales. Las ventajas potenciales de la realidad virtual se analizan en Gillings y Goodrick (1996), y Exon *et al.* (2000) presentan un interesante estudio de caso que combina el SIG «tradicional» con la realidad virtual en una investigación sobre la relación visual entre Stonehenge y sus alrededores.

10.4. CONCLUSIÓN

Muchas veces, antes del análisis basado en el SIG, ya se conoce con anterioridad la extensión de las zonas arqueológicamente importantes, de modo que su contenido puede analizarse con los métodos comentados en el capítulo 7, como la superposición de polígonos. Por eso, en este capítulo nos hemos centrado en la contribución del SIG a la definición de zonas cuya extensión se desconoce de antemano. En la primera parte hemos introducido algunos métodos que se pueden utilizar para crear zonas geométricas, como zonas de influencia y polígonos de Thiessen. Estas técnicas no tiene en cuenta el contenido del espacio. En la segunda parte del capítulo hemos centrado nuestra atención en lo que –por conveniencia– hemos llamado zonas «topográficas». El método utilizado para crear este tipo de zonas sí tiene en cuenta el contenido del espacio. Los recorridos óptimos nos permiten definir zonas en función de su accesibilidad, que puede ser física y/o cultural. El análisis de la visibilidad permite definir la zona como un conjunto de lugares o posiciones que son intervisibles, aunque hemos sugerido que a veces es mejor concebir estas zonas en términos probabilísticos. Una clase importante de zona topográfica que no aparece en este capítulo es la cuenca fluvial, o de captación de la precipitación, que analizamos en el próximo capítulo, donde podremos explorar mejor su derivación desde una red hidrológica.

11. Redes, caminos más probables e hidrología

11.1. Introducción

A veces conviene representar la organización espacial de la actividad humana en términos de lugares puntuales y sus relaciones; por ejemplo, el movimiento de bienes entre asentamientos o la intervisibilidad entre fuertes. Este capítulo analiza las diversas herramientas del análisis de redes que se pueden utilizar para el estudio de este tipo de relaciones. Y también trata de las técnicas de predicción del camino más probable de una ruta no conocida entre lugares puntuales, así como el flujo de agua y las cuencias fluviales.

Dado que el grueso de los datos arqueológicos se basa, en última instancia, en puntos, sorprende que el análisis de redes no ocupe un lugar más destacado en la aplicación arqueológica del SIG. Lógicamente, lo que es un punto en una escala de análisis puede ser una zona en otra escala, por eso es importante reconocer que la aplicabilidad del análisis de redes está condicionada no por la extensión geográfica del estudio sino por la manera de enfocar el problema. Algunos análisis de redes arqueológicas publicados han investigado cuestiones que van desde la colonización de nuevos territorios (Allen, 1990; Zubrow, 1990) y la localización de «centros» (Bell y Church, 1985; Mackie, 2001) hasta la conectividad de las salas en un edificio (Foster, 1989). No hay razón para que esta gama de temas no pueda ampliarse a eventos aún más pequeños, como por ejemplo, las pautas de retoque de los artefactos líticos de una unidad estratigráfica determinada.

11.2. REPRESENTACIÓN DE REDES

Todos conocemos distintas clases de redes, como la red de carreteras o la red ferroviaria, y también algunas redes sociales –donde un amigo o socio conoce a alguien que conoce a alguien que puede conseguir tal o cual cosa–. Estos ejemplos demuestran que las redes se pueden concebir a distintos niveles de abstracción. En el caso de las redes viarias y ferroviarias, los vínculos físicos observables conectan puntos fijos que poseen referencia geográfica, pero en el caso de las redes sociales los vínculos no tienen –al menos no de forma permanente– una manifestación física observable, y las personas vinculadas no suelen tener una referencia geográfica fija. Por consiguiente es importante diferenciar entre distintos tipos de red, sobre todo para fines arqueológicos: redes puras, redes de flujos y redes de transporte (Fischer, 2004).

11.2.1. Redes puras

La forma «más pura» de red, que los matemáticos llaman un *grafo simple*, comprende un número finito de *nodos* conectados por *aristas*, de manera que cada arista une exactamente dos nodos, sólo hay una arista por cada par de nodos y las aristas no tienen direccionalidad (Wilson, 1996). Las redes sociales se pueden representar fácilmente utilizando un grafo simple, ya que los nodos se utilizan para representar personas y las aristas las relaciones entre esas personas, en cuyo caso las reglas sobre las aristas reflejan la idea de que las relaciones humanas son diádicas, que todo par de personas sólo tiene una relación, que las personas no tienen relaciones consigo mismas y que las relaciones son mutuas. Se dice que un grafo está *conectado* cuando cada nodo es accesible desde cualquier otro nodo a través de una o más aristas; si no es así, se dice que está *desconectado* (fig. 11.1). Así, en una red social conectada, sería posible entregar una carta a otra persona pidiendo a un conocido que la pasara a uno de sus conocidos, etc. Si cada persona manejara la carta una sola vez, la secuencia de aristas hasta llegar al último receptor constituiría un camino (fig. 11.2). Si el remitente y el destinatario final fueran la misma persona, el camino formaría un *ciclo*. Téngase en cuenta que la *longitud* de un camino es simplemente el número de aristas entre el nodo de origen y el nodo de destino, algo que no se aprecia inmediatamente cuando los nodos tienen referencias geográficas fijas (es decir, la distancia geográfica y la longitud del camino no están necesariamente correlacionadas).

La información contenida en un grafo simple es puramente topológica, es decir, referida exclusivamente a la conectividad entre los nodos; el ejemplo antes mencionado trata de si dos personas tienen o no una relación. Este

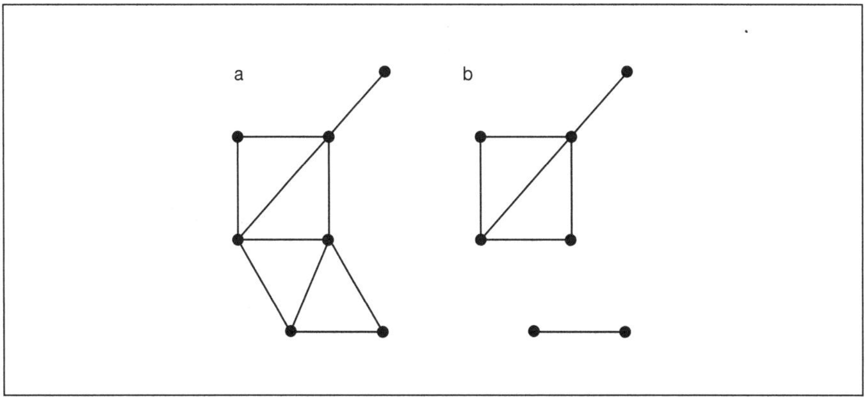

FIGURA 11.1. Grafos simples conectado (a) y desconectado (b).

tipo de operación es aconsejable en investigaciones como la de Watts y Strogatz (1998) para determinar qué tipo de red social subyace al fenómeno del «pequeño mundo», la observación de que, aun contando con una tupida red de amigos íntimos, también podemos estar conectados con casi todo el planeta en sólo seis pasos. Pero sería menos adecuada para investigar la influencia de la proximidad física en la formación de redes sociales (véase Gamble, 1998 para un interés arqueológico en el tema), ya que la colocación de nodos en un grafo simple no nos da ninguna información sobre su localización física.

En muchos SIG, las redes se presentan en forma de mapas vectoriales,[1] de manera que los nodos se representan con puntos y las aristas con líneas que los unen. Pero cuando se quiere representar un grafo simple surgen dos problemas. El primero es la cuestión de la planaridad (véanse las redes de transporte, más abajo) y el segundo es que habrá que inventar coordenadas aleatorias para los nodos. Por lo tanto, es mejor utilizar un software especializado, como Pajek,[2] para el análisis de grafos simples. Este tipo de software posee también la virtud de ofrecer una gama de medidas teóricas de grafos mayor que la que ofrecen los packs SIG. Evidentemente en el caso de una red donde los nodos sí tienen una referencia geográfica fija, las coordenadas pertinentes pueden asignarse a los puntos que representan los nodos. Pero en

1. Es teóricamente posible desarrollar representaciones ráster de redes utilizando el operador «vínculo incremental» de Tomlin (1990). Pero los software comerciales apenas lo aplican, con la única excepción de MFWorks (www.keigansystems.com/software/mfworks/index.html).
2. http://vlado.fmf.uni-lj.si/pub/networks/pajek/default.htm.

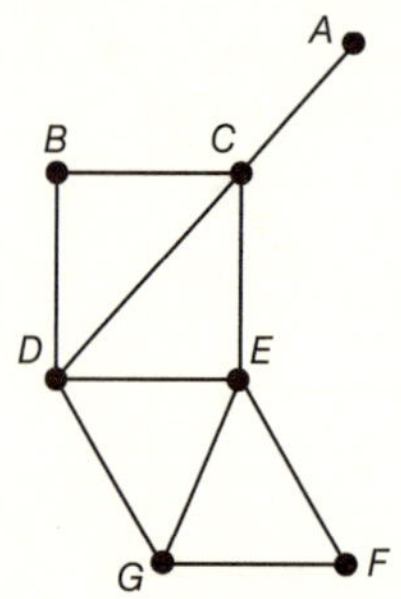

FIGURA 11.2. Caminos y ciclos en un grafo simple.

este caso es importante reconocer que esta información locacional no es intrínseca al grafo y por lo tanto será ignorada en el cálculo de muchas medidas teóricas (véase la sección 11.3.1).

11.2.2. Redes de flujo

Si lo que interesa es el movimiento de bienes entre dos lugares, seguramente se buscará representar la dirección y el volumen de los bienes que circulan a través de una red. Las redes en las que la dirección es importante se pueden representar utilizando lo que los matemáticos llaman un grafo dirigido o *digrafo* (fig. 11.3). En un digrafo, las aristas tienen direccionalidad, es decir, señalan la dirección entre dos nodos. En consecuencia, en un digrafo es permisible que un par de nodos estén conectados a más de una arista para representar el flujo bidireccional de bienes, influencias o cualquier otro factor que se quiera representar. También se considera permisible tener aristas que empiecen y acaben en el mismo nodo, tal vez para representar el consumo interno de los bienes producidos en un nodo. Algunos autores prefieren el término *arco* para referirse a un vínculo directo, y reservan el vocablo «arista» para los vínculos indirectos (p. ej., Fischer, 2004).

Es posible representar las cantidades que circulan a través de una red asociando ponderaciones a las aristas. En un *digrafo ponderado*, que en la literatura SIG recibe el nombre de grafo valorado (p. ej., Chou, 1997: 229), las ponderaciones (valores) se suelen elegir para representar la *impedancia* (resistencia posible) o el *límite de capacidad*. La impedancia mide la facilidad relativa o absoluta de circulación de material entre los nodos unidos por una

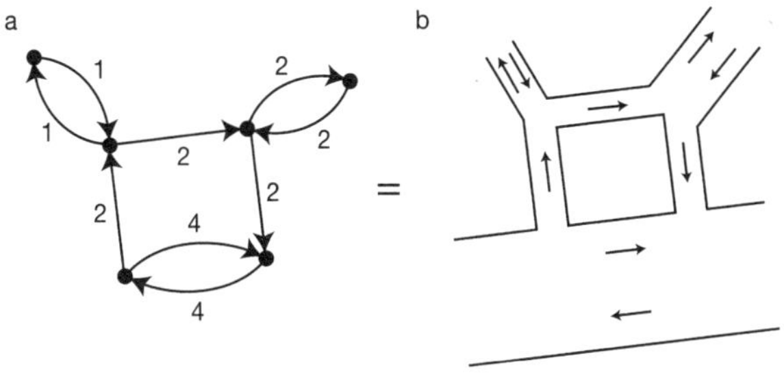

FIGURA 11.3. Un dígrafo ponderado (a) de una red viaria (b). En este caso las ponderaciones reflejan el número de carriles.

arista, mientras que el límite de capacidad representa el volumen máximo de material que puede circular entre nodos. Estas ponderaciones siempre reflejan fenómenos del mundo real, como el ancho o la calidad del empedrado de una carretera, la tecnología de transporte habitual en esa ruta o incluso la distancia entre los nodos relevantes.

Desde la perspectiva de un SIG quizá no se entienda de inmediato por qué la distancia entre nodos ha de especificarse como una ponderación, cuando podría considerarse una propiedad intrínseca de la distribución real de los nodos. La respuesta pragmática es que la impedancia y el límite de capacidad raras veces son una función de la mera distancia en línea recta entre nodos, sino más bien una función de la distancia cubierta por las rutas del mundo real (que normalmente presentan curvas). Muy pocos packs SIG pueden calcular automáticamente tales distancias en un análisis de redes. La razón de que la distancias se especifiquen como ponderaciones es que el elemento espacial de una red de flujos no es una representación exacta de su trazado físico sino una abstracción de su topología. Por lo tanto, con ponderaciones adecuadas, es perfectamente posible calcular flujos sin referencia a las coordenadas geográficas de los nodos implicados.

11.2.3. Redes de transporte

La mayoría de análisis de redes del SIG tienen que ver con la localización de infraestructuras, como mercados o distribución de bienes a través de redes de transporte, en su mayoría redes viarias. Si bien gran parte de este trabajo puede realizarse utilizando redes de flujos abstractas, la demanda de realis-

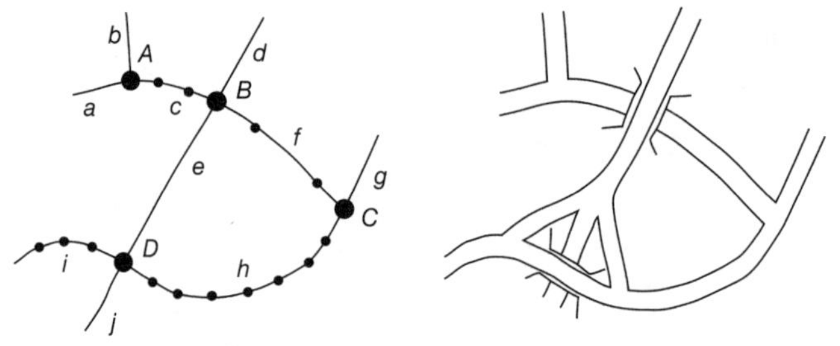

FIGURA 11.4. Una red de transporte. Los nodos (grandes círculos) llevan información topológica; los vértices (círculos pequeños) sólo llevan información topográfica.

mo de muchos usuarios (por ejemplo, los conductores quieren poder reconocer en una arista una carretera con muchas curvas sobre el terreno) y los beneficios que representa la utilización de las bases de datos SIG existentes significan que es deseable llevar a cabo análisis de redes sobre mapas vectoriales normales geográficamente referenciados. Los tres requisitos para representar una red de transporte serían los siguientes:

1. Debería ser posible asociar ponderaciones a las líneas que representan aristas. Dado que la mayoría de mapas vectoriales ya asocian valores de atributos a cada línea, se trataría solamente de añadir un campo adicional a la tabla de atributos (véase el capítulo 2).
2. No sería necesario eliminar la información sobre el trazado real de una ruta para favorecer una arista recta entre los nodos relevantes. Todos los packs SIG actuales con herramientas para el análisis de redes pueden diferenciar nodos que contienen información topológica, es decir, aquellos que representan uniones, de vértices que llevan exclusivamente información topográfica, es decir, aquellos cuya única función es indicar un cambio de dirección de la carretera, vía ferroviaria, etc. Si es así, es perfectamente posible realizar un análisis de redes sobre aristas curvas cuyo trazado real aparezca representado (de forma aproximada) por muchas líneas rectas (fig. 11.4).
3. Los nodos han de llevar información sobre uniones. La figura 11.4 muestra una situación habitual donde cada carretera cruza otra por encima de un puente, de manera que no existe ningún punto de unión que permita a un vehículo salir de una vía para entrar en la otra. La forma más fácil de representar esta situación en una red es hacer que las aristas representen el cruce de ambas carreteras sin un nodo. Sin embargo, el software del SIG suele imponer la planaridad durante la creación de un mapa vectorial «topológicamente correcto», que hace que las aristas sólo puedan cruzarse en nodos. Para compren-

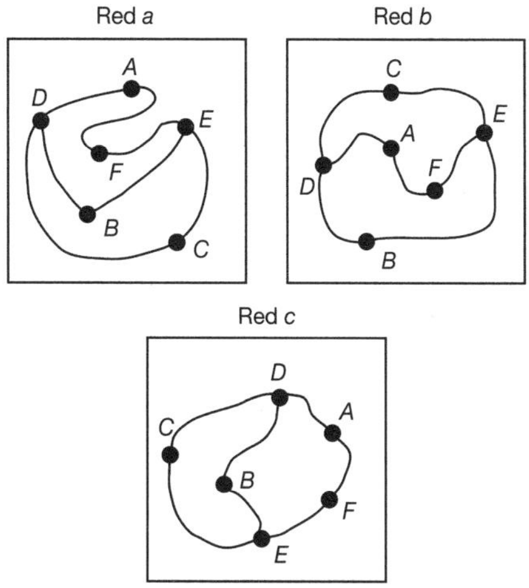

FIGURA 11.5. Grafos planares. Las tres redes son topológicamente equivalentes salvo si están insertadas en el plano, en cuyo caso $a = b \neq c$.

der el concepto de planaridad, imaginemos una red donde los nodos están representados por bolas colocadas sobre una mesa y las aristas por cintas entre las bolas relevantes. Un grafo simple así representado permanecería topológicamente constante aunque se levantaran las bolas y se las moviera de un sitio a otro, siempre que las cintas permanecieran atadas a las mismas bolas. En cambio, con un grafo *planar*, no es permisible levantar las bolas ni las cintas, sólo se pueden empujar y desplazar sobre la mesa. La importancia teórica de esta limitación reside en que algunas estructuras de nodos que en un grafo simple se consideran topológicamente equivalentes no son topológicamente equivalentes en un grafo planar (fig. 11.5). La importancia práctica para el análisis de redes de transporte es que el software del SIG que impone la planaridad exige que un mapa tenga nodos incluso allí donde no hay posibilidad sobre el terreno de pasar de una arista a otra. La solución más frecuente a este problema consiste en utilizar una *tabla de giros* (Fischer, 2004). Por ejemplo, la extensión Network Analyst de ArcView exige que para cada nodo el usuario especifique si es posible moverse entre cada par de aristas unidos a ese nodo. En el caso de un puente, la tabla de giros se parecería al listado de la figura 11.6. Compilar una tabla de giros es pesado, pero tiene la virtud de ser flexible, por cuanto constituye un medio de representar una serie de complicaciones del mundo real, como los giros prohibidos.

De	A	Permitido
e	*h*	1
e	*i*	1
e	*j*	1
h	*e*	1
h	*i*	1
h	*j*	0
i	*e*	1
i	*h*	1
i	*j*	0
j	*e*	1
j	*h*	0
j	*i*	0

FIGURA 11.6. Una tabla de giros del nodo *D* de la red de transporte de la figura 11.4.

11.3. REDES ANALÍTICAS

Las siguientes secciones presentan una explicación detallada de una amplia y compleja variedad de medidas de redes. Aunque los términos de estas medidas son matemáticos y abstractos, mostramos cómo se pueden aplicar a datos arqueológicos.

Las preguntas que se suelen plantear al respecto se pueden catalogar en tres grandes grupos. Primero, preguntas sobre la estructura o la topología de la red, es decir, sobre cómo están conectados los nodos. Segundo, sobre preguntas sobre la localización de determinadas estructuras (por lo general yacimientos) en la red. Y tercero, preguntas que tienen que ver con el trasvase de información, bienes y personas a través de la red.

11.3.1. Medidas de estructura de redes

Las medidas de estructura de redes, por ejemplo, para conocer el grado de conexión entre determinados nodos, permiten en potencia determinar si una antigua red viaria habría podido sobrevivir a la ruptura de algunos vínculos, si una antigua ciudad pudo incrementar su importancia debido a su accesibilidad, si el crecimiento urbano es o fue independiente de la escala o si ciertas partes de un museo son más accesibles a los visitantes que otras merced a su intervisibilidad. A continuación describimos algunos de estos

CUADRO 11.1. Medidas básicas de las redes de la figura 11.1

	N	E	G
Red *a*	7	10	1
Red *b*	7	7	2

CUADRO 11.2. Medidas locales de los nodos de la figura 11.2

	k_i	C_i	A_i	K_i
A	1	1,0	13	3
B	2	1,0	12	3
C	4	0,6	8	2
D	4	0,7	8	2
E	4	0,7	8	2
F	2	1,0	12	3
G	3	0,83	10	3

ejemplos con más detalle, pero antes comentamos algunas de las medidas de estructura de redes más utilizadas.

Dado que no todas las medidas de grafos teóricas son independientes unas de otras, hay cierta coincidencia en su interpretación. En consecuencia, el siguiente esquema no pretende ser prescriptivo, sino tan sólo ofrecer un punto de partida a la hora de elegir una medida para un problema concreto.

Medidas básicas

Las medidas para conocer la estructura de una red requieren, en general, unas pocas cantidades básicas, entre otras:

N El número total de nodos en un grafo.
E El número total de aristas en un grafo. Un simple grafo puede contener un máximo de $N(N-1)/2$ aristas.
G El número de componentes de un grafo, es decir, el número de secciones del grafo que están totalmente desconectadas unas de otras.

Las dos redes que se muestran en la figura 11.1 tienen las medidas básicas mencionadas en el cuadro 11.1.

Medidas locales

Son varias las medidas que se pueden utilizar para determinar la posición de un nodo individual en una red. Los nodos de la figura 11.2 tienen las medidas locales que se muestran en el cuadro 11.2.

Conectividad local

El *grado nodal*, k_i, es simplemente el número de aristas conectadas a un determinado nodo. En un grafo simple, el máximo número posible de aristas que pueden conectarse a un nodo i es $N-1$. En el caso de un digrafo, es posible distinguir la internalidad y la externalidad.

El *coeficiente de agrupación* del nodo i, C_i, se calcula como:

$$C_i = \frac{2e}{n(n-1)} \qquad (11.1)$$

donde n es el número de nodos directamente conectados a i (incluido el propio nodo i) y e es el número de aristas que conecta esos nodos entre sí. Dicho de otro modo, C_i es el número de aristas en la vecindad inmediata de i expresado como una fracción del máximo número posible de aristas en esa vecindad. Esta fracción va de 0, si i está totalmente desconectado, a 1, si todos los nodos con los que i está directamente conectado también están conectados entre sí. Una interpretación social de C_i es que mide hasta qué punto tus amigos son también amigos de tus amigos.

Accesibilidad local. Si las medidas de conectividad local ofrecen información sobre la vecindad inmediata de un nodo, las medidas de accesibilidad ofrecen información sobre la facilidad de acceso a un nodo. En el cuadro 11.2 se observa que los nodos más accesibles (lo que presentan un A_i bajo, esto es, C, D y E) también tienen la vecindad menos agrupada (C_i bajo).

El *índice de accesibilidad* del nodo i, A_i, se calcula como:

$$A_i = \sum_{j \neq i} l_{ij} \qquad (11.2)$$

donde l_{ij} es la longitud del camino más corto entre los nodos i y j. Para los poco familiarizados con esta simbología, el símbolo $\sum j \neq i$ dice que hay que sumar cuanto viene a continuación, en nuestro caso las longitudes de los caminos más cortos, para todos los nodos j a los que i está conectado, exluyendo a la propia i. No hay por qué sumar la longitud del camino más corto a todos los nodos del grafo, es decir, de $j = 1$ a $j = N$, porque puede que algunos nodos no estén conectados en absoluto, en cuyo caso el camino entre ellos se considera de longitud infinita.

CUADRO 11.3. Medidas globales de las redes de la figura 11.7

	K	β	γ	α	C	δ	D	L
Red *a*	1,71	0,86	0,29	0,0	0,79	5	50	2,38
Red *b*	4,57	2,29	0,76	1,11	0,89	2	26	1,24

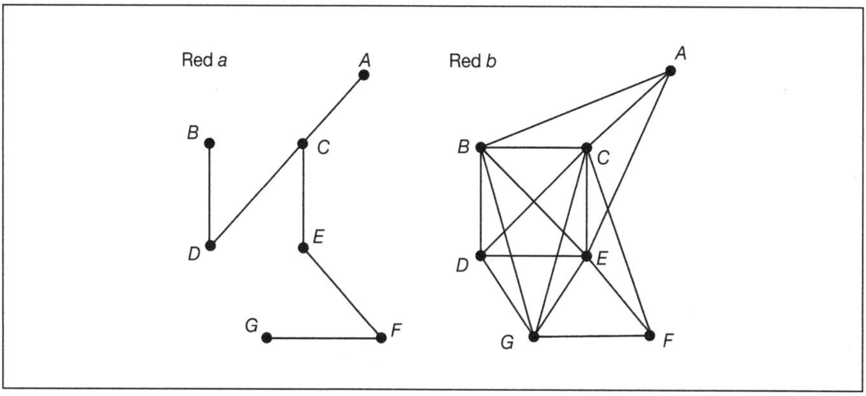

FIGURA 11.7. Redes escasamente conectadas (izquierda) y bien conectadas (derecha).

El *índice de König* es una medida de la centralidad de un nodo. El índice de König del nodo i, k_i, es simplemente la longitud más larga de todos los caminos más cortos a un nodo j al que i está conectado. Esto se puede formular del siguiente modo:

$$k_i = \max l_{ij} \qquad (11.3)$$

Medidas globales

A veces las propiedades globales de una red tienen más interés que las de algunos nodos concretos o, también puede que interese determinar si un nodo es o no típico comparando sus propiedades con las de un nodo «medio». Las redes de la figura 11.7 tienen las medidas globales que se muestran en el cuadro 11.3.

Conectividad global

El *grado medio*, K, de una red se calcula como:

$$K = \frac{1}{N} \sum_{i=1}^{N} k_i \quad (11.4)$$

Si el grado medio de un grafo simple se aproxima a $N - 1$, entonces casi cada nodo está directamente conectado a todos los demás, mientras que si es considerablemente menor entonces muchos nodos no están *directamente* conectados, aunque pueden estar conectados a través de nodos intermedios. La conectividad indirecta puede cuantificarse utilizando medidas de accesibilidad.

El *índice beta*, β, es simplemente el número medio de aristas disponibles por nodo, y se calcula así:

$$\beta = E/N \quad (11.5)$$

β va de 0 para un grafo totalmente desconectado a $(N - 1)/2$ para un grafo simple completamente conectado.

El *índice gamma*, γ, es la razón del número de aristas realmente presentes en una red en relación con el máximo número posible. En una red simple, se calcula como:

$$\gamma = E/E_{max} = E/[N(N-1)/2] \quad (11.6)$$

El máximo número posible de aristas en una red planar es siempre menor que en una red no planar con el mismo número de nodos, de modo que en este caso γ se calcula:

$$\gamma = E/E_{max} = E/[3(N-2)] \quad (11.7)$$

donde γ mide esencialmente las mismas propiedades de la red que β, pero facilita la comparación de distintas redes porque se limita a un abanico de valores de entre 0 para una red totalmente desconectada y 1 para una red totalmente conectada.

El *índice alfa*, α, es la razón del número real de ciclos de una red en relación con el máximo número posible, y se calcula:

$$\alpha = (E - N + G)/(2N - 5) \quad (11.8)$$

α ofrece alguna indicación de la cantidad de redundancia que existe entre las conexiones de una red, de manera que una red con un α alto se puede considerar más sólida que una con un α bajo.

El *coeficiente de agrupación media*, C, se calcula como:

$$C = \frac{1}{N} \sum_{i=1}^{N} C_i \quad (11.9)$$

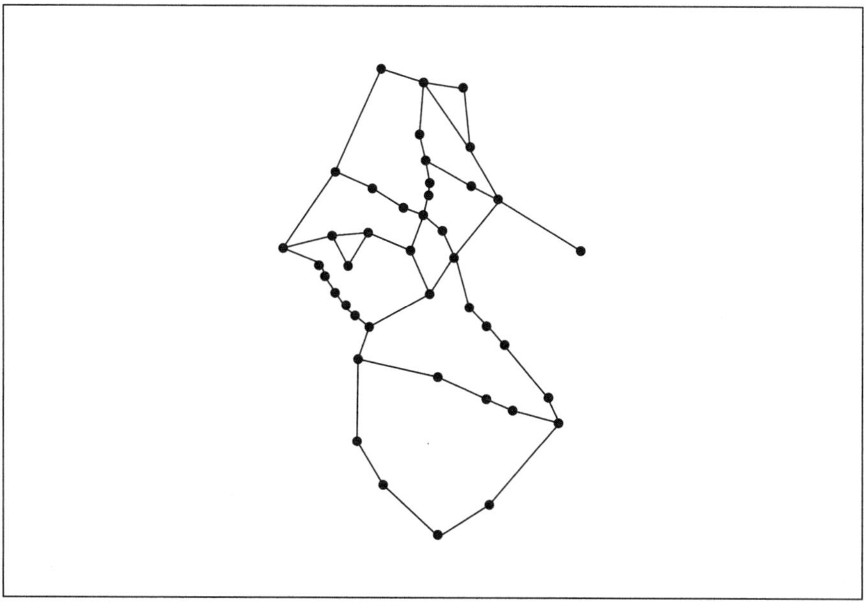

FIGURA 11.8. Un grafo de las rutas comerciales serbias en los siglos XIII y XIV (según Carter, 1969, fig. 2).

Un valor de 1 indicaría que una red está formada por un número de vecindades (componentes) globalmente desconectadas pero que localmente están sumamente conectadas, mientras que un valor 0 indicaría que ningún nodo comparte vecindad. En muchos estudios de redes sociales, C se utiliza como medida de «camarilleo».

Accesibilidad global. Las medidas ofrecen una indicación de la facilidad para desplazarse entre nodos que están conectados, aunque no directamente.

El *diámetro de la red*, δ, es igual al mayor índice de König de cualquier nodo de la red. Mide la longitud máxima del recorrido que se *requeriría* para viajar entre dos nodos. Lógicamente, son posibles longitudes mayores si se evitan los caminos más cortos, pero tiene menos interés.

El *índice de Shimbel*, D, define el número total de aristas atravesadas por todos los caminos más cortos entre pares de nodos de una red. Se calcula como:

$$D = \sum_{i} \sum_{j \neq 1} l_{ij} \qquad (11.10)$$

De una red con un índice de Shimbel bajo se dice que es compacta, en el sentido de que la mayoría de nodos están conectados por caminos cortos.

La *longitud del camino medio*, L, se calcula como:

$$L = \frac{2}{N(N-1)} \sum_i \sum_{j \neq i} l_{ij} \quad (11.11)$$

Nótese que $2/N(N-1)$ es el recíproco del número de pares de nodos, que otorga a L una ventaja frente al índice de Shimbel porque resitúa a escala la medida según el tamaño de la red.

Ejemplos

Los ejemplos que siguen se han elegido para ilustrar la aplicación del análisis de redes a escala regional y a escala de un edificio. Gorenflo y Bell (1991) describen otros ejemplos relacionados con redes de transporte arqueológicas e históricas.

Localización de asentamientos. Carter (1969) utilizó medidas de estructura de redes para analizar la centralidad de las sucesivas capitales de la Serbia medieval durante los siglos XIII-XIV d.C. Quería identificar la posible extensión de la ecumene serbia,[3] y más concretamente determinar si la elección de Stefan Dušan como capital contribuyó en última instancia a la desaparición del estado serbio. Para ello creó un grafo planar no dirigido de las rutas comerciales con 42 nodos para representar los asentamientos medievales (fig. 11.8).

Carter prefirió analizar la red comercial representándola en forma de matriz, que es un enfoque frecuente en el análisis de redes. Una matriz C_1 comprende una serie de filas N y de columnas N, de manera que cada entrada se codifica con un 1 si el nodo de la fila y el de la columna están conectados por una arista, y en caso contrario con un 0 (fig. 11.9). Elevando la matriz C_1 a la potencia del diámetro de la red, en este caso multiplicando la matriz C_1 por si misma 11 veces, obtuvo un resultado en el que que cada entrada daba el número de las rutas de 11 tramos entre el par de nodos relevantes. Luego, sumó cada fila para obtener la «conectividad de vértices brutos» de cada nodo, es decir, el número total de rutas de 11 tramos a las que ese nodo estaba conectado. Carter halló que las capitales medievales de Serbia ocupaban los lugares 1, 5, 6, 7 y 17 en orden descendente de conectividad bruta, y que la capital elegida de Dušan, Skoplje, ocupaba el último lugar.

Un problema importante relacionado con la conectividad de los vértices brutos es que incluye información redundante: no parece muy realista que

3. El concepto de ecumene equivale aproximadamente a aquella «parte del estado que posee la población más densa y extensa y que cuenta con la malla de líneas de transporte más próxima».

	01	02	03	04	05	06	07	08	09	10	11	12	13	14	15	16	17	18	19	20	21	22	23	24	25	26	27	28	29	30	31	32	33	34	35	36	37	38	39	40	41	42
01	0	1	0	0	0	0	0	0	0	0	0	0	0	0	0	0	0	0	0	0	0	0	0	0	0	0	0	0	0	0	0	0	0	0	1	0	0	0	0	0	0	0
02	1	0	1	0	0	0	0	0	0	0	0	0	0	0	0	0	0	0	0	0	0	0	0	0	0	0	0	1	0	0	0	0	0	0	0	0	0	0	0	0	0	0
03	0	1	0	1	0	0	0	0	0	0	0	0	0	0	0	0	0	0	0	0	0	0	0	0	0	1	0	0	0	0	0	0	0	0	0	0	0	0	0	0	0	0
04	0	0	1	0	1	0	0	0	0	0	0	0	0	0	0	0	0	0	0	0	0	0	0	0	0	0	0	0	0	0	0	0	0	0	0	0	0	0	0	0	0	0
05	0	0	0	1	0	1	0	0	0	0	0	0	0	0	0	0	0	0	0	0	0	0	0	0	0	0	0	0	0	0	0	0	0	0	0	0	0	0	0	0	0	0
06	0	0	0	0	1	0	1	0	0	0	0	0	0	0	0	0	0	0	0	0	0	0	0	0	0	0	0	0	0	0	0	0	0	0	0	0	0	0	0	0	0	0
07	0	0	0	0	0	1	0	1	0	0	0	0	0	0	0	0	0	0	0	0	0	0	0	0	0	0	0	0	0	0	0	0	0	0	0	0	0	0	0	0	0	0
08	0	0	0	0	0	0	1	0	1	0	0	0	0	0	0	0	0	0	0	0	0	0	0	0	0	0	0	0	0	0	0	0	0	0	0	0	0	0	0	0	0	0
09	0	0	0	0	0	0	0	1	0	1	0	0	0	0	0	0	0	0	0	0	0	0	1	0	0	0	0	0	0	0	0	0	0	0	0	0	0	0	0	0	0	0
10	0	0	0	0	0	0	0	0	1	0	1	0	0	0	0	0	0	1	0	0	0	0	0	0	0	0	0	0	0	0	0	0	0	0	0	0	0	0	0	0	0	0
11	0	0	0	0	0	0	0	0	0	1	0	1	0	0	0	0	0	0	0	0	0	0	0	0	0	0	0	0	0	0	0	0	0	0	0	0	0	0	0	0	0	0
12	0	0	0	0	0	0	0	0	0	0	1	0	1	0	0	0	0	0	0	0	0	0	0	0	0	0	0	0	0	0	0	0	0	0	0	0	0	0	0	0	0	0
13	0	0	0	0	0	0	0	0	0	0	0	1	0	1	0	0	0	0	0	0	0	0	0	0	0	0	0	0	0	0	0	0	0	0	0	0	0	0	0	0	0	0
14	0	0	0	0	0	0	0	0	0	0	0	0	1	0	1	0	0	0	0	0	0	0	0	0	0	0	0	0	0	0	0	0	0	0	0	0	0	0	0	0	0	0
15	0	0	0	0	0	0	0	0	0	0	0	0	0	1	0	1	0	0	1	0	0	0	0	0	0	0	0	0	0	0	0	0	0	0	0	0	0	0	0	0	0	0
16	0	0	0	0	0	0	0	0	0	0	0	0	0	0	1	0	1	0	0	0	0	0	0	0	0	0	0	0	0	0	0	0	0	0	0	0	0	0	0	0	0	0
17	0	0	0	0	0	0	0	0	0	0	0	0	0	0	0	1	0	1	0	0	0	0	0	0	0	0	0	0	0	0	0	0	0	0	0	0	0	0	0	0	0	0
18	0	0	0	0	0	0	0	0	0	1	0	0	0	0	0	0	1	0	1	0	0	0	0	0	0	0	0	0	0	0	0	0	0	0	0	0	0	0	0	0	0	0
19	0	0	0	0	0	0	0	0	0	0	0	0	0	0	1	0	0	0	0	1	0	0	0	0	0	0	0	0	0	0	0	0	0	0	0	0	0	0	0	0	0	0
20	0	0	0	0	0	0	0	0	0	0	0	0	0	0	0	0	0	0	1	0	1	0	0	0	0	0	0	0	0	0	0	0	0	0	0	0	0	0	0	0	0	0
21	0	0	0	0	0	0	0	0	0	0	0	0	0	0	0	0	0	0	0	1	0	1	0	0	0	0	0	0	0	0	0	0	0	0	0	0	0	0	0	0	0	0
22	0	0	0	0	0	0	0	0	0	0	0	0	0	0	0	0	0	0	0	0	1	0	1	0	0	0	0	0	0	0	0	0	0	0	0	0	0	0	0	0	1	0
23	0	0	0	0	0	0	0	0	1	0	0	0	0	0	0	0	0	0	0	0	0	0	0	1	0	0	0	0	0	0	0	0	0	0	0	0	0	0	0	0	1	0
24	0	0	0	0	0	0	0	0	0	0	0	0	0	0	0	0	0	0	0	0	0	0	1	0	0	0	1	0	0	1	0	0	0	0	0	0	0	0	0	0	0	0
25	0	0	0	0	0	0	0	0	0	0	0	0	0	0	0	0	0	0	0	0	0	0	0	0	0	1	1	0	0	0	0	0	0	0	0	0	0	0	0	0	0	0
26	0	0	1	0	0	0	0	0	0	0	0	0	0	0	0	0	0	0	0	0	0	0	0	0	1	0	1	0	0	0	0	0	0	0	0	0	0	0	0	0	0	0
27	0	0	0	0	0	0	0	0	0	0	0	0	0	0	0	0	0	0	0	0	0	0	0	1	1	1	0	0	0	0	0	0	0	0	0	0	0	0	0	0	0	0
28	0	1	0	0	0	0	0	0	0	0	0	0	0	0	0	0	0	0	0	0	0	0	0	0	0	0	0	0	1	0	0	0	0	0	0	0	0	0	0	0	0	0
29	0	0	0	0	0	0	0	0	0	0	0	0	0	0	0	0	0	0	0	0	0	0	0	0	0	0	0	1	0	1	0	0	0	0	0	0	0	0	0	0	0	0
30	0	0	0	0	0	0	0	0	0	0	0	0	0	0	0	0	0	0	0	0	0	0	0	1	0	0	0	0	1	0	1	0	0	0	0	0	0	0	0	1	0	0
31	0	0	0	0	0	0	0	0	0	0	0	0	0	0	0	0	0	0	0	0	0	0	0	0	0	0	0	0	0	1	0	1	0	0	0	0	0	0	0	0	0	0
32	0	0	0	0	0	0	0	0	0	0	0	0	0	0	0	0	0	0	0	0	0	0	0	0	0	0	0	0	0	0	1	0	1	0	0	0	0	0	0	0	0	0
33	0	0	0	0	0	0	0	0	0	0	0	0	0	0	0	0	0	0	0	0	0	0	0	0	0	0	0	0	0	0	0	1	0	1	0	0	0	0	1	0	0	0
34	0	0	0	0	0	0	0	0	0	0	0	0	0	0	0	0	0	0	0	0	0	0	0	0	0	0	0	0	0	0	0	0	1	1	0	0	0	0	0	0	0	0
35	1	0	0	0	0	0	0	0	0	0	0	0	0	0	0	0	0	0	0	0	0	0	0	0	0	0	0	0	0	0	0	0	0	1	0	1	1	0	0	0	0	0
36	0	0	0	0	0	0	0	0	0	0	0	0	0	0	0	0	0	0	0	0	0	0	0	0	0	0	0	0	0	0	0	0	0	0	1	0	1	0	0	0	0	0
37	0	0	0	0	0	0	0	0	0	0	0	0	0	0	0	0	0	0	0	0	0	0	0	0	0	0	0	0	0	0	0	0	0	0	1	1	0	1	0	0	0	0
38	0	0	0	0	0	0	0	0	0	0	0	0	0	0	0	0	0	0	0	0	0	0	0	0	0	0	0	0	0	0	0	0	0	0	0	0	1	0	1	0	1	1
39	0	0	0	0	0	0	0	0	0	0	0	0	0	0	0	0	0	0	0	0	0	0	0	0	0	0	0	0	0	0	0	0	1	0	0	0	0	1	0	0	0	0
40	0	0	0	0	0	0	0	0	0	0	0	0	0	0	0	0	0	0	0	0	0	0	0	0	0	0	0	0	0	1	0	0	0	0	0	0	0	0	0	0	1	0
41	0	0	0	0	0	0	0	0	0	0	0	0	0	0	0	0	0	0	0	0	0	1	1	0	0	0	0	0	0	0	0	0	0	0	0	0	0	1	0	1	0	0
42	0	0	0	0	0	0	0	0	0	0	0	0	0	0	0	0	0	0	0	0	0	0	0	0	0	0	0	0	0	0	0	0	0	0	0	0	0	1	0	0	0	0

FIGURA 11.9. La matriz C_1 para la red comercial serbia de la figura 11.8.

un comerciante prefiera hacer negocios con el último asentamiento de la ruta con los 11 tramos más largos y no con un asentamiento situado a pocos pasos. Por lo tanto, Carter construyó una matriz de caminos cortos $N \times N$, donde cada entrada registraba el número de aristas del camino más corto entre el par de nodos relevante. Y sumó de nuevo cada fila, esta vez para obtener el índice de accesibilidad A_i tal como antes se ha definido. Las capitales medievales se situaron en los lugares 1, 2, 3, 6 y 8 en orden de accesibilidad descendente, es decir, aumentando A_i, con Skoplje en el último lugar.

Carter llegó a la conclusión de que la capital elegida, Stefan Dušan, no estaba mejor colocada en cuanto a vínculos de transporte, y que éste pudo ser un factor adyuvante en la desaparición del estado serbio. Desde un punto de vista metodológico, quizás el hecho más interesante es que Carter también creó mapas que mostraban isolíneas[4] de accesibilidad (fig. 11.10),

4. Véase el capítulo 12 para una explicación de las isolíneas.

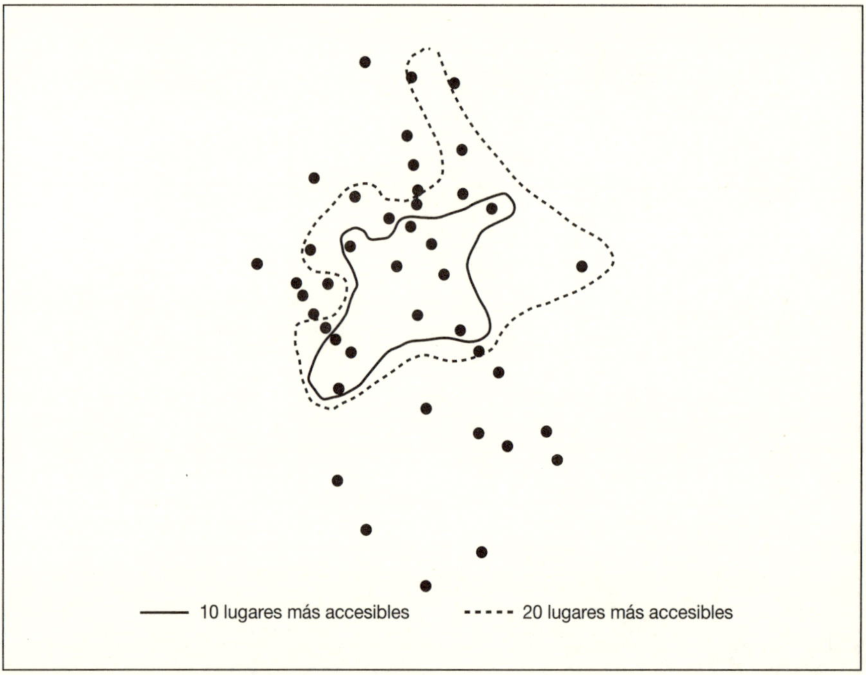

FIGURA 11.10. Distribución de la accesibilidad en la ecumene medieval serbia (datos basados en Carter, 1969, figs. 3 y 6).

que utilizó para sugerir hasta qué punto la ecumene medieval serbia pudo extenderse más hacia el oeste de lo que se había creído hasta entonces. Esta sugerencia se basaba también en un estudio más avanzado, donde Carter calculaba los vectores propios de la matriz de conectividad, un tema que escapa al propósito de este libro. Los lectores interesados pueden consultar *On the Geographical Interpretation of Eigenvalues*, de Gould (1967), y una útil introducción al álgebra de matrices (p. ej., capítulo 18 de Eason *et al.*, 1980).

Diseño de edificios. La sintaxis del espacio ha merecido un interés arqueológico esporádico, pese a que comprende una teoría del uso humano del espacio y un conjunto de métodos para analizar el uso humano del espacio de acuerdo con esa teoría. Hillier y Hanson, en su obra *The Social Logic of Space* (1984), presentaron los principios teóricos básicos de la sintaxis del espacio, y Hiller desarrolló más tarde, en su *Space is the Machine* (1996), su relación con la práctica arquitectónica. El método de sintaxis del espacio más

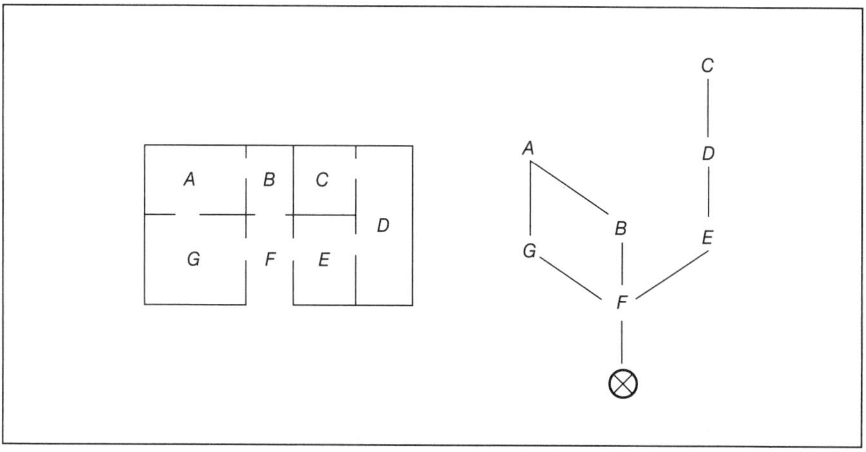

FIGURA 11.11. Un grafo justificado de un simple edificio.

utilizado por los arqueólogos consiste en crear grafos justificados. Estos grafos son redes en forma de árbol que muestran la posible interaccesibilidad de los distintos espacios de un edificio, o a veces de un grupo de edificios (fig. 11.11). Han servido para investigar temas como la estratificación social y la privacidad en contextos como los *brochs* del Hierro escoceses (Foster, 1989), los conventos y monasterios medievales ingleses (Gilchrist, 1997: 160-169), los *pueblos* norteamericanos (Bustard, 1996) y los tells búlgaros (Chapman, 1990).

Pero lo que aquí más nos interesa son los recientes trabajos que utilizan las medidas de estructura de redes para analizar el plano de un edificio y conocer la intervisibilidad de los espacios en su interior. Turner *et al.* (2001) calculan la intervisibilidad entre todos los puntos de una rejilla de 1 m del interior de un edificio. Luego construyen un grafo de visibilidad (Floriani *et al.*, 1994) donde los nodos representan los puntos de la rejilla y las aristas indican la visibilidad mutua (fig. 11.12). Hay que tener en cuenta que en este caso los nodos no representan entidades físicas reales y claras sino unidades analíticas, lo que evidencia la flexibilidad del análisis de redes.

Turnet *et al.* (2001) dicen que las medidas de redes de los grafos de visibilidad ofrecen información útil sobre la posible influencia de los espacios construidos en la conducta humana. En primer lugar, y de forma clara, la vecindad inmediata de un nodo constituye la isovista de ese nodo (véase el capítulo 10) y su grado nodal está linealmente relacionado con el área de la

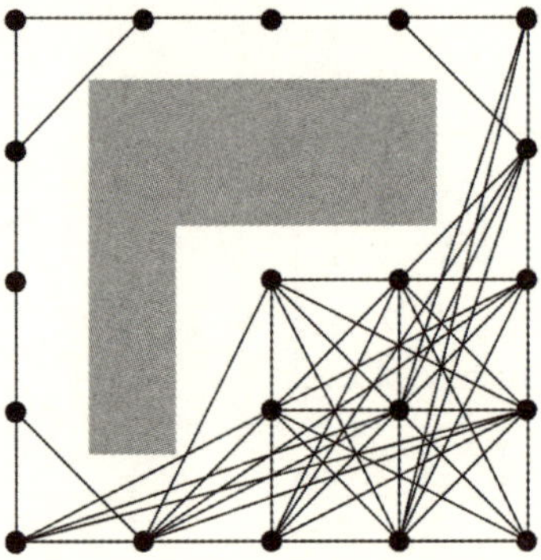

FIGURA 11.12. Un grafo de visibilidad del exterior de un edificio en forma de L.

isovista. Los autores afirman que el coeficiente de agrupación local, C_i, mide la «proporción de espacio intervisible dentro de una vecindad de visibilidad de un punto» (Turner *et al.*, 2001: 110). Trazando un mapa de C_i para todos los nodos, resulta posible investigar cuánto cambia el campo visual a medida que uno se desplaza por el edificio, ya que $C_i \rightarrow 0$ implica un importante cambio en aquello que se puede ver, y $C_i \rightarrow 1$ implica escaso cambio. Por último, Turner *et al.* dicen que la longitud media del camino más corto *desde cada nodo* da una medida de la accesibilidad visual sensible a las relaciones globales, no sólo locales. Los autores lo diseñaron para un conjunto de puntos de una gran galería de arte de Londres y hallaron una correlación con el número de visitas a las salas de la galería. Pero lo interesante es que la distancia euclidiana real entre los puntos no se correlaciona con las visitas, lo que llevó a Turner *et al.* a decir que la longitud media de los caminos más cortos mide un aspecto de la intervisibilidad que influye en la percepción global del espacio.

11.3.2. Localización en una red

El problema de localizar de forma óptima infraestructuras dentro de un área de captación se conoce como el problema de *localización-asignación*. En el comercio y en la planificación de hoy en día, las infraestructuras son siempre cosas como escuelas y supermercados (véase Longley *et al.*, 2001: 313-

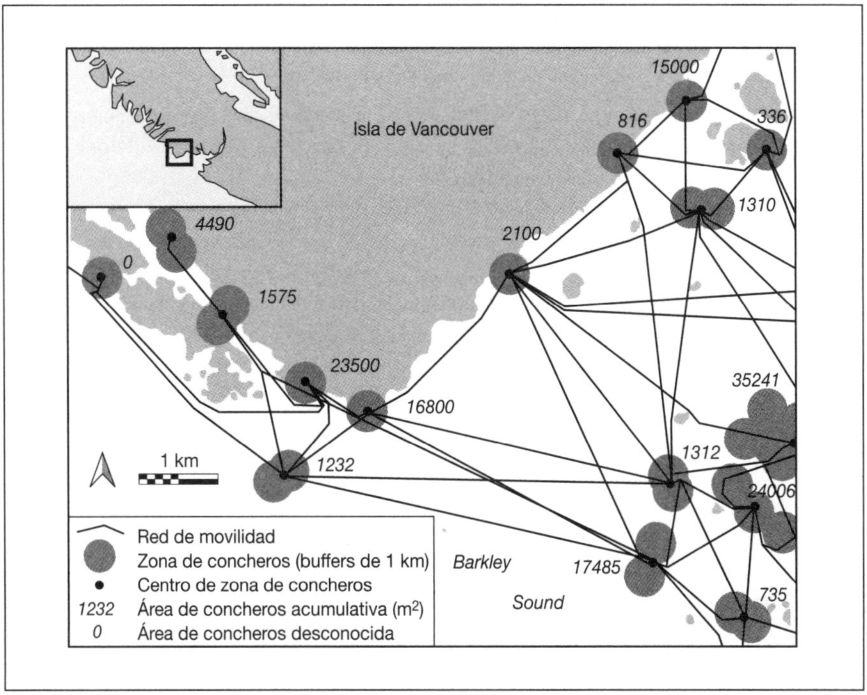

FIGURA 11.13. Detalle de la red de concheros de Mackie (reproducido con autorización de Mackie, 2001, fig. 6.3).

316), pero no es difícil pensar en otros recursos centralizados más relevantes para los pueblos antiguos. Se pueden resolver problemas de localización-asignación para ubicar infraestructuras en un espacio continuo, o para determinar su posición en una red. Bell y Church (1985) presentan ejemplos arqueológicos de ambos, pero es el segundo aspecto el que más nos interesa aquí (ya hemos hablado del espacio continuo en el capítulo 10).

Cómo solucionar problemas de localización-asignación en una red

Gorenflo y Bell (1991) señalan que las redes pueden jugar dos roles en los modelos de localización-asignación: pueden acotar el espacio con vistas a la implantación de infraestructuras (es decir, las infraestructuras han de estar en la red) o pueden proporcionar un medio para modelar la interacción entre centros candidatos (p. ej., aristas que representen el flujo y el volumen de bienes). La localización «óptima» de infraestructuras en una red viene determinada por la *función objetiva*. Las funciones objetivas más utilizadas permiten resolver los siguientes problemas:

El problema de la *p-mediana* consiste en localizar *p* centros de servicios para minimizar la distancia total a recorrer desde todos los puntos de demanda a su punto de servicio más próximo.

Los problemas de *cobertura* intentan localizar centros de servicios para asegurar que todos los puntos de la demanda se hallen a una distancia especificada de su centro más próximo. Comparada con la solución de la *p*-mediana, la distancia media entre un punto de demanda y su infraestructura más próxima puede ser mayor, pero seguramente la distancia máxima será menor. En la planificación contemporánea, se considera que el problema de cobertura es la solución mejor para ubicar servicios de emergencia, donde lo que importa es minimizar el tiempo máximo de respuesta.

Algunos autores consideran que los modelos optimales sólo sirven para proyectar los modernos valores capitalistas al pasado (p. ej., Thomas, 1991a, pero véase también Mithen, 1989 para una visión distinta). En el caso del modelo de localización-asignación, pueden presentarse dos contrargumentaciones. La primera es que los arqueólogos son libres de especificar la función objetiva de su elección, aunque cabe admitir que ello podría requerir una nueva escritura o programación, ya que el software comercial del SIG solamente ofrece soporte interno para el problema de la *p*-mediana estándar y de cobertura. La segunda contrargumentación se refiere al marco inductivo que se utiliza para aplicar el modelo de localización-asignación. A semejanza de los arqueólogos, lo nuestro no es localizar infraestructuras sino tratar de entender la localización de las que se establecieron en el pasado. En este caso, en lugar de constatar simplemente que el pasado es diferente, podemos establecer el grado de diferencia comparando soluciones locacionales derivadas de las modernas funciones objetivas con la evidencia arqueológica.

Una objeción más seria frente al modelo de localización-asignación es que la teoría «clásica» (Bailey y Gatrell, 1995: 369), que incluye el problema de la *p*-mediana y el de cobertura ya mencionados, parte de la suposición de que la gente siempre utiliza las infraestructuras más cercanas. Pero hoy en día no siempre es así, y puede que tampoco lo fuera en el pasado. Los métodos de *interacción espacial* superan estas limitaciones porque permiten asignar demandas a infraestructuras de un modo probabilístico. Bailey y Gatrell (1995, capítulo 9) presentan una introducción al modelo de interacción espacial, y en Fotheringham y O'Kelly (1989) se encuentra un tratamiento más extenso.

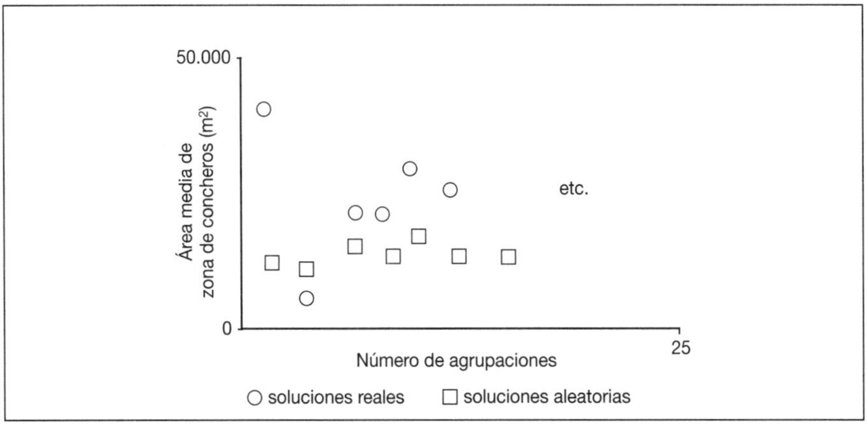

FIGURA 11.14. La relación entre el número de centros *p* y el área media de las zonas de concheros elegidas como centros en el análisis de localización-asignación de Mackie de los yacimientos de concheros (según Mackie, 2001, fig. 7.3 y cuadro 7.1).

Un ejemplo arqueológico

Mackie (2001) utilizó el modelo de localización-asignación para estudiar las relaciones entre los concheros de la isla de Vancouver, en Canadá. Tomando los centroides de las zonas con concheros como nodos, creó una red basada en las distancias de las rutas más cortas por mar (fig. 11.13). Luego, tratando todos los nodos a la vez como lugares de demanda y como centros candidatos (con idéntica capacidad para funcionar como tales), utilizó ARC/INFO para resolver el problema de la *p*-mediana para una serie de centros que iba del 1 al 25.

Mackie halló que para $p = 1$ y $p = 5$ hasta $p = 9$, los concheros elegidos como centros tenían de media un área mayor que lo que cabía esperar de haberse dejado al mero azar, lo que sugería un vínculo entre centralidad e intensidad de uso (fig. 11.14). La importancia de la centralidad *per se* venía avalada por la ausencia de correlación entre la accesibilidad de la red y el tamaño de las zonas de concheros. Mackie (2001: 63) concluía a partir de estos resultados que había descubierto la escala en que «la acción habitual realiza una contribución significativa y reconocible a la arqueología».

11.3.3. La elección de rutas en una red

La elección de rutas es un componente importante de muchas aplicaciones comerciales del SIG (véase Longley *et al.*, 2001 para ejemplos concretos). Y con la proliferación de ingenios inalámbricos para descargar y visualizar datos y navegar en tiempo real, su uso podría generalizarse. Pese a su potencialidad, apenas se ha utilizado en los SIG arqueológicos. Por lo que a la logística se refiere, el trabajo de campo arqueológico raras veces se concibe a una escala capaz de justificar el uso del SIG para optimizar el despliegue de equipos de prospección sobre el terreno. Y en el ámbito de la investigación, parece que los arqueólogos han hallado pocas situaciones análogas a los problemas que suelen plantearse y resolverse en el ámbito comercial.

Por todo ello hemos limitado nuestro análisis de la elección de rutas a un resumen de sus principales aplicaciones, como mínimo a modo de estímulo para seguir reflexionando sobre el tema. Quienes deseen un tratamiento más detallado y referencias suplementarias, pueden consultar Fischer (2004).

El *problema del viajante* consiste en hallar «el viaje menos costoso a través de una serie de nodos de manera que cada nodo se visite una sola vez» (Fischer, 2004: 2). Cuando el número de nodos aumenta, el número de posibles viajes aumenta exponencialmente: hay tres posibles recorridos por 4 nodos (fig. 11.15), 12 posibles recorridos por 5 nodos, pero 181.440 posibles recorridos a través de 10 nodos (Longley *et al.*, 2002: 317). Por esa razón el software de SIG suele deparar una solución aproximada, no exacta al problema del viajante.

El problema de la *elección de rutas de circulación* es una generalización del problema del viajante que incluye situaciones con más de un vendedor, así que hay que decidir qué viajante ha de visitar qué nodo. Pueden darse complicaciones adicionales, como puntos de partida múltiples, límites al número de visitas que un solo viajante puede realizar (el llamado *límite de capacidad*) y también límites al tiempo de visita de cada nodo (Fischer, 2004).

El *problema de orientación* es una variante del problema del viajante donde no es necesario visitar cada nodo, sino que el propósito es maximizar el beneficio obtenido visitando nodos y a la vez minimizar la distancia recorrida (Longley *et al.*, 2001).

11.4. REDES EN SUPERFICIES CONTINUAS

11.4.1. Caminos de menor coste

La mayoría de usuarios de un SIG ya conocen de antemano la localización física de los vínculos de las redes que quieren modelar, ya sean carreteras,

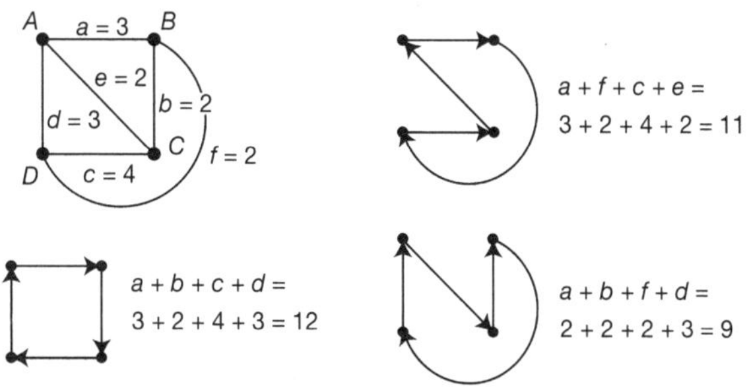

FIGURA 11.15. El problema del viajante con 4 nodos. La ruta *ebfd* es la más corta, suponiendo que las ponderaciones son totales y no la distancia por unidad.

vías férreas, cursos de agua o tendidos eléctricos. Pero los arqueólogos casi nunca conocen las rutas de transporte exactas porque durante gran parte de la historia no ha habido necesidad de crear infraestructuras especializadas como carreteras y canales de agua artificiales para el transporte. Y si las hubo, no se han conservado. En estas circunstancias, el SIG sirve para predecir rutas de transporte derivando caminos de menor coste a partir de un adecuado coste óptimo acumulado (capítulo 10). Lógicamente la predicción de rutas «perdidas» no es la única utilización de los caminos de menor coste: pueden compararse con rutas conocidas para así ayudar a situar esas rutas.

Cómo calcular los caminos de menor coste

Dice Husdal (2000) que la idea de utilizar recorridos óptimos para deducir los caminos de menor coste se remonta a la década de 1970 y fue introducida en los SIG por Tomlin (1990). Casi todos, si no todos, los software SIG disponibles comercialmente implementan el cálculo de un camino de menor coste como un proceso en dos fases. La primera fase consiste en crear un recorrido óptimo que represente el coste acumulado del desplazamiento desde el origen utilizando la tecnología de transporte relevante. La segunda fase consiste en dar con la ruta con mayor reducción del coste acumulado desde el punto de destino hasta el origen. De ello se sigue que la validez del camino de menor coste final dependerá de la pertinencia del coste óptimo acumulado y del algoritmo para identificar el o los caminos en cuestión. Ya he-

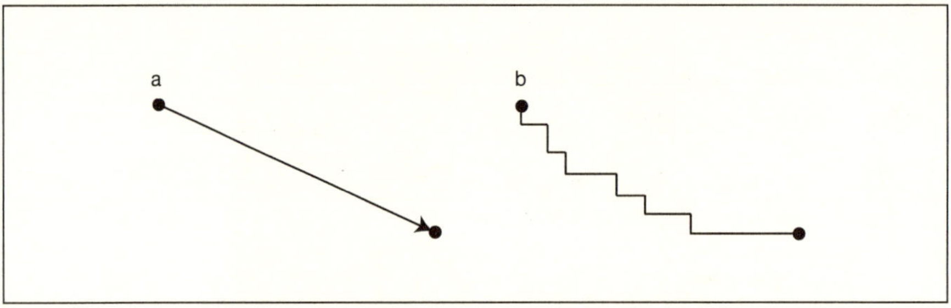

FIGURA 11.16. Los caminos de menor coste raramente son óptimos, ni siquiera en una superficie uniforme: (a) muestra el camino óptimo entre dos nodos en una superficie uniforme, (b) muestra cómo se genera en un SIG ráster.

mos tratado el primero en el capítulo 10, donde el lector debería prestar especial atención al problema de la anisotropía. El segundo, el algoritmo, lo comentamos ahora con más detalle.

Muchos caminos de menor coste generados con un SIG son problemáticos, bien porque no siguen las rutas conocidas, bien porque siguen rutas que intuitivamente parecen improbables. (Lógicamente, hay que lograr un delicado equilibrio a la hora de sopesar los resultados contraintuitivos de la aplicación de una técnica SIG relativamente rudimentaria frente a los posibles fallos del sentido común). Los problemas más habituales se deben (véase asimismo Harris, 2000) sobre todo a:

La *forma de la vecindad buscada*. Los caminos de menor coste suelen presentar zigzags a pequeña escala, incluso cuando supuestamente representan la ruta de menor coste en un paisaje uniforme, que tendría que ser en forma de una línea recta (fig. 11.16). Esto suele ocurrir cuando el algoritmo para identificar caminos y/o el algoritmo de coste-acumulación busca una vecindad con un radio de sólo una celda del mapa. En el peor de los casos, la vecindad de von Neumann (el movimiento de la torre de ajedrez) sólo permite el movimiento en sentido de los cuatro puntos cardinales, mientras que la vecindad de Moore (el movimiento de la reina) sólo permite movimientos en ocho direcciones. Hay dos soluciones a este problema, aunque ambas requieran seguramente una cierta programación. La primera, explorada por Xu y Lathrop (1995) consiste en aumentar el radio de búsqueda, aumentando así el número de direcciones en las que es posible moverse. El segundo método, utilizado por Douglas (1999), interpola el trazado exacto del camino a través de cada celda del mapa: con ello se supera la necesidad de que los caminos pasen por el centro de las celdas del mapa y, por lo tanto, elimina la limitación de que un movimiento sólo se pueda hacer en una de las posibles direcciones finitas.

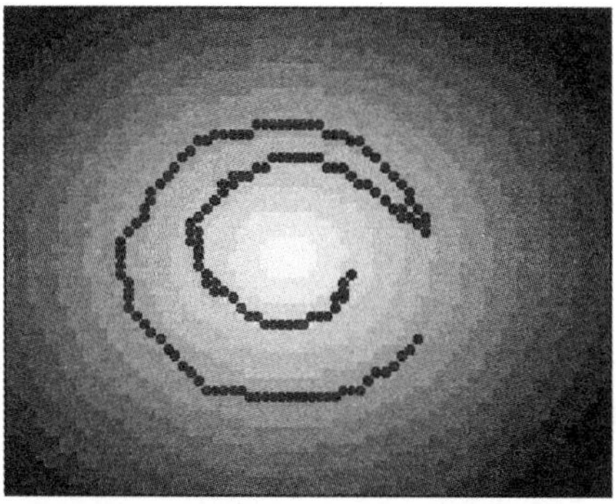

FIGURA 11.17. El camino de menor coste de Collischonn y Pilar en una montaña (reproducido a partir de Collischonn y Pilar, 2000, fig. 8, con la autorización de Taylor & Francis Ltd, www.tandf.co.uk/journals).

Problemas para representar la anisotropía. Aunque aparezcan los zigzags a pequeña escala, los caminos de menor coste presentan los típicos zigzags a gran escala que caracterizan los caminos de montaña de muchas partes del mundo. La ausencia de este tipo de caminos cuando se espera su presencia suele indicar que no se ha gestionado adecuadamente el coste anisotrópico de atravesar terreno inclinado. Collischonn y Pilar (2000) señalan que los procedimientos tradicionales para hallar un camino de menor coste no sirven para solucionar problemas de costes dependientes de la dirección, porque en el momento de crear la superficie de costes de recorrido la dirección de un desplazamiento a través de cada celda no se conoce. Estos autores han ideado un algoritmo que efectúa ambos pasos a la vez y que puede producir caminos de montaña «realistas» (fig. 11.17) siempre que los costes atribuidos a diferentes pendientes sean apropiados: como se comentaba en el capítulo 10, en muchos casos las pendientes descendentes muy pronunciadas deberían considerarse más costosas que las pendientes ascendentes leves.

Presunción de máxima pendiente. Otra de las críticas a los caminos de menor coste es que muchas veces no parecen seguir la ruta óptima. Por ejemplo, Bell y Lock (2000) generaron un camino de menor coste entre dos puntos de una pista prehistórica del centro de Inglaterra. Aunque la pista sigue el contorno de un peñón natural, el camino de menor coste creado por el SIG se alejaba del peñón para luego volver a subir (fig. 11.18). Dado que Bell y Lock asignaron el menor coste al terreno llano y a las pendientes leves, cabía esperar que el camino del SIG discurriera por el peón, evitando las pendientes transversales más pronunciadas. De hecho este es el típico resultado que se obtiene con el algoritmo para identificar caminos que buscan la reducción más rápida del cos-

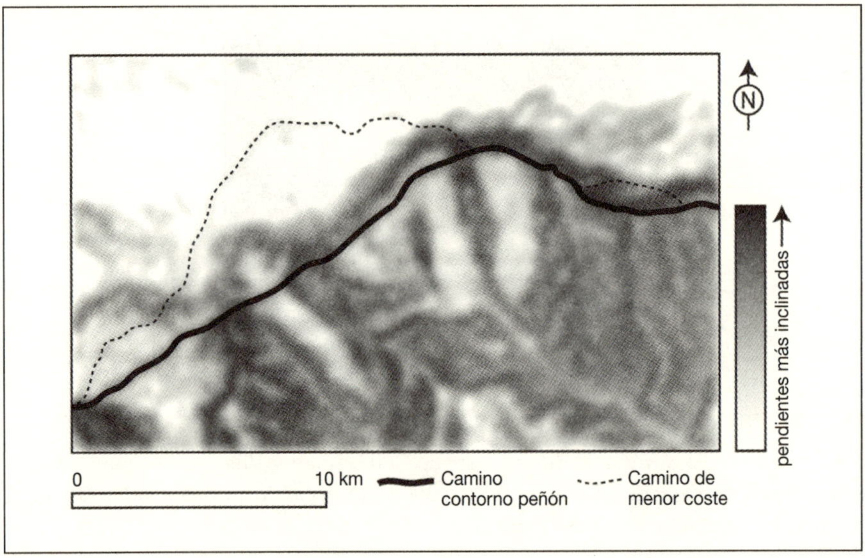

FIGURA 11.18. Un camino de menor coste globalmente subóptimo (basado en datos de Bell y Lock, 2000, fig. 5). Elevation data © Crown Copyright. Todos los derechos reservados. Licencia n.º 100021184.

te acumulado. En esencia, estos algoritmos identifican el camino que recorrerían las aguas en lugar del recorrido óptimo acumulado al fluir desde el punto de destino al origen. Mirado desde el origen, este camino siempre acumula costes, primero lentamente y luego a una velocidad cada vez mayor a medida que se aproxima al punto de destino. El problema es que la gente no suele dejar el trabajo más pesado para el final, sino que busca una ruta cuyos costes se acumulen de modo relativamente equilibrado.

Problemas para representar destinos múltiples. Los algoritmos del camino de menor coste habitualmente disponibles en un SIG están pensados para identificar caminos exactamente entre dos posiciones. Por lo tanto, para poder predecir la ruta más probable para llegar a múltiples lugares hay que apañarse con uno de los dos métodos siguientes. El primero sería tratar esa localización como el origen y luego identificar caminos separadamente orientados a todas las demás localizaciones, un método adecuado si existen buenas razones para tratar una localización como una especie de centro redistributivo. El segundo método sería tratar cada localización como destino y luego como origen, un método mejor, por ejemplo, para tratar una secuencia de postas a lo largo de una ruta de caravanas. Ambos métodos presentan serias limitaciones: el primero impide generar rutas básicamente comunes cuya localización exacta es en parte una función de los acuerdos mutuos necesarios, y el segundo requiere conocer de antemano el orden en que se visitaron los distintos lugares. En el momento de escribir este libro, los algoritmos del camino de menor coste especializados con destinos múltiples son dominio exclusivo de los SIG experimentales (véase por ejemplo McIlhagga, 1997 citado en Husdal, 2000).

Problemas para utilizar los costes de ratio-escala. Normalmente los caminos de menor coste generados con fines arqueológicos se derivan de medidas de costes relativos y no absolutos, dada la dificultad de calibrar el coste de las tecnologías de transporte del pasado. Los costes relativos suelen medirse en una escala ordinal o de intervalos y no en una escala de ratios. No todo el mundo es consciente de que cuando los costes se miden en una escala de intervalos, añadir o sustraer del coste una cantidad uniforme arbitraria puede alterar el camino de menor coste porque altera la relación entre los costes invertidos en atravesar determinadas celdas del mapa (Longley *et al.*, 2001: 319). Siempre que sea posible, es mejor crear caminos de menor coste utilizando costes medidos en una escala de ratios.

Aplicaciones arqueológicas

Las aplicaciones arqueológicas del análisis del camino de menor coste pueden dividirse en dos grupos: los que buscan reproducir rutas conocidas y los que quieren predecir rutas no conocidas.

Reproducción de rutas. El objetivo de la reproducción de rutas suele ser ayudar a la comprensión de las razones de su localización. Por ejemplo, Madry y Rakos (1996) deseaban reproducir segmentos conocidos de la red viaria celta del valle del Arroux, en Francia, utilizando distintos determinantes del «coste». Luego utilizaron el mejor modelo –una mezcla del mínimo cambio de elevación, las pendientes bajas y la preferencia por mantenerse en la línea de visión de los asentamientos fortificados» (Madry y Rakos, 1996: 115)– para predecir el trazado de un segmento que faltaba de la red viaria. Estudios parecidos se deben a Bell y Lock (2000) sobre la pista prehistórica de Ridgeway antes comentada, y a Kantner (1996) y su reproducción de la localización de los segmentos del camino anasazi del Cañón del Chaco, en Nuevo México.

Predicción de rutas. Uno de los intentos más sofisticados en la predicción de la localización de rutas desconocidas se debe al Wroxeter Hinterland Project, con vistas a reconstruir la red viaria de la Edad del Hierro anterior al desarrollo de la ciudad romana de Wroxeter, en Inglaterra. Van Leusen y sus colegas (véase van Leusen, 2002, capítulo 16) crearon una red viaria identificando caminos de menor coste desde las posiciones de asentamientos cercados conocidos hasta Wroxeter (que en la Edad del Hierro fue un centro de intercambio) y también los caminos de menor coste desde los mismos asentamientos conocidos hasta los grandes recintos multivallados. Ha habido intentos parecidos para predecir redes viarias o caminos del Bronce y del Hierro en Italia (Bell *et al.*, 2002) y de la ocupación neolítica del valle de Biferno, también en Italia (Silva y Pizziolo, 2001). El estudio de Krist y Brown (1994) es un ejemplo muy distinto de predicción de rutas, concretamente de posibles lugares de caza del Pleistoceno superior/Holoceno inferior en la región de los Grandes Lagos de Norteamérica. Utilizaron caminos de menor coste para predecir las probables rutas migratorias del caribú con el fin de comprobar si se podían ver desde los posibles lugares de caza. Este estudio ofrece un ejemplo bien documentado de la creación de un recorrido óptimo acumulado parcialmente anisotrópico.

11.4.2. Hidrología

El SIG arqueológico suele incluir información hidrológica en forma de mapas vectoriales de cursos de agua. Estos mapas se suelen utilizar en los análisis de proximidad, entre otros fines, para identificar yacimientos con posible riesgo de inundación, o como posible predictor de la presencia de un yacimiento. Los mapas vectoriales de cursos de agua navegables también sirven para el análisis de redes. Por ejemplo, tanto Zubrow (1990) como Allen (1990) basaron sus modelos de redes de la primera colonización europea en Norteamérica en mapas de los grandes sistemas fluviales. En principio, la mayoría de los métodos descritos anteriormente son aplicables a las redes hidrológicas.

Aquí nos interesa un método alternativo para representar la hidrología mediante mapas basados en la *dirección local de las cuencas de drenaje* (DLCD) (fig. 11.19b). Los mapas de DLCD son una forma de mapa de la topología de superficie. Estos mapas muestran la conexión de las celdas del mapa en función de un proceso, en este caso la dirección del flujo de las aguas a través de cada celda. Aunque las relaciones topológicas, entre una celda previa (p. ej., de donde procede el agua) y la celda siguiente (p. ej., adonde fluirán las aguas), se pueden recuperar de un mapa de la topología de superficie (p. ej., siguiendo la dirección de la corriente), no se almacenan en el mapa. En otras palabras, mientras un mapa vectorial registra las relaciones topológicas explícitamente, un mapa de la topología de superficie sólo las registra implícitamente.

Representar la hidrología en un mapa de DLCD tiene dos ventajas. La primera es que posibilita la derivación automática de los cursos de agua cuando no se dispone de estos datos o cuando la adquisición de datos sería costosa y/o muy lenta. La segunda ventaja es que los mapas de DLCD sirven

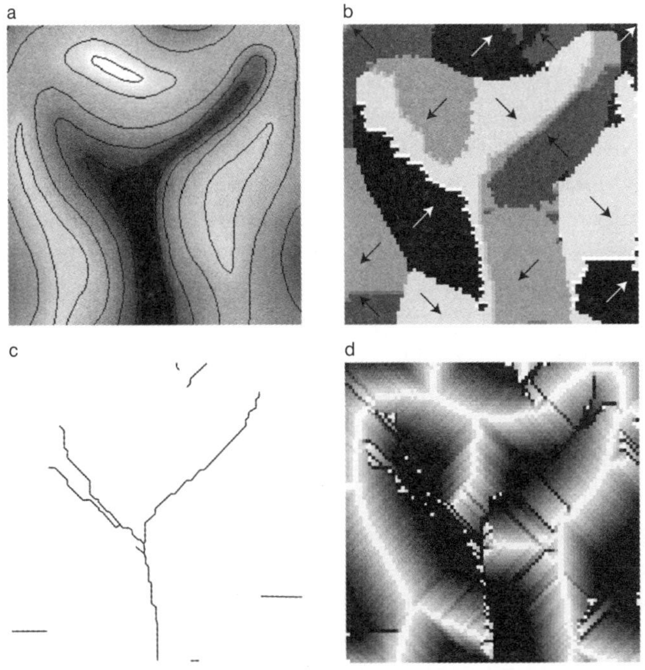

FIGURA 11.19. Un (a) MDE (blanco = alto), (b) un mapa de la dirección de las cuencas de drenaje, (c) curso de agua (definido según la acumulación de flujo ≥50) y (d) mapa de acumulación de flujos (blanco = bajo).

para extraer información adicional sobre la hidrología de una zona y la morfología del paisaje que, a su vez, pueden ser útiles para comprender la localización de yacimientos arqueológicos.

Cómo calcular mapas de DLCD

Los mapas de dirección local de cuencas de drenaje suelen ser mapas ráster, aunque también se pueden crear utilizando TIN (véase, por ejemplo, Jones *et al.*, 1990). El cálculo de un mapa ráster de DLCD implica dos procesos, que se pueden realizar de forma reiterativa hasta obtener un resultado aceptable.

La dirección del flujo. Cada celda de un mapa de DLCD se codifica según la presumible dirección del agua a su salida de esa celda. El método más simple la calcula como la dirección de la pendiente descendente más inclinada de la vecindad de Moore, es decir, en una ventana con el radio de una celda del mapa. La utilización de una ventana tan pequeña sólo permite determinar la dirección hasta los 45° más próximos, de manera que la celda del centro de la ventana estará codificada con un entero entre 1 y 9 en representación de la dirección N, NE, E, SE, S, SO, O, NO o «foso» (véase más arriba). Jensen y Domingue (1988) describen estrategias de investigación que se pueden utilizar cuando más de una celda comparte la pendiente más inclinada. Burrough y McDonnell (1998: 194) describen métodos más sofisticados que también permiten la dispersión de agua por varias celdas.

Eliminación de fosos. Las celdas se codifican como «foso» cuando todas sus vecinas tienen una elevación más alta. Los fosos rompen la topología de la superficie porque el agua que vierte en ellos no vuelve a salir. Por lo tanto hay que eliminarlos, lo que se consigue aumentando la elevación del foso hasta que al menos una celda vecina presente una elevación inferior o, si no, disminuyendo la elevación de todas las celdas vecinas hasta que al menos una sea inferior. Ambos métodos se pueden aplicar de forma manual o automática, pero en ambos casos la operación ha de eliminar sólo los fosos que no reflejan la realidad. Se han ideado métodos (p. ej., Deursen, 1995) para asegurar que sólo se eliminen los fosos que estén por debajo de cierto tamaño, especificado en términos de área, profundidad o volumen.

Derivadas de mapas de DLCD

Una vez calculado un mapa de DLCD puede servir para generar nueva información sobre la hidrología y la topografía de una zona.

La hidrología. Burrough y McDonnell (1998: 195-198) ofrecen una buena introducción a los muchos índices hidrológicos que pueden derivarse de mapas de DLCD, centrándose sobre todo en los que suelen utilizarse para modelar el transporte de sedimentos. Pero nosotros nos centraremos en los índices potencialmente más útiles para abordar cuestiones locacionales generales.

Acumulación de flujos. Esta derivada de DLCD codifica cada celda del mapa con el número de celdas río arriba que drenan en ella (fig. 11.19d). Aunque el mapa de acumulación de flujos da una medida aproximada del volumen relativo de agua que drenaría a través de cada celda, se utiliza sobre todo como un paso intermedio para calcular otros índices.

Mapas de cursos de agua. Estos mapas codifican cada celda del mapa según contengan o no un curso de agua (fig. 11.19c). Se pueden generar a partir de un mapa de acumulación de flujos utilizando una simple álgebra de mapas para identificar todas las celdas con más de un cierto número mínimo de celdas río arriba. Cuántas celdas río arriba se requieren para producir una corriente de agua permanente es, lógicamente, una función de la cubierta vegetal, el tipo de suelo, la geología subyacente y la precipitación. Pero en muchos casos los mapas de cursos de agua suponen una alternativa útil –y potencialmente más precisa– frente a la digitalización de cursos de agua a partir de un mapa en papel.

Orden de cursos de agua. En el lenguaje habitual con frecuencia catalogamos los cursos de agua con palabras como «torrente», «arroyo», «río» o «estuario». Estas categorías se definen en función de más de una propiedad. Por ejemplo, los «torrentes» son estrechos, rápidos y sin afluentes, los «arroyos» son más anchos y en ellos sólo afluyen torrentes, y los «ríos» son anchos, lentos y tienen afluentes de todo tipo. Las categorías que se utilizan en un SIG, los llamados índices del orden de cursos de agua, son diferentes porque siempre se basan en una sola propiedad de un curso de agua. Por lo tanto, es importante elegir el índice más pertinente para el problema que nos ocupa (véanse Haggett y Chorley, 1969: 8-16, para un interesante estudio de los índices, y Ward, 1990, para un tratamiento más reciente). Por ejemplo, el *índice de Strahler* utiliza categorías puramente topológicas, de manera que los cursos de agua en los extremos de una red se codifican con un 1, los formados por la confluencia de dos o más cursos de agua de orden 1 se codifican con un 2, los formados por la confluencia de dos o más cursos de agua de orden 2 se codifican con un 3, etcétera (fig. 11.20a). Hay que tener en cuenta que la confluencia de un curso de agua de orden inferior con un curso de agua de orden superior no altera el orden de este último. Por consiguiente, el índice de Strahler no ofrece información sobre el número de afluentes de un curso de agua, lo cual lo invalida incluso como representante aproximado de la anchura o velocidad del flujo de un curso de agua. En cambio, el *índice de Shreve* añade información sobre el número de afluentes, al asignar un nuevo orden en cada confluencia, donde ese orden es la suma del orden de los cursos de agua que se unen (fig. 11.20b). De ahí que este índice ofrezca una indicación mejor del probable tamaño relativo de los cursos de agua.

La topografía. Hay muchas maneras de caracterizar la topografía, entre otras, las medidas de la rugosidad de la superficie y el uso de derivadas de segundo orden (capítulo 9). El modelado hidrológico añade la posibilidad de cartografiar cuencas fluviales (cuencas de drenaje) y cumbres.

Las *cuencas* se definen en general en relación con un punto específico de un curso de agua (el *punto de vertido*) y abarcan toda la zona que drena en ese punto (fig. 11.21a, b). Se identifican fácilmente en un mapa de DLCD remontando la red de drenaje desde el punto de vertido hasta que ya no quedan más celdas que reciban flujos de ninguna otra celda. El conjunto de todas las celdas atra-

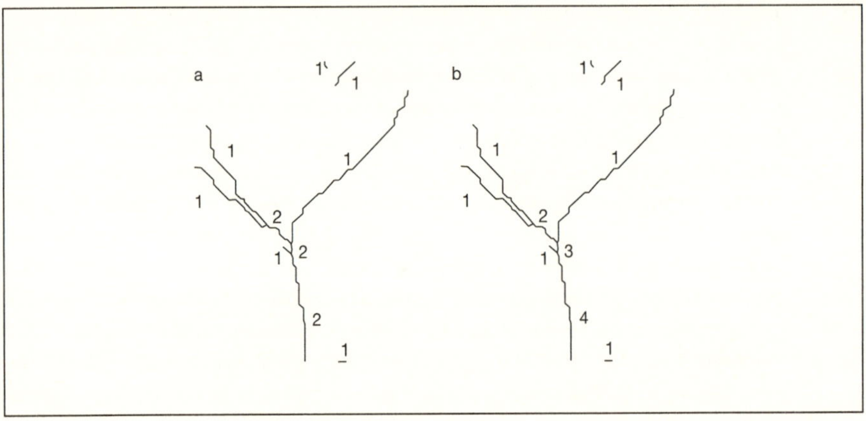

FIGURA 11.20. Orden de cursos de agua codificados según (a) el índice de Strahler, y (b) el índice de Shreve.

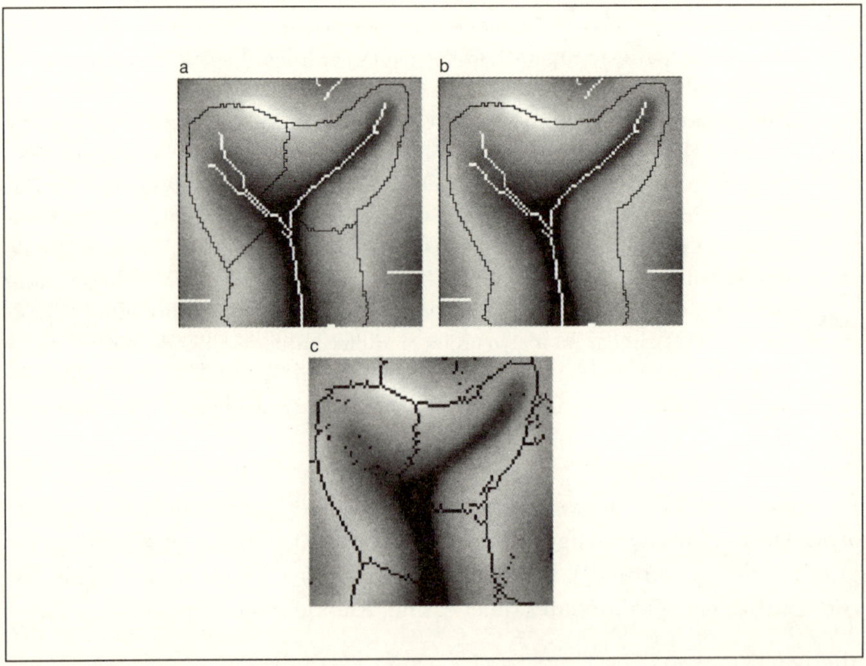

FIGURA 11.21. Cuencas fluviales y cumbres: (a) cuencas con punto de vertido con un flujo acumulado de 1500; (b) cuencas con punto de vertido con un flujo acumulado de 4500; (c) cumbres.

vesadas en este proceso constituye la cuenca de ese punto de vertido. Los arqueólogos suelen concebir las cuencas a escala del paisaje, relacionándolas con conceptos económicos y sociales del tipo «área de captación de un yacimiento» o territorios. Pero una buena elección del punto de vertido permite identificar las cuencas locales de yacimientos concretos, o de una parte de esos yacimientos, aunque esto último requerirá un MDE de alta resolución. Estas cuencas a pequeña escala, o *elementos río arriba*, podrían ayudar a comprender los procesos de formación de un yacimiento cartografiando las posibles fuentes de materias transportables por vía fluvial.

Las *cumbres* son las máximas elevaciones locales que definen los bordes de las cuencas. Ambas se pueden utilizar para identificarlas en mapas de DLCD, pero el uso de una u otra dependerá del tema que nos interese. Si queremos identificar todas la cumbres, sean pequeñas elevaciones entre cursos de agua o auténticas cimas montañosas que separan sistemas fluviales enteros, lo mejor es simplemente identificar todas las máximas elevaciones locales, a base de identificar el conjunto de celdas que carecen de elementos río arriba (fig. 11.21c). Si el software utilizado no permitiera consultas topológicas en el mapa de DLCD, se puede conseguir el mismo efecto utilizando el álgebra de mapas para extraer todas las celdas con valor 1 del mapa de acumulación de flujos.

Pero a veces la consulta exige que el usuario identifique cumbres de una determinada escala: por ejemplo, es mucho más probable que en el trazado de una ruta prehistórica de larga distancia influyera más la localización de grandes cumbres montañosas que la presencia de elementos topográficos relativamente menores. En este caso lo mejor sería identificar cumbres de los bordes de las cuencas, porque pueden calcularse a escalas específicas eligiendo cuidadosamente los puntos de vertido. Por ejemplo, las cumbres que rodean las cuencas de unos puntos de vertido localizados en cursos de agua caracterizados por un alto índice de Strahler representarán elementos topográficos a gran escala relativa, mientras que las cumbres que rodean las cuencas de unos puntos de vertido con un bajo índice de Strahler representarán elementos topográficos a pequeña escala. El problema principal de este método es que una serie de cuencas asociadas a un determinado índice de Strahler no incluirá las áreas que drenen directamente en cursos de agua de orden superior, dejando así sin definir las cumbres de esas áreas.

Aplicaciones arqueológicas

La proximidad de cursos de agua siempre viene incluida en los modelos predictivos arqueológicos. Hay otros aspectos de la hidrología derivables de mapas de DLCD que no suelen incluirse, seguramente debido sobre todo a la falta de familiaridad con los modelos hidrológicos. En efecto, intuitivamente diríamos, a priori, que la proximidad de un curso de agua de un orden determinado (o que drena un área de cierto tamaño) sería mejor predictor que la proximidad a secas. Además, existen otras influencias locacionales potenciales que se pueden derivar de mapas de DLCD, aunque normalmente no formen parte de las herramientas de modelación hidrológica de los principales SIG. Por ejemplo, parece que muchas dispersiones líticas paleoindias/arcaico-antiguas del suroeste de Nebraska estarían preferentemente ubicadas en la confluencia de cursos de agua (Peterson, 2004). El recuadro de esta página describe cómo crear un mapa de confluencias a partir de un mapa de orden de cursos de agua.

UN MÉTODO PARA LOCALIZAR CONFLUENCIAS

Aquí se describe un método para generar un mapa de confluencias a partir de un mapa de orden de cursos de agua (Peterson, 2004). La idea básica es muy sencilla.

1. Utilizar las capacidades de los modelos hidrológicos de programas como Spatial Analyst de ArcGIS para crear un mapa del índice de cursos de agua de Strahler.

2. En caso necesario, rasterizar el mapa de orden de cursos de agua y reclasificarlo de manera que las celdas que no contengan un curso de agua se codifiquen como NULL, y las que sí lo contienen se codifiquen de acuerdo con su orden respectivo.

3. Pasar un núcleo de radio 1 por encima del mapa rasterizado. Si la celda central contiene un curso de agua entonces comparar su valor con el valor medio de todas las demás celdas del núcleo que contienen un curso de agua. Si el valor de la celda central y la media son distintos, entonces la celda central está localizada en una confluencia; si son iguales, entonces es que no está situada en una confluencia.

Esta solución requiere un software con capacidad para deparar resultados espaciales en forma de expresiones de álgebra de mapas, como GRASS. El álgebra de mapas de GRASS indicado para el anterior paso 3 es:

```
confluences=eval (n=(if(isnull(stream_order [ -1,-1] ),0,1)+\
   if(isnull(stream_order [ 0,-1] ),0,1)+\
   if(isnull(stream_order [ 1,-1] ),0,1)+\
   if(isnull(stream_order [ -1,0] ),0,1)+\
   if(isnull(stream_order [ 0,0] ),0,1)+\
   if(isnull(stream_order [ 1,0] ),0,1)+\
   if(isnull(stream_order [ -1,1] ),0,1)+\
```

```
    if(isnull(stream_order [ 0,1] ),0,1)+\
    if(isnull(stream_order [ 1,1] ),0,1))+\
t=(if(isnull(stream_order [ -1,-1] ),0,stream_order [ -1,-1] )+\
    if(isnull(stream_order [ 0,-1] ),0,stream_order [ 0,-1] )+\
    if(isnull(stream_order [ 1,-1] ),0,stream_order [ 1,-1] )+\
    if(isnull(stream_order [ -1,0] ),0,stream_order [ -1,0] )+\
    if(isnull(stream_order [ 0,0] ),0,stream_order [ 0,0] )+\
    if(isnull(stream_order [ 1,0] ),0,stream_order [ 1,0] )+\
    if(isnull(stream_order [ -1,1] ),0,stream_order [ -1,1] )+\
    if(isnull(stream_order [ 0,1] ),0,stream_order [ 0,1] )+\
    if(isnull(stream_order [ 1,1] ),0,stream_order [ 1,1] )),\
m=if(n,t/n,0),\stream_order [ 0,0] !=m)
```

Con esta fórmula se crea un mapa ráster llamado *confluences* a partir de un mapa de inputs llamado *stream_order*, y ambos contienen lo que sus nombres indican (confluencias y orden de cursos de agua). Las celdas del mapa resultante que no contienen cursos de agua se codifican como NULL, las que sí contienen cursos de agua pero no están en confluencias se codifican como 0, y las que contienen cursos de agua y están en confluencias se codifican como 1. Nótese que la ecuación utiliza las tres variables inmediatas antes de calcular el resultado final en la última línea: `n` es el número de celdas del núcleo que contienen un curso de agua, `t` es la suma de los índices del orden de cursos de agua de esas celdas y `m` es la media de esos índices. Quizá conviene mencionar que `isnull` (`A`) es una función lógica que devuelve TRUE (verdadera) si la celda del mapa en `A` es NULL, y FALSE (falsa) si no lo es. Y la función lógica `if` (`A`, `B`, `C`) adopta la siguiente forma: si la celda en `A` es TRVE (es decir, no cero) entonces devuelve el resultado `B`, pero si `A` no es TRVE (es decir, cero) entonces devuelve el resultado `C`.

El modelo hidrológico también es útil en arqueología para reconstruir paleoambientes, aunque hasta el momento existen pocos ejemplos. Uno sería la reconstrucción de Gillings (1995, 1997) de la red fluvial del valle del Tiza, en Hungría. El problema con el Proyecto del Alto Tiza fue que el control de las crecidas establecido en el siglo XIX había eliminado el régimen de inundaciones anuales, lo que ha dificultado muchísimo nuestro conocimiento del uso del paisaje en el pasado. La finalidad de aquella representación hidrológica era «reacceder a la dinámica medioambiental del pasado» (Gillings, 1997). Esta investigación ilustra muchos de los procesos antes descritos. Así que, ante la evidencia de que no se habían producido migraciones fluviales ni crecidas a gran escala durante el período estudiado, Gillings procesó un MDE moderno para identificar y eliminar fosos, diferenciando los que podían representar artefactos de interpolación de los que representaban elementos reales. Luego creó un mapa de DLCD y, especificando como puntos de vertido las posiciones más bajas en torno a los límites del área de estudio, generó cuencas. Ello le permitió crear un mapa de acumulación de flujos para la cuenca del Tiza, a partir del cual generó cursos de agua a base de extraer todas las celdas con un flujo acumulado de 50 celdas o más (que representaban una zona de captación mínima de 20.000 m^2). Gillings pasó luego a vectorizar los cursos de agua y los unió al curso del Tiza, y logro así reconstruir la hidrología natural destruida en el siglo XIX.

11.5. CONCLUSIÓN

En este capítulo hemos explorado distintas aplicaciones del análisis de redes a problemas arqueológicos. Algunas técnicas, como la generación de caminos de menor coste, son bien conocidas, aunque también algo problemáticas. Otras, como la creación de redes de visibilidad, son muy prometedoras de cara al futuro. Nos hemos esforzado por destacar la cantidad de fenómenos distintos que pueden concebirse como redes, y hemos llamado la atención sobre los temas que hay que considerar antes de utilizar mapas SIG para el análisis de redes.

12. Mapas y cartografía digital

12.1. Introducción

Hace tiempo que los cartógrafos reconocen la influencia que ejercen los mapas en la configuración de la conciencia espacial (Monmonier, 1991; Wood, 1992; Lewis y Wigen, 1997). El propósito de este capítulo es explorar la utilización de mapas, en papel o digitales, para presentar información espacial y destacar determinados principios del diseño para maximizar su eficacia para este fin. Para ello describimos algunas de las técnicas cartográficas más indicadas para los distintos tipos de datos que suelen manejar los arqueólogos. También presentamos algunos principios cartográficos básicos y proponemos convenciones que ayudan a convertir los mapas en elementos de comunicación eficaces, y analizamos la creciente importancia de la cartografía en Internet y de la interactiva para la publicación de datos espaciales.

12.2. Cómo diseñar un mapa eficaz

Tal como se define en el capítulo 2, los mapas se dividen tradicionalmente en dos categorías: *topográficos* y *temáticos*. Los primeros son mapas que contienen información general sobre elementos de la superficie de la Tierra, mientras que los segundos se limitan a temas monográficos, como el suelo, la geología, lugares históricos u otras clases de fenómenos concretos. Ambos tipos de mapa han de contener algunas informaciones básicas para que el lector pueda entender y contextualizar los datos que se le presentan. Las informaciones esenciales, sin las cuales un mapa sería difícil o imposible de interpretar, son: i) un título; ii) una escala; iii) una leyenda, y iv) una indicación de la orientación, como por ejemplo una flecha señalando el norte (cuadro 12.1).

En determinadas circunstancias puede que sea necesario incluir otros items en el mapa. Los más importantes son la información de referencia sobre el sistema de coordenadas utilizado para crear el mapa y la relación del sistema de rejillas con lo que se quiere representar. Los mapas que producen las agencias cartográficas nacionales siempre contienen información sobre el sistema de coordenadas (tal como se describe en el capítulo 2), normalmente resumida en unas pocas líneas de texto en la parte inferior izquierda o derecha del mapa para describir el punto de origen de la rejilla y el sistema de coordenadas (p. ej., el National Grid del Reino Unido), y el elipsoide que se ha utilizado (como el WGS84). Esta información es necesaria para calcular las transformaciones entre distintos sistemas cartográficos, y también se puede utilizar en contextos arqueológicos para relacionar datos de un receptor GPS con los mapas topográficos existentes. La información sobre las coordenadas, como por ejemplo cómo se ha establecido la rejilla y la localización de la referencia 0,0, también es útil a la hora de presentar datos a gran escala, como los planos de una excavación arqueológica o de una prospección del terreno.

También puede ser útil la información sobre el modo de recopilar los datos, y se puede almacenar como *metadatos* asociados. Los metadatos transforman un mapa en un registro más completo de la información espacial. Por ejemplo, los mapas con datos geofísicos, como puede ser la resistividad del suelo, deberían contener, además de la información descrita en el párrafo anterior, una breve descripción del equipo utilizado y las condiciones en que se recogieron los datos. El capítulo 13 describe metadatos geoespaciales normalizados con más detalle, y las herramientas para registrar este tipo de información.

12.3. DISEÑO DE MAPAS

Uno de los inconvenientes de los mecanismos cartográficos contenidos en un SIG es que los mapas resultantes no suelen responder a los principios cartográficos básicos (Dent, 1999: 6). Para que la información espacial sea un mecanismo real de comunicación se precisa un mínimo conocimiento básico de estos principios. Aunque no propugnamos un enfoque que prime el estilo en detrimento del contenido, es justo reconocer que el diseño es una parte importante de la presentación eficiente de los datos espaciales. Los cartógrafos así lo han reconocido, y han agrupado los diseños cartográficos en tres áreas: i) los relacionados con la exposición de elementos básicos, ii) los relacionados con el impacto visual, y iii) los relacionados con la comprensión.

La exposición de elementos básicos es un componente importante del diseño de mapas y permite asegurar un buen equilibrio y la atención. La producción automática de mapas es un elemento común de muchos packs SIG, y puede reducir considerablemente la cantidad de tiempo invertido en la preparación de los mapas. Por desgracia, la cartografía automática nunca podrá igualar la pericia de un buen cartógrafo, y los mapas producidos que utilizan las funciones ya configuradas del SIG suelen requerir una edición especializada. Entre los problemas generales de estos sistemas cabe citar una deficitaria disposición y dimensión de los elementos básicos: títulos demasiado grandes o demasiado pequeños, rótulos mal colocados, escalas representadas en unidades inadecuadas, flechas indicando el norte demasiado grandes y recargadas. Por fortuna, estos problemas se pueden editar manualmente, si bien los packs de gráficos vectoriales especializados ofrecen una mayor posibilidad de manipulación cartográfica.

El impacto visual desempeña asimismo un rol importante en la comunicación cartográfica. Por ejemplo, en la parte superior de la figura 12.1 hay un mapa de la Tracia con muy poca ayuda visual que nos ayude a distinguir el continente, las islas y el mar. El mapa inferior de la misma figura corrige esta deficiencia con sombreado poligonal, lo que permite distinguir inmediatamente los distintos elementos. Los colores también ayudan al lector a distinguir los distintos elementos del mapa, pero un uso imprudente del color puede crear mapas ininteligibles desde el punto de vista informativo.

Los seres humanos tienen una capacidad limitada para manejar clasificaciones de datos complejas, así que el sombreado progresivo o el uso de diferentes colores ayuda a diferenciar distintas clases de objetos. Pero a veces es preferible utilizar categorías de mayor nivel para hacer inteligibles unos datos complicados. Por ejemplo, un yacimiento arqueológico excavado podría tener 20 clases distintas de elementos, que podrían agruparse en menos categorías pero mayores (lares y depósitos de cenizas, fosos y estructuras) cada una con su propia paleta de colores (p. ej., rojos, azules y verdes). Si se quiere comunicar tres o más categorías de información, es preferible utilizar un mapa aparte para cada categoría.

12.4. TÉCNICAS PARA CREAR MAPAS TEMÁTICOS

Los mapas temáticos requieren normalmente unas técnicas cartográficas especializadas para transmitir debidamente la información, y se pueden dividir en cinco tipos básicos: i) el mapa de coropletas, ii) el mapa de distribución continua, iii) el mapa de símbolos proporcionales, iv) el mapa de puntos

CUADRO 12.1. Items esenciales de un mapa

Ítem	Descripción
Título	El mero sentido común no es un sustituto del título. En mapas topográficos, el título debe definir el contexto geográfico. En mapas temáticos, el título debe identificar la clase de objeto u objetos. Las curvas de nivel, por ejemplo, no siempre representan elevaciones; pueden representar temperatura, precipitación u otras formas de superficie de tendencia.
Escala	Es imposible determinar la escala de un mapa basándose solamente en la estimación visual. Ha de mencionarse la escala en unidades lineales fácilmente multiplicables (1, 2, 5, 10, 100, etc.) o mediante una escala absoluta (p. ej., 1 : 25.000). Muchas veces este último estilo resulta más útil, ya que permite al lector calcular distancias aproximadas con una regla. Muchos SIG y sistemas de diseño asistido por ordenador tienen un dispositivo que permite añadir escalas absolutas a mapas calculando automáticamente la relación matemática entre la extensión geográfica de un mapa y el tamaño de la versión impresa. Dado que los editores suelen cambiar el tamaño de un mapa para acoplarlo al espacio disponible en un informe o libro, tendrán que recalcular las escalas absolutas. Por eso, pese a su menor utilidad, muchos prefieren las escalas lineales.
Leyenda	La leyenda define la clasificación temática del mapa. Las leyendas, como los fenómenos que representan, pueden ser continuas o discretas. Si son continuas, es necesario dividir las variables en categorías o «cajones». Algunos programas SIG crean «cajones» de datos que no son fácilmente interpretables, por lo que hay que cambiarlos manualmente. El número de categorías de leyenda utilizadas para definir datos discretos dependerá en última instancia del número de objetos que haya en la clase; pero no hay que olvidar que es difícil distinguir entre un gran número de categorías.
Orientación	Es esencial incluir alguna indicación para orientar al lector, en general en forma de una flecha norte o de una rejilla superpuesta. Aunque esto por sí solo no hace que el mapa se entienda mejor, permite al lector orientar el mapa y situarlo en un marco geoespacial.

de densidad, y v) el mapa isarrítmico. La mayoría de programas SIG pueden producir todos estos mapas.

12.4.1. El mapa de coropletas

El mapa de coropletas es la mejor manera de representar la distribución de clases de datos en áreas perfectamente definidas (llamadas *unidades censales o de recuento*). Los mapas de coropletas realizan tres cosas con suma eficacia: i) muestran un valor cuantitativo o cualitativo asociado a un área geográfica, ii) permiten al lector hacerse una idea del patrón de conducta de las variables cartografiadas en una gran área, y iii) ofrecen una base para comparar otros valores cartografiados utilizando los mismos límites geográficos (Dent, 1999: 140). Por ejemplo, el mapa de la parte superior de la figura 12.2 muestra la densidad de cerámicas por unidad de prospección (es decir, el número de cerámicas/área de la unidad). Esta forma de cartografiado es un medio para determinar la densidad de cada unidad prospectada del mapa, pero también proporciona información sobre la variabilidad de la densidad en el área de estudio. El mapa inferior de la misma figura muestra la densidad de artefactos líticos (es decir, el número de artefactos líticos/área de la unidad). Como ambos mapas comparten las mismas unidades de recuento, es fácil comparar el patrón de distribución de ambos materiales. Para producir un mapa de coropletas, se pueden utilizar datos cuantitativos o cualitativos. Con los primeros, los datos tienen que ser o bien un total (el número de artefactos, por ejemplo) o bien una ratio (p. ej., el número de artefactos dividido por el área de la unidad de recuento). A menos que las unidades censales presenten un área idéntica, los valores de las ratios serán la medida más útil.

En los mapas de coropletas, tanto en su forma cuantitativa como cualitativa, la suposición subyacente es que los datos se distribuyen de manera uniforme en toda la unidad censal. Aunque muchas veces esta suposición sea difícil de justificar, esta forma de representación puede ser la técnica mejor para elaborar un mapa. En el mapa anterior de la distribución de la cerámica, por ejemplo, no cabe presuponer una distribución uniforme de artefactos en cada unidad censal. Lock *et al.* (1999) han tratado el tema y sugieren que los mapas de coropletas tienen importantes inconvenientes a la hora de representar distribuciones de artefactos. Cabe cierta concesión a la variabilidad de intraunidades censales cartografiando una medida de la propia variabilidad, utilizando una de las distintas medidas estadísticas que expresan la variabilidad en una distribución de números. Una medida simple es el *coeficiente de variación*, que es la desviación estándar dividida por la media. Por ejemplo, la figura 12.3 reproduce la variabilidad intraunidades en cada unidad censal de los datos de la cerámica de la figura 12.2.

Estandarización y normalización de datos

Como decíamos, la técnica de coropletas basada en datos cuantitativos funciona mejor cuando éstos se presentan en forma de ratio y, en la mayoría de casos, será una razón del valor de los datos del área de la unidad de recuento (es decir, una densidad). Con ello se estandarizan los datos de manera que la

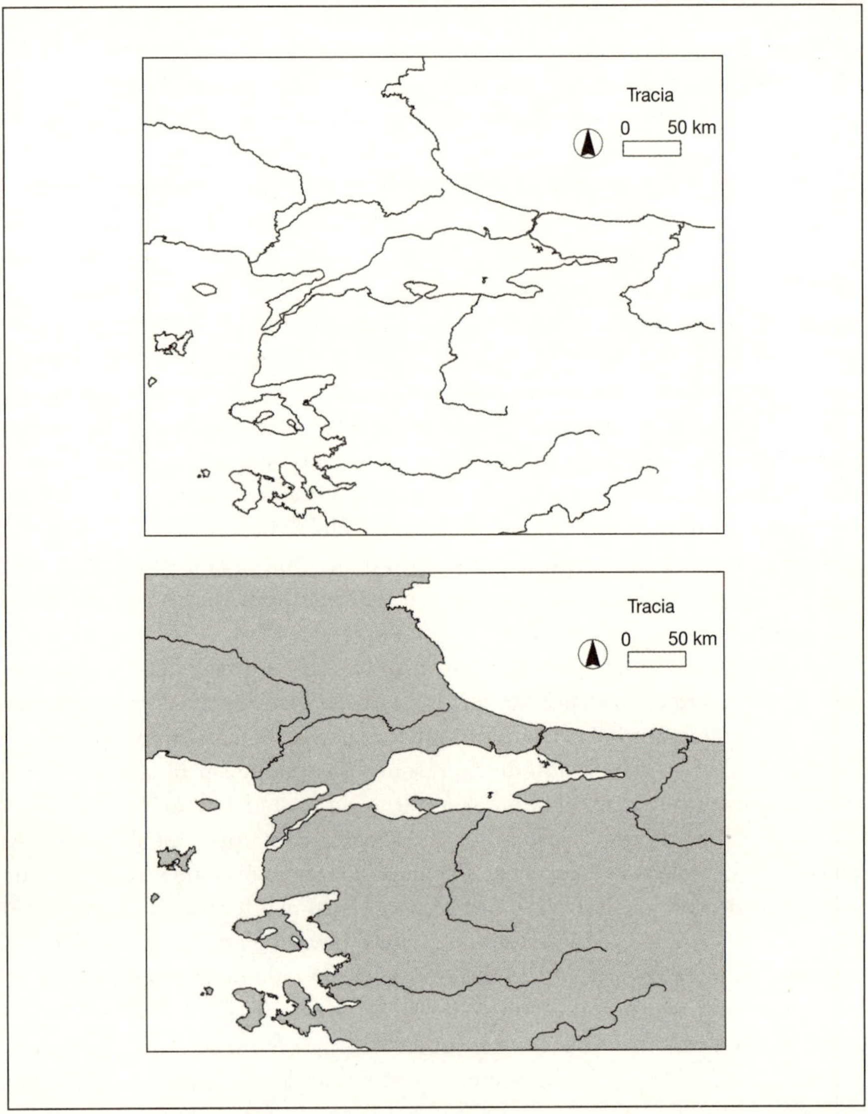

FIGURA 12.1. La ausencia de sombreado poligonal en el primer mapa dificulta la diferenciación entre el continente, las islas, los ríos y el mar. Cuando se añade un relleno poligonal, como en el segundo mapa, estos elementos se pueden distinguir más fácilmente.

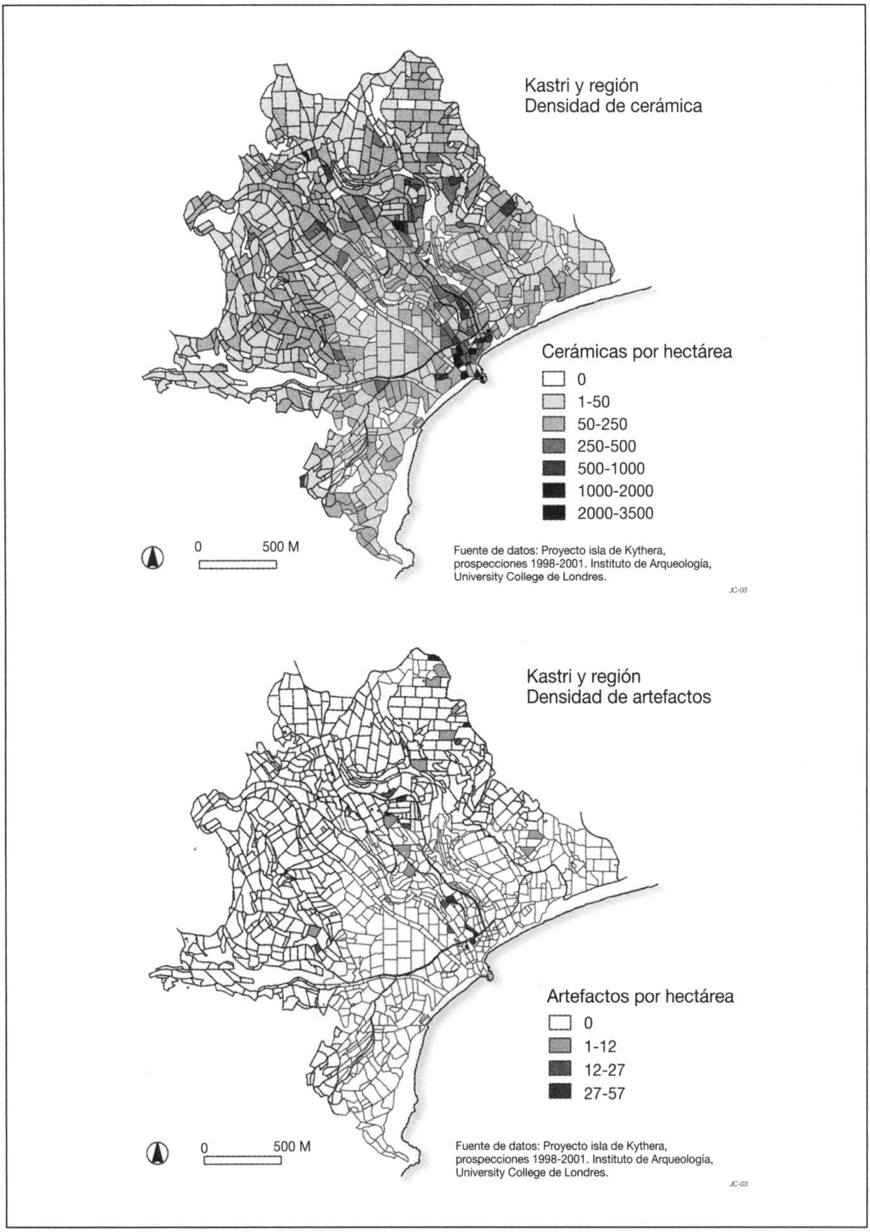

FIGURA 12.2. Mapas de coropletas utilizando datos cuantitativos. Fuente: Proyecto isla de Kythera. Utilizado con autorización.

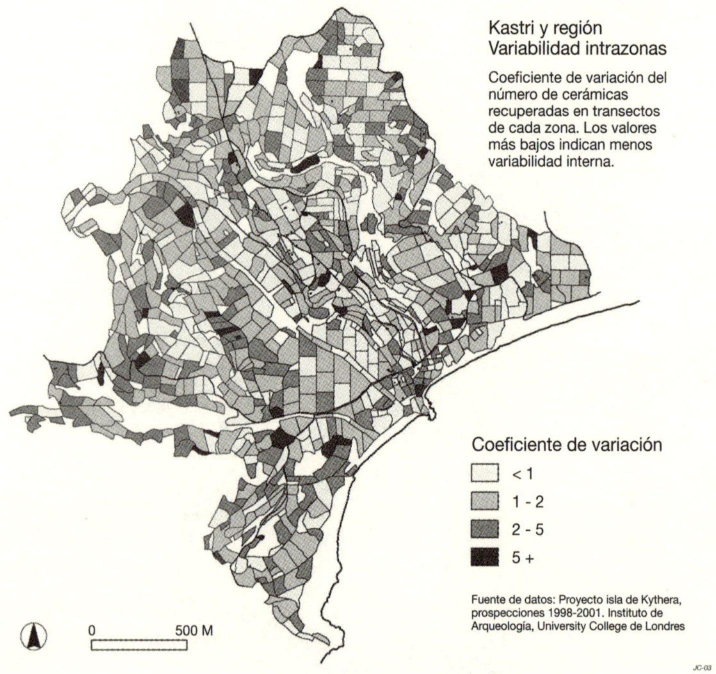

FIGURA 12.3. Cartografía de la variabilidad de las unidades de recuento. Fuente: Proyecto isla de Kythera. Utilizado con autorización.

variabilidad no dependa del tamaño de la unidad de prospección. También se pueden utilizar cálculos de ratios alternativos para «normalizar» los datos, de manera que los datos dispares se puedan comparar en condiciones de igualdad. Por ejemplo, se podría utilizar un valor observado, como el recuento de cerámicas, para normalizar la distribución de otra categoría de artefactos, mostrando así nuevos valores como un porcentaje del número de cerámicas recuperadas en esa unidad de recuento.

Cómo determinar los rangos de clase

En un mapa de coropletas es importante categorizar los valores de los datos. Las clases, o «cajones», sirven para simplificar patrones y facilitar una mejor comprensión de los datos. La clasificación de datos conlleva invariable-

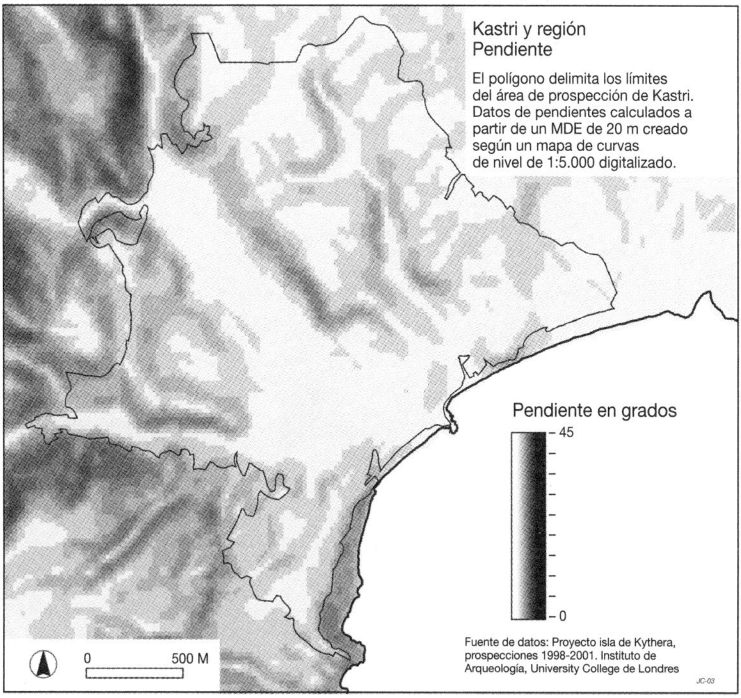

FIGURA 12.4. Mapa de distribución continua: valores de pendiente. Fuente: Proyecto isla de Kythera. Utilizado con autorización.

mente la generalización y la pérdida del detalle, pero la teoría cartográfica convencional, basada en la experimentación, sugiere que los lectores no pueden distinguir más de 11 clases de grises, y Dent (1999: 143) recomienda que no se utilicen más de 6 clases. El método de clasificación ha de controlarse cuidadosamente para que resulte comprensible. Algunos programas SIG utilizan algoritmos de clasificación para determinar el número óptimo de clases, aunque suelen requerir la intervención del usuario. Decíamos en el capítulo 7 que existen cinco métodos básicos de clasificación numérica para cartografiar mapas de coropletas: el intervalo igual, el intervalo natural, la desviación estándar, el cuantil y el área igual. Y decíamos también que es importante conocer la estructura de los propios datos antes de optar por uno u otro método (p. ej., a cuál de las cuatro distribuciones «idealizadas» de la figura 7.15 se parece), porque así podremos elegir el método de clasificación

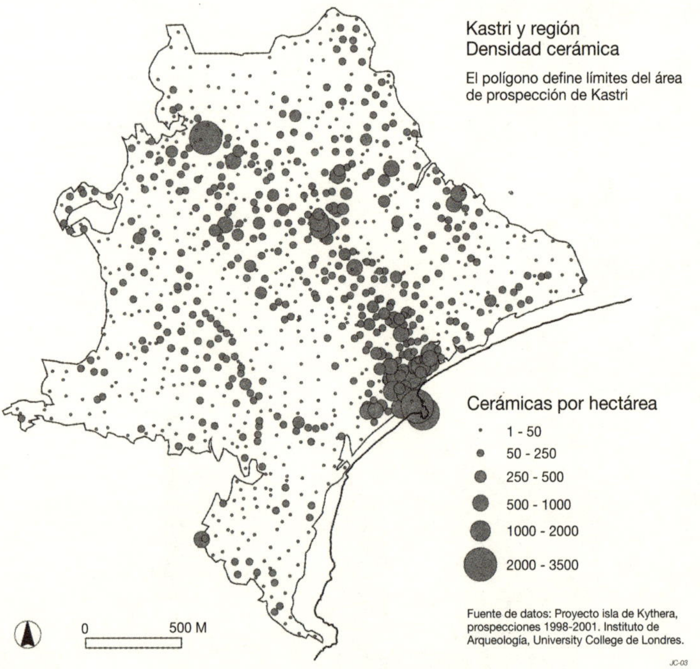

FIGURA 12.5. Cartografía de la variabilidad de la densidad cerámica basada en símbolos proporcionales. Fuente: Proyecto isla de Kythera. Utilizado con autorización.

más pertinente, aunque haya que editar las distintas clases manualmente para presentar una imagen de los datos más comprensible.

12.4.2. Mapa de distribución continua

Los mapas de distribución continua se utilizan para representar información no de datos discretos sino sobre datos cuantitativos en constante variación. Los mapas de distribución continua son en muchos sentidos similares a los mapas de coropletas, porque representan valores dentro de una unidad de recuento, donde se supone que el valor es representativo. La principal diferencia es que en los mapas de distribución continua, las unidades de recuento tienen siempre formas y tamaños iguales (normalmente píxeles ráster, aunque también se pueden utilizar otras formas, como los hexágonos), mientras que los mapas de coropletas utilizan polígonos de distintas formas. El marco de visualización de un mapa de distribución continua también es distinto, ya que los valores se representan mejor mediante una escala gradada (o suave) que con clases discretas. La suave gradación entre los valores más altos y los más bajos también refuerza la idea de que los datos que se visualizan son de carácter continuo. Se pueden utilizar distintos colores de una «paleta de colores», por ejemplo, una transición del verde al amarillo y al rojo, para evidenciar los cambios en las elevaciones, la temperatura o la precipitación. La paleta de colores puede producir unos efectos visuales espectaculares a la hora de plasmar datos de distribución continua, como la elevación. Si se utiliza de manera irreflexiva, una paleta con más de tres o cuatro colores podría dificultar la interpretación de los datos. Algunos datos, como los valores de pendientes, se representan mejor con tonalidades del mismo color.

La figura 12.4 muestra un mapa de pendientes de la misma área de estudio utilizada en las figuras anteriores. En este caso, las categorías de datos no son identificables individualmente, sino que se mantiene la impresión de una superficie de variación constante gracias a la utilización de una leyenda escalonada. Es importante recordar que los mapas de distribución continua no se limitan únicamente a los fenómenos medioambientales; pueden servir también para mostrar la distribución de un amplio abanico de datos. Para citar un ejemplo reciente, se ha utilizado la cartografía de una distribución acanalada de puntos mediante técnicas de distribución continua para conocer mejor la expansión de los paleoindios (Steele *et al.*, 1998; Anderson y Faught, 2000).

12.4.3. Mapa de símbolos proporcionales

El mapa de símbolos proporcionales es posiblemente el mapa temático más popular de todos. Y ello se debe en gran parte a la idea esencialmente simple asociada a la técnica de utilizar el tamaño de un símbolo (círculos, cuadrados, triángulos u otras formas) para representar la cantidad de un fenómeno en un lugar concreto del mapa. La figura 12.5 muestra un mapa de densidades de cerámica representadas mediante símbolos proporcionales.

Pese a su simplicidad, hay algunas cuestiones que deben tenerse en cuenta a la hora de crear un mapa de este tipo, sobre todo la selección del símbolo y la manera de calcular la gradación. Los círculos suelen ser la forma preferida porque su escala se puede modificar con facilidad y porque se pueden relacionar fácilmente con una posición concreta del mapa, pero la mayoría de programas ofrecen un abanico de símbolos alternativos que pueden resultar más adecuados para el tipo de datos que se manejen. Pero uno de los problemas que plantean las formas complejas es la dificultad que presentan para determinar las diferencias de escala. Los experimentos han demostrado que la gente sobrestima y subestima el tamaño de los círculos en función del tamaño de los círculos vecinos. La estimación del tamaño relativo de los cuadrados es más precisa, si bien los cuadros pueden crear en el mapa una rectangularidad que podría distraer la atención sobre los datos (Dent, 1999: 179-180).

La mayoría de programas SIG poseen elementos de escalación automática para determinar el tamaño de los símbolos en relación con el rango de su clase. En cartografía se han ideado fórmulas para determinar el tamaño de los símbolos (Dent, 1999: 177-183), pero no está muy claro hasta qué punto los SIG las han adoptado. Un examen de la gradación de tamaños en muchos sistemas sugiere que se basa en cálculos lineales, de modo que podría requerir la intervención del usuario para lograr una comunicación efectiva. Según se utilicen círculos, cuadrados u otras formas, habrá que ajustar los tamaños para asegurar una mejor impresión de las diferencias entre el símbolo mayor y el menor.

12.4.4. Mapa de puntos de densidad

El auge de la producción cartográfica vía SIG ha coincidido con el declive del uso de mapas de puntos de densidad, lo que es de lamentar porque son un modo sumamente útil y potente para presentar información sobre valores de densidad. Los mapas de puntos de densidad se basan en una premisa muy simple: cada punto representa una unidad coherente de datos, de modo que el número total de puntos de un área de recuento equivale al valor total de los datos. El mapa de la figura 12.6 representa la distribución cerámica del área de estudio obtenida con esta técnica. Como puede apreciarse, ofrece una impresión muy nítida de la estructura espacial subyacente de la distribución, aunque no de los valores precisos de cada unidad de recuento, que se representan mejor con un mapa de coropletas. Además, como los puntos están colocados de forma aleatoria en la unidad de recuento, no representan la posición específica de los fenómenos. Esto puede parecer un tanto limitado comparado con un mapa que muestre la localización de las unidades, pero en cambio la figura 12.6 presenta una imagen de las distintas densidades mejor que un simple mapa de coropletas.

La eficacia de este tipo de mapas se basa en parte en el valor de los puntos, en parte en el tamaño de los puntos, y en parte en cómo están colocados esos puntos en la unidad de recuento. Si el valor de los puntos es muy bajo o

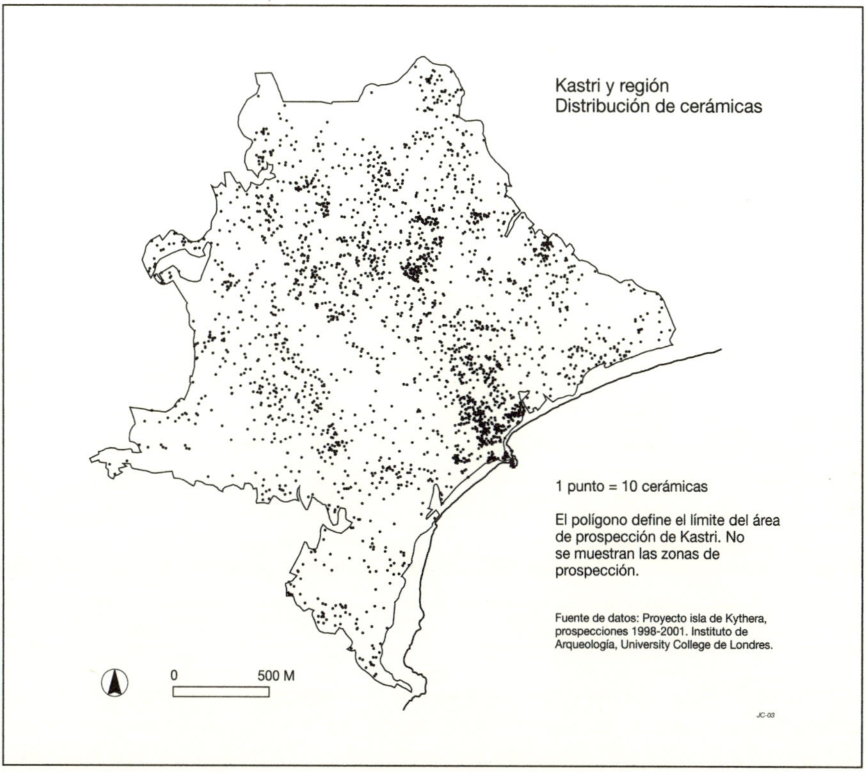

FIGURA 12.6. Distribución de cerámicas en forma de mapa de puntos de densidad. Fuente: Proyecto isla de Kythera. Utilizado con autorización.

el tamaño de los puntos es demasiado grande, el mapa estará tan lleno que los puntos sangrarán unos en otros. Y viceversa, si el valor de los puntos es demasiado alto o el tamaño demasiado pequeño, el mapa presentará una imagen despoblada y será difícil o imposible detectar algún patrón espacial. Para no crear un falsa sensación de patrón, los puntos han de estar colocados arbitrariamente en sus áreas de recuento; cualquier tendencia a la agrupación en este espacio podría contrariar el objetivo de este tipo de mapas.

12.4.5. El mapa isarrítmico

Los mapas isarrítmicos se utilizan para representar superficies tridimensionales (volúmenes) mediante líneas simbólicas llamadas *isolíneas*. Este tipo de

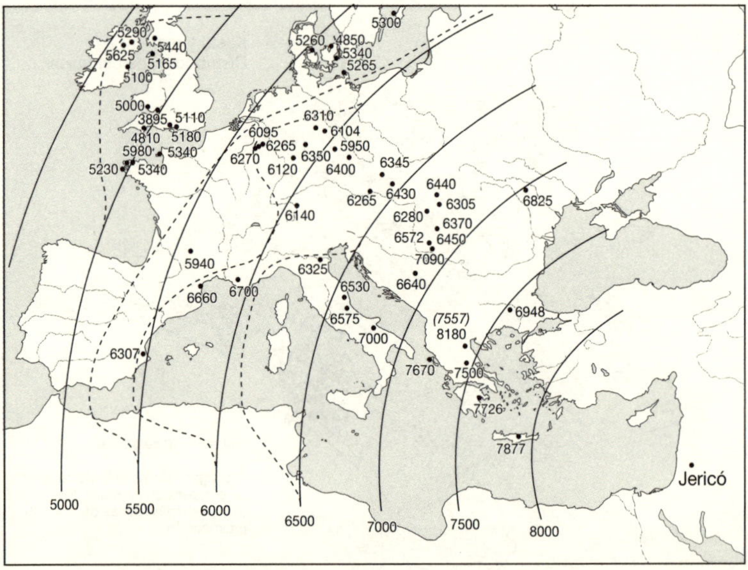

Figura 12.7. Mapa isocrónico de la expansión de la agricultura neolítica, con datos en años BP (basado en Ammerman y Cavalli-Sforza, 1971: 685). Las líneas discontinuas son las variaciones regionales esperadas. Reproducido con autorización de Blackwell Publishing. Véase Gkiasta *et al.* (2003) para modelos espaciales más recientes del registro radiocarbónico neolítico.

mapas se reconocen fácilmente cuando se utilizan para mostrar variaciones de elevación basándose en curvas de nivel. Lógicamente, la técnica no se aplica sólo a la elevación sino también para representar cualquier expresión de volumen –o datos que se conciben como volumétricos–, como la temperatura o la precipitación. La técnica tiene dos formas distintas, según los datos que se manejen: *mapas isométricos* y *mapas isopléticos*. El término de mapa isométrico se utiliza para describir datos que se recogen como puntos, mientras que el mapa isoplético se utiliza para datos que aparecen en áreas geográficas (Dent, 1999: 191). Entre los ejemplos de mapas isométricos utilizados por los arqueólogos están la elevación, la precipitación y otros datos medioambientales recogidos con aparatos registradores y observaciones sobre el terreno. Las técnicas isarrítmicas se han utilizado para crear mapas como el de la figura 12.7, que representa el alcance de la expansión neolítica en Europa mediante *isocronos*, donde las localizaciones y fechas de los yacimientos del Neolítico inferior forman los datos puntuales subyacentes (Ammerman y Cavalli-Sforza, 1971).

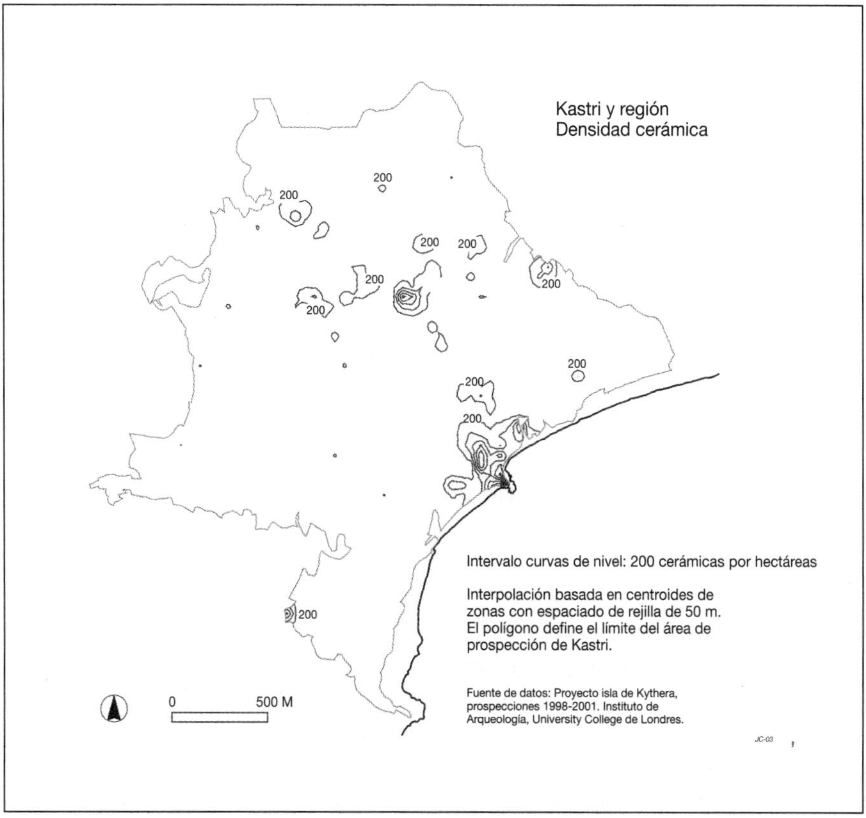

FIGURA 12.8. Mapa isoplético de la densidad cerámica. Los datos de base son idénticos a los utilizados para crear los mapas de las figuras 12.2, 12.5 y 12.6. Fuente: Proyecto isla de Kythera. Utilizado con autorización.

En cambio, las técnicas isopléticas se utilizan para representar la variabilidad espacial de datos reunidos en unidades de recuento, por ejemplo, la densidad de población por kilómetro cuadrado o el número de cerámicas por hectárea, como muestra la figura 12.8. Aunque el método es similar al de los mapas isométricos, los mapas isopléticos esconden la escala de la unidad de recopilación. Esto es aceptable cuando los datos son realmente continuos (ya que se puede encontrar en la documentación de los mapas), pero pueden causar confusión cuando se trata de datos cuasicontinuos, como los utilizados en la figura 12.8. Por ello, los mapas isopléticos son menos recomendables que el mapa de coropletas cuando se trata de datos reunidos en unidades de recuento.

Antes de que muchos packs SIG integraran métodos para determinar la colocación de isolíneas, los mapas isarrítmicos constituían un ejercicio técnicamente bastante agotador. En teoría, el proceso es equiparable al de insertar un plano horizontal en una superficie tridimensional con un valor establecido y registrar la línea de intersección. En la práctica, este proceso equivaldría a «hilvanar» una línea a través de una serie de valores y luego suavizar la línea. Lógicamente se parte de la suposición de que la serie de datos contiene valores que coinciden con los intervalos de las líneas. En caso contrario, los valores tendrán que estimarse mediante un proceso de *interpolación* (tal como se describe en el capítulo 6).

Los mapas isarrítmicos adolecen de los mismos errores antes mencionados. Los errores durante la recopilación de datos pueden producir datos de base falsos, un inadecuado algoritmo de interpolación puede producir inexactitudes, el efecto bordes puede provocar resultados dudosos en los bordes de la distribución, la representación del mapa podría resultar falaz y el mismo mapa acabado podría inspirar una interpretación indebida por parte del lector. La utilización del SIG para generar mapas no significa necesariamente que el mapa se plasme adecuadamente, de modo que hay que procurar asegurarse de que la información original se presente de forma clara y adecuada. Existen algunas estrategias de diseño que se pueden utilizar en este sentido, como hacer que las isolíneas parezcan dominantes en un mapa, utilizando líneas más gruesas que las utilizadas para los otros datos, y asegurándose de que los rótulos de las isolíneas sean legibles para el usuario. La rotulación automática de las isolíneas o de otros objetos espaciales es algo pobre en el SIG, pero se puede recurrir a dispositivos automáticos más sofisticados de terceros, o colocar la rotulación manualmente, para asegurar una mejor lectura.

12.5. MAPAS EN INTERNET

Con la creciente utilización de Internet y de otras vías de difusión electrónica de datos arqueológicos se ha despertado el interés por aprovechar los dispositivos interactivos e hipertextos que ofrecen los lenguajes multimedia para presentar los datos. La publicación electrónica también ha cambiado el estilo de publicación al ofrecer al lector mayores opciones para difundir textos y datos de forma no lineal y presentar su propia interpretación de la evidencia.

Hodder (1999: 117-128) ha analizado el impacto de los sistemas de información globales para la arqueología y, en un vivo debate, Hodder (1997) y Hassan (1997) también han debatido en torno a las opiniones de Hodder celebrando la erosión de la autoría provocada por la publicación digital. Lo mismo podría decirse de la información espacial: ofrecer a los usuarios un acceso interactivo a unas bases exhaustivas de datos espaciales –y por lo tanto a la capacidad de crear, interrogar y analizar partes de esa información– cuestiona la autoridad del cartógrafo y posibilita interpretaciones alternativas. Están surgiendo éstandares para un SIG en Internet, o «SIG web» como se le llama (Smith *et al.*, 2002; Peng y Tsou, 2003); el desarrollo de tecnologías para realizar cartografías interactivas en Internet es, pues, una empresa relativamente nueva dentro de los avances de tecnologías SIG, aunque tiene el potencial para que el SIG pueda llegar a un público lego mucho mayor.

Los arqueólogos han sido de los primeros en utilizar esta tecnología, ya que permite ampliar y publicar los tradicionales informes de campañas de excavación a un formato más interactivo e interpretable. Los dispositivos que posibilitan hipervínculos entre tablas de datos, descripciones y mapas asociados pueden incrementar la eficacia de los mapas como medio de comunicación. Un buen ejemplo sería el desarrollo de un «CD web» sobre el Proyecto de West Heslerton (Powlesland, 1998) descrito en el capítulo 3. Otro sería la publicación del York Archaeological Trust de Walmgate 41-49 (Macnab, 2003), donde los usuarios pueden navegar fácilmente y a voluntad entre mapas y datos: existen hipervínculos para vincular mapas a gran escala con planos a menor escala de sepulturas y elementos individuales, a su vez vinculables a tablas de datos que describen contenidos y artefactos. Éstas a su vez se pueden vincular con matrices de Harris, cuyas celdas tienen retrovínculos con otros mapas. Todo lo cual le permite al lector moverse perfectamente entre datos espaciales, descripciones y síntesis, asegurando así un informe más integrado del yacimiento que el modelo lineal tradicional en papel.

Aunque un hipertexto y los hipermapas constituyen un medio fascinante para publicar información arqueológica, también dependen de vínculos entre datos que el usuario ha de predefinir antes de poder navegar libremente. Por otro lado, manejar mapas completamente «interactivos» requiere un conjunto distinto de herramientas que imiten las funciones de un SIG independiente obtenido vía Internet y al que se accede mediante un navegador. Este tipo de cartografías implica un factor de libre navegación en y entre mapas y bases de datos espaciales, incluidas operaciones estándares como cambiar de escala o de nivel de generalización, recorrer y desplazarse de un mapa a otro, y validar e invalidar determinados temas (Cartwright *et al.*, 2001). Muchos packs SIG comerciales ofrecen ahora la posibilidad de distribuir datos SIG y dispositivos por Internet. Si se vincula a una «geobiblioteca» (Goodchild, 1998) ofreciendo acceso a bases de datos, aumenta el potencial para un análisis más profundo de las relaciones entre datos espaciales. Las plataformas de SIG web patentadas más utilizadas son ArcIMS de

ESRI[1] e Internet Map Server (IMS),[2] y el programa MapXtreme de MapInfo.[3] Con estos programas es posible distribuir datos SIG desde servidores dinámicos a los usuarios a través de navegadores web, ampliando así la base de información espacial a gente no experta en SIG.

El SIG web se ha extendido gracias a la definición de un lenguaje en alza llamado Scalable Vector Graphics (SVG), que representa una considerable mejora respecto al HTML. Antes, los mapas accesibles vía navegadores web tenían que estar en formato ráster, y el hecho de que tuvieran hipervínculos predefinidos o la escritura (de) Java, aunque permitieran una cierta interactividad, impedía la plena interactividad del usuario. El SVG es una nueva gramática no patentada que amplía la utilidad del XML y establece un estándar para describir gráficos vectoriales bidimensionales. Se pueden encontrar guías introductorias al XML y al SVG en Ray y McIntosh (2002) y en Eisenberg (2002). Aunque el SVG sólo proporciona un mecanismo para crear gráficos vectoriales (y su integración en imágenes ráster), supone una gran mejora respecto al HTML, ya que permite combinar gráficos vectoriales y ráster, una operación antes imposible. El Adobe Illustrator[4] puede exportar archivos en formato SVG, y se han desarrollado extensiones para varios packs SIG comunes que permiten la publicación de mapas de datos utilizando el SVG, como SVGMapper[5] para ArcView de ESRI, Map2SVG[6] para MapInfo Professional y GeoMedia WebMap[7] para Intergraph. En la figura 12.9 se muestra una aplicación del SIG web utilizando SVG, que permite consultar con el ratón el contexto arqueológico de una excavación (Macnab, 2003). Verhoeven (2003) también describe la aplicación del SVG para cartografiar interactivamente datos arqueológicos de un proyecto de prospección en Mesopotamia.

12.6. CONCLUSIÓN

Los mapas son documentos extraordinariamente comunicativos con capacidad para contener y expresar una gran cantidad de datos espaciales que, de otra manera, sería imposible transmitir de modo eficaz. Es importante po-

1. www.esri.com/software/arcims/.
2. www.esri.com/software/internetmaps/.
3. www.mapinfo.com/.
4. www.adobe.com/svg/.
5. www.svgmapper.com/.
6. www.gis-news.de/svg/map2svg.htm.
7. http://imgs.intergraph.com/gmwm/.

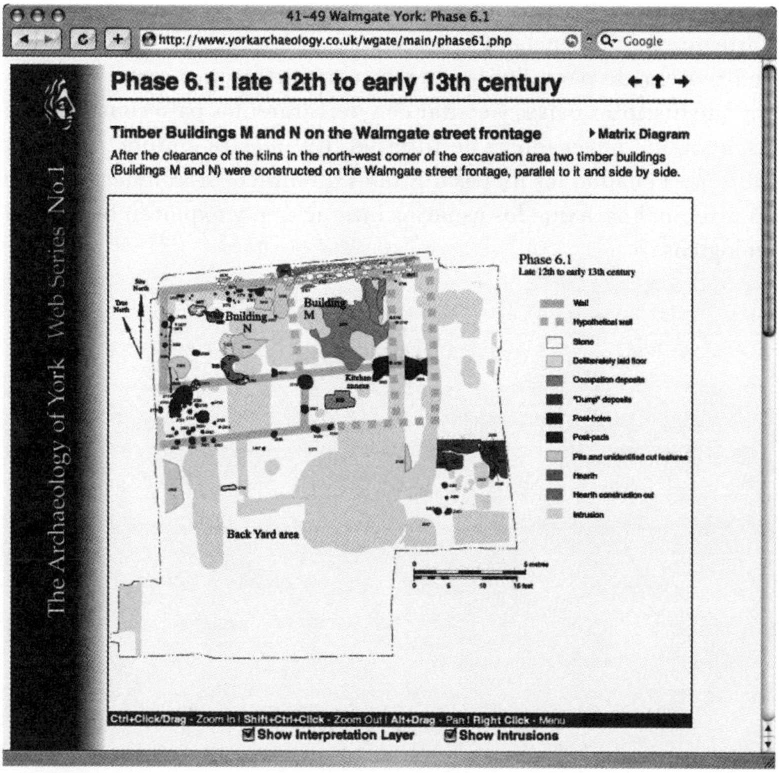

FIGURA 12.9. Un mapa SVG de las fases de Walmgate, York, de finales del siglo XII y principios del siglo XIII (Macnab, 2003). Si se pulsa en un contexto dado se activa un contexto de descripciones con vínculos a fotos y la matriz estratigráfica. Se puede activar un zoom y cribar el mapa para acceder a muchas funciones del SIG a través de un navegador web. El sistema lo creó Mike Rains utilizando MySQL, PHP y Apache. Datos e interfaz copyright © York Archaeological Trust. Reproducido con autorización.

seer un conocimiento básico de los principios cartográficos para utilizar debidamente los mapas, y las técnicas descritas en este capítulo colmarán las necesidades cartográficas de muchos usuarios arqueológicos del SIG. Pero como ha quedado claro en la sección anterior, la publicación digital requiere no sólo un nuevo acervo de capacidades sino también una reflexión sobre el potencial acceso del público a esos datos. Aunque en el futuro del SIG siempre habrá sitio para el mapa tradicional en papel, y el diseño del mapa tradicional es todavía un arte fundamental, cada vez se impondrá más la cartografía vía Internet en los SIG y transformará las técnicas de los cartógrafos. Parte de esta tendencia es la creciente importancia de Internet como vehículo privilegiado para divulgar datos, compartir datos cartográficos entre usuarios de distintos países y contar con herramientas para consultar datos y mapas mediante navegadores de Internet. En nuestra opinión, esta tendencia culminará cuando los mapas digitales dinámicos se conviertan en el vehículo principal para que los usuarios interactúen y exploren bases de datos arqueológicos.

13. LA CONSERVACIÓN DE DATOS ESPACIALES

13.1. INTRODUCCIÓN

Los recursos (no humanos) más valiosos de toda organización son sus datos. El hardware y el software son fácilmente reemplazables, pero la pérdida de datos puede ser catastrófica para una organización. La pérdida de información, parcial o total, se puede evitar fácilmente haciendo sistemáticamente copias de seguridad y almacenando los datos en un equipo o disco duro externo. Dado que hay bastante información sobre la mejor manera de realizar una copia de seguridad y sobre el procedimiento de recuperación de datos, aquí no nos detendremos en los detalles. Pero lo que no es tan evidente, sobre todo para los no familiarizados con el SIG y los datos digitales, es la tarea, igualmente importante, de guardar y conservar los datos. Imaginemos, por ejemplo, los tres escenarios siguientes:

- A un empleado del departamento de gestión de recursos culturales se le asigna la tarea de actualizar la localización de yacimientos con unos datos recién obtenidos vía GPS. ¿Cómo documentar el hecho de que se han actualizado unas pocas localizaciones y dónde y cómo hay que almacenar los datos antiguos?
- La foto aérea de una porción de paisaje ha sido rectificada y georreferenciada, y ya se puede utilizar para delinear elementos de importancia arqueológica. ¿Cómo y dónde hay que documentar la información sobre el grado de error de la georreferenciación? ¿Dónde y cómo hay que documentar los errores para los elementos arqueológicos recién digitalizados?
- Un estudiante investigador recopila datos sobre tipos de suelo en la Europa del Este procedentes de diversas agencias nacionales que tienen distintas escalas y sistemas de registro. ¿Cómo podrá investigar y comparar y, en última instancia, integrar bases de datos de manera que los datos sean pertinentes y respondan a sus necesidades?

Los tres escenarios hablan de la necesidad de hallar una forma de registrar y recuperar *metadatos*, es decir, datos estructurados sobre datos. En un sentido muy real y práctico, los metadatos proporcionan a los usuarios un conjunto de informaciones esenciales y normalizadas sobre qué es la base de datos, cuándo se creó, cuál es su ciclo de actualización, quién la creó, a qué hacen referencia los datos, y cómo obtener más información sobre ellos. Para cualquier organización que recopile o actualice datos, registrar metadatos para cada conjunto de datos (dataset) es un paso esencial en la recopilación y conservación de los datos. Para los investigadores individuales, los metadatos son también muy importantes, por cuanto aseguran, por ejemplo, que las fuentes de datos queden registradas para poderlas utilizar como referencias en ulteriores publicaciones.

Aunque la inversión de tiempo asociada a la creación y conservación de los metadatos no es nada trivial, es vital asegurar la viabilidad a largo plazo de los archivos de datos. Son muchos los beneficios que pueden aportar los metadatos, entre otros una mayor longevidad de la información, un mejor conocimiento de un conjunto de datos, mayor facilidad para buscar conjuntos de datos pertinentes basados en diversos criterios de selección (p. ej., tipo de datos, lugar y fecha de creación), y mayor capacidad para compartir datos entre individuos y organizaciones. Este capítulo describe métodos y estándares internacionales para recopilar metadatos para bases de datos geoespaciales.

13.2. METADATOS ESTÁNDARES

¿Cuál es la información que hay que registrar sobre una base de datos? Estandarizar categorías de metadatos es importante, aunque sólo sea por la creciente tendencia general a acceder a la información vía Internet desde portales globales. De ahí la necesidad de poder evaluar los detalles más relevantes de los datos de una lista estandarizada de categorías y términos descriptivos. Además, dado que los datos digitales se han convertido de facto en la forma preferida de muchas disciplinas espaciales, como la arqueología, los metadatos estandarizados son esenciales para que los usuarios puedan valorar la calidad y la relevancia de las muchas bases de datos comerciales y libres que contiene un medio SIG. Son varias las organizaciones que han definido estándares para organizar metadatos, y uno de los más conocidos es el *Dublin Core Metadata Element Set*, también llamado ISO Standard 15836-2003. Contiene 15 elementos que describen un conjunto de datos: título, creador, tema, descripción, editor, colaborador, datos, tipo, formato, identificador, fuente, lenguaje, relación, cobertura y derechos (Dublin Core Metadata Initiative, 2003).

Pero el Dublin Core no contiene elementos para describir conjuntos de datos geoespaciales, como la escala y la localización geográfica. De modo que se han establecido varios estándares alternativos para describirlos, como el *Working Group on Metadata: Core Metadata Elements Guidelines Draft 7*, del Australia New Zealand Land Information Council (ANZLIC), el *Canadian Directory Information Describing Digital Georeferenced Data Sets*, del Canadian General Standards Board (CGSB), el *Standard for Geographic Information*, del Comité Europeo de Normalización (CEN), los metadatos estándares del National Geospatial Data Framework del Reino Unido (NGDF), y el *Content Standard for Geospatial Metadata* (FGDC-STD-001-1998) del Federal Geographic Data Committee de Estados Unidos (FGDC). Aunque todas estas organizaciones han definido un estándar para su propia región, las variantes regionales se han reducido no hace mucho gracias a la creación de un estándar internacional de metadatos geoespaciales por parte el Comité Técnico de la International Standards Organisation (ISO) sobre información geográfica y geomática, llamado ISO 19115 (*Geographic Information - Metadata*) (International Standards Organisation, 2003). Actualmente todas las antiguas organizaciones regionales se atienen a este estándar, que establece la norma internacional actual para definir los elementos esenciales que han de tener los metadatos para la información geoespacial.

El estándar ISO 19115 tiene más de 400 elementos ordenados jerárquicamente. Su estructura es complicada, pero también muy exhaustiva y flexible. También define un «núcleo» de 22 elementos: 7 obligatorios, 4 obligatorios condicionados (en función del tipo de datos) y 11 opcionales (cuadro 13.1).

Los elementos obligatorios incluyen aspectos como el título del conjunto de datos, una descripción sucinta de los datos y el punto de contacto (esto es, el nombre de alguien) para el conjunto de datos. Los elementos obligatorios pero condicionados son aquellos que se han de completar cuando los datos son de un tipo determinado. Por ejemplo, si los datos son geoespaciales hay que registrar la localización geográfica del conjunto de datos. La información opcional incluye, entre otros, el tipo de datos espaciales, la resolución espacial del conjunto de datos, el sistema de referencia y el formato de distribución. Pese a ser opcionales, estos elementos ofrecen una información esencial y deberían completarse lo antes posible. Aunque no es obligatorio comulgar con la totalidad de la estructura del ISO 19115, este núcleo puede servir de guía para aquellos detalles mínimos pero necesarios que documentan un conjunto de datos.

Algunas organizaciones geoespaciales nacionales aún definen sus propios elementos nucleares basándose en el estándar internacional. Por ejemplo, se proponen 32 elementos estándares para el Gemini de Reino Unido (Walker,

CUADRO 13.1. ISO 19115: elementos nucleares y ejemplos de entradas (según Open GIS Consortium, 2001, cuadro 3)

Nombre	Tipo	ISO 19115* Elemento nº	Ejemplo de entrada
Título de la base de datos (bd)	Obligatorio	360	Modelo de Elevación Digital 2 de Kythera (KIP-DEM2)
Fecha de referencia de la bd	Obligatorio	363	(Creación) 01-10-2001
Parte responsable de la bd	Opcional	367	James Conolly
Localización geográfica (cuatro coordenadas)	Condicional	343-346	Longitud límite oeste = 22,89 Longitud límite este = 23,11 Longitud límite norte = 36,38 Longitud límite sur = 36,13
Lengua de la bd	Obligatorio	39	inglés (en)
Conjunto de caracteres de la bd	Condicional	40	utf-8
Categoría del tema de la bd	Obligatorio	41	006 (elevación)
Resolución espacial	Opcional	61	20 m
Resumen descriptivo de la bd	Obligatorio	25	El KIPDEM2 es un mapa ráster continuo de elevaciones de la isla egea de Kythera. El tamaño de las celdas es de 20 m y se ha interpolado a partir de un mapa de base con intervalos de curvas de nivel de 5 m y puntos altimétricos (digitalizados manualmente a partir de los mapas del Ejército griego de Kythera). El MDE se ha calculado con Topogrid.
Formato de la distribución	Opcional	285	ArcGIS 8.3
Información adicional (extensión vertical/horizontal)	Opcional	355-358	Rango de elevaciones 0-250m
Tipo de representación espacial	Opcional	37	ráster
Sistema de referencia espacial	Opcional	207	WGS84
Fuentes	Opcional	83	Derivado de las curvas de nivel de 5 m y puntos altimétricos digitalizados manualmente a partir de los mapas de Kythera 1:5000 del Ejército griego
Fuente on-line	Opcional	397	www.ucl.ac.uk/kip
Identificador del archivo de los metadatos	Opcional	2	KIP.DEM2
Nombre estándar de los metadatos	Opcional	10	ISO 19115 Información geográfica - Metadatos
Versión estándar de los metadatos	Opcional	11	DIS-ESRI1.0
Lengua de los metadatos	Condicional	3	inglés (en)
Conjunto de caracteres de los metadatos	Condicional	4	utf-8
Punto de contacto de los metadatos	Obligatorio	377	James Conolly
Fecha de los metadatos	Obligatorio	9	21-07-2003

* Este cuadro es solo de información, no una guía de los metadatos estándares de ISO 19115. Para detalles más completos véase la documentación estándar (ISO, 2003).

2003). Como se puede apreciar en el cuadro 13.2, 17 de ellos son obligatorios (M) y 15 opcionales (O). Se ha diseñado para adecuarse al ISO 19115 y formará el acervo estándar de elementos para organizar los metadatos geoespaciales de Reino Unido.

13.3. CÓMO CREAR METADATOS

A partir de esta breve introducción a los metadatos estándares, es evidente que crear un archivo completo y exhaustivo de metadatos ISO-19115 para cada conjunto de datos de un proyecto u organización es un ejercicio pesado, lento y que exige tiempo. Pero se puede racionalizar si antes de crear el registro de los metadatos se reúne información básica sobre los datos (p. ej., el Land Information New Zealand, 2003):

¿Cuántos conjuntos de datos hay? Durante el desarrollo y el análisis de un proyecto, a medida que se crean nuevas combinaciones de datos aumenta el número de conjuntos de datos espaciales. Guardar información de cada conjunto de datos y sus relaciones es un primer paso esencial para gestionar y conservar debidamente los datos.

¿Cuál es la finalidad de los datos? Entender para qué sirven los datos y por qué se han creado ayuda también a configurar los metadatos.

¿Qué representan los datos? Se requiere una definición clara de lo que se está representando mediante un conjunto de datos geoespaciales a efectos descriptivos.

¿Cómo están representados los datos? Esta información es crucial, ya que simplifica el proceso de búsqueda en catálogos de metadatos para identificar los conjuntos de datos relevantes. Por ejemplo, los datos de elevación pueden almacenarse como una serie de puntos, de curvas de nivel o como una rejilla continua, y aunque esto resulte obvio cuando se visualiza un conjunto de datos, hay que especificarlo en los metadatos para facilitar la consulta y la recuperación.

¿Quién los ha creado? Es importante registrar la identidad de la persona o personas que han creado un conjunto de datos para poder realizar cualquier consulta sobre su creación a la persona correcta.

¿Cuáles son las fuentes de información y los recursos (el «linaje») utilizados para crear los datos? Al crear datos, ya sea manualmente o mediante digitalización automática de mapas en papel, o generando datos derivados, como un mapa de pendientes, hay que documentar la fuente del conjunto de datos básico, el método de digitalización, el método de procesamiento y el método de transformación.

¿Cuáles son las potenciales fuentes de error? Aunque esta información no forma parte de los elementos nucleares del ISO 19115, no deja de ser una parte importante de los metadatos de información geoespacial. Si, por ejemplo, los da-

CUADRO 13.2 Elementos estándares de los metadatos para Reino Unido

N.º	Nombre	Tipo
1	Título	M
2	Título alternativo	O
3	Lengua de la base de datos	M
4	Resumen	M
5	Categoría del tema	M
6	Tema	M
7	Fecha	M
8	Fecha de referencia de la base de datos	M
9	Creador	O
10	Fuentes y recursos	O
11	Coordenada margen oeste	M
12	Coordenada margen este	M
13	Coordenada margen norte	M
14	Coordenada margen sur	M
15	Extensión	M
16	Información sobre la extensión vertical	O
17	Sistema de referencia espacial	M
18	Resolución espacial	O
19	Tipo de representación espacial	O
20	Tipo de presentación	O
21	Formato de los datos	M
22	Medios de suministro	O
23	Distribuidor	M
24	Frecuencia de actualización	M
25	Restricción de acceso	O
26	Restricción de uso	O
27	Fuente de información adicional	O
28	Fuente on-line	O
29	Gráfico de navegador	O
30	Fecha de actualización de los metadatos	M
31	Nombre del estándar de los metadatos	O
32	Versión del estándar de los metadatos	O

tos se han digitalizado a partir de un mapa en papel, los errores RMS relevantes se han de registrar por las razones citadas en el capítulo 5.

¿Cuándo se crearon y cuánto dura su validez? Esta información es especialmente importante cuando hay que actualizar los datos con frecuencia, como un registro de yacimientos o de lugares de hallazgos. La aparición de nueva información obliga a sustituir con frecuencia las bases de datos originales, por eso es esencial haber registrado las fechas de su creación y de caducidad de los datos para asegurar que en cada momento se utilice una información actualizada.

13.1.1. Métodos de registro

El estándar emergente para almacenar metadatos es el XML (eXtensible Markup Language), que es un estándar para registrar información sobre la información.[1] Aplicado a los metadatos, consiste en un conjunto de items con «etiquetas» que describen los elementos seguido de los detalles del registro, como se aprecia en este segmento procedente de un registro XML:

```
<idPurp>To provide a continuous map of elevation
           values for Kythera </idPurp>
  <idStatus>
  <!-- completed -->
    <ProgCd value="001"/>
  </idStatus>
  <idPoC>
    <rpOrgName>Kythera Island Project<rpOrgName>
    <rpCntInfo>
      <cntAddress>
        <delPoint> Institute of Archaeology</delPoint>
        <city>London</city>
        <adminArea>London</adminArea>
        <postCode>WC1H 0PY</postCode>
        <country>United Kingdom</country>
      </cntAddress>
      <cntOnlineRes>
      <linkage>http://www.ucl.ac.uk/kip</linkage>
      </cntOnlineRes>
    </rpCntInfo>
  </idPoC>
```

Aunque los metadatos se pueden introducir manualmente con cualquier editor de textos, la utilización de un editor XML específico con una plantilla del ISO 19115 (o equivalente) facilita enormemente la creación de registros estructurados. Un buen ejemplo de este tipo de editor es el *XMLInput* de Java desarrollado por el USGS[2] (fig. 13.1).

Muchos programas SIG recientes también tienen dispositivos para registrar información sobre metadatos según el estándar ISO 19115. El ArcGIS de ESRI, por ejemplo, contiene un programa llamado ArcCatalogue, que tie-

1. Más información sobre XML en www.w3.org/XML.

2. Disponible en ftp://ftpext.usgs.gov/pub/cr/mo/rolla/release/xmlinput/.

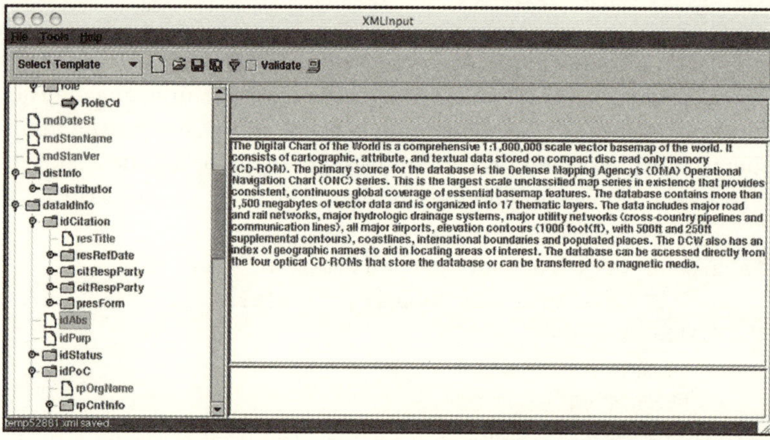

FIGURA 13.1. El XMLInput editor con una plantilla del ISO 19115 para la Carta Digital del Mundo. Disponible en ftp://ftpext.usgs.gov/pub/cr/mo/rolla/release/xmlinput/.

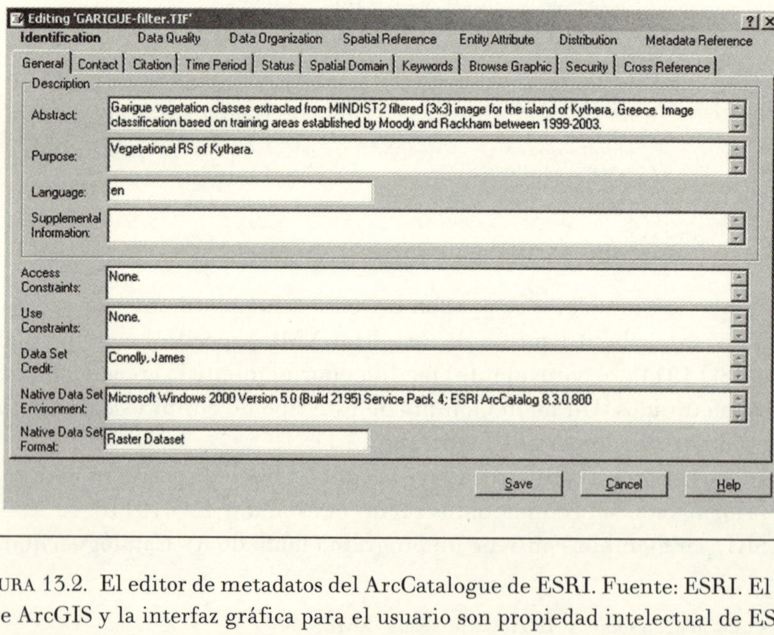

FIGURA 13.2. El editor de metadatos del ArcCatalogue de ESRI. Fuente: ESRI. El software ArcGIS y la interfaz gráfica para el usuario son propiedad intelectual de ESRI y aquí se utiliza con autorización. Copyright © ESRI. Todos los derechos reservados.

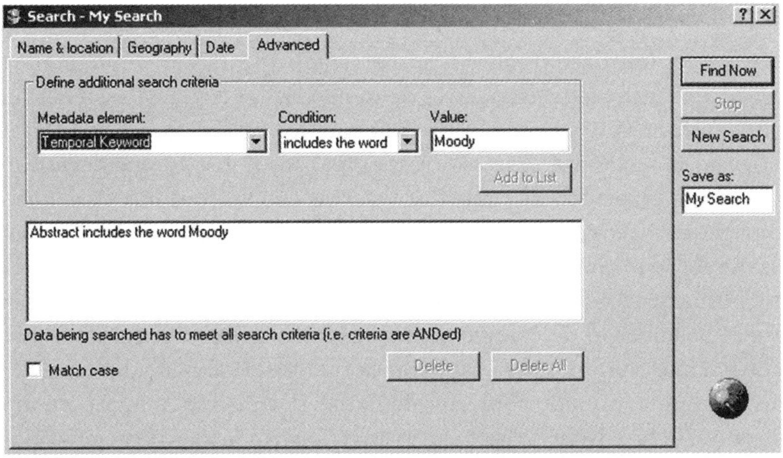

FIGURA 13.3. La herramienta de búsqueda de metadatos de ArcCatalogue de ESRI. Fuente ESRI. El software ArcGIS y la interfaz gráfica para el usuario son propiedad intelectual de ESRI y aquí se utiliza con su autorización. Copyright © ESRI. Todos los derechos reservados.

ne un «asistente» para crear metadatos ISO 19115 que almacena automáticamente los datos en XML (fig. 13.2).

Existen herramientas integradas que también aceleran el proceso de documentación, ya que completan automáticamente algunos campos (como la escala, las coordenadas geográficas, la fecha de creación, etc.) consultando los propios datos. Los programas integrados ofrecen una interfaz razonablemente directa y una base de datos centralizada para entrar, almacenar y recuperar metadatos. Es más, ArcCatalogue y otros programas similares también tienen herramientas para implementar consultas de metadatos (fig. 13.3).

Este tipo de consultas pueden adoptar la forma de múltiples criterios de consulta (como p. ej., «todos los conjuntos de datos ráster que describen la elevación de la posición *p*, creados en los últimos 12 meses, con una rejilla de un tamaño de 500 m o más). También hay herramientas de software para crear metadatos geoespaciales: el USGS mantiene un conjunto de herramientas de creación y de validación, y páginas de ayuda para crear metadatos según el FGDC (basado en los estándares del ISO 19115).[3]

3. http://geology.usgs.gov/tools/metadata/.

13.4. Conclusión

Esta breve recapitulación sobre la importancia de guardar debidamente datos espaciales utilizando estándares de metadatos geoespaciales debería bastar para convencer a muchos lectores de que los metadatos son importantes y justifican la necesaria inversión para crear los registros que necesitamos. Sobre todo la capacidad de consultar y filtrar con rapidez una base de datos geoespaciales y recuperar rápidamente la versión más adecuada o más actualizada de, por ejemplo, un mapa de distribuciones, es de gran utilidad para el usuario. Además, guardar debidamente los datos facilita enormemente la posibilidad de compartir información, ya que fomenta la utilización de normas comunes para registrar la fuente, la calidad y los errores asociados a un determinado conjunto de datos. Por último, aunque no menos importante, la provisión de metadatos contribuye a la «verificación ulterior» de los datos que describe, ayudando así a proteger la inversión dedicada a crear esos datos. Puesto que estos beneficios justifican el importante coste que supone configurar unos metadatos, su creación tendría que ser una parte rutinaria de cualquier proyecto basado en el SIG.

GLOSARIO*

TERMINOLOGÍA SIG

Abcisa (*easting*): La distancia al este del origen (coordenada x) en un sistema de *coordenadas cartesianas* (véase asimismo *ordenada*).

Accesibilidad: El cálculo teórico de la accesibilidad local proporciona información sobre la facilidad de acceso a un determinado *nodo* desde otros nodos no vecinos (*vecindad*). El cálculo de la accesibilidad global genera idéntica información sobre toda la red (compárese con *conectividad*).

Acimut: Dirección en el plano horizontal que se mide por el número de grados (en el sentido de las agujas del reloj) desde el norte.

Agenda electrónica: Pequeño artilugio de mano que se utiliza sobre todo como organizador personal, pero con capacidad para manejar un acervo mayor de software, incluido el SIG.

AGNPS (Agricultural Non-Point Source Model): El AGNPS es un modelo de erosión centrado en el proceso y que trata de predecir la merma de suelo desplazando el sedimento sobre un mapa.

Ajuste: Muchos programas de *digitalización* tienen un dispositivo instantáneo que encuentra y conecta automáticamente los *vértices* dentro de un radio definido por el usuario para ayudarle a evitar *líneas colgantes* e *intersecciones fallidas*.

Álgebra booleana: Álgebra que utiliza las operaciones lógicas Y/AND (intersección), O/OR (unión), XOR (disyuntiva exclusiva) y NO/NOT (complemento).

Álgebra de mapas: La aplicación de operadores aritméticos y/o lógicos a uno

* Las palabras en cursiva remiten a otras entradas de este glosario.

o más *mapas ráster* para poder calcular nuevos valores de *atributos celda* a celda.

Altura: Véase *elevación*.

Análisis de sensibilidad: El proceso de repetir un análisis con distintos parámetros o *muestras* para valorar el grado de fiabilidad de los resultados.

Análisis de superficie de tendencia: El proceso de encuadrar una superficie bidimensional matemáticamente definida entre una serie de *puntos*. Este tipo de análisis se utiliza a veces como un método de *interpolación* global, pero sobre todo para representar un proceso espacial.

Anisotrópico: Que depende tanto de la dirección del desplazamiento como de cualquier otro atributo direccional (p. ej., el aspecto) de cada una de las celdas del mapa (compárese con *isotrópico*).

ANSWERS (Areal Non-point Source Watershed Environmental Response Simulation model): El modelo de Simulación de Respuestas Ambientales en Cuencas hidrográficas de fuentes zonales no localizadas es un modelo de erosión similar al *AGNPS*.

Apuntador (*puck*): Un «lápiz» electrónico que sirve para registrar la localización de los puntos de interés en un mapa situado en una *tableta digitalizadora*.

Arco: Otro término para *polilínea*.

Área: Un elemento geométrico bidimensional básico que puede representarse mediante un polígono vectorial o mediante una serie continua de *celdas* ráster que comparten el mismo valor de atributo.

Área censal o de recuento: Un área tratada como un todo indivisible para poder plasmar en un mapa la distribución de los valores de atributos.

Área o zona de captación de yacimientos: También llamada área envolvente, contiene todos los lugares situados a una distancia especificada alrededor de un punto, línea o elemento zonal de referencia.

Área de influencia: La región geográfica explotada y/o controlada por los habitantes de un yacimiento.

Arista: Una conexión entre dos *nodos* de un *grafo* representada mediante una línea de unión entre ambos.

Aspecto: El *acimut* de máxima *pendiente* en dirección descendente.

Atributo: El término atributo se refiere en general a las propiedades o características no locacionales de un *elemento geográfico* (p. ej., el número de artefactos hallados en un yacimiento), pero nótese que el OpenGIS Reference Model (www.opengeospatial.org/specs/?page=orm) incluye entre los atributos la localización de un elemento geográfico.

Autómatas celulares: Una simulación por ordenador donde las celdas idénticas dispuestas en una rejilla regular actualizan continuamente su estado en función del estado de sus vecinas. La técnica es ideal para representar procesos de propagación o avance, como la propagación de un incendio.

Base de datos: Una acumulación de información organizada según un *modelo de datos*. El componente principal de cualquier SIG es una base de datos que almacena información sobre *elementos geográficos*, que incluye la *localización geográfica* y sus *atributos*. Nótese, sin embargo, que muchos usuarios del SIG utilizan el término base de datos para referirse a las *estructuras de datos* y/o al software utilizado para almacenar datos de atributo no locacionales.

Base de datos de archivo plano: Una base de datos que contiene una sola tabla que almacena información sobre todos los *atributos* registrados de cada objeto (compárese con *base de datos relacional*).

Base de datos relacional: Una *base de datos* formada por tablas separadas de modo que todos los registros de una determinada tabla contienen todos los *atributos* que aparecen como campos (normalmente columnas) en esa tabla (compárese con *base de datos de archivo plano*).

Bit: La unidad más pequeña de información digital que representa un estado binario, como 0 o 1, verdadero o falso.

Borroso (*fuzzy*): Un estado de incertidumbre, bien sobre la *localización geográfica* de algunos fenómenos, como una frontera, bien sobre la composición exacta de un conjunto, como el conjunto de *celdas* visibles desde un yacimiento.

Buffer: Véase *área de influencia*.

Byte: Una unidad de información digital compuesta de 8 *bits*. Un kilobyte (kB) equivale a 1000 (10^3) o a 1024 (2^{10}) bits, un megabyte (MB) equivale a 1.000.000 (10^6) o a 1.048.576 (2^{20}) bits, etc., dependiendo de si el que escribe utiliza el SI (Sistema Internacional de unidades) o unidades binarias (por desgracia no siempre resulta fácil saberlo).

Cabecera: La cabecera de un *mapa ráster* sirve para visualizar el número de filas y columnas del mapa, la *localización geográfica* de la zona y el tamaño (sobre el terreno) de cada *celda*.

CAD (Computer Aided Design): El diseño asistido por ordenador es un medio para almacenar, diseñar, manipular y visualizar representaciones de objetos bi y tridimensionales. Aunque se puede utilizar para crear mapas, el software CAD no localiza geográficamente objetos y no puede almacenar muchas bases de datos ni posee la funcionalidad analítica que se espera de un SIG.

Camino: Una secuencia de *aristas* que conecta dos nodos de un *grafo* de modo que ninguna arista aparezca más de una vez.

Camino de menor coste: Una ruta que minimiza el coste total de desplazamiento entre dos localizaciones de un *recorrido óptimo acumulado*.

Campo continuo: Este modelo del espacio es el adecuado para tratar con valores de *atributos* muy variables en el espacio, como la *elevación*. Suele representarse mediante un *mapa ráster* (compárese con *modelo de entidad*).

Campo visual: El conjunto de lugares que son *intervisibles* desde un determinado punto.

Cartográfico: Relativo a la producción de mapas (a no confundir con manipulación de datos espaciales).

CD web: La publicación electrónica de los datos de un CD-ROM cuyos hipervínculos ofrecen una conexión transversal inmediata entre mapas, planos, ilustraciones, tablas, textos descriptivos, etc.

Celda: Elemento básico, generalmente cuadrado, de una rejilla o grid que forma un *mapa ráster*.

Centroide: El centro geométrico de un *polígono*. Su posición suele ser aproximada y se obtiene calculando la media de las coordenadas de todos los *vértices* que definen el polígono.

Ciclo: Una ruta o *camino* que en un *grafo* empieza y acaba en el mismo *nodo*.

Clave: Un identificador único e intransferible que sirve para distinguir entre distintos registros de una tabla de una *base de datos*. Una clave primaria utiliza sólo un campo, mientras que una clave compuesta utiliza diversos campos simultáneamente. Una clave foránea sirve para crear relaciones entre las tablas de una *base de datos relacional*.

Cliente: Un ordenador que ofrece un servicio, por ejemplo la autentificación de los usuarios legítimos, suministrado por otro ordenador al que está conectado. También, un pack de software que permite al usuario salvar y posiblemente manipular datos almacenados utilizando otro software en el mismo ordenador o en otro distinto (compárese con *servidor* y *front end*).

Compensación favorable al objetivo: Para calcular la *intervisibilidad*, algunos software permiten añadir una *elevación* extra a las celdas que son visibles para asegurar que la línea de visión se proyecte hacia el objetivo relevante (por ejemplo, el extremo superior de una estación de señales) y no al suelo (compárese con *compensación favorable al observador*).

Compensación favorable al observador: Para calcular la *intervisibilidad*, la mayoría de software permite añadir esta *elevación* extra para conseguir que la línea de visión se proyecte desde los ojos del observador y no desde el suelo (compárese con *compensación favorable al objetivo*).

Compresión por grupos de longitud variable (o *run length*): Un método que sirve para reducir las necesidades de almacenamiento de un mapa ráster eliminando de una secuencia los números duplicados contiguos.

Conectividad: Los *grafos* de medidas de conectividad local ofrecen información sobre el grado de conexión de un *nodo* con sus vecinos. Las medidas de conectividad global proporcionan información similar sobre toda la red (compárese con *accesibilidad*).

Consulta: La selección de *elementos geográficos* según sus *atributos* y/o propiedades espaciales (compárese con *consulta espacial*).

Consulta espacial: La selección de *elementos geográficos* en función de sus propiedades espaciales y también, o en lugar, de sus *atributos* (véanse también *buffer* y *consulta*).

Convexidad de perfil: Un derivado secundario de una superficie que mide el grado de curvatura de un plano vertical. Si la superficie es un modelo de *elevación*, entonces la convexidad positiva indica una localización situada en una superficie convexa (tal vez la ladera de una montaña), mientras que la convexidad negativa del perfil indica una localización situada en una superficie cóncava (quizá los márgenes de un valle) (compárese con *convexidad de plano*).

Convexidad de plano: Un derivado secundario de una superficie que mide el grado de curvatura del plano horizontal. Si la superficie es un modelo de *elevación*, entonces la convexidad positiva indica una localización situada en una superficie convexa (una montaña por ejemplo), mientras que la convexidad negativa indica una localización que está en una superficie cóncava (quizás un valle o una depresión) (compárese con *convexidad de perfil*).

Coordenada cartesiana: El sistema de coordenadas cartesianas utiliza un eje x y un eje y dispuestos ortogonalmente (es decir, en ángulo recto). Ambos ejes se interseccionan en un origen, que tiene la coordenada cartesiana (0,0). La coordenada cartesiana de otras localizaciones adopta la forma (x, y), donde x es la distancia desde cero en el eje x, e y es la distancia desde cero en el eje y. El sistema puede ampliarse a tres dimensiones añadiendo un eje z (véanse asimismo *abcisa* y *ordenada*; compárese con *coordenada polar*).

Coordenada polar: Las coordenadas polares utilizan una distancia desde un punto fijo y uno o más ángulos (dependiendo de cuántas dimensiones son relevantes) para definir una localización. En cambio, las *coordenadas cartesianas* utilizan únicamente distancias en función de uno o más ejes ortogonales (véase *coordenadas geográficas*).

Coropletas: Véase *mapa de coropletas*.

Coordenadas geográficas: Son básicamente una forma abreviada de las coordenadas polares en las que sólo se dan los ángulos (*latitud* y *longitud*), porque se basa en la suposición de que todas las localizaciones de interés están (aproximadamente) en el *elipsoide*, de modo que deduce que la distancia desde el centro de la Tierra es una información redundante.

Corredor: Una zona *buffer* creada en torno a una línea.

Cuadrante: Un área rectangular utilizada como unidad de muestra durante el trabajo de campo (compárese con *zona*).

Cuenca: El área desde la que fluye el agua hasta verter en un determinado punto (el *punto de vertido*) de un cauce.

Cumbre: La máxima altura local definida por los bordes río arriba de una *cuenca*.

Curva de nivel: Otro nombre para isolínea, pero se usa normalmente para referirse concretamente a una línea imaginaria que une todos los puntos que presentan una determinada elevación.

Datos primarios: Datos recogidos mediante la medición real del fenómeno en cuestión, por ejemplo el plano de los límites del terreno creados por una prospección (compárese con *datos secundarios*).

Datos secundarios: Datos obtenidos a partir de un registro existente, por ejemplo el plano de los límites del terreno creados por la *digitalización* de un mapa de papel (compárese con *datos primarios*).

Determinismo medioambiental: Una etiqueta crítica que se aplica a los modelos que consideran uno o más aspectos –sobre todo locacionales– del comportamiento humano como una respuesta puramente funcional a las condiciones medioambientales, como por ejemplo la distribución de los lugares de abrigo o de los recursos alimenticios.

Digitalización: En general, el proceso de convertir mapas e imágenes convencionales de papel en formato digital. Entre los especialistas del SIG el término suele utilizarse para referirse sobre todo a aquellos métodos que crean modelos vectoriales y ráster, sobre todo la utilización de una *tableta digitalizadora* o una *digitalización en pantalla*.

Digitalización con puntos: Un medio de utilizar una *tableta digitalizadora* o una *digitalización en pantalla* que permite al ratón o *apuntador* colocar manualmente *vértices* o puntos en el mapa (compárese con *digitalización continua*).

Digitalización continua (o *stream*): Es un medio de utilizar una *tableta digitalizadora* o la *digitalización en pantalla* donde los *vértices* se van colocando automáticamente a medida que el ratón o el *apuntador* copia y repasa los trazos del mapa (compárese con *digitalización con puntos*).

Digitalización en pantalla: El proceso de *digitalización* de un mapa mediante un ratón o apuntador para repasar y reproducir la copia escaneada desplegada en la pantalla del ordenador. También llamada digitalización sobre pantalla (compárese con *tableta digitalizadora*).

Efecto de bordes: La tendencia de las *operaciones espaciales* a expresar valores incorrectos en los bordes de un mapa, en general debido a que la *vecindad* utilizada para calcularlos se ha truncado artificialmente.

Elemento geográfico: Un elemento asociado a un lugar geográfico.

Elevación: La altitud calculada en función de algún dato concreto de referencia, habitualmente el nivel del mar.

Elipsoide: Un modelo relativamente simple y aproximado de la forma de la Tierra que adopta la forma de un globo achatado por los polos (compárese con *geoide*).

Escala: La razón o ratio entre la distancia en un mapa y la distancia que representa en la superficie de la Tierra. Los mapas a gran escala tienen una razón pequeña y suelen abarcar pequeñas áreas con mucho detalle, mientras que los mapas a escala pequeña tienen una razón elevada y normalmente abarcan grandes áreas pero con menos detalles (compárese con *resolución*; no confundir con el uso estadístico de escala).

Escáner: Un dispositivo que sirve para captar la imagen ráster de algo (p. ej., un mapa de papel) mediante un sensor que la recorre.

Estación total: Un instrumento de prospección electrónica capaz de registrar ángulos horizontales y verticales y distancias lineales entre el propio aparato y un objetivo, y convertir luego automáticamente estos datos en *elevación*, *abcisas* y *ordenadas*.

Estructura de árbol en grado 4: Método para reducir las necesidades de almacenamiento de un mapa ráster mediante una teselación jerárquica.

Estructura de datos: La forma en que un *SGBD* organiza realmente los datos para que puedan almacenarse en un ordenador.

Estructura de datos arco/nodo: Un método que estructura, almacena y referencia datos vectoriales en un *SGBD* relacional para que los *vértices* (y *nodos*) creen *polilíneas* (arcos) y las polilíneas creen *polígonos*.

ETRS 89 (European Terrestrial Reference System, 1989): El Sistema Europeo de Referencia Terrestre es la *referencia geodética* preferida en Europa para un GPS de alta precisión (compárese con *NAD 27*, *NAD 83* y *WGS 84*).

Euclidiano: Conforme a los axiomas que definen la geometría de Euclides. Es la clase de geometría que suscribe lo que la mayoría de nosotros hemos aprendido en la escuela: por ejemplo, que la distancia lineal entre A y B es la misma que entre B y A, y que la longitud de los lados de un triángulo rectángulo se relacionan según la fórmula $a^2 + b^2 = c^2$.

Exactitud: Cuando se calcula, por ejemplo, la media de varias medidas para estimar un *atributo*, como el pH del suelo, la estimación se considera fiel o exacta cuando la media se aproxima al valor real, aun cuando la extensión de los valores medidos sea amplia (compárese con *precisión*).

Filtro (filtrar): *Operación espacial* destinada a eliminar la variabilidad de un mapa, calculando el nuevo valor de *atributo* de una determinada celda como una función de los valores de la *vecindad* de esa celda.

Filtro de Laplace: Un tipo especial de *filtro de paso alto* que suele utilizarse para detectar los bordes en una imagen. Se eligen las ponderaciones de su *núcleo* para aproximarse a las segundas derivadas de la definición del operador de Laplace.

Filtro de paso alto: Un *filtro* diseñado para eliminar de un mapa la variabilidad de rango largo y que suele utilizarse para acentuar los elementos locales, como las lindes de los campos.

Filtro de paso bajo o suavizado: Un *filtro* que sirve para eliminar de un mapa la variabilidad más extrema y que, por lo tanto, sirve para suavizar una superficie.

Foso: Una *celda* cuyas vecinas tienen una altura superior. Los fosos pueden representar fielmente o no elementos reales del terreno, pero en cualquier caso suelen eliminarse antes del *modelado hidrológico* porque distorsionan la estimación de la dirección local de las cuencas de drenaje.

Fotogrametría: El proceso para determinar coordenadas tridimensionales a partir de dos o más fotogramas del mismo tópico tomadas desde distintas posiciones. La fotogrametría se utiliza a veces para obtener datos de *elevación* a partir de las fotografías estereoscópicas aéreas.

Front end: Una interfaz para usuarios del SIG o de otro sistema informático configurada para un grupo concreto de usuarios y/o para un *cliente* de un *servidor*.

Función de dispersión (spreading function): La función que se utiliza para crear un *recorrido óptimo acumulado* a partir de un *mapa de costes de recorrido*.

Generalización de mapas: El proceso de ajustar el nivel de detalle de un mapa cuando se reproduce a una *escala* o *resolución* distinta con el fin de evitar los errores que suelen aparecer cuando se ignoran las limitaciones del grado de exactitud de la escala original.

Geobiblioteca: Una colección de datos espaciales disponibles para los usuarios vía *SIG web*.

Geodesia: La ciencia que mide la forma de la Tierra y la localización de puntos en su superficie.

Geoespacial: Un término utilizado para describir datos (o métodos aplicados a ellos) sobre *elementos geográficos*, es decir, datos cuyo componente espacial incluye la localización en relación con la Tierra.

Geoide: Un modelo de la forma de la Tierra que tiene en cuenta las desviaciones respecto del *elipsoide* de modo que su superficie coincida apliamente con el nivel del mar medio.

Geometría: La rama de las matemáticas que se ocupa de las relaciones espaciales. Los profesionales del SIG suelen utilizar el término «geométrico» para referirse a los aspectos espaciales de un *elemento geográfico* (por ejemplo, su forma) excepto su *localización geográfica*. Nótese asimismo que «una geometría» es un lenguaje espacial, por ejemplo, la geometría *euclidiana*.

Georrectificación: El proceso combinado de corregir distorsiones en una imagen (como en una fotografía aérea) y de *georreferenciación*.

Georreferenciación: El proceso de situar datos espaciales (como imágenes por sensor remoto o mapas de papel digitalizados) en su *localización geográfica* correcta transformándolos para su encuadramiento en un sistema de coordenadas adecuado.

GPS (Global Positioning System): El Sistema de Posicionamiento Gobal o GPS permite a los usuarios con receptores electrónicos adecuados determinar su *localización geográfica* comparando el tiempo que tarda en recibir la transmisión de señales de tres o más satélites (generalmente un mínimo de cuatro). Los receptores GPS de navegación son idóneos para cartografiar rasgos del paisaje a 10-20 metros de su localización real. En Norteamérica, el WAAS (Wide Area Augmentation System) y en Europa el EGNOS (European Geostationary Navigation Overlay Service) transmiten información exacta de las señales de posición GPS, que puede mejorar la exactitud de los receptores equipados con el correspondiente GPS de navegación en más/menos tres metros. Los GPS diferenciales (DGPS) garantizan una exactitud de entre 0,5 y 5 m y, por lo tanto, son idóneos para la prospección de yacimientos arqueológicos y cartografías a gran escala.

Grado decimal: Cuando una medida angular se da en grados decimales su fracción se expresa en múltiplos de 1/10, 1/100, 1/1.000, etc., y no en minutos (1/60) y segundos (1/3.600).

Grafo: Un tipo muy abstracto de *red* que comprende tan sólo una serie de *nodos* vinculados por *aristas*.

Grafo de visibilidad: Un *grafo* donde los *nodos* que representan *localizaciones geográficas* están vinculados por aristas si son intervisibles recíprocamente (véase *intervisibilidad* y *reciprocidad*).

Grafo justificado: El análisis de la *sintaxis del espacio* utiliza *grafos* para determinar y representar los espacios de un edificio o área urbana directamente accesibles desde otros puntos, y cuáles (p. ej., a través de un portal o entrada). Un grafo justificado presenta estas relaciones en relación con un determinado espacio inicial o punto cero, con frecuencia el exterior de un edificio.

Gratícula: El «grid» o rejilla que se forma cuando se activan las líneas de *latitud* y *longitud* en un mapa. El aspecto exacto de la gratícula depende de la *proyección* elegida.

GRC: La Gestión de Recursos Culturales implica la indentificación, conservación, presentación e interpretación de los yacimientos arqueológicos e históricos amenazados por el desarrollo, los procesos naturales o los daños perpetrados por los visitantes.

GUI (Graphical User Interface): Un GUI es un dispositivo que permite al usuario manejar programas informáticos, y que especifica las operaciones y las opciones utilizando un ratón o similar para seleccionar opciones como, por ejemplo, «menús de descarga» o botones de «radio» (compárese con *línea de comandos*).

Hipermapa: Un mapa digital diseñado para su visualización en un navegador web, que contiene hipervínculos fijos (URL) con mapas y/o datos de *atributo* más detallados (compárese con *mapa interactivo*).

IDW (Inverse Distance Weighting): La influencia inversamente proporcional a la distancia es una forma de *interpolación* donde la influencia de un lugar muestral es inversamente proporcional a su distancia respecto al lugar no muestral cuyo valor de *atributo* se pretende estimar.

Igualación de histogramas: Una técnica para *clasificar* una variable continua (p. ej., la *elevación*) de modo que cada *clase* contenga el mismo número de observaciones.

Imagen isométrica: La representación visual de un objeto (o de una superficie, como una altura) tridimensional donde los ángulos entre los ejes x, y y z son iguales, lo mismo que las escalas. Nótese que ninguna de estas condiciones es aplicable a un dibujo en perspectiva.

Interfaz de comandos u órdenes: Un dispositivo para trabajar con programas informáticos que en lugar de utilizar un *GUI*, basta con teclear un texto para especificar operaciones y elegir opciones.

Interpolación: Una técnica matemática para estimar los valores de los *atributos* (como la *elevación*, el tipo de suelo, etc.) de localizaciones no muestrales a partir de los valores calculados en lugares muestrales, cuando los lugares no muestrales caen dentro de la distribución espacial de los lugares muestrales.

Interpolación delimitada: Los valores mínimo y máximo de un modelo generado mediante *interpolación* delimitada tienen que coincidir con los valores mínimo y máximo presentes en la *muestra* original (compárese con *interpolación no delimitada*).

Interpolación exacta: Un tipo de *interpolación* que no altera los valores de los *atributos* de las localizaciones *muestrales* (compárese con *interpolación inexacta*).

Interpolación *flood-fill* o de relleno: Un algoritmo de interpolación ideado especialmente para interpolar superficies continuas a partir de datos de *isolíneas* (normalmente *curvas de nivel*).

Interpolación inexacta: Una *interpolación* que no preserva necesariamente los valores de los *atributos* de las localizaciones muestrales (compárese con *interpolación exacta*).

Interpolación no delimitada: Los valores mínimo y máximo de un modelo creado mediante *interpolación* no delimitada pueden ser menores o mayores que los valores mínimo y máximo de la *muestra* original (compárese con *interpolación delimitada*).

Intersección fallida (*overshoot*): Un error de digitalización en el que dos segmentos de línea adyacentes de lo que debería ser una sola *polilínea* no se unen en el mismo vértice, sino que se cruzan antes de que ambas terminen en un *nodo* no deseado (compárese con *línea colgante*).

Intervisibilidad: Los puntos A y B se consideran intervisibles cuando una «línea de visión» recta proyectada de A a B no encuentra *elevación* o relieves que puedan obstaculizar la visión, como casas o un terreno elevado (véase también *reciprocidad*).

Irradiación: Cantidad de energía solar recibida por unidad areal, también llamado aprovechamiento solar.

Isarrítmico: Los mapas isarrítmicos se utilizan para reproducir superficies tridimensionales (volúmenes) mediante *isolíneas*.

Isolínea: Una línea imaginaria que pasa por una serie de localizaciones que comparten el mismo valor de un determinado atributo (compárese con *curva de nivel*).

Isotrópico: Independiente de la dirección del viaje (véase *anisotrópico*).

Isovista: El conjunto de todas las localizaciones *intervisibles* desde un determinado punto de visión.

Latitud: Una medida angular que expresa la localización de un punto en la superficie de la Tierra al norte o al sur del ecuador. Tanto la latitud como la *longitud* son necesarias para completar una *coordenada geográfica*.

Limpieza: El proceso de limpiar un *mapa vectorial* entraña eliminar los *vértices* redundantes y, sobre todo, la *digitalización* los errores que de otro modo distorsionarían la *topología* del mapa, como *líneas colgantes*, *solapaciones*, *intersecciones fallidas* y *polígonos astilla* o *slivers* (véase asimismo *ajuste*).

Línea: Un elemento geométrico unidimensional básico. También un objeto vectorial básico que comprende un segmento de línea recta definido por dos *nodos* terminales. Se puede representar un *elemento geográfico* lineal en un mapa vectorial utilizando el objeto lineal básico si es recto, o un *arco* (*polilínea*) si es curvado. Los elementos geográficos lineales también pueden representarse en un *mapa ráster* en forma de una secuencia de *celdas* ráster que comparten el mismo valor de *atributo*.

Línea colgante: Un error de *digitalización* por el que uno de los dos segmentos de una línea que deberían formar una sola *polilínea* queda más corto que el otro, de modo que no terminan en un vértice común sino en dos nodos no deseados (compárese con *intersección fallida*).

Localización geográfica: La situación de un lugar en relación con la superficie de la Tierra.

Longitud: Una medida angular que expresa la localización de un punto en la superficie de la Tierra al este o al oeste del meridiano de Greenwich. Como la *latitud*, es necesaria para definir una *coordenada geográfica.*

Mapa de acumulación de flujos: El mapa creado cuando se busca un *mapa de la dirección local de las cuencas de drenaje* para calcular el número de celdas de la cabecera del río que vierten en cada celda.

Mapa de coropletas: Un *mapa temático* que muestra un valor de *atributo* cuantitativo o cualitativo asociado a cada *área* geográfica (p. ej., el número de yacimientos arqueológicos de una zona o región).

Mapa de costes de recorrido: Un mapa (normalmente ráster) que representa la energía, el tiempo y otros costes del recorrido entre cada *celda* del mapa.

Mapa de cursos de agua: Un mapa que plasma la localización de los cauces. Muchos de estos mapas se basan en *modelados hidrológicos* y no en prospecciones.

Mapa de fricción: Otro término para un *mapa de costes de recorrido.*

Mapa de la dirección local de las cuencas de drenaje: Un *modelado hidrológico*, normalmente presentado mediante un *mapa ráster*, donde el valor de *atributo* de cada celda representa la dirección de las aguas a su salida de esa celda.

Mapa de puntos de densidad/intensidad: Un mapa donde los puntos que representan una unidad congruente de datos se sitúan aleatoriamente en cada *área censal* de modo que el número total de puntos de un área censal dada representa el valor total de los datos de ese área.

Mapa de símbolos proporcional: Un mapa que utiliza el tamaño de un símbolo para representar el valor de *atributo* de una determinada localización.

Mapa de sombreado del relieve: Un mapa (por lo general de *elevaciones*) que utiliza el sombreado para darle un aspecto tridimensional, como si estuviera iluminado por una tenue luz solar (compárese con *solapación*).

Mapa de visibilidad acumulativo: Un *mapa vectorial* o *ráster* que codifica las *celdas* o *polígonos* según el número de *campos visuales* con los que coinciden (es decir, la suma aritmética de dos o más *mapas de visibilidad binarios*).

Mapa de visibilidad binario: Un *mapa vectorial* o *ráster* que codifica *celdas* o *polígonos* según entren o no en un determinado *campo visual.*

Mapa de visibilidad múltiple: Un *mapa vectorial* o *ráster* que codifica las *cel-*

das o los *polígonos* según entren o no en uno o más *campos visuales* (es decir, la unión lógica de dos o más *mapas de visibilidad binarios*).

Mapa interactivo: Al igual que los *hipermapas*, los mapas interactivos están diseñados para su visualización en un navegador web, pero en lugar de basarse en hipervínculos fijos, permiten navegar libremente dentro y entre los mapas al ofrecer dispositivos SIG estándar tales como la capacidad de recorrer y modificar la perspectiva del mapa, cambiar la escala y el nivel de generalización, y posibilitar o bloquear determinados elementos temáticos (véase también *SIG web*).

Mapa isométrico: Un mapa *isarrítmico* que reproduce la distribución de *atributos* a base de puntos (compárese con *mapa isoplético*).

Mapa isoplético: Un mapa *isarrítmico* que reproduce la distribución de *atributos* de un área (compárese con *mapa isométrico*).

Mapa ráster: Un mapa ráster representa datos espaciales utilizando una rejilla de *celdas* o *píxeles* de idéntico tamaño. Cada celda contiene un valor que registra algún *atributo* de ese lugar. La localización geográfica de cada celda se calcula a partir de la información de la *cabecera* del mapa.

Mapa temático: Un mapa cuyo contenido se limita a un solo tema, como el suelo, la geología o los lugares históricos (compárese con *mapa topográfico*).

Mapa topográfico: Un mapa que ofrece información general sobre los elementos o rasgos de la superficie de la Tierra. A diferencia de los *mapas temáticos*, los mapas topográficos incluyen información sobre varios temas, normalmente la altura, las corrientes de agua, la capa vegetal, los edificios, las redes viarias, etc.

Mapa vectorial: Un mapa vectorial representa datos espaciales mediante *puntos*, *líneas* y *polígonos*, que a su vez se almacenan en forma de listas de coordenadas y también de información *topológica* y/o con un vínculo a una base de datos con valores de *atributos*.

Masa de puntos: Los *puntos* utilizados para crear un *TIN*.

MDE (o Digital Elevation Model, DEM): El modelo digital de elevaciones es un mapa digital que permite generar un modelo de elevaciones de la superficie de la Tierra o de una parte de ella (compárese con *MDT*).

MDT (o Digital Terrain Model, DTM): El modelo digital del terreno es otro término para el MDE. Nótese, sin embargo, que algunos especialistas del SIG asocian el término MDT a los mapas (normalmente TIN) que representan explícitamente la localización de elementos del terreno, como por ejemplo *cumbres* o cimas (compárese con *MDE*).

Metadatos: Información sobre un conjunto de datos, normalmente presentada en formato estandarizado, y que registra el contenido de ese conjunto de datos, su localización espacial, cuándo se creó, quién lo creó, cómo, etc.

MIDAS (Monument Inventory Data Standard): Se trata de una terminología estandarizada para inventariar los monumentos y elementos arqueológicos e históricos de Reino Unido.

Modelado hidrológico: El proceso de representar los cursos de agua en la superficie de la Tierra (véase asimismo *mapa de la dirección local de las cuencas de drenaje*).

Modelo basado en los agentes: Un programa informático en el que una serie de entidades (agentes) autónomas del software –a menudo en interacción– persiguen sus objetivos realizando una o más tareas en un medio simulado. En ejemplos arqueológicos, los agentes representan seres humanos individuales o unidades familiares.

Modelo de datos: Un esquema conceptual que define aquellos aspectos del mundo real que deben tratarse como elementos, los *atributos* que tienen y la relación entre ellos.

Modelo de entidad: Este modelo del espacio es el más indicado para manejar *elementos geográficos* heterogéneos tales como lugares de hallazgos, caminos/carreteras o distritos administrativos. La ubicación y la *geometría* de cada elemento suele registrarse en un mapa vectorial y sus atributos en una *base de datos* asociada (compárese con *campo continuo*).

Modelo de gravedad: Un modelo locacional que se basa en la suposición de que la intensidad de la interacción entre distintas localizaciones es directamente proporcional a una cierta cantidad en esas localizaciones e inversamente proporcional a la distancia.

Modelo de interacción espacial: A diferencia de los *modelos de localización-asignación*, los modelos de interacción espacial permiten la asignación probabilística de la demanda cuando se desea localizar de forma óptima estructuras e instalaciones.

Modelo de localización-asignación: Los modelos de localización-asignación ofrecen soluciones al problema de localizar de forma óptima las infraestructuras (un puesto comercial, por ejemplo) de un área de influencia. Nótese que las soluciones parten de la suposición de que la gente siempre utiliza las estructuras o servicios más cercanos (compárese con *modelo de interacción espacial*).

Modelo predictivo: Normalmente una *función* matemáticamente definida, como por ejemplo una ecuación de regresión logística, que relaciona la probabilidad (o improbabilidad) de la presencia de yacimientos con uno o más *atributos* espacialmente variables, como la altura, la proximidad de agua, etc. Los modelos predictivos suelen presentarse al usuario final en forma de un *mapa ráster* donde el valor de cada *celda* representa la probabilidad de hallar evidencia arqueológica en ese lugar.

NAD 27: La North American Datum 27 es la *referencia geodética* que se ha utilizado durante gran parte del siglo XX para cartografiar Norteamérica. Actualmente está siendo sustituida por el *NAD 83*.

NAD 83: Una *referencia geodética* norteamericana reciente que capta mejor las desviaciones entre la forma real de la Tierra y el *elipsoide* de Clarke en que se basaba el anterior NAD 27 (compárese asimismo con *ETRS 89* y *WGS 84*).

Nodo: En un mapa vectorial, un nodo es un *vértice* que representa el final de una línea discreta (que puede ser una *polilínea*), o la intersección de una o más líneas discretas. En un *grafo o red*, un nodo también puede ser un objeto conectado mediante cero, uno o más *aristas*.

Normalización: El proceso de dividir las tablas de una *base de datos relacional* para ajustarlas a una serie de «formas normales» destinadas a evitar las duplicidades y asegurar la integridad de los datos.

Núcleo: La *vecindad* utilizada en una *operación espacial*, como el *filtro*.

ODBC (Open DataBase Connectivity): La conectividad de una base de datos abierta es una interfaz de aplicación programada para conectarse a sistemas de gestión de bases de datos. El software *cliente* que utiliza la ODBC (p. ej., el servicio de combinación de correo de un procesador de textos) puede acceder a datos de un SGBD que también utiliza la ODBC, aunque el software dependiente esté escrito en un lenguaje informático distinto y funcione con un sistema operativo distinto.

Operación de puntos: Una operación de puntos calcula el nuevo valor de *atributo* de una determinada localización sin recurrir al valor de atributo de otras localizaciones. Pero puede implicar la utilización de valores de atributos en el mismo lugar en otros mapas (compárese con *operación espacial*).

Operación espacial: Una operación espacial computa el nuevo valor de *atributo* de una determinada localización a partir de los atributos de uno o más lugares del mismo mapa (compárese con *operación de puntos*; véase también *vecindad*).

Operación global: Una *operación espacial* que computa el nuevo valor de *atributo* de una localización dada a partir de los valores de los atributos de todas las localizaciones cuyos datos se conocen (compárese con *operación local*).

Operación local: Una *operación espacial* que computa el nuevo valor de *atributo* en una determinada localización a partir de los valores de atributo de los lugares situados dentro de una *vecindad* que comprende el subconjunto (normalmente pequeño) de las localizaciones cuyos datos se conocen (compárese con *operación global*).

Orden de cursos de agua: La clasificación de las corrientes de agua en función de algún atributo, como por ejemplo, la cantidad de afluentes que tiene o su lugar en la cuenca hidrográfica.

Ordenada (*northing*): En cartografía, la distancia que en un sistema de *coordenadas cartesianas* está al norte del origen (coordenada *y*) (véase también *abcisa*).

Orientado a objetos: Un *modelo de datos* y/o paradigma de programación informática asociado que une datos de *atributo* (locacionales y no locacionales) y funcionalidad (p. ej., el comportamiento) en unidades modulares llamadas objetos.

Ortorrectificación: El proceso de eliminar las distorsiones inducidas por la *elevación* a partir de las imágenes obtenidas por *percepción remota* (compárese con *georrectificación*).

Paleta de color: Un cambio gradual de color utilizado para representar una escala ordinal (véanse los términos estadísticos), una escala de intervalos o una escala de ratios de valores de *atributo*. Normalmente el usuario especifica el color exacto que ha de asociarse a los valores mínimo y máximo y entonces el software interpola el color adecuado para los valores intermedios.

Pendiente: El grado máximo de variación de la *elevación* en una determinada posición.

Pendiente efectiva: La *pendiente* que se experimenta realmente al atravesar horizontalmente las *celdas* de un mapa distinta del *aspecto*.

Píxel: Otro término para *celda* o casilla. Algunos especialistas del SIG prefieren utilizar píxel para las imágenes ráster primarias, y celda para los mapas ráster totalmente *georrectificados*.

Plotter: Véase trazador.

Polígono: Un objeto *vectorial* utilizado para representar un *elemento geográfico* de área.

Polígono astilla (*sliver*): Un error de *digitalización* que produce pequeños vacíos entre dos *polígonos* que deberían compartir un mismo límite (compárese con *solapación*).

Polígono de Thiessen: Un polígono que contiene exactamente uno de una serie de puntos y que contiene asimismo todo el espacio que está más cerca de ese punto que cualquier otro de la serie.

Polígonos de Voronoi: Otro nombre para *teselación de Dirichlet*.

Polilínea: Un objeto vectorial que comprende dos o más líneas rectas conectadas que, juntas, representan un *elemento geográfico* lineal curvado. Los *vértices* donde termina una polilínea se llaman *nodos*.

Precisión: Cuando se quiere obtener la media de varias medidas para estimar un *atributo*, por ejemplo el pH del suelo, la estimación se considerará precisa si la distribución de los valores medidos es estrecha, aun cuando la media no se aproxime al valor real (compárese con *exactitud*).

Problema del viajante: El problema de dar con el camino de menor coste entre una serie de *nodos* de una *red*, de modo que cada nodo se visite una sola vez.

Propagación de errores: El aumento de la incertidumbre que resulta de combinar conjuntos de datos y/o de crear modelos a partir de ellos (p. ej., por *interpolación*) (véase también *generalización de mapas*).

Proyección: Es la transformación que se precisa para representar la superficie curva de la Tierra sobre una superficie plana, como un mapa. Las proyecciones se agrupan por familias según proyecten primero la superficie de la Tierra en la superficie de un cilindro (proyección cilíndrica), de un cono (proyección cónica) o de una superficie plana (proyección acimutal). También se agrupan según cómo gestionan la distorsión provocada por la transformación de una superficie curva en una superficie plana: por ejemplo, según conserven o no la disposición ortogonal de las líneas de latitud y longitud (proyección conforme u ortográfica), el área de un *elemento geográfico* (proyección de áreas iguales), la distancia entre dos *puntos* (proyección equidistante) o la dirección de una línea entre dos *puntos* (proyección de dirección real).

Punto: Es un elemento geométrico básico de dimensión cero que se representa mediante un solo *vértice* en un *mapa vectorial* o (algo más imperfectamente) mediante una sola *celda* en un *mapa ráster*. De hecho, muchos *elementos geográficos* basados en puntos no tienen una dimensión cero, pero se representan así porque su amplitud espacial exacta es irrrelevante y/o demasiado pequeña para ser registrada dada la *resolución* de los datos digitales.

Punto altimétrico: El valor de la altitud asociado a un solo *punto* y no a una *curva de nivel*, y que registra, aunque no necesariamente, una altura local mínima o máxima.

Punto de control sobre el terreno. Un lugar identificable en un mapa y cuya auténtica *localización geográfica* se conoce. Estos puntos de control desempeñan un papel importante en la *georreferenciación*.

Punto de vertido: La delimitación de una *cuenca* se obtiene siguiendo en un *mapa de la dirección local del cauce* de drenaje río arriba desde un determinado punto de vertido de un río o corriente de agua.

Ráster: Véase *mapa ráster*.

Realidad virtual: Véase *RV*.

Reciprocidad: La *intervisibilidad* se considera recíproca si el lugar A se computa como visible desde el lugar B, y B se computa como visible desde A. Nótese que la intervisibilidad no es necesariamente recíproca si la *compensación favorable al observador* es diferente de la del objeto.

Reclasificación: El proceso de simplificar un conjunto de datos alterando las *clases* o categorías utilizadas para registrar los *atributos*.

Recorrido óptimo: Véase *recorrido óptimo acumulado.*

Recorrido óptimo acumulado: Un modelo del coste de recorrido desde un determinado punto de origen a uno o más destinos. El coste registrado en destino se mide en función del recorrido menos costoso u óptimo desde el punto de origen, aplicando una *función de dispersión* a un *mapa de costes de recorrido.*

Red: Una representación de las conexiones entre algunos fenómenos (por ejemplo, ciudades), sobre todo aquella en la que se engrosa el *grafo* básico con información suplementaria, como la *red de circulación de bienes.*

Red de flujos: Una *red* que representa la circulación o flujo de bienes –u otros items– entre *nodos.* Tiene que incluir información sobre la dirección y, posiblemente, la magnitud de ese tráfico (compárese con *red* y *red de transporte*).

Red de transporte: Una *red* de transporte representa la infraestructura de un sistema de transporte, como una red viaria o una red ferroviaria. Suele registrar la *localización geográfica* real de las *aristas* (las curvas, por ejemplo), el tipo de conexiones entre aristas y *nodos* (p. ej., maniobras prohibidas) y posiblemente también las propiedades de las aristas (p. ej., el ancho de las carreteras) (véase también *tabla de giros*).

Referencia geodética: Un sistema de coordenadas destinado a asegurar el mejor acoplamiento posible con todo o parte del *geoide.*

Representación cartográfica automatizada: El predecesor de los SIG que permitía informatizar el almacenamiento y la presentación de mapas digitales, pero sin capacidad analítica.

Representación dinámica: Una forma de representación que implica la simulación por ordenador del cambio a lo largo del tiempo.

Resolución: Los SIG tienen herramientas que permiten visualizar e imprimir los datos digitales a distintas escalas. En consecuencia, el concepto tradicional de *escala* no mide una propiedad intrínseca de un conjunto de datos digitales, pero sirve para reflexionar con vistas a la resolución de los datos y a la capacidad de las herramientas para distinguir los *elementos geográficos* más pequeños.

RMSE (Root Mean Square Error): El error cuadrático medio o RMSE de una transformación (p. ej., durante una *georrectificación*) es una medida cuantitativa del grado de coincidencia entre la localización real y la localización deseada.

RV: La realidad virtual es la simulación por ordenador de un medio ambiente. Mientras el *SIG 3D* sirve para almacenar, manipular y visualizar datos registrados en tres dimensiones, la realidad virtual ofrece vías para interactuar realmente con objetos tridimensionales.

Servidor: Un ordenador central que ofrece un servicio, como la autentificación de los usuarios legítimos, a otro ordenador al que está conectado. También puede ser un pack de software, como un *SGBD*, que almacena datos que se pueden consultar y manejar utilizando otro software incorporado al mismo ordenador o a otro distinto (compárese con *cliente*).

SGBD (o DataBase Management System, DBMS): El sistema de gestión de bases de datos es un software que sirve para almacenar, gestionar y consultar datos en una *base de datos*.

SIG 2.5D: Estos SIG reproducen la tercera dimensión extruyendo objetos vectores mediante una variable de atributo *z* para crear la impresión de una superficie o volumen tridimensional. Por lo general no son capaces de dar respuesta a problemas completamente tridimensionales (compárese con el *SIG 3D*).

SIG 3D: Un SIG que registra la localización espacial de *elementos geográficos* en tres dimensiones, de modo que puede realizar órdenes tales como «encontrar todos los objetos en un radio de un metro desde un determinado punto» (compárese con el *SIG 2.5D*).

SIG web: La utilización de Internet para publicar y ofrecer datos espaciales digitales a los usuarios una parte al menos de la funcionalidad del SIG convencional (véase *mapa interactivo*).

Sintaxis del espacio: Teoría y conjunto de métodos para estudiar el uso humano del espacio en el medio creado que priorizan la importancia de la «configuración» del espacio (p. ej., las interconexiones).

Sliver: Véase polígono astilla.

Software de código abierto (*open source*): La expresión «open source» se utiliza a menudo para referirse colectivamente al software puesto en circulación bajo varias licencias que permiten y hasta requieren la distribución del código de la fuente o «source», en general con poco o ningún coste para el usuario. Es decir, un software open source es aquel que se distribuye según los términos de la Open Source Definition (véase www.opensource.org/docs/definition.php).

Solapación (*overchang*): Un error de *digitalización* en el que un *polígono* no se solapa perfectamente con otro (compárese con *polígono astilla o sliver*).

Spline: Un método de *interpolación* que une varias funciones polinómicas para suavizar un trazado o superficie que pasa por todos los valores de los *atributos* de las localizaciones muestrales.

SQL (Structured Query Language): El SQL proporciona el mecanismo estándar para que los usuarios puedan crear, modificar y seleccionar entradas en una *base de datos relacional*.

Suavización: La aplicación de un *filtro de paso bajo*.

Superposición de polígonos: Un tipo de búsqueda o *consulta espacial* que se utiliza para determinar el *área* definida por la intersección de dos o más *polígonos.*

SVG (Scalable Vector Graphics): Los gráficos vectoriales escalables son una extensión del *XML* que ofrece un estándar no patentado que permite describir gráficos vectoriales bidimensionales para que se puedan visualizar mediante navegadores web y otras aplicaciones adecuadas.

Tabla de giros: Una tabla que sirve para determinar si es posible sobre el terreno desplazarse entre dos *aristas* que convergen en un *nodo* de una *red de transporte.*

Tableta digitalizadora: Un dispositivo para la *digitalización* de mapas de papel calcándolos mediante un *apuntador* (compárese con *escáner*).

Tabulación cruzada: La creación de una tabla que registra la distribución de los valores de *atributos* en un *mapa ráster* comparándola con los valores de atributos de otro mapa ráster.

Tensión: Un parámetro que puede utilizarse para aumentar la rugosidad de una superficie *interpolada* mediante *splines* para que se acople mejor a los valores de *atributos* de las localizaciones muestrales.

Teselación de Dirichlet: Una teselación formada por *polígonos de Thiessen* encuadrados en una serie de *puntos.*

TIN (Triangulated Irregular Network): La red de triángulos irregulares es un *MDE* vectorial que representa la superficie del suelo como una teselación de *polígonos* triangulares (una *triangulación de Delaunay*).

Tolerancia de proximidad: Al crear un *TIN*, la mínima distancia horizontal entre vértices utilizada para generar la teselación (compárese con *tolerancia entre vértices*).

Tolerancia entre vértices: Al crear un *TIN*, la distancia mínima en una curva de nivel antes de utilizar un *vértice* para realizar la teselación (compárese con *tolerancia de proximidad*).

TOPOGRID: Un método patentado de *interpolación* desarrollado por ESRI para crear hidrológicamente *MDE* correctos a partir de datos de *curvas de nivel*, *puntos altimétricos* y, sobre todo, datos hidrológicos suplementarios.

Topología: La topología es la rama de la *geometría* que se ocupa de aquellas propiedades espaciales de un objeto que permanecen inalteradas cuando el objeto experimenta una distorsión continua (p. ej., una dilatación o una contracción). En consecuencia, entre los aspectos topológicos de un *elemento geográfico* está el dato de si limita, contiene o está contenido directamente en otro elemento, pero no su forma, tamaño ni *localización geográfica.*

Trazador o plotter: Un dispositivo para imprimir mapas, sobre todo el utilizado para imprimir en grandes láminas de papel (mayores que A3) a base de dibujar literalmente con una «plumilla».

Triangulación de Delaunay: Una teselación o parcelación de *polígonos* triangulares creada de forma que el vértice más próximo a un determinado punto de un triángulo sea uno de los los vértices utilizados para construir ese triángulo.

USLE (Universal Soil Loss Equation): La ecuación de pérdida de suelo universal vincula los índices de pérdida de suelo observados en un lugar con la erosividad de la precipitación y otros *atributos* topográficos, como la pendiente y la cubierta vegetal. A diferencia del AGNPS, no modela el proceso de erosión.

UTM (Universal Transverse Mercator): El UTM es una *proyección* cilíndrica que divide el mundo en 60 zonas verticales de un ancho de 6 grados de *longitud* cada una. En cada zona se superpone una rejilla, que permite especificar una *localización geográfica* utilizando coordenadas UTM, que comprenden la zona, una *abcisa* y una *ordenada*.

Vecindad: El conjunto de lugares utilizados en una *operación espacial* para calcular el nuevo valor de *atributo* en una determinada localización. Nótese que las localizaciones de una vecindad no tienen por qué estar espacialmente próximas. El ejemplo de vecindad cercana más utilizado para *filtrar* un *mapa ráster* es la suma de la celda de referencia más las ocho *celdas* inmediatamente contiguas. El término tiene un significado distinto en el análisis de redes, ya que allí se refiere al conjunto de *nodos* a los que está conectado un determinado nodo a través de un número especificado de *aristas*.

Vértice: Elemento de un mapa vectorial que representa un punto aislado, el principio o el final de una *línea* (incluidas las líneas que forman parte de una *polilínea*), o la esquina de un *polígono* (compárese con *nodo*).

WGS 84: (World Geodetic System, 1984). El sistema *geodético* mundial 84 es una referencia geodética que puede utilizarse en los GPS que cubren cualquier punto del planeta (compárese con *NAD 27*, *NAD 83* y *ETRS 89*).

XML: (Extensible Markup Language) es un lenguaje de autodocumentación capaz de describir tipos muy distintos de datos. Resulta especialmente útil para almacenar metadatos y compartir datos entre sistemas conectados vía Internet.

Zona: Una zona utilizada como unidad muestral durante el trabajo de campo. Mientras los *cuadrantes* se definen mediante una rejilla o grid, las zonas suelen ser irregulares y se definen, al menos en parte, a partir de determinados rasgos o elementos, como los límites del terreno por ejemplo.

TÉRMINOS ESTADÍSTICOS

Análisis de agrupaciones (clústers): Un tipo de *clasificación* que permite crear grupos de elementos (mediante diversos métodos de *definición de agrupaciones*) basados en la posición espacial de los elementos o de algún otro *atributo*, como el tamaño o la morfología.

Análisis de densidad (análisis de intensidad): Una serie de métodos para calcular los cambios de densidad/intensidad de un *atributo* (como el número de puntos, o una *población*) en una determinada *área.*

Análisis de medias *k*: Un método corriente de *análisis de agrupaciones* que utiliza un método de división para definirlas.

Análisis de regresión: Una técnica estadística que, de una forma muy simple, encuentra la línea o curva que mejor encaja con una serie de datos de puntos x e y. El análisis de regresión determina sobre todo los valores de los parámetros (p. ej., las *constantes de regresión*) de la función que describe la línea o curva más acoplable. En una regresión lineal, esta función describe una línea recta; un análisis de regresión no lineal define la forma de una línea curvada. La regresión logística trata de encajar una curva en forma de S (sigmoidal) en un rango entre 0 y 1 para minimizar la frecuencia de valores intermedios; resulta, pues, ideal para el *modelo predictivo* donde 0 representa la ausencia de yacimientos, y 1 su presencia.

Análisis espacial: El conjunto de métodos estadísticos y asociados (p. ej., técnicas de visualización) utilizados para el análisis de datos espaciales.

Análisis del vecino más próximo: Un método simple para determinar si un conjunto de *puntos* en el espacio tiende o no a un patrón espacial aleatorio o agrupado.

Autocorrelación: En estadística, autocorrelación significa que las observaciones no son independientes, de modo que cada observación tiende a ser similar a sus vecinas. La autocorrelación espacial se refiere, pues, a una situación donde la diferencia del valor o valores de *atributos* entre dos *puntos* cualquiera está correlacionada con la distancia entre ambos. La correlación puede ser positiva (los valores son más similares cuanto más próximos están los puntos) o negativa (los valores son más similares cuanto más se alejan los puntos entre sí).

Capacidad predictiva: Una medida de la utilidad de un *modelo predictivo* que sirve para estimar una probabilidad especificada de la presencia de yacimientos, y que va del 1 (utilidad predictiva alta), al 0 (sin utilidad predictiva) y al -1 (el modelo predice lo contrario de lo que se esperaba).

Clase: Un subconjunto de observaciones u objetos producidos mediante un proceso de *clasificación.*

Clasificación: El proceso de dividir un conjunto de observaciones u objetos en dos o más subconjuntos (*clases*) basados en sus propiedades cualitativas o cuantitativas (numéricas) mediante la aplicación de un *análisis de agrupación* (*clúster*). Los métodos de clasificación numérica más corrientes para cartografiar *mapas de coropletas* son la desviación estándar (los elementos se agrupan según su dispersión en torno a la media); el cuantil (clases que contienen el mismo número de elementos, como en los cuartiles, donde cada clase posee el 25 % de los elementos); el intervalo natural (donde los límites entre las clases se definen mediante intervalos «naturales» basados en el patrón de distribución de los datos); el intervalo igual (clases definidas por la misma gama de valores); y el intervalo geométrico (los límites entre las clases cambian sistemáticamente para incrementar la amplitud de la clase en distribuciones asimétricas).

Clúster: Véase *análisis de agrupaciones* y *definición de agrupaciones.*

Coeficiente de correlación: Un estadístico que mide el grado de relación entre dos variables, en general x e y. El coeficiente de correlación lineal de Pearson es el más utilizado, y se denota mediante una r.

Coeficiente de determinación: Un estadístico, r^2, que expresa el nivel de dependencia entre dos variables, normalmente x e y. Puede ir de 0 (no dependencia) a +1 o −1 (dependencia totalmente positiva o totalmente negativa, respectivamente).

Coeficiente de variación: Un estadístico que expresa la variabilidad en una distribución. Suele expresarse en porcentajes y se calcula como: CV = (desviación/media estándar) × 100.

Cokriging: Un tipo de *kriging* que utiliza dos o más variables (y por lo tanto dos o más semi*variogramas*) para establecer los parámetros de una *interpolación.*

Conectividad binaria: Una medida de la relación *topológica* entre una serie n de objetos. Se calcula en una matriz $n \times n$, de modo que cada par de objetos se registra como conectado (1) o no (0).

Confusión: Se dice que dos variables son confusas cuando no son independientes, y por lo tanto es difícil comprobar qué variable es responsable del efecto observado.

Constantes de regresión: La *intersección y* y la *pendiente* de una línea en una ecuación lineal, o los parámetros potenciales en una ecuación no lineal.

Control de caso: Se refiere a una forma de *modelo predictivo* donde se conoce la localización de los yacimientos o sitios pero se desconoce la localización de no yacimientos. El resultado es, pues, más una improbabilidad que una medida de la probabilidad absoluta de la presencia de yacimientos.

Correlación: Se dice que dos variables están correlacionadas cuando los valores de una variable cambian de forma predecible en función del valor de la otra variable. Si ambos valores se elevan a la vez, entonces la correlación es positiva; si uno baja y el otro sube, entonces la correlación es negativa. La fuerza de la relación se puede medir mediante un *coeficiente de correlación.*

Definición de agrupaciones (clústers): Un análisis de agrupaciones puede adoptar diversas formas, aunque los métodos más corrientes son: el jerárquico, donde las agrupaciones pequeñas con pocos elementos se unen para formar menos grupos pero más grandes; el método de densidad, donde las agrupaciones se definen en torno a *áreas* de alta densidad (es decir, alrededor de los *puntos* o de los *atributos* de una distribución continua); y el métodos de partición o división, donde los elementos se colocan secuencialmente en uno de dos o más grupos comprobando interactivamente el grupo al que cada objeto se parece más.

Distribución: Una medida de la frecuencia relativa de la presencia (es decir, de la probabilidad de presencia) de valores a partir de distintas observaciones de una sola variable. Si los valores presentan una distribución igual en torno a la media (es decir, media ≈ modo ≈ mediana) entonces se dice que la distribución es normal (es decir, una «curva campaniforme» o una distribución gausiana). Una distribución asimétrica aparece cuando la distribución de los valores en torno a la media no es igual. Más concretamente, si el modo > la media (es decir, pequeños números de valores bajos), entonces se dice que la distribución es negativamente asimétrica; si el modo < la media (es decir, pequeños números de valores altos) entonces se dice que la distribución es positivamente asimétrica.

Distribución de puntos: Un conjunto de *puntos* en el espacio. La disposición de los puntos puede describirse como tendente a la aleatoriedad (es decir, que cada punto es independiente de todos los demás), con una distribución conglomerada o regular (véase asimismo *análisis del vecino más próximo* y *función K de Ripley*).

Diversidad: La cantidad de valores diferentes en la *vecindad* de una celda.

Error de tipo 1: Rechazo incorrecto de una *hipótesis nula.*

Error de tipo 2: Aceptación incorrecta de una *hipótesis nula.*

Escala: En estadística, la escala se refiere a la clase de datos. Los datos de una escala nominal son valores clasificatorios que no presentan un orden inherente ni una distancia regular entre ellos (p. ej., «cuenco», «vaso campaniforme», «ánfora»); los datos de una escala ordinal son categorías que pueden ordenarse, pero las distancias entre ellas no se pueden medir (p. ej., «pequeño», «medio», «grande»); la escala de intervalos tiene las propiedades de una escala ordinal, pero también la propiedad de distancias conocidas entre las categorías (p. ej., 1000 a.C., 500 a.C., 60 a.C.); una escala de ratios tiene las propiedades de la escala de intervalos, pero con un punto cero fijo (p. ej., 1.000 m, 5.000 m, 60 m).

Estadística espacial: El conjunto de estadísticas que se ocupan de la descripción y/o análisis de los fenómenos espaciales.

Función: Una relación (p. ej., una ecuación) donde cada elemento de un conjunto está asociado a otro elemento del mismo conjunto o de otro conjunto. Por ejemplo, $x = 3y$ es una función.

Función *K* de Ripley: Una *función* utilizada para comparar una pauta de puntos observada con una distribución teórica aleatoria en un rango de escalas espaciales con el fin de comprobar si la pauta observada está bastante más agrupada o más regularmente distribuida de lo esperado.

Geoestadística: Métodos estadísticos que tratan de las relaciones espaciales entre objetos.

Heteroscedástica: Una situación donde los errores en una *variable independiente* derivan de *distribuciones* diferentes (es decir, que expresan dos o más procesos separados). Se identifica por la presencia de una agrupación en un plano x, y (compárese con *homoscedástica*).

Hipótesis nula: Una hipótesis que se verifica estadísticamente, normalmente expresada como «sin diferencias» (p. ej., entre *muestras*) o como «aleatoria», y viene denotada por H_0. Si H_0 es rechazada, entonces se impone la hipótesis alternativa (H_1) (habitualmente expresada como una «diferencia significativa» entre muestras, o como «no aleatoria»).

Homoscedástica: Una situación donde los errores derivan de la misma distribución para todas las variables independientes (compárese con *heteroscedástica*).

Interacción: Descripción, análisis o predicción del *flujo* (interacción) entre regiones o centros definidos (p. ej., entre un centro de población y otro).

Interdependencia: Describe una relación entre dos *variables* en la que resulta difícil o imposible identificar cuál es la dependiente y cuál la independiente (compárese con *confusión*).

Intersección: El punto en el eje y donde intersecta una *línea de regresión*.

Jenks, optimización de: Un método estadístico para establecer divisorias de *clase* mediante «intervalos naturales» (véase *clasificación*) minimizando la suma de las desviaciones cuadradas de las medias de clase.

Kriging: Una forma de *interpolación* basada en la geoestadística para calcular el peso de la distancia de los valores vecinos.

Lapso (lag): La distancia entre pares de *puntos* en una distribución espacial (por lo general agrupados en intervalos separados para crear un *variograma*).

Línea de regresión: Una línea recta a través de una distribución de variables *x*, *y* que se introduce para minimizar la suma de las distancias verticales cuadradas. La línea tiene dos *constantes de regresión*: una *intersección y* y una *pendiente*, que se utilizan para deducir la ecuación lineal.

Modelado espacial: El conjunto de métodos estadísticos y asociados (p. ej., el análisis del *campo visual*) utilizados para comprender las relaciones espaciales entre diferentes fenómenos (p. ej., entre yacimientos arqueológicos y las condiciones medioambientales).

Monte-Carlo: Véase *simulación de Monte-Carlo*.

Muestra: Un conjunto de elementos extraídos de una *población* para poder realizar inferencias sobre la población.

Muestra de entrenamiento: Una *muestra* de yacimientos (normalmente un 50 %) seleccionada de la muestra de todos los yacimientos conocidos y que se utiliza para desarrollar un *modelo predictivo*.

Muestra de prueba: Una *muestra* de yacimientos (normalmente un 50 %) extraída de la muestra de todos los yacimientos conocidos que se utiliza para verificar la exactitud de un *modelo predictivo*.

Multivariable: Más de una variable, como en la estadística multivariable.

Nivel de significación: El nivel de probabilidad en el que se rechaza una *hipótesis nula* en favor de la hipótesis alternativa en un test estadístico, y se denota mediante α o *p*. Los niveles de significación no suelen superar el 10 % ($\alpha<0,1$), y suelen situarse en torno al 5 % ($\alpha<0,05$), pero a veces a un 1 % ($\alpha<0,019$ o menos). A medida que el nivel de significación se desplaza de más a menos, la probabilidad de cometer un *error de tipo* 1 disminuye y aumenta la probabilidad de cometer un *error de tipo 2*.

PAM (Partitioning Around Medoids): Un método de análisis de agrupaciones similar al de las *medias k*, pero más sólido.

Pendiente: En estadística, la pendiente se refiere al gradiente de una línea en un *análisis de regresión*, y es una de las *constantes de regresión*.

Población: El conjunto de elementos que sirven de base para realizar inferencias estadísticas, normalmente a base de una *muestra* de la población.

Rango: La diferencia entre los valores más altos y los más bajos en una muestra de datos (como una *vecindad* de celdas).

Regresión espacial: Un método geoestadístico de *análisis de regresión* que incorpora como variable datos espaciales para limitar los errores que aparecen cuando se realiza una regresión estándar con datos que se conocen o que se suponen espacialmente *autocorrelacionados*.

Residual: La diferencia observable entre un valor real y su valor anticipado en una *muestra*. Por ejemplo, en el análisis de *regresión* lineal, el residual es la diferencia entre el valor *dependiente* (*y*) real y el valor que predecía la *línea de regresión*.

Semivarianza: La semivarianza es un estadístico espacial que estima el grado de correlación entre los valores de atributos de los puntos y la distancia entre ellos (es decir, una *autocorrelación espacial*).

Simulación de Monte-Carlo: Una técnica estadística que para reducir la incertidumbre inherente a las *muestras* aleatorias toma repetidas muestras aleatorias (mil o más). La distribución de valores de algún estadístico (como la media muestral) puede entonces examinarse para obtener una estimación más aproximada de la media de *población*.

Tabla de contingencia: Una tabla de cómputos que se crea clasificando objetos mediante dos o más *escalas* nominales o variables ordinales. Por ejemplo, una distribución de yacimientos puede clasificarse según clases de *pendiente* (baja, media o fuerte) y fecha (p. ej., paleoindio, arcaico, etc.). Con el *test de* χ^2 se puede determinar el grado de asociación en tablas de contingencia.

Test de Kolmogorov-Smirnov: Un test estadístico no *paramétrico* utilizado para determinar el grado de diferencia entre dos *distribuciones* de frecuencia (probabilidad).

Test de dos muestras: Un test estadístico entre dos muestras extraídas de la (supuesta) misma población.

Test de una muestra: Un test estadístico donde una pauta observada se compara con una *muestra* (aleatoria) de observaciones independientes.

Test de χ^2: Un test estadístico *no paramétrico* de independencia de uso corriente. Se suele utilizar para verificar la independencia de los datos dispuestos en una *tabla de contingencia*.

Test G_i^* de Getis: Un test estadístico para determinar si una localización y las regiones limítrofes forman una agrupación de valores de *atributos* superior (o inferior) a la media.

Test no paramétrico: Un tipo de test estadístico (como el test de χ^2) que no requiere la *distribución* de valores para adaptarse a una forma específica (compárese con *paramétrico*).

Test paramétrico: Un tipo de test estadístico (como el test de Student) que requiere una forma de *distribución* específica (normalmente una distribución normal) (compárese con *test no paramétrico*).

Test *t* de Student (test del estudiante): Una distribución estadística definida por W. S. Gosset en 1908 que se utiliza en el test *t* de Student para comprobar si las medias de dos *muestras* normalmente distribuidas proceden de la misma *población*.

Test *U* de Mann-Whitney (o test de Wilcoxon): Un test estadístico *no paramétrico* que sirve para determinar si los datos de una *escala* ordinal o escala superior proceden o no de una sola *población*.

Validación: La comprobación de un modelo para determinar su exactitud.

Valor atípico: Un valor inusualmente alto o bajo respecto a otros valores de un conjunto de datos. Estas anomalías pueden aparecer porque se ha producido un error humano (de observación o en la entrada de datos), porque las medidas proceden de una *población* distinta, o porque el valor registra un evento excepcional en una sola población.

Variable de diseño: En el contexto del modelo predictivo, una variable de diseño es una variable numérica que deriva de una variable de la escala nominal.

Variable dependiente: Una variable influida, o presuntamente influida, por una *variable independiente*. Por ejemplo, la variable dependiente «ubicación del yacimiento» puede estar influida por la variable independiente «tipo de suelo».

Variable independiente: La variable (normalmente la x) que influye en la *variable dependiente* (normalmente la y).

Varianza: Una medida de la *distribución* en torno a la media de una *muestra* de números.

Variograma: La función matemática que mide la *semivarianza* –desemejanza– de una variable cuando sus valores están en puntos separados por una determinada distancia (h) se llama un variograma, y se utiliza para estimar los parámetros necesarios para realizar una *interpolación* mediante *kriging*. Un variograma experimental es una conocida función que define la línea óptima entre puntos en el variograma, y suele basarse en un modelo lineal, esférico o gausiano.

TÉRMINOS DE PERCEPCIÓN REMOTA

Agrupación espectral: Véase *clasificación no supervisada*.

Ampliación de contrastes: Una técnica matemática que se utiliza en imágenes digitales para ampliar una limitada gama de valores de *píxel*(es) «estirando» los valores hasta los límites superior e inferior permitidos (normalmente entre 0 y 255).

Área de prueba: Un área definida sobre la base de que contiene un elemento o fenómeno específicos (p. ej., un yacimiento arqueológico o un tipo de vegetación) que también puede trazarse sobre la imagen digital y, por lo tanto, utilizable en una *clasificación supervisada*.

Banda espectral: Es el abanico de longitudes de las ondas electromagnéticas registradas por un solo sensor mediante un instrumento de *percepción remota*. Normalmente las bandas espectrales corresponden a una determinada gama de frecuencias, como la *infrarroja* cercana, la verde visible, el rojo visible, etc.

Clasificación de imágenes: El proceso de convertir los datos continuos recogidos en una o más *bandas espectrales* en *clases* discretas (o seguramente valores de clases) que representan diferentes tipos de elementos o de vegetación. Suele realizarse por el procedimiento de la *clasificación supervisada* o *no supervisada.*

Clasificación no supervisada: Un proceso de interpretación de imágenes que empieza por el reconocimiento del modelo estadístico, normalmente utilizando alguna forma de estadística *multivariable* para identificar agrupaciones en dos o más *bandas espectrales.* Se parte de la suposición de que estas agrupaciones espectrales representan elementos o fenómenos distintivos y que, por lo tanto, pueden ser la base para una *clasificación de imágenes.*

Clasificación supervisada: Un proceso de interpretación de imágenes que empieza por el diseño de una *muestra* de las *áreas de prueba* en una imagen digital para identificar y definir un patrón de respuesta espectral del fenómeno en cuestión.

Composición de colores: Una imagen semejante a una imagen en color, pero que es el producto de combinar la información de las *bandas espectrales* captada individualmente desde un sensor *multiespectral.* Llamada también composición de colores falsa cuando los colores no se parecen a aquellos que el ojo humano espera ver (p. ej., cuando las bandas espectrales hipersensibles a la presencia de vegetación no son de color verde.

GPR (Ground Penetrating Radar): El GPR es una herramienta de *percepción remota* mediante sensor activo, de manejo manual o acompañada de una pequeña carretilla con ruedas, que transmite radiaciones electromagnéticas (normalmente entre 1,5 GHz y 100 MHz) al subsuelo y lee la señal reflejada para detectar las elementos que allí pueda haber (como sepulturas o fundamentos de un edificio).

Hiperespectral: Véase *multiespectral.*

IFSAR (Interferometric Synthetic Aperture Radar): El IFSAR es un sensor activo montado sobre una nave espacial (como la lanzadera espacial) o avión para captar datos de altura.

Índice de vegetación: Una combinación matemática de distintas *bandas espectrales* que utiliza el *álgebra de mapas* para crear una nueva imagen que representa la variación espacial de algún aspecto de la vegetación. (El NDVI o índice de vegetación normalizado diferencial, combina, por ejemplo, bandas rojas e *infrarrojas* cercanas para crear un nuevo mapa con valores entre 0,1 y 0,6, donde las *celdas* con los valores más altos representan una vegetación verde «más sana»).

Infrarrojo: La radiación no visible del espectro electromagnético más allá del rojo. El infrarrojo cercano (NIR) empieza con longitudes de onda de unos 0,7 μm (o sea, 0,0007 mm) y el infrarrojo lejano (FIR) alcanza longitudes de onda de unos 1000 μm.

LiDAR (Light Detection and Ranging): El LiDAR es un *sensor activo* montado en un avión para medir la *elevación.*

Multiespectral: Más de una *banda espectral.* Si hay muchas bandas estrechas registradas (p. ej., un exceso de 20), los datos se llaman *hiperespectrales* (compárese con *pancromática*).

Pancromática: Una sola banda espectral que registra la luz visible en un formato equivalente a una imagen en «blanco y negro». Compárese con *multiespectral*).

Percepción remota: El arte y la ciencia de registrar e interpretar la naturaleza de un fenómeno sin necesidad de entrar en contacto físico con él. Normalmente asociada a algún instrumento que registra las ondas de energía (como la luz visible, la luz infrarroja o el radar).

Sensor activo: Un sistema de *percepción remota* que emite energía y lee cómo se refleja y vuelve al fenómeno o punto de emisión (compárese con *sensor pasivo*).

Sensor pasivo: Un sistema de *percepción remota* que registra la energía generada por el fenómeno de referencia o la reverberada desde otra fuente (p. ej., el sol) (compárese con *sensor activo*).

SRP (Spectral Response Pattern): El SRP es un patrón de los valores de energía registrados en una o más *bandas espectrales* de un elemento o fenómeno concreto (p. ej., casas o especies vegetales) o de un grupo de fenómenos (p. ej., la flora de una comunidad).

SRTM (Shuttle Radar Topography Mission): La SRTM utiliza un radar IFSAR para recoger datos de *elevación* de todo el mundo.

Verificación sobre el terreno: Es una fase esencial de la *clasificación de imágenes* basada en la visita del área para verificar la exactitud de las áreas definidas mediante *clasificación supervisada* o *no supervisada.*

Bibliografía

Abe, Y., C. W. Marean, P. J. Nilssen, Z. Assefa y E. Stone (2002), «The analysis of cutmarks on archaeofauna: a review and critique of quantification procedures, and a new image-analysis GIS approach», *American Antiquity*, 67: 643-663.

Alcock, S. y J. Cherry, eds. (2004), *Side-by-Side Survey: Comparative Regional Studies in the Mediterranean World*, Oxbow Books, Oxford.

Aldenderfer, M. (1996), «Introduction», en M. Aldenderfer y H. D. G. Maschner, eds., *Anthropology, Space and Geographical Information Systems*, Oxford University Press, Nueva York, pp. 3-18.

— (1998), «Quantitative methods in archaeology: a review of recent trends and developments», *Journal of Archaeological Research*, 6, pp. 91-1.220.

ALGAO (2001), *Local Records - National Resource: An ALGAO Strategy for Sites and Monuments Records in England*, Association of Local Government Archaeology Officers (ALGAO), Londres.

— (2002), *Historic Environment Records: Benchmarks for Good Practice*, English Heritage/Association of Local Government Archaeology Officers (ALGAO), Londres.

Allen, J. R. L. y M. G. Fulford (1996), «The distribution of south-east Dorset Black Burnished Category 1 pottery in south-west Britain», *Britannia*, 27, pp. 223-281.

Allen, K. M.S. (1990), «Modelling early historic trade in the eastern Great Lakes using geographic information systems», en K. M. S. Allen, S. W. Green y E. B.W. Zubrow, eds., *Interpreting Space: GIS and Archaeology*, Taylor & Francis, Londres, pp. 319-329.

Ammerman, A. J. y L. L. Cavalli-Sforza (1971), «Measuring the rate of spread of early farming in Europe», *Man*, N.S. 6, pp. 674-688.

Anderson, R. C. (1982), «Photogrammetry: the pros and cons for archaeology», *World Archaeology*, 14, pp. 200-205.

Anderson, D. G. y M. K. Faught (2000), «Palaeoindian artefact distributions: evidence and implications», *Antiquity*, 74, pp. 507-513.

APPAG (2003), *The Current State of Archaeology in the United Kingdom: First Report of the All-Party Parliamentary Archaeology Group*, The All-Party Parliamentary Archaeology Group (Grupo parlamentario de Arqueología), Londres.

Atkinson, P. (2002), «Surface modelling: what's the point?», *Transactions in GIS*, 6, pp. 1-4.

Aurenhammer, F. y H. Edelsbrunner (1984), «An optimal algorithm for constructing the weighted Voronoi diagram in the plane», *Pattern Recognition*, 17, pp. 251-257.

Bailey, T. C. y A. C. Gatrell (1995), *Interactive Spatial Data Analysis*, Longman, Harlow.

Baker, W. A. (1992), *Air archaeology in the valley of the River Severn*, tesis doctoral inédita, Universidad de Southampton.

Ball, G. y D. Hall (1970), «A clustering technique for summarising multivariate data», *Behavioral Science*, 12, pp. 153-155.

Barker, P. (1998), *Techniques of Archaeological Excavation*, 3.ª ed., Routledge, Londres y Nueva York.

Barrett, J. C. (1999), «The mythical landscapes of the British Iron Age», en A. Ashmore y A. B. Knapp, eds., *Archaeologies of Landscape*, Blackwell, Oxford, pp. 253-265.

Barton, M. B., J. Bernabeu, E. Aura y O. García (1999), «Land-use dynamics and socioeconomic change: an example from the Polop Alto Valley», *American Antiquity*, 64, pp. 609-634.

Barton, M. B., J. Bernabeu, E. Aura, O. García y N. L. Roca (2002), «Dynamic landscapes, artifact taphonomy and land-use modeling in the western Mediterranean», *Geoarchaeology*, 17, pp. 155-190.

Batchelor, D. (1999), «The use of GIS for archaeological sensitivity and visibility analysis at Stonehenge, Avebury and associated sites, World Heritage site, United Kingdom», en P. Box, ed., *GIS and Cultural Resource Management: A Manual for Heritage Managers*, UNESCO, Bangkok, pp. 118-128.

Batty, M. (2001), «Exploring isovist fields: space and shape in architectural and urban morphology», *Environment and Planning B: Planning and Design*, 28, pp. 123-150.

Baxter, M. (1994), *Exploratory Multivariate Analysis in Archaeology*, Edinburgh University Press, Edimburgo.

Beardah, C. (1999), «Uses of multivariate kernel density estimates», en L.

Dingwall, S. Exon, V. Gaffney, S. Laflin y M. van Leusen, eds., *Archaeology in the Age of the Internet: Computer Applications and Quantitative Methods in Archaeology 1997*, BAR International Series S750, Archaeopress, Oxford.

Beardah, C. y M. Baxter (1996), «The archaeological use of kernel density estimates», *Internet Archaeology*, 1. http://intarch.ac.uk/journal/issue1/beardah_index.html (consultado 05/11/2004).

Beasley, D. y L. Huggins (1991), *ANSWERS User's Manual*, W. Lafayette, IN, Agricultural Engineering, Purdue University.

Beck, A. y M. Beck (2000), «Computing, theory and practice: establishing the agenda in contract archaeology», en S. Roskams, ed., *Interpreting Stratigraphy: Papers Presented to the Interpreting Stratigraphy Conferences 1993-1997*, Archaeopress, Oxford, pp. 173-181.

Bell, T. y G. Lock (2000), «Topographic and cultural influences on walking the Ridgeway in later prehistoric times», en G. Lock, ed., *Beyond the Map: Archaeology and Spatial Technologies*, IOS Press, Amsterdam, pp. 85-100.

Bell, T., A. Wilson y A. Wickham (2002), «Tracking the Samnites: landscape and communication routes in the Sangro Valley, Italy», *American Journal of Archaeology*, 106, pp. 169-186.

Bell, T. L. y R. Church (1985), «Location-allocation modelling in archaeological settlement pattern research: some preliminary applications», *World Archaeology*, 16, pp. 354-371.

Ben-Dor, E., J. Portugali, M. Kochavi, M., Shimoni y L. Vinitzky (1999), «Airborne thermal video radiometry and excavation planning at Tel Leviah, Golan Heights, Israel», *Journal of Field Archaeology*, 26, pp. 117-127.

Benedikt, M. L. (1979), «To take hold of space: isovists and isovist fields», *Environment and Planning B: Planning and Design*, 6, pp. 47-65.

Bevan, A. (2003), «The rural landscape of Neopalatial Kythera: a GIS perspective», *Journal of Mediterranean Archaeology*, 15, pp. 217-256.

Bevan, A. y T. Bell (2004), *A Survey of Standards for the English Archaeological Record Community: A Report on Behalf of English Heritage*, English Heritage, Londres.

Bevan, A. y J. Conolly (2004), «GIS, archaeological survey and landscape archaeology on the Island of Kythera, Greece», *Journal of Field Archaeology*, 29, pp. 123-138.

— (en prensa), «Multi-scalar approaches to settlement distributions», en G. Lock y B. Molyneaux, eds., *Confronting Scale in Archaeology: Issues of Theory and Practice*, Kluwer Press, Londres, http://www.tuare.trentu.ca/njconolly/papers/bevan-conolly-2005.pdf (consultado 22/08/05).

Bewley, R., O. Braasch y R. Palmer (1996), «An aerial archaeology training week, 15-22 June 1996, held near Siofok, Lake Balaton, Hungary», *Antiquity*, 70, pp. 745-750.

Bewley, R., D. Donoghue, V. Gaffney, M. van Leusen y A. Wise (1998), *Archiving Aerial Photography and Remote Sensing Data: A Guide to Good Practice*, Arts and Humanities Data Service Guides to Good Practice. Arts and Humanities Data Service, http://ads.ahds.ac.uk/project/goodguides/apandrs (consultado 05/11/2004).

Bewley, R. y W. Raczkowski, eds. (2002), *Aerial Archaeology: Developing Future Practice*, IOS Press, Oxford.

Beynon-Davies, P. (1992), *Relational Database Design*, Blackwell Scientific, Oxford.

Bibby, J. S., H. A. Douglas, A. J. Thomasson y J. S. Robertson (1991), *Land Capability Classification for Agriculture*, Macaulay Land Use Research Institute, Aberdeen.

Binford, L. R. (1989), «The "New Archaeology" then and now», en C. C. Lamberg-Karlovsky, ed., *Archaeological Thought in America*, Cambridge University Press, Cambridge, pp. 50-62.

Binford, L. R. y S. R. Binford, eds. (1968), *New Perspectives in Archaeology*, IL, Aldine, Chicago.

Bintliff, J., M. Kuna y N. Venclova, eds. (2001), *The Future of Surface Artefact Survey in Europe*, Sheffield Academic Press, Sheffield.

Bishop, I. D. (2002), «Determination of thresholds of visual impact: the case of wind turbines», *Environment and Planning B: Planning and Design*, 29, pp. 707-718.

Bouchet, J.-M. y C. Burnez (1990), «Le camp Néolithique de Réjolles à Biron Charente-Maritime», *Bulletin de la Société Préhistorique Française*, 87, pp. 10-12.

Bourn, R. (1999), «Events and monuments: a discussion paper», *SMR News*, 8, pp. 3-7.

Bove, F. J. (1981), «Trend surface analysis and the Lowly Classic Maya collapse», *American Antiquity*, 46, pp. 93-112.

Bradley, R. (1998), «Ruined buildings, ruined stones, enclosures, tombs and natural places in the Neolithic of south-west England», *World Archaeology*, 30, pp. 13-22.

— (2000), *An Archaeology of Natural Places*, Routledge, Londres.

Bradley, R., J. Harding, S. Rippon y M. Mathews (1993), «A field method for investigating the distribution of rock art», *Oxford Journal of Archaeology*, 12, pp. 129-145.

Brock, J. C., C. W. Wright, A. H. Sallenger, W. B. Krabill y R. N. Swift (2002), «Basis and methods of NASA Airborne Topographic Mapper

LiDAR surveys for coastal studies», *Journal of Coastal Research*, 18, pp. 1-13.

Broodbank, C. (1999), «Kythera survey: preliminary report on the 1998 season», *Annual of the British School at Athens*, 94, pp. 191-214.

Buck, C., W. Cavanagh y C. Litton (1988), «The spatial analysis of site phosphate data», en S. Rahtz, ed., *Computer and Quantitative Methods in Archaeology 1988*, BAR International Series 446, BAR, Oxford, pp. 151-160.

Bunge, W. W. (1966), *Theoretical Geography*, Lund Studies in Geography 6, Series C, General and Mathematical Geography, Gleerup, Lund.

Burrough, P. A. y R. McDonnell (1998), *Principles of Geographical Information Systems*, Oxford University Press, Oxford.

Bustard, W. (1996), «Space as Place: Small and Great House Spatial Organisation in Chaco Canyon, New Mexico, 1000-1150 AD», tesis doctoral inédita, Universidad de Nuevo México.

Campbell, J. B. (1996), *Introduction to Remote Sensing*, 2.ª ed., The Guilford Press, Nueva York.

— (2002), *Introduction to Remote Sensing*, 3.ª ed., Guilford Publications, Nueva York.

Campbell, M. (2000), «Sites and site types on Rarotonga, Cook Islands», *New Zealand Journal of Archaeology*, 22, pp. 45-74.

Cañamero, D. y W. V. de Velde (2000), «Emotionally grounded social interaction», en K. Dautenhahn, ed., *Human and Social Agent Technology*, John Benjamins, Amsterdam, pp. 137-162.

Capper, J. (1907), «Photographs of Stonehenge, as seen from a war balloon», *Archaeologia*, 60, p. 571.

Carrara, A., G. Bitelli y R. Carla (1997), «Comparison of techniques for generating digital terrain models from contour lines», *International Journal of Geographical Information Science*, 11, pp. 451-474.

Carter, F. W. (1969), «An analysis of the Medieval Serbian Oecumene: a theoretical approach», *Geografiska Annaler*, 51, pp. 39-52.

Cartwright, W., J. Crampton, G. Gartner *et al.* (2001), «Geospatial information visualisation user interface issues», *Cartography and Geographic Information Science*, 28, pp. 45-60.

Cassels, R. (1972), «Locational analysis of prehistoric settlement in New Zealand», *Mankind*, 8, pp. 212-222.

Chapman, J. (1990), «Social inequality on Bulgarian tells and the Varna problem», en R. Samson, ed., *The Social Archaeology of Houses*, Edinburgh University Press, Edimburgo, pp. 49-92.

Chapman, H. y B. Gearey (2000), «Palaeoecology and the perception of prehistoric landscapes: some comments on visual approaches to phenomenology», *Antiquity*, 74, pp. 316-319.

Chen, P. P. S. (1976), «The entity-relationship model toward a unified view of data», *ACM Transactions on Database Systems*, 1, pp. 9-36.

Chorley, R. J. y P. Haggett, eds. (1967), *Models in Geography*, Methuen, Londres.

Chou, Y.-H. (1997), *Exploring Spatial Analysis in Geographic Information Systems*, OnWord Press, Albany, NY.

Clark, A. J. (1996), *Seeing Beneath the Soil: Prospecting Methods in Archaeology*, B. T. Batsford, Londres.

Clark, P. y F. Evans (1954), «Distance to nearest neighbour as a measure of spatial relationships in populations», *Ecology*, 35, pp. 445-453.

Clarke, D. L. (1968), *Analytical Archaeology*, Methuen, Londres.

—, ed. (1972), *Models in Archaeology*, Methuen, Londres.

—, ed. (1977), *Spatial Archaeology*, Academic Press, Londres.

Cliff, A. D. y J. K. Ord (1981), *Spatial Processes, Models and Applications*, Pion, Londres.

Clifford, P. y S. Richardson (1985), «Testing the association between two spatial processes», *Decisions and Statistics, Supplement Issue*, n.º 2, pp. 155-160.

Clowes, A. y P. Comfort (1982), *Process and Landform*, Oliver & Boyd, Edimburgo.

Codd, E. F. (1970), «A relational model of data for large shared data banks», *Communications of the ACM*, 13(6), pp. 377-387.

Collischonn, W. y V. Pilar (2000), «A direction-dependent least cost path algorithm for roads y canals», *International Journal of Geographical Information Science*, 14, pp. 397-406.

Couclelis, H. (1992), «People manipulate objects (but cultivate fields): beyond the ráster-vector debate in GIS», en A. U. Frank, I. Campari y U. Formentini, eds., *Theories and Methods of Spatio-Temporal Reasoning in Geographic Space*, Springer-Verlag, Berlín, pp. 65-77.

— (1999), «Space, time, geography», en P. A. Longley, M. F. Goodchild, D. J. Maguire y D. W. Rhind, eds., *Geographical Information Systems*, vol. I, *Principles and Technical Issues*, John Wiley & Sons, Nueva York, pp. 29-38.

Cox, C. (1992), «Satellite imagery, aerial photography and wetland archaeology», *World Archaeology*, 24, pp. 249-267.

Cunliffe, B. W. (1971), «Some aspects of hill-forts and their cultural environments», en M. Jesson y D. Hill, eds., *The Iron Age and its Hill-Forts*, Universidad de Southampton, Serie Monografías 1, Universidad de Southampton, Southampton, pp. 53-70.

Curry, M. R. (1998), *Digital Places: Living with Geographic Information Technologies*, Routledge, Londres.

Dacey, M. F. (1960), «The spacing of river towns», *Annals of the Association of American Geographers*, 50, pp. 59-61.

D'Andrea, A., R. Gallotti y M. Piperno (2002), «Taphonomic interpretation of the Developed Oldowan site of Garba IV (Melka Kunture, Ethiopia) through a GIS application», *Antiquity*, 76, pp. 991-1002.

Daniel, I. R. (2001), «Stone raw material availability and Early Archaic settlement in the southeastern United States», *American Antiquity*, 66, pp. 237-265.

DeLoach, S. R. y J. Leonard (2000), «Making photogrammetric history», *Professional Surveyor*, 20, pp. 6-10.

DeMers, M. N. (1997), *Fundamentals of Geographic Information Systems*, John Wiley & Sons, Nueva York.

Dennell, R. W. y D. Webley (1975), «Prehistoric settlement and land use in southern Bulgaria», en E. S. Higgs, ed., *Palaeoeconomy, Being the Second Volume of Papers in Economic Prehistory by Members and Associates of the British Academy Major Research Project in the Early History of Agriculture*, Cambridge University Press, Cambridge, pp. 97-109.

Dent, B. D. (1999), *Cartography: Thematic Map Design*, 5.ª ed., WCB/McGraw Hill, Londres.

Deursen, W. P. A. V. (1995), «Geographical Information Systems and Dynamic Models, tesis doctoral inédita, Universidad de Utrecht. Accesible a través de Nederlandse Geografische Studies 190», http://pcraster.geog.uu.nl/publications.html (consultado 16/08/04).

Dibble, H. L., P. G. Chase, S. P. McPherron y A. Tuffreau (1997), «Testing the reality of a "living floor" with archaeological data», *American Antiquity*, 62, pp. 629-651.

Douglas, D. H. (1999), «Least cost path in GIS using an accumulated cost surface and slope lines», http://www.hig.se/~dds/research/leastcos/cumcost4.htm (consultado 10/02/2002).

Dreyfus, H. (1972), *What Computers Can't Do: A Critique of Artificial Reason*, Harper & Row, Nueva York.

Dublin Core Metadata Initiative (2003), Dublin Core Metadata Element Set, Version 1.1: Reference Description. http://dublincore.org/documents/dces/(consultado 08/09/2004).

Duncan, R. B. y Beckman, A. (2000), «Site location in Pennsylvania and West Virginia», en Westcott, K. L. y Brandon, R. J., eds., *Practical Applications of GIS for Archaeologists: A Predictive Modeling Kit*, Taylor & Francis, Londres, pp. 33-58.

Dunning, A. (2001), «Managing change with digital data: the case of the Essex Sites y Monuments Record», *Internet Archaeology*, 15. http://ahds.ac.uk/creating/case-studies/essex/ (consultado 12/11/2004).

Earl, G. y D. Wheatley (2002), «Virtual reconstruction and the interpretive process: a case-study from Avebury», en D. Wheatley, G. Earl y S. Poppy, eds., *Contemporary Themes in Archaeological Computing*, Departamento de Arqueología de la Universidad de Southampton, Monografía 3, Oxbow Books, Oxford, pp. 5-15.

Eason, G., C. W. Coles y G. Gettinby, G. (1980), *Mathematics and Statistics for the Bio-Sciences*, Ellis Horwood, Chichester.

Eastman, J. R. (1989), «Pushbroom algorithms for calculating distances in ráster grids», en AutoCarto, eds., *Auto-Carto 9: Ninth International Symposium on Computer-Assisted Cartography*, MD, 2-7 April. Falls Church, VA, American Society for Photogrammetry and Remote Sensing, American Congress on Surveying and Mapping, Baltimore, pp. 288-297.

— (1997), *Idrisi Version 2: Guide to GIS and Image Processing*, vol. 1, Clark Labs, Worcester, MA.

— (2001), *Idrisi32 Release 2: Guide to GIS and Image Processing*, vol. 1, Clark Labs, Worcester, MA.

Ebert, D. (2002), «The potential of geostatistics in the analysis of fieldwalking data», en D. Wheatley, G. Earl y S. Poppy, eds., *Contemporary Themes in Archaeological Computing*, Departamento de Arqueología, Monografía 3, Universidad de Southampton, Oxbow Books, Oxford, pp. 82-89.

Egenhofer, M. J. (1991), «Extending SQL for cartographic displays», *Cartography and Geographic Information Systems*, 18, pp. 230-245.

— (1994), «Spatial SQL: a query and presentation language», *IEEE Transactions on Knowledge and Data Engineering*, 6, pp. 86-95.

Eisenberg, J. D. (2002), *SVG Essentials*, O'Reilly, Cambridge, MA.

Eiteljorg, H. (2000), «The compelling computer image: a double-edged sword», *Internet Archaeology*, 8. http://intarch.ac.uk/journal/issue8/eiteljorg_index.html (consultado 12/01/2004).

ESRI (1999), «Splines. ArcInfo Version 7.2.1 Documentation», Environmental Systems Research Institute, Redlands, CA.

— (2002), «TIN in ArcInfo 8.0.1. ArcInfo Version 8.0.1 Documentation», Environmental Systems Research Institute, Redlands, CA.

Eve, S. (2004), «Chersonesos Multi Agent Modelling System (CMAMS v1.2)», tesis doctoral inédita, Institute of Archaeology, University College, Londres.

Exon, S., V. Gaffney, A. Woodward y R. Yorston (2000), *Stonehenge Landscapes: Journeys Through Real-and-Imagined Worlds*, Archaeopress, Oxford.

Fanning, R. C. y S. J. Holdaway (2001), «Stone artifact scatters in western NSW, Australia: geomorphic controls on artifact size and distribution», *Geoarchaeology*, 16, pp. 667-686.

FAO (1974), *Approaches to Land Classification, Soils Bulletin* 22, FAO, Roma.

— (1976), *A Framework for Land Evaluation, Soils Bulletin* 32, Roma, FAO, http://www.fao.org/docrep/X5310E/X5310E00.htm (consultado 03/09/2004).

Felleman, J. P. (1986), «Landscape visibility», en R. C. Smardon, J. F. Palmer y J. P. Felleman, eds., *Foundations for Visual Project Analysis*, John Wiley & Sons, Nueva York, pp. 47-62.

Fernie, K. y P. Gilman (2000), *Informing the Future of the Past: Guidelines for SMRs*, English Heritage, Swindon.

Finzi, C. V. y E. S. Higgs (1972), «Prehistoric economy in the Mount Carmel area of Palestine: site catchment analysis», *Proceedings of the Prehistoric Society*, 36, pp. 1-37.

Fischer, M. M. (2004), «GIS and network analysis», en D. Hensher, K. Button, K. Haynes y P. Stopher, eds., *Handbook of Transport Geography and Spatial Systems*, Elsevier Science, Amsterdam, http://www.ersa.org/ersaconfs/ersa03/cdrom/papers/433.pdf (consultado 25/08/2004).

Fischer, P. F. (1991), «First experiments in viewshed uncertainty: the accuracy of the viewshed area», *Photogrammetric Engineering y Remote Sensing*, 57, pp. 1.321-1.327.

— (1993), «Algorithm and implementation uncertainty in viewshed analysis», *International Journal of Geographical Information Systems*, 7, pp. 331-347.

Fischer, P. y D. Unwin, eds. (2002), *Virtual Reality in Geography*, Taylor & Francis, Londres y Nueva York.

Fischer, P. F., C. Farrelly, A. Maddocks y C. L. N. Ruggles (1997), «Spatial analysis of visible areas from the Bronze Age cairns of Mull», *Journal of Archaeological Science*, 24, pp. 581-592.

Floriani, L. D., P. Marzano y E. Puppo (1994), «Line-of-sight communication on terrain models», *International Journal of Geographical Information Systems*, 8, pp. 329-342.

Foley, J. D., A. van Dam, S. K. Feiner y J. F. Hughes (1990), *Computer Graphics: Principles and Practice*, Addison-Wesley, Reading, MA.

Foley, R. A. (1977), «Space and energy: a method for analysing habitat value and utilisation in relation to archaeological sites», en D. L. Clarke, ed., *Spatial Archaeology*, Academic Press, Londres, pp. 163-187.

Forer, P. y D. Unwin (1999), «Enabling progress in GIS and education», en P. A. Longley, M. F. Goodchild, D. J. Maguire y D. W. Rhind, eds., *Geographical Information Systems*, vol. 2, *Management Issues and Applications*, John Wiley & Sons, Nueva York, pp. 747-756.

Foresman, T. W. (1998), «GIS early years and the thread of evolution», en T. W. Foresman, ed., *The History of GIS*, Prentice Hall, Londres, pp. 3-17.

Foster, S. M. (1989), «Analysis of spatial patterns in buildings (access analysis) as an insight into social structure: examples from the Scottish Iron Age», *Antiquity*, 63, pp. 40-50.

Fotheringham, A. S., C. Brunsdon y M. Charlton (2000a), *Geographically Weighted Regression: The Analysis of Spatially Varying Relationships*, John Wiley & Sons, Londres.

— (2000b), *Quantitative Geography*, Sage, Londres.

Fotheringham, A. S., M. E. Charlton y C. Brunsdon (1998), «Geographically weighted regression: a natural evolution of the expansion method for spatial data analysis», *Environment y Planning* A, 30, pp. 1.905-1.927.

Fotheringham, A. S. y M. E. O'Kelly (1989), *Spatial Interaction Models: Formulations and Applications*, Kluwer, Dordrecht.

Fowler, M. (1996), «High-resolution satellite imagery in archaeological application: a Russian satellite photograph of the Stonehenge region», *Antiquity*, 70, pp. 667-671.

Franke, R. (1982), «Smooth interpolation of scattered data by local thin plate splines», *Computers y Mathematics with Application*, 8, pp. 237-281.

Franklin, W. R. (2000), «Applications of analytical cartography», *Cartography and Geographic Information Science*, 27, pp. 225-237.

Fritz, J. M. y F. T. Plog (1970), «The nature of archaeological explanation», *American Antiquity*, 35, pp. 405-412.

Gaffney, V. y Z. Stančič (1991), *GIS Approaches to Regional Analysis: a Case Study of the Island of Hvar*, Znanstveni inštitut Filozofske fakultete, Ljubljana.

— (1992), «Diodorus Siculus and the island of Hvar, Dalmatia: testing the text with GIS», en G. Lock y J. Moffett, eds., *Computer Applications and Quantitative Methods in Archaeology 1991*, British Archaeological Reports International Series 557, Tempus Reparatum, Oxford, pp. 113-126.

Gaffney, V., Z. Stančič y H. Watson (1996), «Moving from catchments to cognition: tentative steps toward a larger archaeological context for GIS», en M. Aldenderfer y H. D. G. Maschner, eds., *Anthropology, Space and Geographic Information Systems*, Oxford University Press, Oxford, pp. 132-154.

Gaffney, V. y P. M. van Leusen (1995), «Postscript: GIS, environmental determinism and archaeology. A parallel text», en G. R. Lock y Z. Stančič, eds., *Archaeology and Geographical Information Systems: A European Perspective*, Taylor & Francis, Londres, pp. 367-382.

Gamble, C. S. (1998), «Palaeolithic society and the release from proximity: a network approach to intimate relations», *World Archaeology*, 29, pp. 426-449.

García-Sanjuán, L. y D. Wheatley (1999), «The state of the Arc: differential rates of adoption of GIS for European heritage management», *European Journal of Archaeology*, 2, pp. 201-228.

Gavrilova, M. (n.d.), «Weighted Voronoi diagrams in biology», http://pages/cpsc.ucalgary.ca/~marina/vpplants/ (consultado 05/11/2004).

Gibson, J. J. (1986), *The Ecological Approach to Perception*, Lawrence Erlbaum Associates, Hillsdale.

Gilbert, N. y K. G. Troitzsch (1999), *Simulation for the Social Scientist*, Open University Press, Buckingham.

Gilchrist, R. (1997), *Gender and Material Culture: The Archaeology of Religious Woman*, Routledge, Londres.

Gillings, M. (1995), «Flood dynamics and settlement in the Tisza valley of north-east Hungary: GIS and the Upper Tisza Project», en G. R. Lock y Z. Stančič, eds., *Archaeology and Geographic Information Systems: A European Perspective*, Taylor & Francis, Londres, pp. 67-84.

— (1997), «Not drowning but waving? The Tisza flood-plain revisited», en I. Johnson y M. North, eds., *Archaeological Applications of GIS: Proceedings of Colloquium II, UISPP XIIIth Congress*, Forli, Italia, septiembre de 1996, Sydney University Archaeological Methods Series 5, Archaeological Computing Laboratory, CD-ROM, Sidney.

— (2005), «The real, the virtually real, and the hyperreal: the role of VR in archaeology», en S. Smiles y S. Moser, eds., *Envisioning the Past: Archaeology and the Image*, Blackwell Publishing, Oxford, pp. 223-239.

Gillings, M. y G. T. Goodrick (1996), «Sensuous and reflexive GIS: exploring visualisation and VRML», *Internet Archaeology*, 1. http://intarch.ac.uk/journal/issue1/gillings_index.html (consultado 30/08/2004).

Gillings, M., D. Mattingly y J. van Dalen, eds. (1999), *Geographical Information Systems and Landscape Archaeology*, The Archaeology of Mediterranean Landscapes 3, Oxbow Books, Oxford.

Gillings, M. y K. Sbonias (1999), «Regional survey and GIS: the Boeotia Project», en M. Gillings, D. Mattingly y J. van Dalen, eds., *Geographical Information Systems and Landscape Archaeology*, The Archaeology of Mediterranean Landscapes 3, Oxford, Oxbow Books.

Gilman, P. (2004), «Sites and Monuments Records and Historic Environment Records in England: is Cinderella finally going to the ball?», *Internet Archaeology*, 15, http://intarch.ac.uk/journal/issue15/gilman_toc.html (consultado 11/06/2004).

Gimblett, H. R., ed. (2002), *Integrating Geographic Information Systems and Agent-Based Modeling Techniques for Simulating Social and Ecological Processes*, Oxford University Press, Oxford.

Gkiasta, M., T. Russell, S. Shennan y J. Steele (2003), «Neolithic transition in Europe: the radiocarbon record revisited», *Antiquity*, 77, pp. 45-63.

Goodchild, M. F. (1998), «The geolibrary», en S. Carver, ed., *Innovations in GIS 5: Selected Papers from the Fifth National Conference on GIS Research UK (GISRUK)*, Taylor & Francis, Londres, pp. 59-68.

Gorenflo, L. J. y T. L. Bell (1991), «Network analysis and the study of past regional organisation», en C. D. Trombold, ed., *Road Networks and Settlement Hierarchies in the New World*, Cambridge University Press, Cambridge, pp. 80-98.

Gorenflo, L. J. y N. Gale (1990), «Mapping regional settlement in information space», *Journal of Anthropological Archaeology*, 9, pp. 240-274.

Goudie, A. S. (1987), «Geography and archaeology: the growth of a relationship», en J. M. Wagstaff, ed., *Landscape and Culture: Geographical and Archaeological Perspectives*, Basil Blackwell, Oxford, pp. 11-25.

Gould, P. R. (1967), «On the geographical interpretation of eigenvalues», *Transactions of the Institute of British Geographers*, 42, pp. 53-86.

Grove, A. T. y O. Rackham (2003), *The Nature of Mediterranean Europe: An Ecological History*, Yale University Press, New Haven, CT.

Hageman, J. B. y D. A. Bennett (2000), «Construction of digital elevation models for archaeological applications», en K. L. Westcott y R. J. Brandon, eds., *Practical Applications of GIS for Archaeologists: A Predictive Modeling Kit*, Taylor & Francis, Londres, pp. 113-127.

Haggett, P. (1965), *Locational Analysis in Human Geography*, John Wiley & Sons, Nueva York.

Haggett, P. y R. J. Chorley (1969), *Network Analysis in Geography*, Edward Arnold, Londres.

Haines, E. (1994), «Point in polygon strategies», en P. Heckbert, ed., *Graphics Gems IV*, Academic Press, Londres, pp. 24-46.

Haining, R. (1990), «The use of added variable plots in regression modelling with spatial data», *The Professional Geographer*, 42, pp. 336-345.

— (2003), *Spatial Data Analysis: Theory and Practice*, Cambridge University Press, Cambridge.

Haraway, D. (1991), *Simians, Cyborgs, and Woman: The Reinvention of Nature*, Free Association Books, Londres.

Harris, E. C. (1979), *Principles of Archaeological Stratigraphy*, Academic Press, Londres.

Harris, T. (2000), «Moving GIS: exploring movement within prehistoric cultural landscapes using GIS», en G. Lock, ed., *Beyond the Map: Archaeology and Spatial Technologies*, IOS Press, Amsterdam, pp. 116-123.

Harvey, D. (1969), *Explanation in Geography*, Edward Arnold, Londres.

Hassan, F. (1997), «Beyond the surface: comments on Hodder's "reflexive excavation methodology"», *Antiquity*, 71, pp. 1.020-1.025.

Haughton, C. y D. Powlesland (1999), *West Heslerton: the Anglian Cemetery, Archaeological Monograph I*, Landscape Research Centre, Yedingham.

Hernández, M. J. (2003), *Database Design for Mere Mortals: A Hands-On Guide to Relational Database Design*, 2.ª ed., Addison-Wesley Professional, Boston.

Higgs, E. S. y C. V. Finzi (1972), «Prehistoric economies: a territorial approach», en E. S. Higgs, ed., *Papers in Economic Prehistory: Studies by Members and Associates of the British Academy Major Research Project in the Early History of Agriculture*, Cambridge University Press, Cambridge, pp. 27-36.

Higgs, E. S., C. Vita-Finzi, D. R. Harris y A. E. Fagg (1967), «The climate, environment and industries of Stone Age Greece: part II», *Proceedings of the Prehistoric Society*, 33, pp. 1-29.

Higuchi, T. (1983), *The Visual and Spatial Structure of Landscapes*, MIT Press (trad. Charles S. Terry), Cambridge.

Hill, J. B. (1998), «Ecological variability and agricultural specialisation among the protohistoric pueblos of central New Mexico», *Journal of Field Archaeology*, 25, pp. 275-294.

Hillier, B. (1996), *Space is the Machine*, Cambridge University Press, Cambridge.

Hillier, B. y J. Hanson (1984), *The Social Logic of Space*, Cambridge University Press, Cambridge.

Hodder, I. (1972), «Locational models and the study of Romano-British settlement», en D. L. Clarke, ed., *Models in Archaeology*, Methuen, Londres, pp. 887-909.

— (1982), *Symbolic and Structural Archaeology*, Cambridge University Press, Cambridge.

— (1986), *Reading the Past*, Cambridge University Press, Cambridge.

— (1990), *The Domestication of Europe*, Basil Blackwell, Oxford.

— (1997), «Always momentary, fluid and flexible: towards a reflexive excavation methodology», *Antiquity*, 71, pp. 691-700.

— (1999), *The Archaeological Process*, Blackwell, Oxford.

Hodder, I. y M. Hassell (1971), «The non-random spacing of Romano-British walled towns», *Man*, N.S. 6, pp. 391-407.

Hodder, I. y C. Orton (1976), *Spatial Analysis in Archaeology*, Cambridge University Press, Cambridge.

Holt-Jensen, A. (1988), *Geography: History and Concepts, a Student's Guide*, Paul Chapman Publishing (trad. B. Fullerton), Londres.

Hoobler, B. M., G. F. Vance, J. D. Hamerlinck, L. C. Munn y J. A. Hayward (2003), «Applications of land evaluation and site assessment», *Journal of Soil and Water Conservation*, 58, pp. 105-113.

Horn, B. K. P. (1981), «Hill shading and the reflectance map», *Proceedings of the IEEE*, 69, pp. 14-47.

Hosmer, D. W. y S. Lemeshow (1989), *Applied Logistic Regression*, John Wiley & Sons, Nueva York.

Hudson-Smith, A. y S. Evans (2003), «Virtual cities: from CAD to 3-D GIS», en P. A. Longley y M. Batty, eds., *Advanced Spatial Analysis: The CASA Book of GIS*, CA, ESRI Press, Redlys, pp. 41-60.

Hunt, E. D. (1992), «Upgrading site-catchment analysis with the use of GIS: investigating the settlement patterns of horticulturalists», *World Archaeology*, 24, pp. 283-309.

Husdal, J. (2000), «How to make a straight line square: network analysis in ráster GIS», tesis doctoral inédita, Universidad de Leicester, http://husdal.com/mscgis/thesis/ (consultado 05/07/2004).

Hutchinson, M. F. (1989), «A new method for gridding elevation and stream line data with automatic removal of pits», *Journal of Hydrology*, 106, pp. 211-232.

Hutchinson, M. F. y T. I. Dowling (1991), «A continental hydrological assessment of a new gridbased digital elevation model of Australia», *Hydrological Processes*, 5, pp. 45-58.

Iliffe, J. C. (2000), *Datums and Map Projections, for Remote Sensing, GIS, and Surveying*, Whittles Publishing, Londres.

Ingold, T. (1993), «The temporality of the landscape», *World Archaeology*, 25, pp. 152-174.

Izraelevitz, P. (2003), «A fast algorithm for approximate viewshed computation», *Photogrammetric Engineering and Remote Sensing*, 69, pp. 767-774.

International Standards Organisation (2003), ISO 19115: 2003 Geographic information: Metadata. http://dublincore.org/documents/dces/ (consultado 08/09/2004).

Jenks, G. F. y F. C. Caspall (1971), «Error in choropleth maps: definition, measurement, reduction», *Annals of the Association of American Geographers*, 61, pp. 217-244.

Jensen, J. R. (2002), *Remote Sensing of the Environment*, Prentice Hall, New Jersey.

Jensen, S. K. y J. O. Domingue (1988), «Extracting topographic structure from digital elevation data for geographic information system analysis», *Photogrammetric Engineering y Remote Sensing*, 54, pp. 1.593-1.600.

João, E. M. (1998), *Causes and Consequences of Map Generalisation*, Taylor & Francis, Londres.

Jochim, M. A. (1976), *Hunter-Gatherer Subsistence and Settlement: A Predictive Model*, Academic Press, Nueva York.

Johnston, R. J. (1999), «Geography and GIS», en P. A. Longley, M. F. Goodchild, D. J. Maguire y D. W. Rhind, eds., *Geographical Information Systems*, vol. I, *Principles and Technical Issues*, John Wiley & Sons, Nueva York, pp. 39-47.

Jones, C. (1997), *Geographical Information Systems and Computer Cartography*, Longman, Harlow.

Jones, N. L., S. G. Wright y D. R. Maidment (1990), «Watershed delineation with triangle-based terrain models», *Journal of Hydraulic Engineering*, 116, pp. 1.232-1.251.

Judge, W. J. y L. Sebastian, eds. (1988), *Quantifying the Present and Predicting the Past: Theory, Method and Application of Archaeological Predictive Modeling*, US Bureau of Land Management, Ministerio del Interior, Servicio de Publicaciones del gobierno de EE.UU., Washington, D.C.

Kantner, J. (1996), «An evaluation of Chaco Anasazi roadways», http://sipapu.ucsb.edu/roads/SAA96.pdf (consultado 20/08/2004), ponencia presentada ante el 61 Congreso anual SAA, Nueva Orleans, LA.

Kaufman, L. y P. J. Rousseeuw (1990), *Einding Groups in Data: An Introduction to Cluster Analysis*, John Wiley & Sons, Nueva York.

Ketz, D. D. (2001), «Managing archaeological surveys through geospatial information», *Pipeline y Gas Journal*, 228, pp. 37-40.

King, G. (1996), *Mapping Reality: An Exploration of Cultural Cartographies*, Macmillan, Londres.

Klein, F. (1939), *Elementary Mathematics from an Advanced Standpoint*, vol. 2, *Geometry*, Macmillan, Londres (trad. E. R. Hedrick y C. A. Noble de la 3.ª ed. alemana).

Kohler, T. A. y G. J. Gumerman, eds. (2000), *Dynamics in Human and Primate Societies: Agent Based Modeling of Social and Spatial Processes*, Oxford University Press, Oxford.

Kohler, T. A. y S. C. Parker (1986), «Predictive modelling for archaeological resource location», en M. B. Schiffer, ed., *Advances in Archaeological Method and Theory*, vol. 9, Academic Press, Nueva York, pp. 397-452.

Krist, F. J. y D. G. Brown (1994), «GIS modelling of Palaeo-Indian period caribou migrations and viewsheds in northeastern Lower Michigan», *Photogrammetric Engineering and Remote Sensing*, 60, pp. 1.129-1.137.

Kvamme, K. L. (1983), «Computer processing techniques for regional modeling of archaeological site locations», *Advances in Computer Archaeology*, 1, pp. 26-52.

— (1985), «Determining relationships between the natural environment and prehistoric site locations: a hunter-gatherer example», en C. Carr, ed., *For Concordance in Archaeological Analysis: Bridging Data Structure, Quantitative Technique and Theory*, Westport, Kansas City, KS, pp. 208-238.

— (1988), «Development and testing of quantitative models», en W. J. Judge y L. Sebastian, eds., *Quantifying the Present and Predicting the Past: Theory, Method and Application of Archaeological Predictive Modeling*, US Bureau of Land Management, Ministerio del Interior, Servicio de Publicaciones del gobierno de EE.UU., Washington, D.C., pp. 325-427.
— (1990a), «The fundamental principles and practice of predictive archaeological modeling», en A. Voorrips, ed., *Mathematics and Information Science in Archaeology: A Flexible Framework*, Studies in Modern Archaeology 3, Holos-Verlag, Bonn, pp. 257-295.
— (1990b), «GIS algorithms and their effects on regional archaeological analyses», en K. M. S. Allen, S. W. Green y E. B. W. Zubrow, eds., *Interpreting Space: GIS and Archaeology*, Taylor & Francis, Londres, pp. 112-125.
— (1990c), «One-sample tests in regional archaeological analysis: new possibilities through computer technology», *American Antiquity*, 55, pp. 367-381.
— (1990d), «Spatial autocorrelation and the Classic Maya collapse revisited: refined techniques and new conclusions», *Journal of Archaeological Science*, 17, pp. 197-207.
— (1992a), «A predictive site location model on the High Plains: an example with an independent test», *Plains Anthropologist*, 37, pp. 19-40.
— (1992b), «Terrain form analysis of archaeological location through geographic information systems», en G. Lock y J. Moffett, eds., *Computer Applications and Quantitative Methods in Archaeology 1991*, British Archaeological Reports International Series 577, Tempus Reparatum, Oxford, pp. 127-136.
— (1993), «Spatial statistics and GIS: an integrated approach», en J. Andresen, T. Madsen e I. Scollar, eds., *Computing the Past: Computer Applications and Quantitative Methods in Archaeology 1992*, Aarhus University Press, Aarhus, pp. 91-103.
Kwan, M. P. (2002), «Is GIS for woman? Reflections on the critical discourse in the 1990s», *Gender, Place and Culture*, 9, pp. 271-279.
Ladefoged, T. N. y R. Pearson (2000), «Fortified castles on Okinawa Island during the Gusuku Period, AD 1200-1600», *Antiquity*, 74, pp. 404-412.
Lake, M. W. (2000a), «MAGICAL computer simulation of Mesolithic foraging», en T. A. Kohler y G. J. Gumerman, eds., *Dynamics in Human and Primate Societies: Agent-Based Modelling of Social and Spatial Processes*, Oxford University Press, Nueva York, pp. 107-143.
— (2000b), «MAGICAL computer simulation of Mesolithic foraging on Islay», en S. J. Mithen, ed., *Hunter-Gatherer Landscape Archaeology: The Southern Hebrides Mesolithic Project 1988-98*, vol. 2, *Archaeological*

Fieldwork on Colonsay, Computer Modelling, Experimental Archaeology, and Final Interpretations, The McDonald Institute for Archaeological Research, Cambridge, pp. 465-495.

— (2004), «Being in a simulacrum: electronic agency», en A. Gardner, ed., *Agency Uncovered: Archaeological Perspectives on Social Agency, Power and Being Human*, UCL Press, Londres, pp. 191-209.

Lake, M. W. y P. E. Woodman (2000), «Viewshed analysis of site location on Islay», en S. J. Mithen, ed., *Hunter-Gatherer Landscape Archaeology: The Southern Hebrides Mesolithic Project 1988-98*, vol. 2, *Archaeological Fieldwork on Colonsay, Computer Modelling, Experimental Archaeology, and Final Interpretations*, The McDonald Institute for Archaeological Research, Cambridge, pp. 497-503.

— (2003), «Visibility studies in archaeology: a review and case study», *Environment and Planning B: Planning and Design*, 30, pp. 689-707.

Lake, M. W., P. E. Woodman y S. J. Mithen (1998), «Tailoring GIS software for archaeological applications: an example concerning viewshed analysis», *Journal of Archaeological Science*, 25, pp. 27-38.

Land Information New Zealand (2003), «Standard de Metadatos geoespaciales del gobierno de Nueva Zelanda v. 1.2 1.ª parte: Profile Definition», www.linz.govt.nz/rcs/linz/pub/web/root/core/Topography/ProjectsA%ndProgrammes/geospatialmetadata/index.jsp (consultado 08/09/2004).

Langmuir, E. (1997), *Mountaincraft and Leadership*, The Scottish Sport Council/The Mountain Leader Training Board, Glasgow.

Levine, N. (2002), *CrimeStat: A Spatial Statistics Program for the Analysis of Crime Incident Locations (v 2.0)*, TX, Ned Levine & Associates/Washington, D.C., National Institute of Justice, Houston.

Lewis, M. y K. Wigen (1997), *The Myth of Continents: A Critique of Metageography*, University of California Press, Berkeley, CA.

Lillesand, T. M., J. W. Chipman y R. W. Kiefer (2003), *Remote Sensing and Image Interpretation*, 5.ª ed., John Wiley & Sons, Nueva York.

Lillesand, T. M. y R. W. Kiefer (2000), *Remote Sensing and Image Interpretation*, 4ª ed., John Wiley & Sons, Nueva York.

Lindley, D. V. y W. F. Scott (1984), *Cambridge Elementary Statistical Tables*, Cambridge University Press, Cambridge.

Llobera, M. (1996), «Exploring the topography of mind: GIS, social space and archaeology», *Antiquity*, 70, pp. 612-622.

— (2000), «Understanding movement: a pilot model towards the sociology of movement», en G. Lock, ed., *Beyond the Map: Archaeology and Spatial Technologies*, IOS Press, Amsterdam, pp. 65-84.

— (2001), «Building past landscape perception with GIS: understanding topographic prominence», *Journal of Archaeological Science*, 28, pp. 1.005-1.014.

— (2003), «Extending GIS-based visual analysis: the concept of "visualscapes"», *International Journal of Geographical Information Science*, 17, pp. 25-48.

Lloyd, C. D. y P. M. Atkinson (2004), «Archaeology and geostatistics», *Journal of Archaeological Science*, 31, pp. 151-164.

Lock, G. (2003), *Using Computers in Archaeology*, Routledge, Londres.

Lock, G., T. Bell y J. Lloyd (1999), «Towards a methodology for modelling surface survey data: the Sangro Valley Project», en M. Gillings, D. Mattingly y J. van Dalen, eds., *Geographical Information Systems and Landscape Archaeology*, The Archaeology of Mediterranean Landscapes 3, Oxbow Books, Oxford, pp. 55-63.

Lock, G. R. y T. M. Harris (1996), «Danebury revisited: an English Iron Age hillfort in a digital landscape», en M. Aldenderfer y H. D. G. Maschner, eds., *Anthropology, Space and Geographic Information Systems*, Oxford University Press, Oxford, pp. 214-240.

Longley, P. A., M. F. Goodchild, D. J. Maguire y D. W. Rhind (1999), «Introduction», en P. A. Longley, M. F. Goodchild, D. J. Maguire y D. W. Rhind, eds., *Geographical Information Systems*, vol. I, *Principles and Technical Issues*, John Wiley & Sons, Nueva York, pp. 1-20.

— (2005), «Geographic Information Systems and Science, 2 ed.», John Wiley & Sons, Chichester.

Loots, L. (1997), «The use of projective and reflective viewsheds in the analysis of the Hellenistic city defence system at Sagalassos, Turkey», *Archaeological Computing Newsletter*, 49, pp. 12-16.

Lowry, R. (2003), «Concepts and applications of inferential statistics», http://faculty.vassar.edu/lowry/webtext.html (consultado 08/07/03).

Mackie, Q. (2001), *Settlement Archaeology in a Fjordland Archipelago: Network Analysis, Social Practice and the Built Environment of Western Vancouver Island, British Columbia, Canada since 2000 BP*, British Archaeological Reports International Series 926, Archaeopress, Oxford.

Macnab, N. (2003), «Anglo-Scandinavian, Medieval and Post-Medieval Urban Occupation at 41-49 Walmgate, York, UK», www.yorkarchaeology.co.uk/wgate/ (consultado 07/09/2004).

Madry, S. y L. Rakos (1996), «Line-of-sight and cost surface techniques for regional archaeological research in the Arroux river valley», en H. D. G. Maschner, ed., *New Methods, Old Problems: Geographic Information Systems in Modern Archaeological Research*, Southern Illinois University Center for Archaeological Investigations, Carbondale, IL, pp. 104-126.

Manber, U. (1989), *Introduction to Algorithms: A Creative Approach*, Addison-Wesley, Reading, MA.

Manly, B. F. J. (1991), *Randomization and Monte Carlo Methods in Biology*, Chapman & Hall, Londres.

Marble, D. F. (1990), «The potential methodological impact of geographic information systems on the social sciences», en K. M. S. Allen, S. W. Green y E. B. W. Zubrow, eds., *Interpreting Space: GIS and Archaeology*, Taylor & Francis, Londres, pp. 9-21.

Marean, C. W., Y. Abe, P. J. Nilssen y E. C. Stone (2001), «Estimating the minimum number of skeletal elements (MNE) in Zooarchaeology: a review and a new image-analysis GIS approach», *American Antiquity*, 66, pp. 333-348.

Maris, M. y R. te Boekhorst (1996), «Exploiting physical constraints: heap formation through behavioural error in a group of robots», en IEEE/RSJ, ed., *Intelligent Robots and Systems, Proceedings of the 1996 IEEE/RSJ International Conference on Intelligent Robots and Systems (IROS96) Part III*, IEEE, New Jersey, pp. 1.655-1.661.

Maschner, H. D. G. y J. W. Stein (1995), «Multivariate approaches to site location on the northwest coast of North America», *Antiquity*, 69, pp. 61-73.

Matheron, G. (1971), *The Theory of Regionalized Variables and its Applications*, Les Cahiers du Centre de Morphologie Mathématique, Fasc. 5, Centre de Géostatistique, Fontainebleau.

McIlhagga, D. (1997), «Optimal path delineation to multiple targets incorporating fixed cost distance», tesis inédita, Carleton University.

McKee, B., T. Sever y P. Sheets (1994), «Prehistoric footpaths in Costa Rica: remote sensing and field verification», en P. Sheets y B. McGee, eds., *Archaeology, Volcanism, and Remote Sensing in the Arenal Region, Costa Rica*, University of Texas Press, Austin, TX, pp. 142-157.

Menard, S. (2001), *Applied Logistic Regression Analysis*, Sage Publications Thousand Oaks, CA.

Merwin, D. A., R. G. Cromley y D. L. Civco (2002), «Artificial neural networks as a method of spatial interpolation for digital elevation models», *Cartography and Geographic Information Science*, 29, pp. 99-110.

Milner, G. R. (1996), «Native American interactions: multiscalar analyses and interpretations in the Eastern Woodlands. Book reviews», *Antiquity*, 70, pp. 992-995.

Minetti, A. E., L. P. Ardigò y F. Saibene (1993), «Mechanical determinants of gradient walking», *Journal of Physiology*, 471, pp. 725-735.

Mitas, L., H. Mitasova, W. M. Brown y M. Astley (1996), «Interacting fields approach for evolving spatial phenomena: application to erosion simulation for optimized land use», en *Proceedings, Third International Conference/Workshop on Integrating GIS and Environmental Modeling*, Santa Fe, NM, enero 21-26, 1996, National Center for Geographic Information and Analysis, Santa Barbara, CA, www.ncgia.ucsb.edu/conf/SANTA_FE_CD-ROM/main.html (consultado 29/09/04).

Mitasova, H., L. Mitas, W. M. Brown, *et al.* (1995), «Modelling temporally and spatially distributed phenomena: new methods and tools for GRASS GIS», *International Journal of Geographic Information Systems*, 9, pp. 433-446.

Mithen, S. J. (1989), «Evolutionary theory and post-processual archaeology», *Antiquity*, 63, pp. 483-494.

—, ed. (2000), *Hunter-Gatherer Landscape Archaeology: The Southern Hebrides Mesolithic Project 1988-98*, vol. 2, *Archaeological Fieldwork on Colonsay, Computer Modelling, Experimental Archaeology, and Final Interpretations*, McDonald Institute for Archaeological Research, Cambridge.

Mlekuz, D. (2004), «Listening to the landscapes: modelling soundscapes in GIS», *Internet Archaeology*, 16, http://intarch.ac.uk/journal/issue16/mlekuz_toc.html (consultado 23/05/05).

Monk, D. (2001), «Spatial Statistics v. 1.0 for ArcView», http://arcscripts.esri.com/details.asp?dbid=11828 (consultado 03/09/2004).

Monmonier, M. (1991), *How to Lie with Maps*, University of Chicago Press, Chicago, IL.

Moran, P. A. P. (1950), «Notes on continuous stochastic phenomena», *Biometrika*, 37, pp. 17-23.

Müller, J. (1988), *The Chambered Cairns of the Northern and Western Isles*, Occasional Paper 16, Dpto. de Arqueología, Universidad de Edimburgo, Edimburgo.

Nearing, M. A., L. J. Lane y V. L. Lopes (1994), «Modeling soil erosion», en R. Lal, ed., *Soil Erosion Research Methods*, 2.ª ed., Soil and Water Conservation Society/St. Lucie Press, Delray Beach, FL, pp. 127-156.

Neiman, F. D. (1997), «Conspicuous consumption as wasteful advertising: a Darwinian perspective on spatial patterns in Classic Maya terminal monument dates», en M. C. Barton y G. A. Clark, eds., *Rediscovering Darwin: Evolutionary Theory and Archaeological Explanation*, Archaeological Papers of the American Anthropological Association 7, American Anthropological Association, Washington, D.C., pp. 267-290.

Neteler, M. y H. Mitasova (2002), *Open Source GIS: A GRASS GIS Approach*, Kluwer Academic Press, Boston, MA.

Newman, M. (2002), *SMR Content and Computing Survey 2002*, Data Services Unit, English Heritage, Londres.

Nigro, J. D., P. S. Ungar, D. J. de Ruiterand y L. R. Berger (2003), «Developing a Geographic Information System (GIS) for mapping and analysing fossil deposits at Swartkrans, Gauteng Province, South Africa», *Journal of Archaeological Science*, 30, pp. 317-324.

Open GIS Consortium (1999), Document 99-049: OpenGIS simple features specification for SQL, revision 1.1. http://www.opengis.org/techno/specs/99-049.pdf (consultado 21/5/03).

— (2001), The OpenGIS Abstract Specification. Topic 11: OpenGIS Metadata (ISO/TC 211 DIS 19115), http://portal.opengeospatial.org/files/?artifact_id=1094 (consultado 22/08/05).

Ord, J. K. y A. Getis (1995), «Local spatial autocorrelation statistics: distributional issues and an application», *Geographical Analysis*, 27, pp. 286-306.

Pannatier, Y. (1996), *VARIOWIN: Software for Spatial Data Analysis in 2D*, Springer-Verlag, Nueva York.

Passmore, R. y J. V. G. A. Durnin (1955), «Human energy expenditure», *Physiological Review*, 35, p. 801.

Pélissier, R. y F. Goreaud (2001), «A practical approach to the study of spatial structure in simple cases of heterogeneous vegetation», *Journal of Vegetation Science*, 12, pp. 99-108.

Peng, Z.-R. y M.-H. Tsou (2003), *Internet GIS: Distributed Geographic Information Services for the Internet and Wireless Network*, John Wiley & Sons, Nueva York.

Peregrine, P. (1995), «Networks of power: the Mississippian world system», en M. S. Nassaney y K. E. Sassaman, eds., *Native American Interactions: Multiscalar Analyses and Interpretations in the Eastern Woodlands*, University of Tennessee Press, Knoxville, TN, pp. 247-265.

Perlès, C. (1999), «The distribution of *magoules* in Eastern Thessaly», en P. Halstead, ed., *Neolithic Society in Greece*, Sheffield Studies in Aegean Archaeology, Sheffield Academic Press, Sheffield, pp. 42-56.

— (2001), *The Early Neolithic in Greece*, Cambridge University Press, Cambridge.

Peterson, M. (2004), «Developing predictive models for prehistoric settlement patterns on the High Plains of Western Nebraska», tesis doctoral inédita, Instituto de Arqueología, University College, Londres.

Philip, G., D. Donoghue, A. Beck y N. Galiatsatos (2002), «CORONA satellite photography: an archaeological application from the Middle East», *Antiquity*, 76, pp. 109-118.

Pickles, J. (1999), «Arguments, debates, and dialogues: the GIS-social theory debate and the concern for alternatives», en P. A. Longley, M. F. Goodchild, D. J. Maguire y D. W. Rhind, eds., *Geographical Information Systems*, vol. I, *Principles and Technical Issues*, pp. 49-60, John Wiley & Sons, Nueva York.

Pollard, J. y M. Gillings (1998), «Romancing the stones: towards an elemental and virtual Avebury», *Archaeological Dialogues*, 5, pp. 140-164.

Popper, K. (1963), *Conjectures and Refutations: The Growth of Scientific Knowledge*, Routledge & Kegan Paul, Londres.

Portugali, J. y M. Sonis (1991), «Palestinian national identity and the Israeli labour market: Q-analysis», *The Professional Geographer*, 46, pp. 256-279.

Poulter, A. e I. Kerslake (1997), «Vertical photographic site recording: the "Holmes Boom"», *Journal of Field Archaeology*, 24, pp. 221-232.

Powlesland, D. (1997), «Publishing in the round: a role for CD-ROM in the publication of archaeological fieldwork results», *Antiquity*, 71, pp. 1.062-1.066.

— (1998), «The West Heslerton assessment», *Internet Archaeology*, 5, http://intarch.ac.uk/journal/issue5/westhes_toc.html (consultado 30/08/2004).

Powlesland, D., H. Clemence y J. Lyall (1998), «West Heslerton: WEB-CD: the application of HTML and WEB tools for creating a distributed excavation archive in the form of a WEB-CD», *Internet Archaeology*, 5, http://intarch.ac.uk/journal/issue5/westhescd-toc.html (consultado 31/08/2004).

Powlesland, D., J. Lyall y D. Donoghue (1997), «Enhancing the record through remote sensing. The application and integration of multi-sensor, non-invasive remote sensing techniques for the enhancement of the Sites and Monuments Record», Heslerton Parish Project, N. Yorkshire, Inglaterra, *Internet Archaeology*, 2. http://intarch.ac.uk/journal/issue2/pld_index.html (consultado 05/11/2004).

Premo, L. (2004), «Local spatial autocorrelation statistics quantify multiscale patterns in distributional data: an example from the Maya Lowlands», *Journal of Archaeological Science*, 31, pp. 855-866.

Ray, E. T. y J. McIntosh (2002), *Perl & XML*, O'Reilly, Cambridge, MA.

Relph, E. (1976), *Place and Placelessness*, Pion, Londres.

Renfrew, C. (1976), *Before Civilisation: The Radiocarbon Revolution and Prehistoric Europe*, Pelican, Harmondsworth.

Renfrew, C. y J. Dixon (1976), «Obsidian in Western Asia: a review», en G. D. G. Sieveking, I. H. Longworth y K. E. Wilson, eds., *Problems in Economic and Social Archaeology*, Duckworth & Co., Londres, pp. 137-150.

Renfrew, C., J. E. Dixon y J. R. Cann (1968), «Further analysis of Near East obsidian», *Proceedings of the Prehistoric Society*, 34, pp. 319-331.

Renfrew, C. y E. Level (1979), «Exploring dominance: predicting polities from centers», en C. Renfrew y K. L. Cooke, eds., *Transformations: Mathematical Approaches to Culture Change*, Academic Press, Nueva York, pp. 145-168.

Ripley, B. D. (1976), «The second order analysis of stationary point process», *Journal of Applied Probability*, 13, pp. 255-266.

— (1981), *Spatial Statistics*, John Wiley & Sons, Nueva York.

Robert, C. P. y G. Casella (2004), *Monte Carlo Statistical Methods*, 2.ª ed., Springer-Verlag, Nueva York.

Roberts, B. K. (1996), *Landscapes of Settlement: Prehistory to the Present*, Routledge, Londres.

Roberts, M. B. y S. A. Parfitt (1999), *Boxgrove. A Middle Pleistocene Hominid Site at Eartham Quarry, Boxgrove, West Sussex*, English Heritage Archaeological Report 17, English Heritage, Londres.

Robinson, A. H., J. L. Jorrison, P. C. Muehrcke, A. J. Kimerling y S. C. Guptill (1995), *Elements of Cartography*, 6.ª ed., John Wiley & Sons, Nueva York.

Robinson, J. M. y E. Zubrow (1999), «Between spaces: interpolation in archaeology», en M. Gillings, D. Mattingly y J. van Dalen, eds., *Geographical Information Systems and Landscape Archaeology*, The Archaeology of Mediterranean Landscapes 3, Oxbow Books, Oxford, pp. 64-83.

Rogerson, P. A. (2001), *Statistical Methods for Geography*, Sage, Londres.

Roper, D. C. (1979), «The method and theory of site catchment analysis: a review», *Advances in Archaeological Method y Theory*, 2, pp. 119-140.

Rose, J., H. J. Ralston y J. G. Gamble (1994), «Energetics of walking», en J. G. Rose y J. G. Gamble, eds., *Human Walking*, Williams & Wilkins, Baltimore, MD, pp. 45-72.

Roskams, S. (2001), *Excavation*, Cambridge Manuals in Archaeology, Cambridge University Press, Cambridge.

Rossiter, D. (1996), «A theoretical framework for land evaluation», *Geoderma*, 72, pp. 165-190.

Ruggles, C. L. N. y D. J. Medyckyj-Scott (1996), «Site location, landscape visibility, and symbolic astronomy: a Scottish case study», en H. D. G. Maschner, ed., *New Methods, Old Problems: Geographic Information Systems in Modern Archaeological Research*, Occasional Paper 23, Southern Illinois University Center for Archaeological Investigations, Carbondale, IL, pp. 127-146.

Saile, T. (1997), «Landscape archaeology in central Germany: site catchment analysis using GIS», en I. Johnson y M. North, eds., *Archaeological Applications of GIS: Proceedings of Colloquium II, UISPP XIIIth Congress*, Sydney University Archaeological Methods Series 5, Forli, Italia, septiembre de 1996, Archaeological Computing Laboratory, CD-ROM, Sidney.

Searle, J. (1992), *The Rediscovery of the Mind*, MIT Press, Cambridge.

Sever, T. L. y D. Wagner (1991), «Analysis of prehistoric roadways in Chaco

Canyon using remotely sensed digital data», en C. D. Trombold, ed., *Ancient Road Networks and Settlement Hierarchies in the New World*, New Directions in Archaeology, Cambridge University Press, Cambridge, pp. 42-52.

Shanks, M. y C. Tilley (1987a), *Re-Constructing Archaeology*, Cambridge University Press, Cambridge.

— (1987b), *Social Theory and Archaeology*, Polity Press, Cambridge.

Sheets, P. y T. L. Sever (1991), «Prehistoric footpaths in Costa Rica: transportation and communication in a tropical rainforest», en C. Trombold, ed., *Ancient Road Networks and Settlement Hierarchies in the New World*, New Directions in Archaeology, Cambridge University Press, Cambridge, pp. 53-65.

Shennan, S. (1988), *Quantifying Archaeology*, Edinburgh University Press, Edimburgo.

Silva, M. D. y G. Pizziolo (2001), «Setting up a "human calibrated" anisotropic cost surface for archaeological landscape investigation», en Z. Stančič y T. Veljanovski, eds., *Computing Archaeology for Understanding the Past. Proceedings of the CAA2000 Conference*, British Archaeological Reports International Series 931, Archaeopress, Oxford, pp. 279-286.

Silverman, B. W. (1986), *Density Estimation for Statistics and Data Analysis*, Chapman & Hall, Londres.

Slocum, T. (1998), *Thematic Cartography and Visualisation*, Prentice Hall, New Jersey.

Smith, C., P. Aberline y C. Bellman (2002), «Investigation and prototyping of emerging web standards for web GIS», *Cartography*, 31, pp. 63-76.

Smith, D. P. y S. F. Atkinson (2001), «Accuracy of rectification using topographic map versus GPS ground control points», *Photogrammetric Engineering and Remote Sensing*, 65, pp. 565-570.

Sneath, P. y R. Sokal (1973), *Numerical Taxonomy: The Principles and Practice of Numerical Classification*, W. H. Freeman & Co., San Francisco.

Snyder, J. P. y P. M. Voxland (1989), *An Album of Map Projections*, US Geological Survey Professional Paper 1453, US Geological Survey, Washington, D.C.

Sokal, R. R., R. M. Harding y N. L. Oden (1989), «Spatial patterns of human gene frequencies in Europe», *American Journal of Physical Anthropology*, 80, pp. 267-294.

Sokal, R. R. y P. H. A. Sneath (1963), *Principles of Numerical Taxonomy*, W. H. Freeman & Co., San Francisco.

Soule, R. G. y R. F. Goldman (1969), «Energy costs of load carried on the head, hands, or feet», *Journal of Applied Physiology*, 27, pp. 687-690.

Spikins, P., C. Conneller, H. Ayertaran y B. Scaife (2002), «GIS based interpolation applied to distinguishing occupation phases of early prehistoric sites», *Journal of Archaeological Science*, 29, pp. 1.235-1.245.

Stančič, Z., V. Gaffney, K. Ostir-Sedej y T. Podobnikar (1997), «GIS analysis of land-use, settlement patterns and territories on the island of Brac», en I. Johnson y M. North, eds., *Archaeological Applications of GIS: Proceedings of Colloquium II, UISPP XIIIth Congress*, Sydney University Archaeological Methods Series 5, Forli, Italia, septiembre de 1996. Sydney, Archaeological Computing Laboratory. CD-ROM.

Steele, J., J. Adams y T. Sluckin (1998), «Modelling Paleoindian dispersals», *World Archaeology*, 30, pp. 286-305.

Steinberg, J. M. (1996), «Ploughzone sampling in Denmark: isolating and interpreting site signatures from disturbed contexts», *Antiquity*, 70, pp. 368-393.

Sterud, E. y P. Pratt (1975), «Archaeological intra-site recording with photography», *Journal of Field Archaeology*, 2, pp. 151-167.

Stopher, P. R. y A. H. Meyburg (1979), *Survey Sampling and Multivariate Analysis for Social Scientists and Engineers*, Lexington Books, Lexington.

Strahler, A. N. (1952), «Dynamic basis of geomorphology», *Bulletin of the Geological Society of America*, 63, pp. 923-938.

Sui, D. Z. (1994), «GIS and urban studies: Positivism, post-positivism and beyond», *Urban Geography*, 15, pp. 258-278.

Sydoriak, K. (1985), «Pattern recognition at the intra-site level using trend surface analysis», *American Archaeology*, 5, pp. 59-63.

Thioulouse, J., D. Chessel, S. Dolédec y J.-M. Olivier (1997), «ADE-4: a multivariate analysis and graphical display software», *Statistics y Computing*, 74, pp. 75-83.

Thomas, J. (1991a), «The hollow men? A reply to Steven Mithen», *Proceedings of the Prehistoric Society*, 57, pp. 15-20.

— (1991b), *Rethinking the Neolithic*, Cambridge University Press, Cambridge.

— (1993), «The politics of vision and the archaeologies of landscape», en B. Bender, ed., *Landscape: Politics and Perspectives*, Berg, Oxford, pp. 19-48.

— (1996), *Time, Culture and Identity: An Interpretative Archaeology*, Routledge, Londres.

— (2004), *Archaeology and Modernity*, Routledge, Londres.

Thurston, J., T. K. Poiker y J. P. Moore (2003), *Integrated Geospatial Technologies: A Guide to GPS, GIS, and Data Logging*, John Wiley & Sons, Hoboken, NJ.

Tiefelsdorf, M. y B. Boots (s.f.), GAMBINI (diagrama ponderado multiplicador de Voronoi), http://info.wlu.ca/~wwwgeog/special/download/gambini.htm (consultado 05/11/2004).

Tilley, C. (1994), *A Phenomenology of Landscape: Paths, Places and Monuments*, Berg, Oxford.

— (1996), «The powers of rocks: topography and monument construction on Bodmin Moor», *World Archaeology*, 28, pp. 161-176.

Tilley, C. y W. Bennet (2001), «An archaeology of super-natural places», *Journal of the Royal Anthropological Institute*, 7, pp. 335-362.

Tobler, W. R. (1959), «Automation and cartography», *Geographical Review*, 49, pp. 526-534.

Tomlin, C. D. (1990), *Geographic Information Systems and Cartographic Modelling*, Prentice-Hall, Englewood Cliffs, NJ.

Tomlinson, R. (1998), «The Canada geographic information system», en T. W. Foresman, ed., *The History of GIS*, Prentice Hall, Londres, pp. 21-32.

Tschan, A. P. (1999), «An introduction to object-oriented GIS in archaeology», en J. A. Barceló, I. Briz y A. Vila, eds., *New Techniques for Old Times, CAA98, Computer Applications and Quantitative Methods in Archaeology: Proceedings of the 26th Conference*, Barcelona, 1998, British Archaeological Reports International Series 757, Archaeopress, Oxford, pp. 303-316.

Tschan, A. P, W. Raczkowski y M. Latalowa (2000), «Perception and viewsheds: are they mutually inclusive?», en G. Lock, ed., *Beyond the Map: Archaeology and Spatial Technologies*, IOS Press, Amsterdam, pp. 28-48.

Tuan, Y. F. (1974), «Space and place: humanistic perspective», en C. Board, R. J. Chorley, P. Haggett y D. R. Stoddart, eds., *Progress in Geography* 6, Edward Arnold, Londres, pp. 211-252.

— (1978), «Literature and geography: implications for geographical research», en D. Ley y M. S. Samuels, eds., *Humanistic Geography: Prospects and Problems*, IL, Maaroufa, Chicago, pp. 194-206.

Turner, A., M. Doxa, D. O'Sullivan y A. Penn (2001), «From isovists to visibility graphs: a methodology for the analysis of architectural space», *Environment and Planning B: Planning & Design*, 28, pp. 103-122.

Ur, J. (2003), «CORONA satellite photography and ancient road networks: a northern Mesopotamian case study», *Antiquity*, 77, pp. 102-116.

van de Laan, M. J., K. S. Pollard y J. Bryan (2002), «A new partitioning around medoids algorithm», www.bepress.com/ucbbiostat/paperl05 (consultado 07/09/2004).

van Leusen, P. M. (1993), «Cartographic modelling in a cell-based GIS», en J. Andresen, T. Madsen e I. Scollar, eds., *Computing the Past: Computer Applications and Quantitative Methods in Archaeology 1992*, Aarhus University Press, Aarhus, pp. 105-123.

— (1999), «Viewshed and cost surface analysis using GIS (cartographic modelling in a cell-based GIS II)», en J. A. Barceló, I. Briz y A. Vila, eds.,

New Techniques for Old Times-CAA98-Computer Applications and Quantitative Methods in Archaeology: Proceedings of the 26th Conference, Barcelona, British Archaeological Reports International Series 757, Archaeopress, Oxford, pp. 215-223.

— (2002), «Pattern to Process: Methodological Investigations into the Formation and Interpretation of Spatial Patterns in Archaeological Landscapes», tesis doctoral inédita, Universidad de Groningen, http://www.ub.rugul.eldoc/dis/arts/p.m.van.leusen/(consultado 02/08/2004).

Venables, W. N. y D. M. Smith (2003), «An introduction to R: a programming environment for data analysis and graphics», http://cran.r-project.org (consultado 03/09/2004).

Verhagen, P., S. Gili, R. Micó y R. Risch (1999), «Modelling prehistoric land use distribution in the Rio Aguas Valley (SE Spain)», en L. Dingwall, S. Exon, V. Gaffney, S. Laflin y M. van Leusen, eds., *Archaeology in the Age of the Internet. CAA 97, Computer Applications and Quantitative Methods in Archaeology: Proceedings of the 25th Anniversary Conference*, Universidad de Birmingham, abril de 1997, British Archaeological Reports International Series 750, Archaeopress. CD-ROM, Oxford.

Verhoeven, K. (2003), «From satellite and survey to web mapping: the Mesopotamian alluvial plain (MAP) as SVG on the web», Poster presented at *Enter the Past: Computer Applications in Archaeology 2003*, Viena, 8-12 de abril de 2003.

Vita-Finzi, C. (1978), *Archaeological Sites in their Setting*, Thames & Hudson, Londres.

Wagstaff, J. M. (1987), «The new archaeology and geography», en J. M. Wagstaff, ed., *Landscape and Culture: Geographical and Archaeological Perspectives*, Basil Blackwell, Oxford, pp. 26-36.

Walker, R. (2003), *UK GEMINI: A Geo-spatial Metadata Interoperability Initiative. Proposed Metadata Standard*, Association for Geographic Information, Londres, www.gigateway.org.uk/metadata/metadataspecs.html (consultado 08/09/2004).

Wand, M. P. y M. C. Jones (1995), *Kernel Smoothing*, Chapman & Hall, Londres.

Ward, R. C. (1990), *Principles of Hydrology*, McGraw Hill, Nueva York.

Warren, R. E. y D. L. Asch (2000), «Site location in the Eastern Prairie Peninsula», en K. L. Westcott y R. J. Brandon, eds., *Practical Applications of GIS for Archaeologists: A Predictive Modeling Kit*, Taylor & Francis, pp. 5-32, Londres.

Washburn, J. (1974), «Nearest neighbour analysis of Pueblo I-III settlement patterns along the Rio Puerco of the East, New Mexico», *American Antiquity*, 39, pp. 315-335.

Watson, J. W. (1955), «Geography: a discipline in distance», *Scottish Geographical Magazine*, 71, pp. 1-13.

Watts, D. J. y S. H. Strogatz (1998), «Collective dynamics of "small-world" networks», *Nature*, 393, pp. 440-442.

Westcott, K. L. y R. J. Brandon, eds. (2000), *Practical Applications of GIS for Archaeologists: A Predictive Modeling Kit*, Taylor & Francis, Londres.

Whallon, R. (1974), «Spatial analysis of occupation floors, II. The application of nearest neighbour analysis», *American Antiquity*, 39, pp. 16-34.

Wheatley, D. (1993), «Going over old ground: GIS, archaeological theory and the act of perception», en J. Andresen, T. Madsen y I. Scollar, eds., *Computing the Past: Computer Applications and Quantitative Methods in Archaeology 1992*, Aarhus University Press, Aarhus, pp. 133-138.

— (1995), «Cumulative viewshed analysis: a GIS-based method for investigating intervisibility, and its archaeological application», en G. Lock y Z. Stančič, eds., *Archaeology and Geographical Information Systems*, Taylor & Francis, Londres, pp. 171-186.

— (1996), «The use of GIS to understand regional variation in earlier Neolithic Wessex», en H. D. G. Maschner, ed., *New Methods, Old Problems: Geographic Information Systems in Modern Archaeological Research*, Occasional Paper 23, Southern Illinois University Center for Archaeological Investigations, pp. 75-103, Carbondale, IL.

— (2004), «Making space for an archaeology of place», *Internet Archaeology*, 15. http://intarch.ac.uk/journal/issue15/10/toc.html (consultado 11/06/2004).

Wheatley, D. y M. Gillings (2000), «Vision, perception and GIS: developing enriched approaches to the study of archaeological visibility», en G. Lock, ed., *Beyond the Map: Archaeology and Spatial Technologies*, IOS Press, pp. 1-27, Amsterdam.

— (2002), *Spatial Technology and Archaeology: The Archaeological Applications of GIS*, Taylor & Francis, Londres.

Whittlesey, D. (1944), *The Earth and the State: A Study of Political Geography*, 2.ª ed., Holt, Nueva York.

Wilkinson, T. (1993), «Linear hollows in the Jazira, upper Mesopotamia», *Antiquity*, 67, pp. 548-562.

Williams, J. T. (1993), «Spatial autocorrelation and the Classic Maya collapse: one technique, one conclusion», *Journal of Archaeological Science*, 20, pp. 705-709.

Wilson, J. (1999), «Local, national, and global applications of GIS in agriculture», en P. A. Longley, M. F. Goodchild, D. J. Maguire y D. W. Rhind, eds., *Geographical Information Systems*, vol. 2, *Management Issues and Applications*, John Wiley & Sons, Nueva York, pp. 981-993.

Wilson, R. J. (1996), *Introduction to Graph Theory*, 4.ª ed., Longman, Harlow.
Wischmeier, W. H. y D. D. Smith (1978), *Predicting Rainfall Erosion Losses: A Guide to Conservation Planning*, US Department of Agriculture (USDA) Handbook 537, Servicio de Publicaciones del gobierno de EE.UU., Washington, D.C.
Witcher, R. (1999), «GIS and landscapes of perception», en M. Gillings, D. Mattingly y J. van Dalen, eds., *Geographical Information Systems and Landscape Archaeology*, The Archaeology of Mediterranean Landscapes 3, Oxbow Books, pp. 13-22, Oxford.
Wood, D. (1992), *The Power of Maps*, The Guilford Press, Londres y Nueva York.
Wood, J. (1996), «The geomorphological characterisation of digital elevation models», tesis doctoral inédita, Universidad de Leicester, www.geog.le.ac.uk/jwo/research/dem_char/thesis/ (consultado 20/12/03).
Woodman, P. E. (2000a), «Beyond significant patterning, towards past intentions: the location of Orcadian chambered tombs», en C. Buck, V. Cummings, C. Henley, S. Mills y S. Trick, eds., *Proceedings of the UK Chapter of Computer Applications and Quantitative Methods in Archaeology 1999*, British Archaeological Reports International Series 844, Archaeopress, Oxford, pp. 91-105.
— (2000b), «A predictive model for Mesolithic site location on Islay using logistic regression and GIS», en S. Mithen, ed., *Hunter-Gatherer Landscape Archaeology: The Southern Hebrides Mesolithic Project 1988-98*, vol. 2, *Archaeological Fieldwork on Colonsay, Computer Modelling, Experimental Archaeology, and Final Interpretations*, McDonald Institute for Archaeological Research, pp. 445-464, Cambridge.
Worboys, M. F (1995), *GIS: A Computing Perspective*, Taylor & Francis, Londres.
Wright, D. J., M. F. Goodchild y J. D. Proctor (1997), «Demystifying the persistent ambiguity of GIS as "tool" versus "science"», *The Annals of the Association of American Geographers*, 87, pp. 346-362, http://dusk.geo.orst.edu/annals.html (consultado 11/10/2004).
Xu, J. y R. G. Lathrop (1995), «Improving simulation accuracy of spread phenomena in a ráster-based geographic information system», *International Journal of Geographical Information Systems*, 9, pp. 153-168.
Yang, X. y T. Holder (2000), «Visual and statistical comparisons of surface modeling techniques for point-based environmental data», *Cartography and Geographic Information Science*, 27, pp. 165-175.
Young, R. A., C. A. Onstad, D. D. Bosch y W. P. Anderson (1989), «AGNPS: a nonpoint-source pollution model for evaluating agricultural watersheds», *Journal of Soil and Water Conservation*, 44, pp. 168-173.

Zarky, A. (1976), «Statistical analysis of site catchments at Ocós, Guatemala», en K. V. Flannery, ed., *The Early Mesoamerican Village*, Academic Press, Nueva York, pp. 117-130.

Ziebart, M., N. Holder y P. Dare (1998), «Field digital data acquisition (FDA) using total station and pencomputer: a working methodology», en D. Wheatley, G. Earl y S. Poppy, eds., *Contemporary Themes in Archaeological Computing*, Universidad de Southampton, Departamento de Arqueología, Monografía 3, Oxbow Books, Oxford, pp. 58-64.

Zubrow, E. B. W. (1990), «Modelling and prediction with geographic information systems: a demographic example from prehistoric and historic Nueva York», en K. M. S. Allen, S. W. Green y E. B. W. Zubrow, eds., *Interpreting Space: GIS and Archaeology*, Taylor & Francis, Londres, pp. 307-318.

— (1994), «Knowledge representation and archaeology: a cognitive example using GIS», en C. Renfrew y E. B. W. Zubrow, eds., *The Ancient Mind: Elements of a Cognitive Archaeology*, Cambridge University Press, Cambridge, pp. 107-118.

ÍNDICE ALFABÉTICO

Índice de ilustraciones

Cuadros

FIGURAS

Recuadros

Títulos publicados

1. Sebastián Celestino Pérez
   Estelas de guerrero y estelas diademadas
   La precolonización y formación del mundo tartésico

2. Francisco Nocete
   Tercer milenio antes de nuestra era
   Relaciones y contradicciones centro/periferia en el Valle del Guadalquivir

3. Domènec Campillo
   Introducción a la paleopatología

4. Alonso Rodríguez Díaz y Juan-Javier Enríquez Navascués
   Extremadura tartésica
   Arqueología de un proceso periférico

5. Trude Dothan y Moshe Dothan
   Los Pueblos del Mar
   Tras las huellas de los filisteos

6. Domènec Campillo
   El cráneo infantil de Orce
   El homínido más antiguo de Eurasia

7. Giovanni Garbini
   Historia e ideología en el Israel antiguo

8. Lionel Casson
   Las bibliotecas del mundo antiguo

9. Nicola Parise
   El origen de la moneda
   Signos premonetarios y formas arcaicas del intercambio

10. Mario Liverani
    Relaciones internacionales en el Próximo Oriente antiguo, 1600-1100 a.C.

11. Guillermo Algaze
    El sistema-mundo de Uruk
    La expansión de la primera civilización mesopotámica

12. Carmen Aranegui Gascó
    Sagunto
    Oppidum, emporio y municipio romano

13. Roger Caratini
    Los matemáticos de Babilonia

14. M.ª Ángeles Querol y Consuelo Triviño
La mujer en «el origen del hombre»

15. Juan Carlos Moreno García
Egipto en el Imperio Antiguo
[2650-2150 antes de Cristo]

16. Vassos Karageorghis
Chipre
Encrucijada del Mediterráneo oriental, 1600-500 a.C.

17. Fernando Díez Martín
El largo viaje
Arqueología de los orígenes humanos y las primeras migraciones

18. Elizabeth French
Micenas. Capital de Agamenón

19. Gustav A. Gamer
El helenismo en el Próximo Oriente

20. Jordi Estévez
Catástrofes en la prehistoria

21. Kristian Kristiansen y Thomas B. Larsson
La emergencia de la sociedad del Bronce

22. Elisa Guerra Doce
Las drogas en la Prehistoria
Evidencias arqueológicas del consumo de sustancias psicoactivas en Europa

23. Mario Liverani
Mito y política en la historiografía del Próximo Oriente antiguo

24. Mario Liverani
Uruk. La primera ciudad

25. Patrick Le Roux
Romanos de España
Ciudades y política en las provincias (siglo II a.C.-siglo III d.C.)

26. Karl W. Butzer
Arqueología, una ecología del hombre
Método y teoría para un enfoque contextual

27. M.ª Eugenia Aubet
Comercio y colonialismo en el Próximo Oriente antiguo
Los antecedentes coloniales del III y II milenios a.C.

28. Vicente Lull y Rafael Micó
Arqueología del origen del estado: las teorías

29. Michal Artzy
Los nómadas del mar

30. Oscar Moro Abadía
Arqueología prehistórica o historia de la ciencia
Hacia una historia crítica de la arqueología

31. David Wengrow
La arqueología del Egipto arcaico
Transformaciones sociales en el noreste de África (10.000-2650 a.C.)

32. Marina Picazo
Alguien se acordará de nosotras
Mujeres en la ciudad griega antigua

33. Chris Gosden
Arqueología y colonialismo
El contacto cultural desde 5000 a.C. hasta el presente

34. Guillermo Algaze
La antigua Mesopotamia en los albores de la civilización
La evolución de un paisaje urbano

35. Christian Jacob
Geografía y etnografía en la Grecia antigua